全国教育科学“十一五”规划课题研究成果

实用软件工程教程

Shiyong Ruanjian Gongcheng Jiaocheng

刘金安　主编

高等教育出版社·北京

内容提要

本书是全国教育科学“十一五”规划课题研究成果，针对应用型本科计算机及相关专业而编写，从实用的角度出发，结合大量软件项目的实例分析，以软件的生存周期作为主线索，阐述软件工程方法、应用技术和实用工具。本书主要包括软件工程概述、软件立项与合同、需求分析、系统设计、软件实现、软件测试、软件发布与实施、软件维护、软件配置管理、软件项目管理、软件工程常用工具及开发实例，每章均配有习题，其中很多章节还安排了典型例题解析，最后一章是开发实例，可供学生练习使用。

本书注重基础性、系统性、实用性和新颖性，内容深入浅出，可以作为计算机类或信息类相关专业的教材，也可供从事计算机工程与应用工作的科技工作者参考。

图书在版编目（CIP）数据

实用软件工程教程 / 刘金安主编. -- 北京 : 高等教育出版社, 2012.2（2020.12重印）
ISBN 978-7-04-033847-8

Ⅰ.①实… Ⅱ.①刘… Ⅲ.①软件工程－高等学校－教材 Ⅳ.①TP311.5

中国版本图书馆CIP数据核字(2012)第008299号

策划编辑 刘 茜　　责任编辑 张海波　　封面设计 张雨微　　版式设计 余 杨
责任校对 窦丽娜　　责任印制 赵 振

出版发行	高等教育出版社	咨询电话	400－810－0598
社　　址	北京市西城区德外大街 4 号	网　　址	http://www.hep.edu.cn
邮政编码	100120		http://www.hep.com.cn
印　　刷	北京虎彩文化传播有限公司	网上订购	http://www.landraco.com
开　　本	787mm×1092mm　1/16		http://www.landraco.com.cn
印　　张	20	版　　次	2012 年 2 月第 1 版
字　　数	490 千字	印　　次	2020 年12月第 4 次印刷
购书热线	010－58581118	定　　价	29.30 元

本书如有缺页、倒页、脱页等质量问题，请到所购图书销售部门联系调换

物 料 号　33847-00

前　言

进入 21 世纪的信息社会，面对大量复杂的计算机应用需求，如何多（数量）、快（速度）、好（质量）、省（费用）地进行软件开发和减少软件危机的困扰，已成为软件开发人员面临的主要任务。因此，软件工程的方法和技术越来越受到人们的关注。现在，它已经成为计算机科学技术的一个异常活跃的研究领域。

软件工程，着重研究软件过程模型、设计方法、工程开发技术和工具，是指导软件生产和管理的一门新兴的、综合性的应用学科。软件工程是指采用工程的概念、原理、技术和方法来开发和维护软件，把经过时间检验证明是科学的管理技术和当前能够掌握得最好的软件开发技术结合起来，以便经济、有效地开发出高质量的软件。

本书作者结合长期教学经验和工程项目实践经验，从实用的角度出发，参考国内外众多最新（版本）的教材和论文精选内容，注重基础性、系统性、实用性和新颖性，结合大量软件项目的实例分析，深入浅出地阐述软件工程方法、应用技术和实用工具，并将软件开发技术、软件工程环境和软件工程管理等许多方面的知识进行融合，以软件的生存周期作为主线索，按软件工程的过程对软件工程知识进行讲解。全书共分为 12 章，第 1 章进行软件工程的概述；第 2、3、4、5、6、7 章是本书的重点，按软件生存周期过程，分别讲述软件项目立项、需求分析、概要设计、详细设计、实现、测试、发布与实施、运行与维护阶段的各种方法和技术；第 8、9 章介绍软件配置管理和有关软件项目组织、度量、计划、风险、质量等软件项目管理方面的内容；第 11 章介绍项目管理、分析建模、软件测试和版本控制等常用项目管理工具；第 12 章通过一个实例介绍软件工程方法和工具的实际应用。

本书的主要特点如下。

（1）内容清晰：以软件项目为对象，将软件开发技术和软件工程管理等方面的知识结合起来，介绍整个软件生存周期的软件工程活动。

（2）实践性强：融合实践经验和引用大量的典型案例，并对当前流行的和常用的软件工具进行讲解，通用且实践性强。

（3）新颖易读：书中介绍的各种软件工具都是最新版本的，内容新颖，图文并茂，原理、方法与实例相结合，叙述通俗易懂。

本书适用面广，适合初学软件工程的读者使用，既可以作为高等学校、独立学院和高等职业学院的计算机相关专业教材，也可以作为从事计算机软件系统研发等工作的应用型技术管理人员的参考书。建议学时设置为 48。

本书由刘金安、朱德军、高涛、杨宏霞和闵亮编写，其中朱德军编写了第 1、2、3、4 章，高涛编写了第 5、6、7、8 章，刘金安编写了第 9、10、11 章，刘金安、朱德军和闵亮编写了第 12 章，杨红霞编写了 11.2 节。全书由刘金安统稿。陆丽娜教授对本书内容进行了评审，并提出了一些宝贵的意见。

本书在编写的过程中，参考了大量国内外的优秀教材、著作、学术论文和网上传播的一些优秀作品，并在书中部分地方引用了一些观点，有准确出处的已列入参考文献中，未能找到真实姓名或由于疏忽没有列入参考文献的著作内容，望作者及时与本书作者联系，我们真诚希望能了解和认识更多的软件行业专家和学者，共同交流、探讨和研究，不断地完善和改进本书。在本书的编写过程中，得到了西安交通大学城市学院教材建设项目基金资助，特此致谢！

由于编著者水平有限，时间比较仓促，难免有疏漏和不当之处，敬请专家、同行和广大读者们批评指正。

编 者

2011年7月

目　　录

第 1 章　软件工程概述

本章要点

- 软件、软件危机、软件工程和软件生存周期等概念
- 软件工程的目标、原则、原理和内容
- 软件生存周期各阶段的原则和任务
- 软件开发过程模型及开发方法

1.1　软件与软件危机

1.1.1　软件的定义与特点

现代计算机的思想由来已久，英国皇家学会会员、剑桥大学数学教授巴贝奇（Charles Babbage，1792—1871）最早提出，人类可以制造出通用的计算机来代替大脑计算复杂的数学问题。当时并没有电子技术可以应用，于是巴贝奇的设想就架构在当时日趋成熟的机械技术上。巴贝奇将他设想的通用计算机命名为“分析机”，但当时的科学界都讥笑他是“愚笨的傻瓜”，公然称这是“毫无价值的幻想”。唯一能理解巴贝奇的人是被公认为世界第一位软件工程师、世界计算机先驱中的第一位女性——爱达·奥古斯塔（Augusta Ada Lovelace，1815—1851），她帮助巴贝奇研究分析机，建议用二进制数代替原来的十进制数，并开天辟地地第一次为巴贝奇的分析机编制程序，成为世界上第一位程序员，他们的名字被永远载入了计算机发展的史册。

在 20 世纪 40 年代末，软件伴随着第一台通用电子计算机 ENIAC 在美国的问世而诞生，从此以专门编写软件的职业人陆续出现。20 世纪 60 年代，美国大学里开始出现专门教授软件开发的专业，“软件”一词开始出现，软件产业开始起步并造就了一批亿万富翁。

“软件”的定义是计算机系统中与硬件相互依存的另一部分，包括程序、数据及相关文档的完整集合。其中，程序是软件开发人员根据用户需求开发的、用程序设计语言描述的、适合计算机执行的指令（语句）序列。数据是使程序能正常操纵信息的数据结构（即数据的组织形式）。文档是与程序开发、维护和使用有关的图文资料。可见，软件由两部分组成：一是机器可执行的程序和数据；二是机器不可执行的，与软件开发、运行、维护、使用等有关的文档。

要全面、正确地理解计算机和软件，必须了解软件的特点。

① 软件是一种逻辑产品，它与物质产品有很大的区别。软件产品是看不见、摸不着的，因而具有无形性、抽象性，它是脑力劳动的结晶，它以程序和文档的形式出现。人们可以将其记录在纸上或存储在计算机存储器的磁盘或光盘等介质上，通过计算机的执行才能体现出它的功能和作用。

② 软件的生产与硬件不同，它没有明显的制作过程。一旦某一软件项目研制成功，以后就可以大量地复制同一内容的副本。所以要对软件的数量进行控制，必须在软件开发技术上和法律上采取有力的措施。

③ 软件在运行、使用期间不存在磨损、老化问题。软件虽然在生存周期后期不会因为磨损而老化，但为了适应硬件、环境以及需求的变化也要进行修改，而这些修改又会不可避免地引入错误，导致软件失效率升高，软件退化。

④ 软件的开发、运行对计算机系统具有依赖性，受计算机系统的限制，这导致了软件移植性差的问题。

⑤ 软件产品的生产主要是脑力劳动，还未完全摆脱手工开发方式，大部分产品是“定做”的，很少能做到利用现成的部件组装成所需的软件。

⑥ 软件复杂性高，成本昂贵。软件是人类有史以来生产的复杂度最高的工业产品之一。软件涉及人类社会的各行各业、方方面面，软件开发常常涉及其他领域的专业知识。软件开发需要投入大量、高强度的脑力劳动，成本高，风险大。

⑦ 相当多的软件开发还涉及诸多的社会因素，如很多软件的开发、运行和维护都会涉及相关机构、体制、管理方式等方面的因素，同时也涉及人们的观念和心理、软件知识产权及法律等问题。

1.1.2 软件的发展

程序可以认为是软件的前身，伴随着计算机硬件性能的大幅度提高、计算机体系结构的不断完善，软件经历几十年的发展也日趋成熟和复杂，具体来说，其发展经历了以下 4 个阶段。

1. 程序设计时代（20 世纪 50 年代初期至 20 世纪 60 年代初期）

这个阶段的生产方式是个体手工劳动，大多数软件由使用者自己开发、编写，自己应用，基本上没有标准可遵循，开发者之间也没有明确分工，使用的工具是机器语言、汇编语言，程序开发完成后，除了程序清单外，没有其他文档保存下来。开发方法是追求编程技巧，追求程序运行效率，因而使得程序难读、难懂以及难修改。硬件特征是价格贵、存储容量小、运行可靠性差。软件特征是只有程序、程序设计概念，没有科学的程序设计方法和管理方法。

2. 软件系统时代（20 世纪 60 年代中期至 20 世纪 70 年代中期）

这个阶段的生产方式是作坊式的小集团合作生产，生产工具是高级语言，开发方法仍旧靠个人技巧，但已开始提出结构化方法。硬件特征是速度、容量、工作可靠性有明显提高，价格降低，销售量呈爆炸式增长。软件特征是程序员数量猛增，大量其他行业人员进入这个行业，因为缺乏训练，所以开发人员素质差，这时人们已意识到软件开发的重要性，但开发技术没有新的突破，大量软件开发的需求已提出，但开发人员的素质和落后的开发技术不适应规模大、结构复杂的软件开发，产生了尖锐的矛盾，导致软件危机的产生。

3. 软件工程时代（20 世纪 70 年代中期至 20 世纪 80 年代中期）

这个阶段的生产方式是工程化的生产，使用数据库、开发工具、开发环境、网络、分布式技术开发软件。硬件特征是性能不断提高而价格不断下降。软件特征是开发技术有很大进步，需求变得更高、更快、更复杂，以软件产品化、工程化、系列化、标准化为特征的软件产业迅猛发展，推动了软件工程学的进步，但是未能获得突破性进展，软件价格不断上升，软件危机加剧。

4. 现代软件工程时代（20 世纪 80 年代中期至今）

这个阶段计算机网络迅速发展，软件开发不再侧重于单台计算机的应用，计算机体系结构从中央主机控制方式转变为分布式的客户-服务器方式和浏览器/服务器方式，由复杂的操作系统控制强大的桌面机、广域网和局域网。同时专家系统和人工智能也开始得以实际应用，多媒体系统改变了用户之间的通信方式，出现了并行计算和网络计算，软件技术向产业化方向发展。一些新技术蓬勃兴起，面向对象技术在许多领域迅速取代了传统的软件开发方法。

1.1.3　软件危机

1. 软件危机的产生

如果开发的软件隐含错误，可靠性得不到保证，那么在运行过程中很可能会造成十分严重的后果，轻则影响系统的正常工作，重则导致整个系统瘫痪，乃至造成无可挽回的恶性事故。如银行的存款可能被化为乌有，甚至变成赤字；工厂的产品全部报废，导致工厂破产；军事指挥系统瘫痪，造成全军溃败。1963 年，美国用于控制火星探测器的计算机软件中的一个“,”号被误写为“.”，而致使飞往火星的探测器发生爆炸，造成高达数亿美元的损失。

20 世纪 60 年代中期以后，计算机硬件技术日益进步，存储容量、运算速度和可靠性明显提高，生产硬件的成本不断降低。计算机价格的下跌为其得到广泛应用创造了极好的条件。在这种形势下，迫切要求计算机软件也能与之相适应。因而，一些开发大型软件系统的要求被提了出来。然而，软件技术的进步一直未能满足形势发展的需要，在大型软件的开发过程中出现了复杂程度高、研制周期长、正确性难以保证的三大难题。遇到的问题得不到解决，致使问题堆积起来，形成了人们难以控制的局面，出现了所谓的“软件危机”。

2. 软件危机的定义

所谓软件危机（Software Crisis）是指计算机软件在开发和维护过程中所遇到的一系列严重问题。概括地说，主要包含两方面的问题：如何开发软件才能满足用户对软件日益增长的需求，如何维护数量不断膨胀的已有软件。实际上，几乎所有的软件都不同程度地存在这些问题。

3. 软件危机的表现

（1）对软件开发成本和进度的估计常常无法控制

实际成本比估计成本有可能高出一个数量级，实际进度比预期进度拖延几个月甚至几年的现象并不罕见。这种现象降低了开发组织的信誉。为了赶进度和节约成本所采取的权宜之计往往会损害软件产品的质量，进而不可避免地引起用户的不满。

（2）用户对“已完成的”软件系统不满意的现象经常发生

软件开发人员常常在对用户需求只有模糊的了解，甚至对所要解决的问题还没有确切认识的情况下，就匆忙着手编写程序。软件开发人员和用户之间的交流往往很不充分，“闭门造车”必然导致最终产品不符合用户的实际需要。

（3）软件产品的质量常常不可靠

软件可靠性和质量保证的确切定量概念刚刚出现，软件质量保证技术（审查、复审和测试）

还没有被坚持不懈地应用到软件开发的全过程中，这些都会导致软件产品发生质量问题。

（4）软件常常是不可维护的

程序中的错误很难改正，实际上不可能使这些程序适应新的硬件环境，也不能根据用户的需求在原有程序中增加新的功能。

（5）软件通常没有适当的文档资料

软件不仅是程序，还应该有一整套文档资料。这些文档资料是在软件开发过程中产生的，而且应该是“最新的”（与代码相符），这些文档资料对于软件开发人员和维护人员来说是至关重要的。缺乏文档必然给软件的开发和维护带来许多严重的困难和问题。

（6）软件成本在计算机系统总成本中所占比例逐年上升

软件生产是一种脑力劳动，大型软件开发投入人员多，周期长，费用高。

（7）软件开发速度跟不上计算机发展速度和人们对软件的需求

硬件生产率的提高速度远远高于软件，用户对软件的要求也越来越高，软件结构越来越复杂，这种复杂的程度甚至超过了软件行业所能接受的程度。

4. 产生软件危机的原因

软件危机的产生，一方面与软件本身的特点有关，另一方面与开发和维护软件的方式、方法、技术有关。

（1）软件开发规模越来越大，结构越来越复杂

在软件应用范围扩大的同时，软件开发规模也变得更复杂，过去的手工作坊式软件开发模式已经不能适应大型软件的开发。大型软件的开发需要组织大量人员参加，彼此之间很难协调得恰到好处，而且多数程序员没有开发大型软件的经验，参与软件开发的管理者的水平也有待提高。另外，软件开发和维护人员往往对要开发的软件所应用的行业领域并不熟悉，从某个角度讲是外行人在给内行人开发产品。

（2）用户需求不明确且在不断变化

在软件被开发出来之前，用户自己对软件开发的具体需求也不能做到很明晰；用户对软件开发需求的描述不精确，可能有遗漏、有二义性，甚至有错误；软件开发人员对用户需求的理解与用户本来的愿望有差异；有时用户对需求的调整变化可能会导致已完成的工作被抛弃，软件需要重新设计，这不但会影响参与者的积极性，还会增加复杂性，带来更多的错误。

（3）缺乏正确的理论方法指导

缺乏有力的方法学和工具方面的支持。由于软件开发过程是复杂的逻辑思维过程，其产品极大程度地依赖于开发人员个人的技巧和创造性，即便开发人员再谨慎也存在出错的概率，开发人员一点点小的疏忽可能会导致灾难性的后果。软件产品的质量也较难评价。

（4）代码文档贫乏

贫乏或者不规范的文档使得代码维护和修改变得异常艰辛，其结果是带来许多错误。事实上，在许多机构并不鼓励其程序员为代码编写文档，也不鼓励程序员将代码写得清晰和容易理解，相反他们认为少写文档可以更快地进行编码，无法理解的代码更易于工作的保密（“写得艰难必定读得痛苦”）。

（5）软件开发工具

可视化工具、类库、编译器、脚本工具等常常会将自身的错误带到应用软件中。

5. **解决软件危机的途径**

（1）技术措施

寻找、创造、使用更好的、更科学的、更适合的软件开发方法、软件开发技术和软件开发工具。

（2）组织管理措施

软件开发不是某种个体劳动的神秘技巧，而应该是一种组织良好、管理严密、各类人员协同配合、共同完成的工程项目。

1.2 软件工程简述

为了克服软件危机，人们从其他产业的工程化生产中得到启示。1968 年秋季，北大西洋公约组织的世界著名计算机科学家在联邦德国召开国际会议，讨论软件危机问题，在这次会议上正式提出“软件工程”一词，一门新兴的学科诞生了。如果把开发软件技术比作工匠的盖房技术，那么软件工程学就可比作一整套的现代建筑学体系。

1.2.1 软件工程定义

软件工程是指导计算机软件开发和维护的工程学科，以提高软件质量、降低软件开发成本为主要目的。它是一门综合性的交叉学科，涉及计算机科学、工程科学、管理科学和数学科学等领域。计算机科学和数学用于构造模型与算法，工程科学用于制定规范、分析与设计、评估成本及确定权衡，管理科学用于计划、资源、质量和成本的管理。

关于软件工程（Software Engineering，SE）的定义，国标（GB）中指出，软件工程是应用于计算机软件的定义、开发和维护的一整套方法、工具、文档、实践标准和工序。

1968 在北大西洋公约组织会议（NATO 会议）上，德国人 Fritz Bauer 认为：“软件工程是建立并使用完善的工程化原则，以较经济的手段获得能在实际机器上有效运行的可靠软件的一系列方法。”

1993 年，IEEE（Institute of Electrical & Electronics Engineers，电气和电子工程师学会）给出了一个更加综合的定义：“软件工程是：①将系统的、规范的、可度量的方法应用于软件的开发、运行和维护过程，即将工程化应用于软件；②对①中所述方法进行研究。”

这些主要思想都强调在软件开发过程中需要应用工程化原则。

软件工程包括 3 个要素，即方法、工具和过程，方法是完成软件工程项目的技术手段，工具支持软件的开发、管理、文档生成，过程支持软件开发各个环节的控制、管理。

软件工程的核心思想是把软件产品看做其他工业产品一样处理。把需求分析、可行性研究、工程审核、质量监督、后期维护等工程化的概念引入到软件生产当中，以确保进度、经费、质量等目标。同时，软件还不同于其他工业产品，人们基于软件的特性还提出了一些新的技术方法，如结构化方法、面向对象方法和软件开发模型等。

1.2.2 软件工程目标与原理

1. **软件工程目标**

软件工程的目标是成功创建一个软件构造系统，该软件构造系统具有如下几个特性：花费较低的成本，获得较好的软件性能；开发的软件满足用户的需求、易于移植、可靠性高、维护方便且费用较低；能按时完成开发任务，及时交付使用。

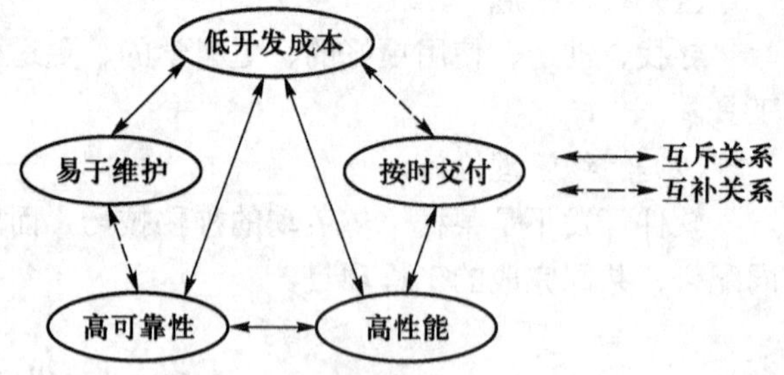

图 1.1　软件工程目标之间的关系

事实上，如图 1.1 所示，上述软件工程目标之间存在着相互制约的关系，要想使所有目标都达到理想的程度是非常困难的，软件工程的总体目标就是力求相互平衡。

2. 软件工程原理

为了达到上述软件工程目标，在开发软件的过程中必须遵循软件工程的基本原理。这些基本原理包括抽象、信息隐藏、模块化、局部化、确定性、一致性、完备性和可验证性。

（1）抽象（Abstraction）

抽取事物最基本的特性和行为，忽略非基本的细节。采用分层次抽象，自顶向下、逐层细化的办法控制软件开发过程的复杂性。

（2）信息隐藏（Information Hiding）

将模块设计成“黑箱”，使用封装技术，将实现的细节隐藏在模块内部，不让模块的使用者直接访问。使用者只能通过简单的模块接口访问模块中封装的数据。

（3）模块化（Modularity）

模块是程序中逻辑上相对独立的成分，是独立的编程单位，应有良好的接口定义。如 C 语言程序中的函数过程、C++语言程序中的类。模块化有助于实现信息隐藏和抽象，有助于表示复杂的系统。模块大小要适中，模块过大会使模块内部复杂性增加，不利于模块的理解、修改、调试和重用；模块太小会使整个系统表现过于复杂，不利于控制软件系统的复杂性。模块之间相互连接的紧密程度用耦合度（Coupling）来度量，模块内部各元素结合的紧密程度用内聚度（Cohesion）来度量。

（4）局部化（Localization）

要求在一个物理模块内集中逻辑上相互关联的计算机资源，保证模块之间具有松散的耦合度，模块内部具有较强的内聚度，这有助于控制分解的复杂性。

（5）确定性（Certainty）

在软件开发过程中所有概念的表达应是确定的、无歧义性的、规范的，这有助于人们交流时不会产生误解、遗漏，保证整个开发工作协调一致。

（6）一致性（Consistency）

整个软件系统（包括程序、文档和数据）的各个模块应使用一致的概念、符号和术语。程序内部接口应保持一致，软件、硬件和操作系统的接口应保持一致，系统规格说明与系统行为应保持一致。

（7）完备性（Completeness）

软件系统不丢失任何重要成分，可以完全实现系统所要求的功能。为了保证系统的完备性，在软件开发和运行过程中需要进行严格的技术评审。

（8）可验证性（Verifiability）

开发大型的软件系统时需要对系统按自顶向下的方法逐层进行分解。系统分解应遵循系统易于检查、测试、评审的原则，以确保系统的正确性。

1.2.3 软件工程的基本原则

美国著名软件工程专家 Boehm 综合有关专家和学者的意见并总结多年来开发软件的经验，于 1983 年在一篇论文中提出了软件工程的 7 条基本原则，这是软件工程的基本准则和信条。Boehm 认为，这 7 条原则是确保软件产品质量和开发效率原理的最小集合。它们是相互独立的，是缺一不可的最小集合，同时它们又是相当完备的。

1. 用分阶段的生存周期计划严格管理

有人经统计发现，在不成功的软件项目中有一半左右是由于计划不周造成的，可见建立完善计划的重要性。在软件开发与维护的漫长生存周期中，有各种性质的工作需要完成。应该把软件生存周期划分成若干个阶段，并相应地制定出切实可行的计划，然后严格按照计划对软件的开发与维护工作进行管理。Boehm 认为，在软件的整个生存周期中应该制定并严格执行 6 类计划，分别是项目概要计划、里程碑计划、项目控制计划、产品控制计划、验证计划和运行维护计划。不同层次、不同工作性质的人员都必须严格按照计划各尽其职地工作，绝不能受其他因素影响而擅自背离预定计划。

2. 坚持进行阶段评审

软件的质量保证工作绝对不能等到编码阶段结束之后再进行。这样说至少有两个理由：第一，大部分错误是在编码之前造成的，例如，根据 Boehm 等人的统计，设计错误占软件错误的 63%，编码仅占 37%；第二，发现错误后，改正得越晚，所需付出的代价就越大。因此，在每个阶段都要进行严格的评审，以便尽早发现在软件开发过程中所犯的错误，是一条必须遵循的重要原则。

3. 实行严格的产品控制

在软件开发过程中不应随意改变需求，因为改变一项需求往往需要付出较高的代价，但是，在软件开发过程中改变需求又是难免的。由于外部环境的变化，用户相应地改变需求是一种客观需要，显然不能硬性禁止用户提出改变需求的要求，而只能依靠科学的产品控制技术来顺应这种要求。也就是说，当改变需求时，为了保持软件各个配置成分的一致性，必须实行严格的产品控制，其中主要是实行基准配置管理。基准配置又称为基线配置，它们是经过阶段评审后的软件配置成分（各个阶段产生的文档或程序代码）。基准配置管理也称为变动控制：一切有关修改软件的建议，特别是涉及对基准配置的修改建议，都必须严格按照规程进行评审，获得批准以后才能实施修改。不允许任何人随意修改软件（包括尚在开发过程中的软件）。

4. 采用现代程序设计技术

从提出软件工程的概念开始，人们一直将主要精力放在研究各种新的程序设计技术上。20 世纪 60 年代末出现的结构化程序设计技术已经成为绝大多数人公认的先进的程序设计技术。之后又进一步发展出各种结构分析（Structured Analysis，SA）与结构设计（Structured Design，SD）技术。实践表明，采用先进的技术既可提高软件开发的效率，又可提高软件维护的效率。

5. **结果应能清楚地审查**

软件产品不同于一般的物理产品，它是看不到、摸不着的逻辑产品。软件开发人员（或开发小组）的工作进展情况可见性差，难以准确度量，使得软件产品的开发过程比一般产品的开发过程更难于评价和管理。为了提高软件开发过程的可见性，更好地进行管理，应该根据软件开发项目的总目标及完成期限，规定开发组织的责任和产品标准，以便能够清楚地审查结果。

6. **开发小组的人员应该少而精**

软件开发小组的组成人员的素质应该好，而人数则不宜过多。开发小组人员的素质和数量是影响软件产品质量及开发效率的重要因素。素质高的人员的开发效率比素质低的人员的开发效率可能高几倍至几十倍，而且素质高的人员所开发的软件中的错误明显少于素质低的人员所开发的软件中的错误。此外，随着开发小组人员数目的增加，由于相互交流和讨论问题而造成的通信开销也急剧增加。当开发小组人员数为 N 时，可能的通信路径有 $N(N-1)/2$ 条，可见随着人数 N 的增大，通信开销将急剧增加。因此，组成少而精的开发小组是软件工程的一条基本原则。

7. **承认不断改进软件工程实践的必要性**

遵循上述 6 条基本原则，就能够按照当代软件工程的基本原则实现软件的工程化生产，但是，仅有上述 6 条原则并不能保证软件开发与维护的过程能赶上时代前进的步伐，能跟上技术的不断进步。因此，Boehm 提出应把“承认不断改进软件工程实践的必要性”作为软件工程的第 7 条基本原则。按照这条原则，不仅要积极主动地采纳新的软件技术，而且要注意不断总结经验，例如，收集进度和资源耗费数据，收集出错类型和问题报告数据等。这些数据不仅可以用来评价新的软件技术的效果，而且可以用来指明必须着重开发的软件工具和应该优先研究的技术。

1.2.4 软件工程的内容

软件工程研究的主要内容是软件开发技术和软件项目管理，是技术和管理紧密结合形成的工程学科。

1. **软件开发技术**

软件开发技术主要研究软件开发方法、工具、过程和环境。尽管要开发的软件有不同的类型、用途和规模等，但软件开发技术应该对开发软件的原则、策略、步骤和必须产生的文档以及软件评价、维护等做出相关规定，从而使软件开发工作达到规范化和工程化，克服早期软件生产过程的随意性。

2. **软件开发管理**

软件开发管理主要研究软件管理学、软件工程经济学和软件心理学等内容。

在经历了若干大型项目的失败后，人们逐渐认识到管理的重要性。事实上，很多项目的失败不是由软件开发技术造成的，而主要是由软件开发管理者无能造成的。软件工程化要求软件开发工作按照预期的进度、预算执行，达到预期的经济和社会效益。软件开发管理包括人员组织、进度安排、质量保证、配置管理和项目计划等。

软件工程经济学研究的是软件项目投资与筹资、投标与招标，软件项目的成本、定价、效益以及经济、社会效果评价与风险分析等。

软件心理学是从心理学角度来研究软件管理和软件工程的，它是软件工程领域一个全新的研究内容。

1.3 软件开发方法和理论

1.3.1 软件工程的 3 种开发方法

万事都有方法，软件开发工作也一样。人们根据软件开发的特点，提出了多种不同的软件开发方法，国际上一些著名的软件公司和机构一直在不断地研究和创新，而且也提出了很多实际的开发方法，例如结构化方法、面向对象方法、面向数据结构方法、原型化方法和可视化开发方法等。下面介绍几种流行的开发方法。

1. 结构化方法

结构化开发方法（Structured Developing Method）是现有软件开发方法中最成熟、应用最广泛的方法，也可称为面向功能的软件开发方法或面向数据流的软件开发方法。结构化开发方法由结构化分析（SA）、结构化设计（SD）和结构化程序设计（SP）等方法构成。

结构化分析是面向数据流进行需求分析的方法，遵循自顶向下、逐步求精的原则，把一个复杂的大问题进行分解和抽象，变成若干个简单的小问题，用数据流图等工具建立系统功能模型。结构化设计是以结构化分析产生的数据流图为基础，按一定步骤映射成软件结构的过程，用软件结构图建立系统的物理模型，实现概要设计。结构化程序设计是将每个模块的功能用标准控制结构表示出来，从而实现详细设计。

结构化方法的基本思想是自顶向下、逐步求精。指导原则是功能的分解和抽象。该方法出现较早，发展较为成熟，适合解决数据处理领域问题，对于复杂的大项目、解决需求变化和数据维护等问题不太适合。

2. 面向数据结构方法

面向数据结构的设计方法（Jackson 方法）就是用数据结构作为程序设计的基础，最终得出程序处理过程的描述。这种方法从目标系统的输入、输出数据结构入手，导出程序框架结构，再补充其他细节，就可得到完整的程序结构图。

面向数据结构方法特别适用于输入、输出数据结构明确的中小型系统，如商业应用中的文件表格处理。在详细设计阶段，设计每个模块的具体处理过程也特别方便。

3. 面向对象方法

结构化分析和设计方法在一定程度上缓解了“软件危机”。但随着人们对软件提出的要求越来越高，结构化方法已经无法承担快速、高效地开发复杂软件系统的重任。于是 20 世纪 80 年代末 90 年代初逐渐成熟的面向对象方法学，使软件开发者对软件的分析、设计和编程等方面都有了全新的认识。

面向对象方法（Object-Oriented Method）的基本思想是：从现实世界中客观存在的事物（即对象）出发来构造软件系统，并在系统构造中尽可能运用人类的自然思维方式。在面向对象方法中，对象是认识问题、分析问题、解决问题的核心，客观世界中的万事万物皆被看做对象，对象可以是具体的物，也可以是某一个概念，它是构成系统的基本单位。一个对象由一组属性和对这组属性进行操作的一组服务构成。

面向对象方法是一种运用对象、类、封装、继承、多态和消息传递等概念来构造、测试、重构软件的方法。

面向对象方法包括面向对象分析、设计、实现、测试、维护、管理等。它功能强大，编程效率高，可重用性好，易于维护；但它也有诸多缺点，复杂烦琐，难学难懂，较难掌握。近年来业界正在不断地完善它，比如推出了面向对象的标准建模语言，如 UML（Unified Modeling Language），该语言已成为面向对象建模的工业标准，本书将在后续章节中详细介绍。业界一致认为面向对象方法是软件工程学发展中的主流。

1.3.2 软件工程的5个面向理论

前面谈到的软件工程开发方法为软件工程实践工作打下了基础，下面介绍的软件工程的 5 个面向理论进一步为软件工程实践提供了理论指导。这 5 个面向理论是面向流程分析、面向数据设计、面向对象实现、面向功能测试和面向过程管理。

1. 面向流程分析

在需求分析阶段，系统分析员要面向各种流程进行深入分析，如业务流程、数据流程、资金流程等，画出业务流程图，分析数据流程的变化，确定功能、性能、环境等需求。

2. 面向数据设计

在系统设计的概要设计阶段，数据结构和数据库设计是至关重要的，通过面向数据的方法进行模块的划分，确定模块和模块之间的接口和调用关系。

3. 面向对象实现

在系统设计阶段，使用面向对象方法进行详细设计已是发展主流，尤其是随着窗口操作系统和互联网的出现，B/S（浏览器/服务器）模式软件的增多，面向对象实现体现出很大的优势。

4. 面向功能测试

测试是软件开发工作最重要的环节之一，进行测试的目的是为了发现错误，通常有面向功能的黑盒测试和面向程序结构的白盒测试，黑盒测试中的功能测试应用更加广泛。

5. 面向过程管理

面向过程管理就是面向过程对软件生存周期各个阶段进行管理和控制。早期进行软件开发时不注重管理，只要有几个优秀的程序员编写程序就可以了。在现代软件工程方法中，每个软件开发过程的管理甚至比编写程序更重要。

1.4 软件生存周期

1.4.1 软件生存周期的定义

同任何事物一样，软件也有一个从孕育、诞生、成长、成熟到衰亡的生存过程。据此，人们提出了软件生存周期的概念，即软件产品从提出、实现、使用、维护到停止使用退役的整个过程称为软件生存周期。它一般包括可行性研究、需求分析、概要设计、详细设计、编码实现、软件测试、投入使用和后期维护等活动过程。

还可以将软件生存周期划分为软件定义、软件开发和软件运行维护三大阶段，各个阶段又可划分为具体操作阶段，如图 1.2 所示。

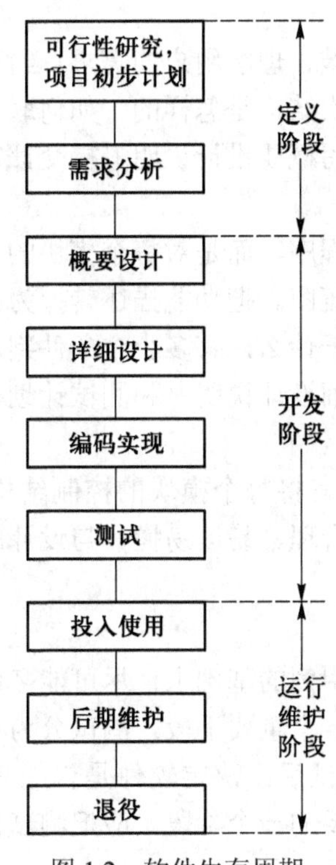

图 1.2　软件生存周期

1.4.2　软件生存周期划分阶段的原则

在实际工作中，软件生存周期各阶段活动内容的划分直接影响软件开发的工作效率和质量。尽管要开发的软件规模、类型、环境、用途以及开发方法不甚相同，但都应遵循一个共同的原则：各个阶段的任务应尽可能相对独立，简化各个阶段的联系，使一个阶段内的任务尽可能相同，降低每个阶段任务的复杂程度。

1.4.3　软件生存周期各阶段的任务

1. 可行性研究及项目初步计划

用户和咨询人员确定待开发软件系统的开发目标、性质、规模和总的要求，确定要解决的问题。系统分析员和用户合作探讨要开发的项目是否值得去做，是否有可行的解决办法，并对软件开发成本、可获得效益、开发进度等做出估量，写出可行性研究报告连同项目开发的实施计划一同提交到相关部门评审。

2. 需求分析

需求分析阶段的任务至关重要，它是软件开发工作成败的关键。系统分析员与用户应密切配合，充分理解用户的工作业务流程和工作职责范围。收集准确、完整的用户工作业务数据和资料，逐渐分析出用户对软件系统的需求。写出软件需求规格说明书及初步的用户手册，提交评审。

3. 概要设计

系统设计人员应该认真反复推敲、理解用户的需求，给出软件的总体结构，即明确软件由哪些模块组成，这些模块之间的层次结构是怎样的，如何联系、调用，确定每个模块的功能，对工作量和进度进行评估，最后编写概要设计说明书提交评审。

4. 详细设计

详细设计阶段的任务不是编写程序，而是对每个模块的功能进行具体的描述，好比是绘制其他工程领域工程师所使用的工作蓝图。把功能描述转换为结构化的过程描述，即确定每个模块内部的控制结构，先干什么，后干什么，有多少个条件判断，有多少个循环处理等，同时设计数据结构和数据库，最后提交详细设计说明书和测试计划初稿评审。

5. 软件实现

选择一种合适的计算机编程语言将每个模块的控制结构转换成计算机可以接受的程序代码，编写程序时要注意程序的结构合理、易读易懂、与设计的要求一致。编写用户手册、操作手册等面向用户的文档。

6. 软件测试

软件测试的目的是在设计测试用例的基础上，尽可能多地、尽可能早地发现软件各个组成部分的错误，它是保证软件质量的一个重要手段。测试分为单元测试、集成测试、确认测试、系统测试和验收测试。通过以上测试后，决定软件是否能交付用户使用，是否达到用户的要求。测试是软件生存周期中比较重要的一个阶段，应把测试计划、详细测试方案和实际测试结果都保存下来。

7. 使用和维护

软件交付使用并投入运行以后，就进入了软件生存周期中时间最长、工作量最大的维护阶段。由于硬件变更、操作系统换代、需求变化等原因，要对软件不断地进行维护，直到有一天，当开发一个新的软件比维护原来的软件所花的成本还低时，说明已没有维护价值，软件生存周期结束，原来的软件任务完成且软件被淘汰。

1.5 软件开发模型

软件生存周期讲述了软件从提出到退役有哪些活动过程以及每个活动过程的工作任务。实际上，从事软件开发工作时应该根据所承担项目的特点来决定软件生存周期中各阶段活动的步骤。软件开发模型也称为软件生存周期模型，就是描述软件开发过程中各种活动如何执行的模型。

目前有很多种软件开发模型。例如瀑布模型、增量模型、螺旋模型、快速原型模型和喷泉模型等。

1.5.1 瀑布模型

瀑布模型又称为流水式过程模型。它规定了软件生存周期活动中的可行性研究与项目开发计划、需求分析、软件设计、编码实现、软件测试和运行及维护自上而下、相互衔接，像瀑布流水一样，逐级下落，如图 1.3 所示。

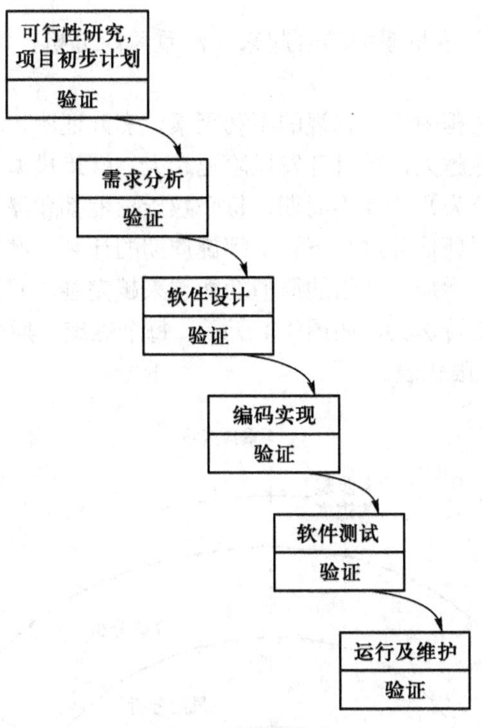

图 1.3 瀑布模型

在瀑布模型中，当发现某阶段的上游出现错误时，就要逆流返回重新修正，但付出的代价较大，故每个活动过程完成后，都应该进行仔细验证再进入下一级活动过程。

瀑布模型的优点是结构清晰，便于评审、跟踪、管理和控制。缺点是开发模型是线性的，用户只有等到整个过程全部结束才能见到开发成果，从而增加了开发的风险；另外早期的错误可能不易被发现，错误越积累后果越严重。

实际软件开发项目若需求明确且在开发过程中很少变化，分析设计人员对项目领域很熟悉，风险较低，可采用瀑布模型。

1.5.2 增量模型

增量模型就如同小朋友用积木盖房子一样，房子是一点一点盖起来的，随着积木的增加，房子的功能和结构越来越完善。

增量模型是一种非整体开发模型，软件被逐渐开发出来，用户可以很早就见到软件，及早发现问题。一般第一个增量往往是实现基本需求的核心功能，经过评价生成下一个增量的开发计划，这样不断重复增量过程，直到产品最终完成。

增量模型的优点是将一个大系统分解为多个小系统，降低了开发难度，也减小了开发风险，同时对需求变化的适应性更强。缺点是软件系统要进行组装和拆卸，必须具备开放式体系结构，并且只能分阶段向用户提供软件产品。

1.5.3 螺旋模型

螺旋模型将瀑布模型和增量模型结合起来，注重风险分析，特别适合于大型复杂系统的开发。

风险是软件项目开发过程中不可忽视的不利因素。实践证明，项目越复杂，设计成本、进度、方案等因素的不确定性越大，项目开发风险也越大，螺旋模型是一种风险驱动模型。

螺旋模型将开发过程分为几个螺旋周期，每个螺旋周期都和瀑布模型相似，产生一个满足项目部分功能的原型，然后评估并进行下一个螺旋周期的计划，产生下一个原型，该原型功能更加丰富。随着螺旋周期的增加，产生的原型功能越来越完善，开发风险也随之越来越大。

螺旋模型沿着螺旋线旋转迭代，如图 1.4 所示，每个螺旋周期分为 4 个工作活动过程，分别由如图 1.4 所示的 4 个象限代表。

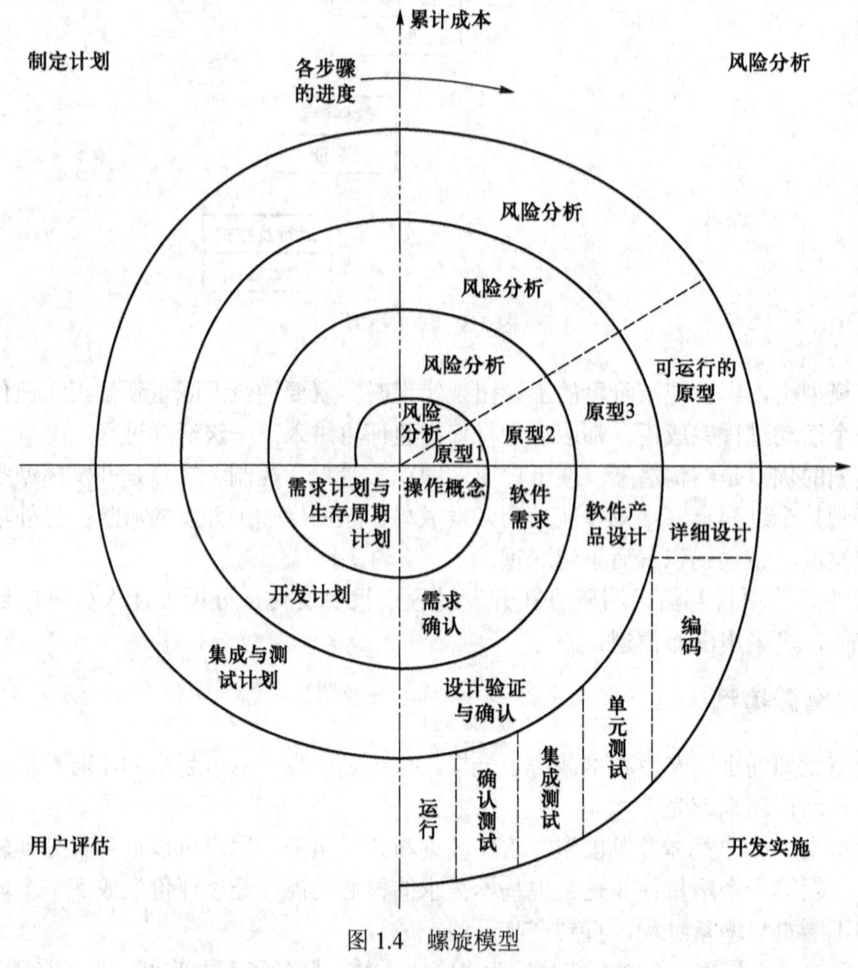

图 1.4 螺旋模型

① 制定计划：确定软件项目目标，选定实施方案，明确开发约束条件。

② 风险分析：分析所选方案，识别风险，通过制定原型降低风险。

③ 开发实施：实施软件开发。

④ 用户评估：评价开发工作，提出修改建议，建立下一个周期的计划。

1.5.4 快速原型模型

原型是指模拟某种产品的原始模型，在其他产业中经常使用模型。通过对模拟出来的原型的理解和认识，加强对要生产的真正产品的理解。模型的直观性很强，经过用户和编程人员反复讨论，发现那些不满意的设计，不断修改最终得出理想产品的原型，然后按照这个原型开发真正的产品。在软件开发过程中，原型是软件的一个早期可运行的版本，它反映了最终系统的部分重要特性。

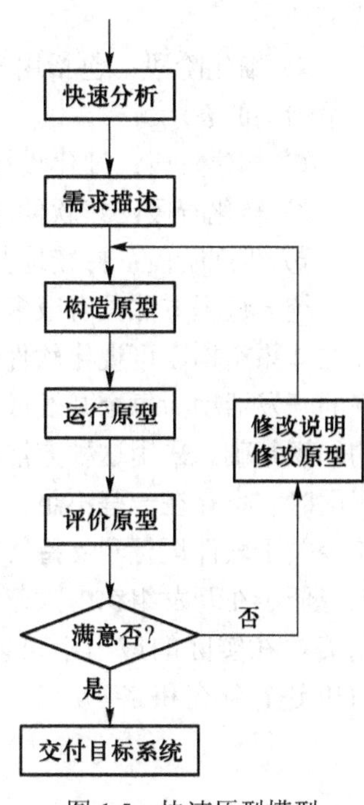

图 1.5 快速原型模型

快速原型模型的基本思想是原型驱动，从用户需求出发，快速建立一个可以运行的、满足用户核心需求的软件系统原型，用户运行原型、评价原型、提出修改意见，这样不断地完善原型，最终得出满足用户需求的真正软件系统产品，如图 1.5 所示。

快速原型模型缩短了用户和开发者之间的距离，由于有一个有形的“原型产品”，提高了系统的实用性、准确性以及用户的满意度，也缩短了开发周期，加快了工程进度，减少了开发成本，降低了开发风险。但同时它也有其缺点，例如所选用的开发技术和工具不一定是主流的，对原型连续的修改可能会导致产品质量低下，不利于开发人员创新等。总之，当软件开发者不熟悉要开发的软件系统所属的应用领域时，比较适合使用快速原型模型。

1.5.5 喷泉模型

喷泉模型是一种以用户需求为动力，以对象作为驱动的模型，适合于采用面向对象的开发方法。与传统的结构化生存周期相比，喷泉模型的生存周期具有更多的迭代性和无间隙性，而且在项目的整个生存周期中还可以嵌入子生存周期，生存周期的各个阶段可以相互重叠和多次反复。就像喷泉的水喷上去又落下来，可以落在中间，也可以落在最底部，如图 1.6 所示。

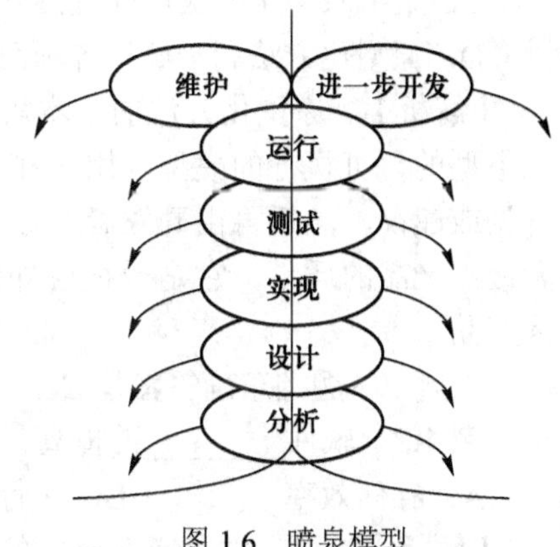

图 1.6 喷泉模型

所谓迭代开发是指基于一个系统进行连续扩充和精化，经历若干个开发周期，每个周期都需要经历分析、设计、实现和测试等阶段。每个开发周期只完成比较小的一部分需求，反复迭代。所谓无间隙性是指在分析、设计、实现和测试等开发活动之间不存在明显的边界，可以相互重叠。

1.5.6 统一过程

Rational 统一过程（Rational Unified Process，RUP）是由 Rational 软件公司推出的一种完整的软件过程。它是一种“用例驱动，以体系结构为核心，迭代及增量”的软件过程框架，由 UML 方法和工具支持。统一过程定义了以下 5 个阶段。

① 起始阶段：包括用户沟通和计划活动两个方面，强调定义和用例细化，并将其作为主要模型。

② 细化阶段：包括用户沟通和建模活动，重点是创建分析和设计模型，强调类的定义和体系结构的表示。

③ 构建阶段：细化设计模型，并将设计模型转换为软件构建实现。

④ 转化阶段：将软件从开发人员传递给最终用户，并由用户完成测试和验收测试。

⑤ 生产阶段：持续地监控软件的运作，并提供技术支持。

统一过程方法具有很多优点：提高了团队生产力，在迭代的开发过程、需求管理、基于组件的体系结构、可视化软件建模、验证软件质量及控制软件变更等方面都有优势，针对所有关键的开发活动为每个开发成员提供了必要的准则、模板和工具指导，并确保全体成员共享相同的知识基础。采用这种方法能够建立简洁和清晰的过程结构，为开发过程提供较大的通用性。但同时它也存在一些不足：RUP 只是一个开发过程，并没有涵盖软件过程的全部内容，例如它缺少关于软件运行和支持等方面的内容；此外，它没有支持多项目的开发结构，这在一定程度上降低了在开发组织内大范围实现重用的可能性。可以说，RUP 是一个非常好的开端，但并不完美，在实际的应用中可以根据需要对其进行改进并且可以用其他软件过程的相关内容对 RUP 进行补充和完善。

1.6 典型例题解析

例 1.1 以下关于原型化开发方法的叙述中，不正确的是________。

A．原型化方法适用于需求不明确的软件开发

B．在开发过程中可以废弃早期构造的软件原型

C．采用原型化方法可以直接开发出最终产品

D．原型化方法利于确认各项系统服务的可用性

【解析】 原型化方法的基本思想是：根据用户给出的基本需求，通过快速实现构造出一个小型的、可执行的模型，用户在计算机上实际运行这个用户界面原型，在试用过程中提出意见或建议，然后再由开发者对原型进行改进。如此周而复始，逐步弥补不足之处，从而提高最终产品的质量。它是一种自外向内的设计过程，所以采用原型化方法不能直接开发出最终产品。

因此，本题的正确答案是 C。

例 1.2 软件________的提高，有利于软件可靠性的提高。

A．存储效率　　B．执行效率　　C．容错性　　D．可移植性

【解析】 可靠性是指在一定的环境下，在给定的时间内系统不发生故障的概率。所以软

件的容错性提高了，不发生故障的概率就高，从而可以提高软件的可靠性。

因此，本题的正确答案是 C。

例 1.3 选择软件开发工具时，应考虑功能、________、健壮性、硬件要求和性能、服务和支持。

A．易用性 B．易维护性 C．可移植性 D．可扩充性

【解析】 用来辅助软件开发、运行、维护、管理和支持等过程的软件，称为软件开发工具。在选择软件开发工具时，应考虑其功能、易用性、健壮性等。

因此，本题的正确答案是 A。

例 1.4 统一过程（RUP）在每个阶段都有主要目标，并在结束时产生一些产品。在________结束时产生“在适当的平台上集成的软件产品”。

A．初期阶段 B．精华阶段 C．构建阶段 D．移交阶段

【解析】 初期阶段结束时产生一个构想文档、一个有关用例模型的调查、一个初始的业务用例、一个早期的风险评估和一个可以显示阶段和迭代的项目计划等产品；精华阶段结束时产生一个补充需求分析、一个软件架构描述和一个可执行的架构原型等产品；构建阶段结束时的成果是一个准备交到最终用户手中的产品，包括具有最初运作能力的在适当的平台上集成的软件产品、用户手册和对当前版本的描述；移交阶段结束时产生移交给用户的产品发布版本。

因此，本题的正确答案是 C。

例 1.5 软件工程的每一个阶段结束前，应该着重对可维护性进行复审。在系统设计阶段的复审期间，应该从________出发，评价软件的结构和过程。

A．指出可移植性问题以及可能影响软件维护的系统界面

B．容易修改、模块化和功能独立的目的

C．强调编码风格和内部说明文档

D．可测试性

【解析】 可维护性指进行规定的修改所需要的努力有关的一组属性。它是所有软件都应具有的基本属性。在系统分析的复审过程中，应该从容易修改、模块化和功能独立的目的出发，评价软件的结构和过程。

因此，本题的正确答案是 B。

例 1.6 软件系统设计的主要目的是为系统制定蓝图，________并不是软件设计模型所关注的。

A．系统总体结构 B．数据结构 C．界面模型 D．项目范围

【解析】 软件设计中最重要的概念就是抽象，或者说是采用面向对象的思想来设计软件系统，在面向对象设计方法流行之前采用的是面向过程的思想。在面向对象的设计中，几个重要的思想就是抽象、继承和封装，在分析和设计时同样要遵循这些原则。分析过程是对需求进行分析，产生概念模型，此概念模型和设计阶段的模型是不同的，概念模型停留于业务层面，而设计模型则为所设计的概念模型提出技术级别的解决方案。项目范围不属于软件设计模型关注的范围。

因此，本题的正确答案是 D。

1.7 本章小结

本章对计算机软件工程学进行了概述。首先从软件的相关概念出发，介绍了软件的定义、特点、发展以及软件危机的定义和软件危机产生的原因、表现以及应对的方法，从而引出了软件工程的概念，并介绍了软件工程的目标、原则、内容和基本原理；然后阐述了软件工程的方法和理论并详细介绍了软件生存周期各阶段的任务、常见的几种软件开发模型等。

通过本章学习，读者应理解软件、程序、编程、软件危机、软件工程和软件生存周期等概念；关注软件工程的发展动向、软件工程的开发方法和理论；重点掌握软件工程的目标、原则、原理和内容；深刻理解软件生存周期各阶段的原则和任务以及各种软件开发模型过程的含义。

1.8 习题

一、选择题

1. 软件是计算机系统中与硬件相互依存的另一部分，包括程序、数据及________。

A. 文档　　B. 代码　　C. 图形　　D. 硬件

2. 软件产品的生产主要是脑力劳动，软件产品的成本主要体现在软件的________上。

A. 复制　　B. 磨损、消耗　　C. 运行　　D. 开发研制、维护

3. 软件工程是计算机科学中的一个重要分支，其主要思想是在软件生产中用________的方法代替传统的手工方法。

A. 现代化　　B. 工程化　　C. 科学化　　D. 简单化

4. 在软件生存周期中需求分析阶段的任务是________。

A. 详细设计　　B. 设计软件的结构

C. 确定软件系统必须做什么　　D. 检验软件是否有错

5. 在软件开发中常采用的结构化生存周期方法，根据其特征一般将其称为________。

A. 对象模型　　B. 螺旋模型　　C. 层次模型　　D. 瀑布模型

二、填空题

1. 软件工程的三要素是方法、________和________。

2. 软件工程研究的主要内容是______________和______________，它是技术和管理紧密结合形成的工程学科。

3. 软件开发的结构化生存周期方法将软件生存周期划分成定义阶段、开发阶段和______________。

三、名词解释

1. 软件
2. 软件工程
3. 软件生存周期
4. 快速原型模型

5．瀑布模型

四、简答题

1．软件产品有哪些特点？

2．什么是软件危机？软件危机有哪些表现？

3．有哪些主要的软件开发方法？

4．软件工程学的基本原则有哪些？

5．常见的软件开发模型有哪些？

第 2 章　软件立项与合同

本章要点

- 可行性分析的任务和步骤
- 可行性分析报告的主要内容
- 系统流程图的符号及含义
- 成本估算和效益分析的方法
- 软件投标书和软件开发合同的内容
- 软件项目开发计划的内容

2.1　软件项目立项

万事开头难，软件项目的启动工作进行得越充分、细致、周全，后续工作的开展就会越顺利，成功率和效率都会大大提高。软件项目的启动有两个重要的工作阶段：一是项目的立项，二是项目的全面计划。

2.1.1　软件项目分类

在信息化高速发展的知识型社会中，各行各业每年都会有大量软件项目立项研发。不同类型的项目对项目费用、交付时间、人员、技术水平、环境工具等的要求差别极大，可从不同角度进行分类。

1. 软件项目成熟度

① 概念开发：系统的部分或全部采用全新的概念、技术。项目风险大，交付时间不能太紧，人员技术水平高。一般是试探性的工程原型产品。

② 新产品开发：已有原型，正式开发实用的产品。风险较小，可在预定时间和经费下交付。

③ 产品增强：在原有产品基础上开发出新版本，增加功能，改善性能，或适应环境，支持工具的更新。一般风险不大，预估时间和经费较准确。

④ 产品线：做出同类型的一系列产品，但这些产品具有相同的体系结构，具有大量的公共组件。每个产品经实例化或简单的二次开发即可得到，一般交付迅速、成本低廉。而产品线的首次开发同新产品一样，且更强调标准化、通用化，风险和成本也都比较大。

2. 软件项目的通用性

（1）订单软件项目

项目的立项单位不具备软件开发能力，要借助专业的软件研发机构来完成。立项单位和软件研发机构签订软件开发合同。对于一些大型项目，在签订合同之前，一般有一个招标和投标的过程，中标之后签订详细开发合同。

专业的软件研发机构更有经验、更有实力，而且软件产品的立项、开发、运行、维护等过程已发展得较为成熟，故这类项目占据了软件项目市场的大部分的份额。不过在项目实施过程中，由于利益及责任不同，立项单位和实施单位存在着复杂的协作关系，项目的组织和管理显得尤为重要。

（2）非订单软件项目

软件研发机构通过市场调研，认为某种软件项目产品市场潜力非常大，而软件公司在人力、资金、技术、风险、时间和效益等方面完全具备开发能力，于是决定立项开发。这类软件项目一般通用性极强，往往是针对某种行业开发的某一类软件，例如金蝶财务管理软件、管家婆软件等。

2.1.2 项目立项

任何一个新项目被提出后，首先都要进行项目论证，软件项目也如此。项目论证就是对要实施开发的项目在技术、管理、经济、操作和法律等方面的可行性进行综合分析，最后提交可行性分析研究报告，为项目的立项决策提供客观的依据。软件项目的立项一般需要经过以下几个阶段。

1. 项目发起

项目发起人或单位以书面材料的形式提交给项目的支持者和领导，使其明白开发该项目的重要性。这种书面材料称为立项建议书。立项建议书是项目开发的第一份管理文档，在某种程度上可以代替用户需求报告，作为软件策划的基础。

2. 项目论证

对本项目进行可行性研究分析，论证开发该项目的经济、技术、社会等条件是否成熟，写出可行性研究报告提交评审。可行性研究工作非常重要，许多软件项目没有取得预期的效果，主要原因是该阶段工作不够充分、细致，不能仅仅由领导或相关负责人的个人意愿来决定项目是否立项。

3. 项目审核

项目经过论证，得出确实可行的结论后，还需报告给主管领导或单位，获得领导在经济和管理协调工作方面的批准和支持，这也是项目是否成功的一个主要因素。

4. 项目立项

项目通过可行性分析论证可行并获得主管部门批准后，被列入项目计划的过程，称为项目立项。

在项目立项完成后，就开始指定一些和该项目有关的人组成项目团队，着手进行项目的研发与实施阶段的各项工作；如果软件采用外包方式，而不是自主研发，就可以开展软件项目的招投标工作。

2.1.3 项目可行性分析

并不是任何项目都有简单明了的解决办法。事实上，许多项目不可能在预定的系统规模、系统功能和期限之内解决。如果问题没有可行的解决办法，那么开发这个项目所花费的时间、资源、人力和经费都是无谓的浪费。软件项目可行性分析对于项目将来成功达到预期效果有着很重要的意义，一旦可行性分析出现错误，可能会出现灾难性后果。

1. 可行性分析的目的

软件项目可行性分析的目的就是用最小的代价在尽可能短的时间内确定该软件项目是否能够开发、是否值得去开发。

2. 可行性分析的内容

可行性分析的任务不是研究如何解决问题，而是确定一个项目在规定的时间内是否有可行解以及是否值得去解的问题。

在一般情况下，主要应从3个方面论证系统开发的可行性。

（1）技术可行性

技术可行性是指在现有的技术条件下能否达到系统所提出的要求。对要开发项目的功能、性能、限制条件等进行分析，确定在现有的硬件、软件资源，现有技术人员的技术水平和工作经验条件下，技术风险有多大，项目是否能实现。技术可行性一般要考虑如下情况。

① 开发的风险：在规定的限制条件范围内，能否开发出系统并实现必要的功能和性能。

② 资源的有效性：用于开发系统的各种管理人员和专业技术人员、软硬件资源是否真正有效，是否能为项目开发提供有力保障。

③ 技术：相关技术的发展是否支持这个系统的开发。

软件项目属于知识密集型项目，对技术要求较高，如果缺乏足够的技术力量，那么是很难成功的。技术可行性需要确认的是，项目准备采用的技术是先进的、成熟的，能够充分满足用户在应用上的需要，并足以支持系统的成功实现。

（2）经济可行性

经济可行性分析就是估计项目的成本和效益，分析项目在经济上是否合理。如果不能提供研制系统所需的经费，或者不能提高企业的利润，或者在一定时期内不能回收投资，经济上就是不可行的。

经济可行性分析主要用来确定一个系统的经济效益是否能超过它的开发成本。通过成本-效益分析，评估系统的经济效益，并将估算的成本和利润进行对比。最后，做出投资的估算和系统投入运行后可能获得的收入或可节约费用的估算。

可见，成本-效益分析是可行性分析的重要内容，本书将在后续章节详细介绍。由于项目的开发规模、功能、维护活动有很多不确定性因素，因此很难准确估算出开发成本。通常估算项目开发成本时应考虑以下几个因素。

① 设备费用（各种硬件/软件及辅助设备的购置、运输、安装、调试、培训的费用等）。

② 机房及附属设施（电源动力、通信、公共设施费用等）。

③ 系统开发费用。

④ 系统的安装、运行（人员费用、易耗品、办公费用等）和维护费用。

⑤ 人员培训费用等。

在进行费用估算时，切忌估算过低。例如，只算主机，不算辅助设备；只算开发费用，不算维护费用；只算一次性投资，不算经常性开支等。如果费用估算过低，会使可行性研究所得出的结论不正确，影响系统的建设。

系统效益包括如下两方面。

① 直接经济效益：指系统投入运行后对利润产生的直接影响。例如，节省劳动力，加快工作效率，提高产品质量等。

② 间接社会效益：社会效益大部分是难以用货币形式体现的，如系统运行后对管理者的决策提供了有力的支持，改善了企业形象，增强了竞争力、广告宣传影响等。

（3）社会可行性

除了经济、技术因素外，还有许多社会因素会制约项目的开展。例如，项目的直接管理者是否对项目的开展抱支持态度。如果存在各种误解甚至抱有抵触情绪，就应该做好宣传、解释工作，这样项目才能开展。另外，如果用户素质比较低，在短时期内这种情况不会发生根本性的变化，这时考虑大范围使用新技术也是不现实的，人的因素是必须考虑在内的。还有，在法律法规方面，需要分析开发的系统会不会造成法律侵权，会不会跟国家的相关政策、法律产生冲突等。

社会可行性所涉及的范围比较广，除了上面提到的领导重视、人员因素、法律法规外，还有管理制度、操作方式是否可行、社会道德、民族意识和政治意识等。

3. 可行性分析的步骤

典型的可行性分析包括下列步骤。

（1）确定项目规模和目标

对关键人员进行调查访问，仔细阅读和分析有关的材料，对问题定义阶段书写的用户需求报告或立项建议书进行进一步复查，改正含糊或不确切的叙述，对项目的规模和目标进行定义和确认，清晰地描述项目的限制和约束，确保分析人员正在解决的问题确实是用户要解决的问题。

（2）研究现有的系统

现有系统是指单位或个人当前正在使用或曾经使用过的软件系统，这个系统可能是已有的计算机软件系统，也可能是人机交互的半自动化软件系统，甚至是手工操作的人工管理系统。

分析人员应该仔细阅读分析现有系统的文档资料和使用手册，也要实地考察现有的系统，注意了解系统操作，还要了解使用这个系统的代价以及其存在的缺点，从而阐明建议开发新系统或修改现有系统的必要性。注意，进行这个步骤的目的是了解现有的系统能做什么，而不是了解它怎样完成这些工作，故不必花费太多时间去了解系统的实现细节。

在这个步骤中，分析员应该记录现有系统的功能、性能、工作负荷、费用开支、人员、设备、局限性等；画出描绘现有系统的高层系统流程图；记录现有系统和其他系统之间的接口情况，并请有关人员检验其正确与否。

（3）导出新系统的高层逻辑模型

通过对现有系统存在的问题进行分析，并根据需要合理地给出建议系统的体系结构、功能结构、过程模型、接口等能够满足现有业务及未来业务发展的需要，且不丢失现有工作数据的理想的新系统。然后使用逻辑模型工具——系统流程图来描述数据在新系统中的流动和处理情况，导出现有系统的逻辑模型，描绘数据在系统中的流动和处理情况，从而概括地表达对新系统的设想。逐项说明所建议的新系统相对于现有系统进行的改进和优越性，说明所建议的系统可能带来的影响和效果以及尚存在的局限性等。

(4) 提出可行的解决方案并对其进行评估和比较

基于新系统的高层逻辑模型，系统分析人员可以提出多种解决方案。例如，自主开发或完全外包式开发或购买商用软件产品系统加自主开发相结合的方式，就我国目前的软件应用而言，后两种情况比较常见。最后从经济、社会和技术等多个方面对各种解决方案进行比较和评估。

(5) 选择合适的解决方案进行投资及效益分析

在上述研究的基础上，就确定了该软件产品是否能够解决存在的问题，是否能够达到预期的效果和价值的问题。如果该软件开发项目没有必要性和可能性，则应立即停止，并给出详细的理由。如果有开发该软件产品的必要性和可能性，那么应该从上述的多个解决方案中选取出最合适、最可行的解决方案。

对于所选择的方案进行项目资金的预算，分析性能价格比，包括基本建设投资、其他一次性支出和非一次性支出。还要对所选择的方案阐明能够带来的收益，要说明能够获得的一次性收益、非一次性收益、不可定量的收益、整个系统生存周期的收益/投资比值等。

(6) 社会因素方面可行性分析

说明法律因素，如合同责任、专利权、版权等；说明用户使用可行性，用户单位的行政管理、工作制度是否支持使用该软件系统；用户单位的工作人员是否具备使用该软件系统的能力；是否违背社会道德等。

(7) 制定开发计划

软件项目开发时间包括从项目启动到系统交付使用的全过程所需要的时间。如果时间计划安排不当，将直接影响项目的潜在盈利和应用效果。人力、设备等资源能否合理化配置；财务经费能否合理分配使用等都和项目进度计划是否能合理安排有直接关系。

系统分析员除了要制定工程进度表之外，还应该估计对各类开发人员（系统分析员、程序员等）和各种资源（计算机硬件、软件工具等）的需要情况。

(8) 撰写可行性研究报告得出结论

可行性研究报告是可行性研究阶段的输出文档，应该包括的内容有项目背景、管理概要、候选方案、系统描述、经济可行性分析、社会可行性分析、技术可行性分析及可行性研究的结论等。

可行性研究的结论一般有以下 3 种。

① 可以按计划进行软件项目的开发。

② 需要解决某些存在的问题（如资金短缺、设备陈旧和开发人员短缺等）或者对现有的解决方案进行一些调整或改善后才能进行软件项目的开发。

③ 待开发的软件项目不具有可行性（例如技术上不成熟、经济上不合算等），则立即停止该软件项目。

2.1.4 可行性研究报告的主要内容

可行性分析研究报告是项目初期策划的结果，它分析了项目的要求、目标和环境，提出了几种可供选择的方案；并从技术、经济和法律等方面进行了可行性分析，可作为项目决策的依据。

可行性分析的结果要用可行性分析报告的形式编写，主要内容包括以下几部分。

① 引言。说明编写本文档的目的和项目的名称、背景，本文档用到的专门术语和参考资料。

② 系统建设背景、必要性和意义。报告要用较大的篇幅说明总体规划调查、汇总的全过程，要使人信服调查是真实的，汇总是有根据的，规划是可信的。

③ 拟建系统的候选方案。系统候选方案应包括系统规模及新系统初步方案、计算机的逻辑配置方案、投资方案、来源及时间安排、人员培训等。可以提出一个主要方案及几个辅助方案。

④ 可行性认证。从技术、经济和社会 3 个方面对项目进行认证。

⑤ 比较几个方案。若认为结论是可行的，则给出系统开发计划，包括各阶段人力、资金、设备需求，用甘特（Gantt）图等工具表示开发进度。

可行性分析报告要尽量取得有关管理者的一致认可，并经过主管领导批准，才可实施，进入对系统进行详细调查分析的阶段。

本书附录中给出了符合国标 GB/T 8567—2006“可行性研究报告”的模板格式，方便读者查阅。

2.1.5 召开项目启动会议

经系统可行性分析研究后，如果得出结论，项目开发是可行的，就应开始组建项目开发团队，项目经理需要召集项目相关人员，召开项目启动工作会议。通过项目启动工作会议实现以下目标。

① 项目动员。

② 明确项目组织、工作职责和工作流程。

③ 制定项目进度计划。

④ 确定在项目实施过程中对特殊问题的处理办法。

⑤ 制定沟通与检查计划。

2.2 系统流程图

1. 系统流程图的作用

在进行可行性研究时需要了解和分析现有的系统，并以概括的形式表达对现有系统的认识。进入设计阶段以后应该把设想的新系统的逻辑模型转换成物理模型，因此需要描绘未来的物理系统的概貌。

可行性研究需要对现有系统做概括的物理模型描述，如用图形工具表示则更加直观、简洁。系统流程图是描绘物理系统的传统工具，它的基本思想是用图形符号以黑盒子形式描绘系统中的每个部件（人工处理、数据库、数据处理、文件、设备等）。系统流程图表达的是部件的信息流程，而不是对信息进行加工处理的控制过程。

2. 系统流程图的符号

系统流程图的符号如表 2.1 所示。

表 2.1 系统流程图的符号

符 号	名 称	说 明
	处理	能改变数据值或数据位置的加工或部件，例如，程序模块、人工加工、处理机等都是处理
	输入输出	表示输入或输出，是一个广义的不指明具体设备的符号
	连接	指出转到图的另一部分或从图的另一部分转来，通常在同一页上
	换页连接	指出转到另一页图上或由另一页图转来
	数据流	用来连接其他符号，指明数据流动方向
	文档	通常表示打印输出文档，也可表示用打印终端输入数据
	联机存储	表示任何种类的联机存储，包括磁盘、U 盘和海量存储器等
	磁盘	磁盘输入输出，也可以表示存储在磁盘上的文件或数据库
	显示	LCD 终端或类似的显示部件，可用于输入或输出，也可既输入又输出
	人工输入	人工输入数据的脱机处理，例如，填写表格
	人工操作	人工完成的处理，例如，会计在工资支票上签名
	辅助操作	使用设备进行脱机操作
	通信链路	通过远程通信线路或链路传送数据

制作系统流程图的过程是系统分析员全面了解系统业务处理概况的过程，它是系统分析员进行进一步分析的依据。系统流程图是系统分析员、管理人员、业务操作人员相互交流的工具，系统分析员可直接在系统流程图上拟出可以实现的计算机处理，可利用系统流程图来分析业务流程的合理性。

3. **系统流程图示例**

某图书馆借书流程如下：读者必须先验明证件后才能进入查询室。读者在查询室内通过检书卡或利用终端检索图书数据库来查找自己所需的图书。找到所需图书并填好索书单后到服务台借书。如果所借图书还有剩余，管理员将填好借书单，从库房中取出图书交给读者。如图 2.1

所示的系统流程描述了上述系统的概貌。图 2.1 中的每个符号定义了组成系统的一个部件，而并没有指明每个部件的具体工作过程。箭头指定了系统中信息的流动（逻辑）路径。

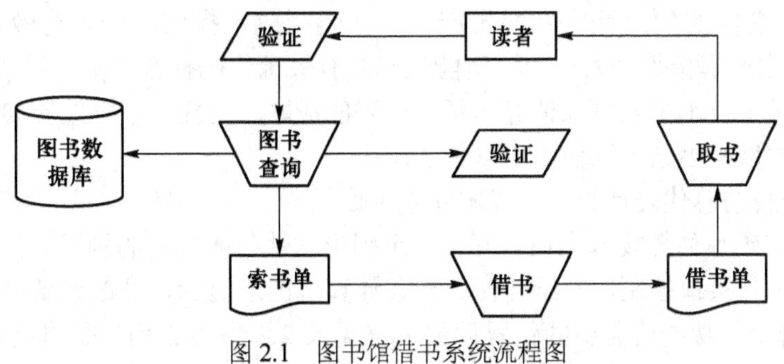

图 2.1 图书馆借书系统流程图

2.3 成本-效益分析

一般说来，经济效益通常表现为减少运行费用或增加收入。但是，投资开发新系统往往要冒一定的风险，系统的开发成本可能比预期的高，效益可能比预期的低。进行成本-效益分析的目的是要从经济角度分析开发一个特定的新系统是否划算，从而帮助使用部门负责人正确地做出是否投资于这项开发工程的决定。

进行成本-效益分析首先要估算待开发系统的开发成本，然后与可能取得的效益（有形的和无形的）进行比较与权衡。其中有形的效益可由货币的时间价值、投资的回收期、纯收入等指标进行度量。无形的效益主要是从性质上和心理上进行衡量，很难进行量的比较。但是无形的效益有特殊的潜在价值，且在某些情况下会转化成有形的效益。

2.3.1 成本估算方法

由于影响软件成本的因素很多（如人、技术、环境以及政治因素等），目前软件成本估算仍是一门很不成熟的技术，国内外已有的技术只能作为借鉴。

1. 代码行估算技术

代码行（Line of Code，LOC）估算技术是比较简单的定量估算方法。通常根据经验和历史数据来估计实现一个功能需要的源代码行数。当有以往开发类似工程的历史数据可供参考时，这个方法是非常有效的。

一旦估计出源代码行数以后，用每行代码的平均成本乘以行数就可以确定软件的成本。每行代码的平均成本主要取决于软件的复杂程度和工资水平。

代码行估算步骤如下。

① 确定功能：将项目功能反复分解到足够细，直到可以对实现该功能所需要的源代码行数作出可靠的估算为止。

② 算出各子功能代码行数的平均值：首先根据经验和历史数据估计实现每个子功能的程序规模，即最小规模 a、最大规模 b 和最可能的规模 m，然后用下面的公式计算出该子功能源代码行数的平均值 L_e：

$$L_e = \frac{a+4m+b}{6}$$

③ 确定各子功能的代码行成本和生产率：代码行成本指生产一条有效代码需要的花费（用元/行表示），生产率指每个人一个月所能生产的有效源代码行数（用行/人月表示），根据历史数据和开发人员工资水平就可以估算出每行代码的成本。同样，根据经验和开发人员的技术水平、软件复杂程度等因素可以估算出软件生产率。

④ 计算该项目的总代码行数、总成本和总工作量。

表 2.2 是用代码行估算技术来估算开发一个图形软件包的成本的例子。假设该软件包有 4 个主要功能，即用户接口控制、二维几何分析、计算机图形显示、外部设备控制（见表 2.2 中第 1 列）。实现每个子功能所需要的代码行数 L_e（见表 2.2 中第 2 列）是将已知的 a、m、b 代入代码行平均值计算公式计算得到的。表 2.2 中第 3 列是生产率，第 4 列是每行代码的成本，第 5 列"成本"和第 6 列"人力"都是计算而得的。

表 2.2 采用代码行技术估算软件成本

功 能	估算代码行数				生产率/（行/人月）	每行成本/（元/行）	成本/元	人力/人月
	a	m	b	L_e				
用户接口控制	1 800	2 400	2 650	2 340	315	14	32 760	7.4
二维几何分析	4 100	5 200	7 400	5 380	220	20	107 600	24.4
计算机图形显示	4 050	4 900	6 200	4 950	200	22	108 900	24.7
外部设备控制	2 000	2 100	2 450	2 140	140	28	59 920	15.2
合 计				14 810			309 180	71.7

由表 2.2 可知，开发图形软件包所需代码行总数为

L_e=14 810≈15 000 行

总成本=309 180 元≈310 000 元

总人力=71.7≈72 人月

2. 任务分解估算技术

任务分解估算技术实际上是一种任务分解技术，它首先将软件开发工程分解为若干个相对独立的任务，再分别估计每个单独开发任务的成本，最后累加起来得出软件开发工程的总成本。在估计每个任务的成本时，通常先估计完成该项任务需要的人力（以人月为单位），再乘以每人每月的平均工资而得出每个任务的成本。

在典型情况下开发阶段需要的人力百分比大致如图 2.2 所示。当然应该针对每个开发项目的具体特点来估计每个阶段实际需要的人力，在很多项目中，软件维护的成本甚至高于开发成本，这里只考虑开发阶段的成本。

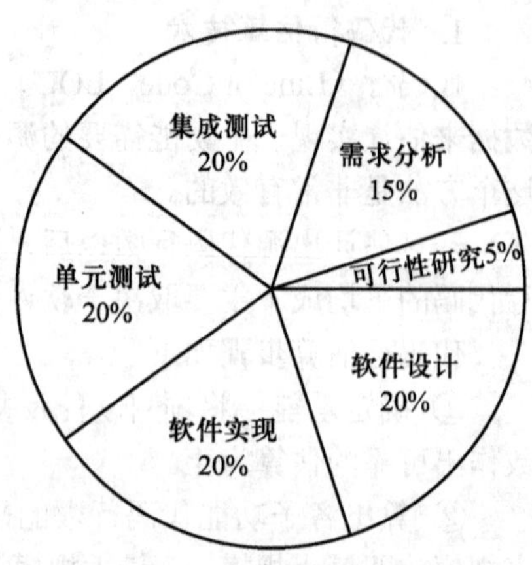

图 2.2 开发阶段需要的人力百分比

下面仍以图形软件包为例，用任务估算技术来估算其开发成本（如表 2.3 所示）。

表 2.3 采用任务分解估算技术估算软件成本

功能＼任务	需求分析/人月	设计/人月	编码/人月	测试/人月	总计/人月
用户接口控制	1.0	2.0	0.5	3.5	7
二维几何分析	2.0	10.0	4.5	9.5	26
计算机图形显示	1.5	11.0	4.0	10.5	27
外部设备控制	1.5	6	3.5	5	16
总人力/人月	6	29	12.5	28.5	76
工资率（元/月）	5 200	4 500	4 000	4 500	
成本/元	31 200	130 500	50 000	128 250	339 950

3. Putnam 估算模型

Putnam 估算模型方程为

$$L = C_k E^{1/3} T_d^{4/3}$$

其中，L 是源代码行数；

E 是开发需要的人力（以人年为单位）；

T_d 是开发需用的时间（以年为单位）；

C_k 是技术水平常数，它的典型值如下：

对于差的开发环境 C_k=2 500；

对于好的开发环境 C_k=10 000；

对于优越的开发环境 C_k=12 500。

已知源代码行数 L 和所需要的人力，选择适当的 C_k 常数时，就可计算出该软件开发所需要的实际时间 T_d，以上面的图形软件包为例，用代码行技术估算源代码行总数是 15 000 行，开发所需的人力是 72 人月，折算成 6 人年，取 C_k=10 000，代入 Putnam 估算模型，得到开发图形软件包所需用的实际时间是 0.866 年。

4. COCOMO 模型

所谓 COCOMO 模型就是 Boehm 提出的构造性成本模型（Constructive Cost Model）。在这种模型中，软件开发工作量被表示成估计的代码行数的非线性函数：

$$MM = C_1 \times KLOG^{\alpha} \times \prod_{i=1}^{n} f_i$$

其中，MM 是开发工作量（以人月为单位）；

C_1 是模型系数；

$KLOC$ 是估计的代码行数（以千行为单位）；

α 是模型指数；

f_i（i=1，2，…，15）是成本因素。

每个成本因素都根据其重要程度和影响大小赋予一定的数值。成本因素可以划分成生产因素、计算机因素、人员因素和项目工程因素等。

生产因素包括要求的软件可靠性（RELY）、数据库规模（DATA）和软件产品的复杂程度（CPLX）。

计算机因素包括执行时间的约束（TIME）、存储容量限制（STOR）、环境变更率（VIRT）和计算机响应时间（TURN）。

人员因素指系统分析员的能力（ACAP）和应用经验（AEXP）、程序员的能力（PCAP）、开发人员的环境知识（VEXP）和对选定的程序设计语言的知识（LEXP）。

项目因素包括软件开发模型（MODP）、使用的软件工具（TOOL）、对工程进度的限制和约束（SCED）。

COCOMO 模型是层次型模型，按详细程度分成 3 层：上层、中层和下层。

软件开发项目可以分成组织式、半独立式和嵌入式 3 种模式。对组织式软件的要求通常不苛刻，开发人员经验丰富，对软件的使用环境很熟悉，程序的规模一般不大。嵌入式软件的要求通常十分苛刻，需要在很强的约束条件下运行。对半独立式软件的要求通常介于上述两类软件之间，但这类软件的规模一般都比较大。上述 3 种开发模式的正常开发工作量方程如表 2.4 所示。

表 2.4 COCOMO 正常开发工作量

开发模式	正常开发工作量
组织式	$MM = 3.2\ KLOC^{1.05}$
半独立式	$MM = 3.0\ KLOC^{1.12}$
嵌入式	$MM = 2.8\ KLOC^{1.20}$

所谓正常开发工作量也就是所有影响成本的因素都取正常值，即 COCOMO 模型方程式中的 $f_i = 1$（$i = 1$，2，…，15）。

如果某些因素不能取正常值，则需要把这些因素的实际值（称为工作量系数）乘以正常开发工作量，才能得出对系统实际开发工作量的正确估计。表 2.5 中列出了影响软件开发成本的工作量系数，不仅可以估算软件开发的实际成本，还可以分析、比较不同开发条件的成本和效益，从而能够制定出正确的开发方针。

表 2.5 COCOMO 的工作量影响因素和工作量系数

f_i	类别	成本因素	级别					
			很低	低	正常	高	很高	极高
f_1	生产因素	RELY	0.75	0.88	1.00	1.15	1.40	
f_2		DATA		0.94	1.00	1.08	1.16	
f_3		CPLX	0.70	0.85	1.00	1.15	1.30	1.65
f_4	计算机因素	TIME			1.00	1.11	1.30	1.66
f_5		STOR			1.00	1.06	1.21	1.56
f_6		VIRT		0.87	1.00	1.15	1.30	
f_7		TURN		0.87	1.00	1.07	1.15	

续表

f_i	类　别	成本因素	级别					
			很低	低	正常	高	很高	极高
f_8	人员因素	ACAP	1.46	1.19	1.00	0.86	0.71	
f_9		AEXP	1.29	1.13	1.00	0.91	0.82	
f_{10}		PCAP	1.42	1.17	1.00	0.86	0.70	
f_{11}		VEXP	1.21	1.10	1.00	0.90		
f_{12}		LEXP	1.14	1.07	1.00	0.95		
f_{13}	项目因素	MODP	1.24	1.10	1.00	0.91	0.82	
f_{14}		TOOL	1.24	1.10	1.00	0.91	0.83	
f_{15}		SCED	1.23	1.08	1.00	1.04	1.10	

2.3.2 效益分析

1. 货币的时间价值

进行成本估算的目的是为了对项目投资。但投资在前，取得效益在后，因此要考虑货币的时间价值。通常用利率表示货币的时间价值。设年利率为 i，现已存入 P 元，则 n 年后可得钱数为 $F=P\times(1+i)^n$，这就是 P 元钱在 n 年后的价值。反之，若 n 年后能收入 F 元，那么这些钱现在的价值是 $P=F/(1+i)^n$。

例如，在工程设计中用 CAD 系统来取代大部分人工设计工作，每年可节省 9.6 万元。若软件生存周期为 5 年，则 5 年可节省 48 万元，而开发这个 CAD 系统共投资为 20 万元。

不能简单地把 20 万元同 48 万元进行比较。因为前者是现在投资的钱，而后者是 5 年以后节省的钱。需要把 5 年内每年预计节省的钱折合成现在的价值才能进行比较。假定年利率为 10%，利用上面计算货币现在价值的公式可以算出每年预计节省的钱的现在价值，如表 2.6 所示。

表 2.6　货币时间价值对比

年	将来值 F/元	$(1+i)^n$	现在值 P/元	累计的现在值/元
1	96 000	1.10	87 272.73	87 272.73
2	96 000	1.21	79 338.84	166 611.57
3	96 000	1.33	72 180.45	238 792.02
4	96 000	1.46	65 753.43	304 545.45
5	96 000	1.61	59 627.33	364 172.78

2. 投资回收期

所谓投资回收期就是工程累计经济效益等于最初投资所需要的时间。显然，投资回收期越短就能越快获得利润，这项工程就越值得投资。如在表 2.6 中，引入 CAD 系统两年以后，可以节省 16.66 万元，比最初投资还少 3.34 万元，但第三年可以节省 7.22 万元，则 3.34/7.22 = 0.463。因此，投资回收期是 2.463 年。

3. 纯收入

纯收入就是在整个生存周期内新系统的累计经济效益与投资之差，如果纯收入小于等于零，则单从经济观点来看，这项工程不值得投资。在表2.6中，该工程的纯收入为364 170元−200 000元＝164 170元。

4. 投资回收率

利用工程投资回收率可以衡量投资效益的大小，并且可以将其与年利率进行比较。如果投资回收率等于银行的年利率，则此系统不能开发，因为没有增加收入。只有当投资回收率大于年利率时，开发该系统才是合算的。投资回收率的计算方法是

$$P = F_1/(1+j) + F_2/(1+j)^2 + \cdots + F_n/(1+j)^n$$

其中，P 是现在的投资额；

F_i 是第 i 年年底的效益（$i = 1$，2，3，…，n）；

n 是系统的使用寿命；

j 是投资回收率。

解出上述的方程式就可求出投资回收率。

假定按上述方程式计算，$n = 5$，$P = 200\,000$，$F = 96\,000$，则其投资回收率是38%～39%。

2.4　软件投标及签订合同

对于一个小型软件项目的开发，可以由销售人员直接与软件项目使用单位签订合同。对于一个大中型软件项目，在签订合同之前，一般由软件项目使用单位进行公开招标，软件企业的销售中心得到消息后，会和软件研发中心人员迅速进行可行性分析。若可行，则市场销售人员抓紧开展公关活动，技术支持人员马上组织有关的工程师，按照投标书的编写参考指南，参照招标书的内容，制定并提交投标书，参加竞标活动。表2.7中给出了《软件项目投标书》编写参考指南。

表2.7　《软件项目投标书》编写参考指南

序　号	章 节 名 称	章 节 内 容
1	项目概况	陈述项目概况
2	总体解决方案	系统目标、背景、功能 网络结构总体方案 系统软件配置方案 应用软件设计方案 系统实施方案
3	项目功能、性能和接口描述	应用软件的具体功能、性别、接口说明
4	项目工期、进度和经费	项目工作量估计（单位：人月） 项目进度估算：需求、设计、编程、测试、验收的时间表 项目经费（单位：元（人民币））估算
5	项目质量管理控制	质量标准 质量管理控制方法 项目开发和管理的组织结构及人员配备

续表

序　号	章节名称	章节内容
6	附录	附录 1：本软件公司的特点与强项简介 附录 2：本软件公司的成功案例 附录 3：本软件公司的资质证明材料

投标书的篇幅较长，少则几十页，多则几百页。讲标时间较短，一般只有 20～40 分钟，所以要突出重点，讲述精华部分，打动人心。讲标人不但要气质高雅，而且要精通业务，表达能力强，时间节奏掌握得好。一旦中标，就要签订软件项目开发合同。

正确而合理地签订软件项目开发合同，无论对于用户单位还是软件企业来说都是至关重要的。尤其是软件企业要认真、谨慎地根据软件功能正确估算出软件开发周期、软件开发成本；甲乙双方要明确软件交付或验收的标准和规范。

一般的软件企业都有自己固定的软件项目开发合同格式。通常，合同文档有两份，一份是主文件，即合同正文；另一份是合同附件，即技术性的文件，如附件的内容应覆盖系统的功能计划、费用计划、人力资源计划、项目里程碑计划和开发进度计划等。

下面给出合同正文的主要内容：

- 合同名称
- 甲乙双方单位名称
- 合同内容
- 甲乙双方责任
- 乙方开发计划
- 甲方监控和验收计划
- 知识产权归属
- 报酬及支付方式
- 用户培训办法
- 产品维护办法
- 违约与赔偿
- 合同确认（合同份数、双方代表签字、签字日期）

2.5 制定项目任务书

项目任务书是整个软件项目开发工作的基础和依据，由用户单位和实施单位双方共同制定。制定项目任务书时要明确两个重要内容：项目目标和项目范围。

项目目标的确定通常涉及以下几个方面。

① 工作范围：界定项目的工作范围、内容和要求等边界与约束条件等。

② 资金计划：说明完成项目的总费用及资金计划。

③ 质量指标：说明采用的技术手段和项目实施需要达到的各项技术指标。

④ 交付成果：针对项目结果即软件产品进行较为详细的说明和描述。

项目范围就是为项目划定一个界限，确定哪些工作是项目应该做的，哪些不应该包括在项目范围之内。如果项目范围模糊，有可能造成最终项目实施费用的增加，降低生产率，延长项目完成时间，严重影响项目成员的工作干劲等。

2.6　软件项目计划

项目计划是项目组织根据项目目标，对项目实施过程中进行的各项活动作出的周密安排。项目计划将根据项目目标，系统地确定在项目中包含的工作任务数量，合理地安排各项任务的时间进度，制定完成任务所需的资源及费用计划等，从而保证项目能够在合理的工期内以尽可能低的成本和尽可能高的质量完成。

软件项目计划为项目管理人员提供一个对资源、成本、进度等进行合理利用或估算的框架、计划和安排。一个完整的软件项目计划主要包括项目的范围计划、进度计划、沟通计划、里程碑计划、采购计划、人力资源计划、质量保证计划和配置管理计划等多方面的内容。

具体格式见本书附录中的“软件项目开发计划”模板。

2.7　利用 Project 制定项目计划

微软 Project 是一个用来进行通用项目管理的软件，和其他的项目管理软件一样，通过对资源和任务的管理对项目进行跟踪和控制。Project 目前占项目管理软件市场份额的 2/3，北京奥运会和香港新机场都用它进行管理，其应用相当广泛。其主要功能模块包括项目范围管理、进度管理、成本管理、人力资源管理、沟通管理等，本书将在第 11 章的 11.2 节对 Project 软件进行详细讲解。

2.8　典型例题解析

例 2.1　程序员甲与同事乙在乙家探讨甲近期编写的程序，甲表示对该程序极不满意，说要弃之重写，并将程序手稿扔到乙家垃圾桶。后来乙将甲这一程序稍加修改，并署乙名发表。以下说法中正确的是________。

A．乙的行为侵犯了甲的软件著作权

B．乙的行为没有侵犯甲的软件著作权，因为甲已将程序手稿丢弃

C．乙的行为没有侵犯甲的著作权，因为乙已将程序修改

D．甲没有发表该程序并弃之，而乙将程序修改后发表，故乙应享有著作权

【解析】　著作权因作品的完成而自动产生，不必履行任何形式的登记或注册手续，也不论其是否已经发表，所以甲对该软件作品享有著作权。乙未经甲的许可擅自使用甲的软件作品的行为，侵犯了甲的软件著作权。

因此，本题的正确答案是 A。

例 2.2　系统开发计划用于系统开发人员与项目管理人员在项目期内进行沟通，它包括________和预算分配表等。

A．PERT 图　　B．总体规划　　C．测试计划　　D．开发合同

【解析】　系统开发计划用于系统开发人员和项目管理人员在项目期内进行沟通，包括

PERT 图和预算分配表等。

因此，本题正确答案为 A。

例 2.3 可行性研究的核心问题是________。

A．技术问题　　B．管理问题　　C．环境问题　　D．经济问题

【解析】 软件项目的可行性研究要从多个方面进行考虑，例如经济可行性、技术可行性和社会可行性等。其中，最重要的是经济可行性。

因此，本题的正确答案是 D。

例 2.4 某项目开发计划中定义了 3 个任务，其中任务 A 首先开始，且需要 3 周完成，任务 B 必须在任务 A 启动 1 周后开始，且需要 2 周完成，任务 C 必须在任务 A 完成后才能开始，且需要 2 周完成。该项目的进度安排可用如图 2.3 所示甘特图________来描述。

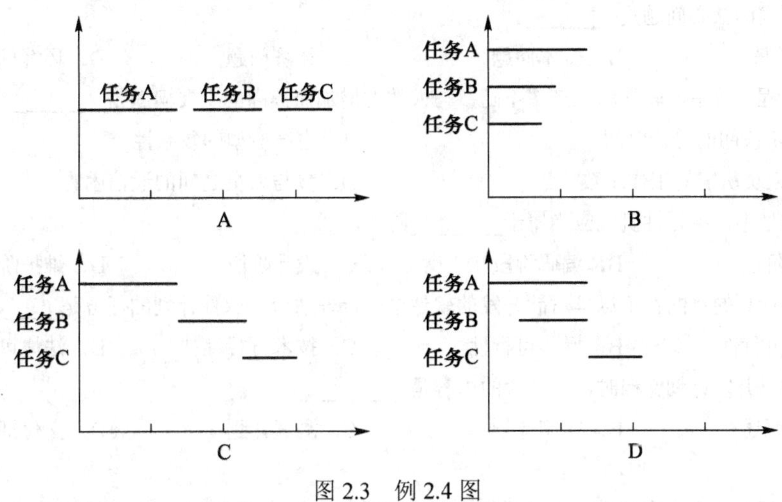

图 2.3　例 2.4 图

【解析】 甘特图可用来标识一个项目中各任务的计划进度和当前进度，能动态反映项目进展情况。甘特图中用水平线表示任务的工作阶段，其起点和终点分别对应任务的开始时间和完成时间，长度表示完成任务的周期。

因此，本题的正确答案是 D。

2.9 本章小结

软件项目启动由两个重要的工作阶段构成：一是项目的立项；二是项目的全面计划。

1. 项目立项

单位、组织或个人根据实际工作需要，提出项目立项的建议，经过充分的可行性认证，报请主管部门或领导批准后，确定立项，并着手准备项目计划的制定。立项阶段完成的主要工作有：编写立项建议书、编写可行性分析报告、确定项目任务书、组建项目团队。

2. 项目计划的制定

根据软件项目的特点，一般项目开发与管理计划应包括软件范围计划、项目进度计划、费用使用计划、人力资源计划、项目沟通计划、采购计划、项目里程碑计划、文档管理计划、团

队管理计划、质量管理计划、配置管理计划。

在整个软件立项阶段，可行性分析是最重要的工作内容，它的根本目的就是用最小的代价在尽可能短的时间内确定该软件项目是否能够开发，是否值得去开发。而经济可行性的研究又是可行性分析的核心。因此，成本估算、效益分析方法应重点掌握。

熟悉软件投标书和项目开发合同的格式，学会使用常见的工具制定项目开发计划，是保证软件能按时交付使用、使用户满意、取得预期效益的基础。

2.10 习 题

一、填空题

1. 可行性研究的核心问题是________。

A. 技术问题　　B. 资本问题　　C. 经济问题　　D. 环境问题

2. 在软件工程项目中，软件的生产率不随参与人数的增加而提高的主要问题是________。

A. 工作阶段间的等待时间　　B. 生产原型的复杂性

C. 参与人员所需的工作站数　　D. 参与人员之间的通信困难

3. 在瀑布模型中，可行性研究应当属于________阶段。

A. 分析阶段　　B. 编码阶段　　C. 设计阶段　　D. 维护阶段

4. 制定软件计划的目的在于尽早对欲开发的软件进行合理估价，软件计划的任务是________。

A. 经济可行性　　B. 操作可行性　　C. 技术可行性　　D. 法律可行性

5. 在制定项目开发计划文档时，不包含的内容是________。

A. 项目概述　　B. 实施计划　　C. 测试计划　　D. 交付期限

二、简答题

1. 什么是可行性研究？在软件开发的早期为什么要进行可行性研究？可行性研究的实施步骤有哪些？可行性研究报告有哪些主要内容？

2. 已知某软件包具有 3 个主要功能：输入数据、更新数据和产生报表。根据历史资料记载，实现每个功能所需的源代码行数估算如下：

（1）输入数据：$a=100$　$m=200$　$b=300$

（2）更新数据：$a=200$　$m=300$　$b=400$

（3）产生报表：$a=300$　$m=400$　$b=500$

3 个功能的软件生产率都是 200 行/人月，每行成本 10 元/行，试用 LOC 技术估算出该软件包的成本和工作量。

3. 某计算机系统投入使用后，5 年内每年可节省人民币 2 000 元，假设系统的投资额为 5 000 元，年利率为 12%。试计算投资回收期和纯收入以及投资回收率。

4. 软件项目开发计划有哪些内容？

5. 一个 4 万行规模的组织型应用程序，花 50 万美元可在市场上买到。如果自己开发，则每人月的总花费为 4 000 美元，试问购买合算还是自己开发合算？试用 COCOMO 中层模型估算其开发成本。

6. 成本-效益分析可用哪些指标进行度量？

7. 撰写“学籍管理系统”的可行性分析报告。系统要求能够对学生的信息进行管理，实现学生信息的浏览、录入、添加、删除、查询和更新功能。

第3章 需 求 分 析

本章要点

- 需求分析的任务、步骤和原则
- 需求分析方法
- 需求分析工具
- 数据流图的基本成分、分层数据流图的概念及绘制方法
- 需求分析文档
- 需求变更控制

3.1 需求分析概述

当细致周密的软件项目计划制定完成后，软件项目就进入了下一个阶段——软件需求分析。本阶段的工作任务是确定“用户真正需要的是一个什么样的软件系统，该软件系统必须完成什么功能”。需求获取是否彻底和成功，直接关系到软件开发的成败。软件工程的两大难点：一是项目需求，二是项目管理。

3.1.1 需求分析的定义

1997 年 IEEE（美国电气和电子工程师协会）软件工程标准词汇表对需求分析的定义如下。

① 用户解决问题或达到目标所需的条件或权能；

② 系统或系统部件要满足合同、标准、规范或其他正式规定文档所需具有的条件或权能；

③ 一种反映①或②所描述的条件或权能的文档说明。

需求分析是指开发人员要准确地理解用户的要求，进行细致的调查分析，将用户非形式化的需求陈述转化为完整的需求定义，再由需求定义转化为相应的软件需求规格说明书（即需求分析的结果）的过程。

通俗地讲，需求分析就是把客户的功能描述转化为软件人员所能理解的功能描述，并在客户描述的基础上去除不合理的描述，补充系统缺失的系统描述，最后为系统的概要设计、详细设计提供准确、有效的数据基础。

需求分析和规格说明阶段又称为需求确定阶段或分析阶段，是结构化开发方法中最重要的阶段之一。通过分析，理解用户的各种问题，通过规格说明将问题描述出来。

3.1.2 需求分析的重要性

需求分析处于软件开发过程的开始阶段，但它对于整个软件开发过程以及软件产品质量

是至关重要的。软件工程实践证明，越早出现的错误，越容易出现错误积累现象，错误积累现象越严重，软件项目开发失败的概率越高。因此，需求分析是整个软件项目开发工作的基础，需求分析质量的好坏，直接关系到软件项目交付时客户的满意程度，甚至关系到整个项目的成败。

需求分析讨论的问题是软件项目要实现的目标功能，如果需求分析工作不明确或是错误的，就相当于目标不明确。所有后续软件项目的编码人员、设计人员、测试人员和管理人员等都朝着一个错误的方向在展开工作，随着工作的细致展开，无论工作人员水平多么高，错误都会越来越严重。不仅会使用户失望，还会给开发者带来失败的苦恼。

1995 年，美国的一项调查结果表明，由于软件需求分析的质量问题而导致软件项目实施失败的约占 45%，所以高质量的需求分析工作是保证整个软件项目成功的基础。

3.1.3　需求分析的困难

在计算机软件发展的早期，由于软件规模较小，需求分析工作要么很简单，要么被忽略。随着软件系统规模的扩大和复杂程度的提高，需求分析难度愈来愈大，主要体现在以下几个方面。

1. 客户说不清需求

如果客户本身就懂软件开发，能把需求说得清清楚楚，这样的需求分析将会非常轻松、愉快。但绝大多数的客户完全不懂软件，对需求比较朦胧，也表达不清楚，并且把希望过多地寄托在做需求分析的软件人员身上，而软件人员很可能对用户所在工作领域非常陌生。

2. 需求经常变动

软件业内流传一个说法："没有一个软件的需求改动会少于 3 次。"随着时间、环境等因素的变化，需求也会发生变化，甚至有些用户经常改变需求，给开发工作带来了极大的困难。

3. 问题复杂

现在软件系统的复杂程度越来越高，用户需求工作所涉及的因素也非常多，很难一次就把需求工作做得完美。

4. 交流障碍

一个企业要开发一个系统，他的老板把他对系统的理解传递给经理，再由经理传递给科员，然后找软件公司，从软件销售人员传递给项目经理，再由项目经理传递给程序员，在每一次信息传递中，都可能会产生偏差、误解，累加起来偏差就会很大。另外软件开发人员和用户可能处于完全不同的两个行业，交流上有语义断层。

5. 开发人员写不好需求文档

由于需求调查工作不充分，获取的需求信息太少或者太乱，以致无法撰写需求文档。另外绝大多数软件开发人员的写作能力远不及他们的开发能力。

3.2　需求分析的任务、过程和主要步骤

3.2.1　需求分析的任务

需求分析的任务并不是确定系统怎样完成它的工作，而仅仅是确定系统必须完成哪些工

作，也就是对目标系统提出完整、准确、清晰、具体的要求。

需求分析的任务是用户和软件人员双方一起来充分地理解用户的要求，并把双方共同的理解明确地写成一份书面文档——需求规格说明书。需求分析阶段的主要参与者就是系统分析人员和用户方代表。

所谓用户要求（或需求）是指软件系统必须具有的所有性质和限制。用户要求通常包括功能要求、性能要求、可靠性要求、安全保密要求、出错处理要求以及开发费用、开发周期、可使用的资源等方面的限制，其中功能要求是最基本的，它又包括数据要求和加工要求两方面。

所谓需求规格说明书就是用户要求的明确表达，为开展整个软件项目的连续工作提供详细的依据。它的主要作用有以下几个。

① 为用户和软件开发人员的理解和交流提供了基础。

② 反映出问题的结构，可以作为软件人员进行工作的参考。

③ 作为测试和验收的依据，即作为选取测试用例和进行形式验证的依据。

3.2.2 需求分析的工作过程

软件的需求分析是一个对用户业务深入了解、提取、抽象和升华的过程。把用户业务管理流程优化，转化为软件产品，从而增加经济效益、提升管理水平、提高工作效率，实现质的飞跃，从而创造出基于当前系统又高于当前系统的目标系统，即新系统。

需求分析阶段的工作可以概括为以下 4 个方面。

1. 需求获取

需求获取的目的是通过绘制各种图形和表格，对用户问题逐渐展开分解，确定对目标系统的综合要求，即软件的需求。其中图形和表格包括以下几种。

① 目标系统的组织机构图、部门职责说明、岗位角色说明等。

② 目标系统的业务操作流程图，包括物流、信息流、资金流等。

③ 目标系统的功能点、性能点、接口、运行环境列表等。

软件需求一般包括如下几种。

① 功能需求：要开发的软件产品具备什么样的功能，这是最主要的需求。

② 性能需求：要开发的软件产品准确的性能指标，包括运行时间限制、保密性、存储容量等。

③ 环境需求：软件运行的软硬件环境（外部设备、操作系统、数据库管理系统等）的要求。

④ 界面需求：人机交互方式、数据输出格式等是否友好、便捷。

⑤ 软件成本与开发进度需求：软件开发的成本以及软件交付使用的时间。

除了上述需求外，往往还有安全性、保密性、可靠性、可维护性和可移植性需求等。

需求获取的关键问题是解决用户和软件分析师交流的障碍；考虑不断变化的需求；充分理解用户的问题、难题并给出合理化建议。

2. 需求分析

分析员从信息流和信息结构出发，逐步细化所有的软件功能，找出系统各元素之间的联系、接口特性和设计上的限制，确定系统的构成及主要成分，并用图文并茂的形式建立起新系统的逻辑模型。

3. **编写文档**

① 编写需求规格说明书：目标系统的逻辑模型是通过软件需求规格说明书来描述的，该说明书是软件生存周期中一份极为重要的文档，主要部分是详细的数据流图、数据字典和主要功能的算法描述，它是对需求分析最终结果的描述，书写应当直观、清晰，易于理解和无二义性。

② 编写用户初步使用手册：主要反映软件的用户功能界面和用户使用的具体要求。

③ 编写确认测试计划：作为今后确认和验收的依据。

④ 修改和完善软件开发计划：指修改、完善并确定软件开发实施计划。

4. **需求评审**

对整个软件需求分析进行正式评审和验收，是软件需求分析的最后一个环节。评审通过是软件需求分析任务完成的标志。

参加评审的人员有用户、管理部门以及软件设计、编码和测试人员。需求分析是否正确，一般应从正确性、一致性、现实性、有效性等方面来进行衡量。

需要注意的是，在需求分析的整个工作过程中，管理变化中的需求是非常不容易完成又必须做好的工作。在项目开发初期，软件工程人员都满怀信心，但随着时间的推移，投入预算的超出，开发困难的增加，软件交付期限的逼近，计划中的需求开始不断削减，呈下降趋势，这一时期将完成从“理想主义”到“现实主义”的心态历程。已实现的需求一般是前快后慢、稳定上升的，在项目的末期和削减的需求会合，如图 3.1 所示。

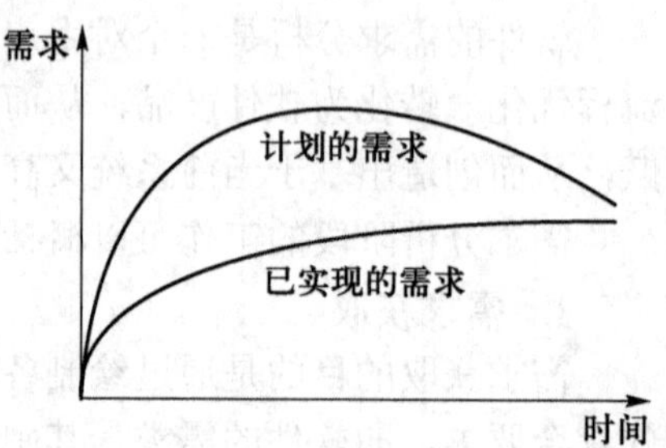

图 3.1　软件需求随时间变化的曲线

3.2.3　需求分析的主要步骤

软件项目开发错综复杂、涉及面广，在进行系统开发时，人们不可能光凭想象就建造出一个具有实用价值的“空中楼阁”来。为了使目标系统既能实现当前系统的基本职能，又能改进和提高，系统开发人员首先必须理解并描述出已经实际存在的当前系统，然后进行改进，从而开发出基于当前系统，又高于当前系统的目标系统，即新系统。

需求分析过程主要按如图 3.2 所示的逻辑进行：

① 认识、理解当前的现实环境，获得当前系统的具体的“物理模型”；

② 从当前系统的“物理模型”，抽象出当前系统的“逻辑模型”；

③ 对当前系统的“逻辑模型”进行分析和优化，建立目标系统的“逻辑模型”。

逻辑模型和物理模型的主要差别是“做什么”和“如何做”，逻辑模型反映了系统的性质，而物理模型反映的是系统的某一种具体实现方案。

根据图 3.2 的描述，可以将需求分析阶段的主要工作步骤划分为：对当前系统进行详细调查，收集数据；建立当前系统的物理模型；建立当前系统的逻辑模型；在对当前系统充分了解的基础上，提出改进意见和新系统应达到的目标；建立新系统的逻辑模型；最后编写系统分析说明书，如图3.3所示。

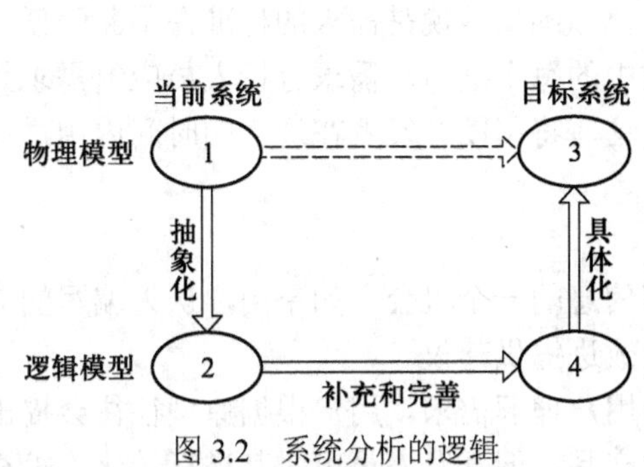

图3.2 系统分析的逻辑

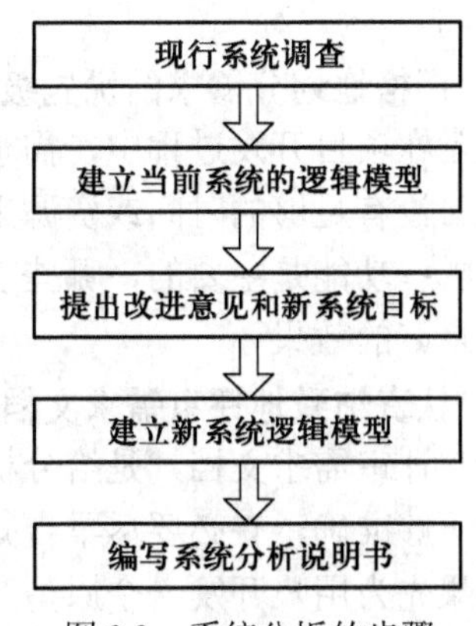

图3.3 系统分析的步骤

3.2.4 需求分析的原则

需求分析的原则主要体现在客户与开发人员的沟通上。如果遇到分歧，将通过协商达成对各自义务的相互理解，以便减少以后的摩擦。其基本原则有以下几个。

1. 分析人员要使用符合客户语言习惯的语言

在需求分析过程中，客户可能会大量使用行业专业术语。因此，需求分析人员应该提前对客户所在行业的相关知识和专业术语进行必要的了解和学习，以便更方便与客户进行沟通，理解客户的真正需求。

2. 分析人员要了解用户的业务及目标

需求分析人员要了解用户的业务范围和工作流程，这将有助于开发人员设计出真正满足用户需求并达到期望的优秀软件。如有必要分析人员应该深入用户的工作过程中进行仔细观察，并细致研究当前系统的工作状态和流程，避免出现“盲人摸象”的错误。

3. 分析人员必须编写软件需求报告

分析人员应将从客户那里获得的所有信息进行整理，归纳出用户的业务需求、功能需求、质量目标、解决方法和其他信息。通过这些分析，得到一份“需求分析报告”，使开发人员和客户之间对要开发的产品达成协议。报告应以一种易于客户翻阅和理解的方式组织编写。一份高质量的“需求分析报告”对软件成功开发起着极其重要的作用。

4. 分析人员要尊重客户的意见

如果用户和开发人员沟通有障碍，不能相互理解。开发人员应以客户的意见为主，并提出合理的建议和执行中的困难，尊重客户的意见。

5. 分析人员对需求及产品实施提出建议和解决方案

分析人员应从用户所描述的需求中提取出有价值的信息，找出现行系统与当前业务不符之处，提出好的改进方法，有经验且有创造力的分析人员还能提出一些用户至今没有发现的很有价值的系统特性。

6. 尽量重用已有的软件组件

在需求分析过程中，分析人员可能经常会发现现行系统的某个软件组件与用户描述的需求很相符，这时应充分利用现有的优秀软件组件来考虑需求，从而降低新系统的开发成本、缩短开发时间。

7. 严格地划分需求的优先级

通常在项目开发过程中，需求会不断发生变化，确切地说是需求的标准在不断降低，大多数的项目没有足够的时间或资源来实现理想需求中的每个细节。需求分析人员应给需求划分优先级，哪些功能是主要的，哪些功能是次要的。这些将帮助开发者在适当的时间内用最小的开支取得最好的效果。

8. 认真细致地评审需求文档和原型

用户评审需求文档，是给分析人员带来反馈信息的一个机会。如果用户认为编写的需求分析报告不够准确，有必要尽早告知分析人员并为改进提供建议。

如果先为用户开发一个原型产品，更有助于用户理解需求。用户根据原型往往会提出更有价值的建议和意见。原型并非一个实际可应用的产品，但开发人员可对其进行转化、扩充、完善，使其成为一个实际可应用的产品。

9. 需求变更流程控制

在实际项目开发过程中，需求变更是不可避免的。变更出现在项目开发周期中的时间越晚，其影响越大，付出的代价也越大；变更可能会导致工期延误、软件质量下降、开发人员返工，打击开发人员的工作积极性等。因此，一旦用户发现需求需要变更时，应立即通知分析人员。然后，项目开发的所有参与者必须共同讨论，对需求变更进行分析、综合考虑，最后做出合适的决策，以确定将哪些变更引入项目中能将变更带来的负面影响减小到最低限度。

3.3 需求调查的开展

3.3.1 需求调查规程

开展需求调查的一般规程如表 3.1 所示。

表 3.1 需求调查的规程

目的	获取用户的需求信息，经过分析后产生《用户需求说明书》
角色与职责	需求分析员调查、分析用户的需求，客户与最终用户提供必要的需求信息
启动准则	需求分析员已经确定
输入	任何与用户需求相关的材料
主要步骤	第一步：准备调查 第二步：调查与记录 第三步：分析需求信息 第四步：撰写《用户需求规格说明书》 第五步：需求确认
输出	《用户需求说明书》
结束准则	需求分析员已经撰写完成《用户需求说明书》，确保无拼写、排版等错误
度量	需求分析统计工作量和上述文档的规模，汇报给项目经理

3.3.2 需求调查的方法

需求调查工作应重点考虑以下问题：

① 需要调查什么？

② 通过哪些方式去调查？

③ 分析员在“何时何地”对“何人”进行调查？

在用户单位，常常会有一些人对信息化变革、工作环境变化存在一些抵触情绪，系统分析人员应洞察秋毫，捕获各种潜在的需求。

首先，系统分析员应起草需求调查问题表，随着调查的深入，问题表将不断被细化。根据经验，问题表应以“选择题”和“是非题”为主，“问答题”和“论述题”为辅。

其次，系统分析人员应当选择合适的调查方式，例如有以下几种方式。

① 与用户会谈：在会谈过程中，分析人员积极引导，使用户能谈出他们的需求；

② 与专家、同行会谈：听取专家、同行的意见；

③ 实地观察：分析人员到实际的用户工作现场去体验和观察用户的工作流程，进一步理解要开发软件项目产品的功能；

④ 分析同类产品：有针对性地仔细分析同类的成熟软件产品，提取需求；

⑤ 群体问卷：向用户发放调查问卷，综合考虑需求；

⑥ 原型：系统分析人员可以通过建立一个原型来表达对系统需求的理解，用户在原型系统中也更容易表达自己的需求。尽管建立原型要花费一定的时间和精力，如果利用得好，则可以产生很好的效果。

系统分析人员要与被调查者建立起联系，确定调查时间、地点、人员等，与用户交朋友，尊重用户，诚恳待人，讲信誉。撰写需求调查计划，一定不要漏掉典型的用户。

准备工作完成后，系统分析人员要按照计划进行调查。在调查过程中要随时随地地记录需求信息，建议采用表格的形式，如表 3.2 所示。

表 3.2 需求信息表格示例

需求标题	
调查方式	
调查人	
调查对象	
时间、地点	
需求信息记录	如“是什么”、“为什么”等

系统分析员与用户会谈时应注意以下事项：

① 与用户打交道时，一定要注意礼节，尊重用户的个人习惯，有礼貌，尽量取得用户的好感，这是准确分析需求的基础。

② 分析人员应事先做好充分的准备，除了熟悉被调查者的身份、背景、工作职责等，还要对要调查的内容做出细致的计划，从而提高调查效率，并且可以随机应变。

③ 调查应先了解宏观问题，再了解微观细节问题。宏观上由企事业单位懂业务的中高层领导介绍，微观上由企事业单位懂业务的基层人员说明。

④ 不能偏听偏信。同一个业务流程要由多个懂业务的人员介绍，不能听取某些用户的需求而忽视其他用户的需求。

⑤ 尽可能避免为用户添麻烦，但也不能因怕给用户添麻烦而降低需求调查的力度。

3.4 需求分析方法

软件需求分析方法有多种，下面只简单介绍其中的功能分解方法、结构化分析方法、信息建模方法和原型化方法等。

1. 功能分解方法

功能分解方法是最早提出的需求分析方法之一，这种方法将一个系统看成是由若干功能构成的一个集合，每个功能又可以划分成若干个子功能（加工），一个子功能又进一步分解成若干个子功能（加工步骤）。该方法可以表示为：

功能分解方法 = 功能 + 子功能 + 功能接口

功能分解方法的三要素，即功能、子功能和功能接口。它的关键是利用已有的经验，对一个新系统预先设定加工和加工步骤，出发点放在这个系统需要什么样的加工上。功能分解的结果一般已经是系统程序结构的雏形，实际上功能分解很难与软件设计明确分离。功能分解方法获得的需求规格说明能否表达目标系统的所有功能，分析员和用户也很难确认。

显然，功能分解方法尽管体现了“自顶向下，逐步求精”的思想，但它的工作重点是操作，很少考虑数据结构的问题。数据结构要根据功能或者子功能的需要进行设计。对于一般系统而言，结构是相对稳定的，行为操作是不断变化的。所以，该方法难以适应用户的需求变化。

2. 结构化分析方法

结构化分析方法是一种从问题空间到某种表示的映射方法，软件功能由数据流图表示，由数据流图和数据字典构成系统的逻辑模型。这种方法简单、实用，主要适用于解决数据处理领域问题，是传统软件工程中使用最广泛的重要方法之一。

该方法可表示为：

结构化方法 = 数据流 + 数据变换 + 数据存储 + 数据源点、终点 + 加工说明 + 数据字典

这种方法的基本出发点是分析人员利用数据流来理解和分析问题，根据数据流的变化来逐步确定软件逻辑模型。本书3.5节主要介绍结构化分析方法，它属于传统软件工程的思想。

3. 信息建模方法

信息建模方法是从数据的角度来对现实世界建立模型的，它的发展与数据库技术的发展有着密切的关系，有时把信息模型看做是数据库模型。

该方法可以表示为：

信息建模 = 对象 + 属性 + 联系 + 关联对象

信息建模方法的基本工具是实体-联系图（E-R 图），由实体、属性和联系构成。使用该

方法时先从现实世界中找出实体，然后再用属性来描述这些实体，用联系描述实体和实体之间的关系。由实体、属性及联系形成一个网络结构，软件人员常常使用 E-R 图描述系统的信息状态。

信息建模方法是面向对象分析方法的基础，但它的数据不封闭，不支持继承性和消息传递等机制。

4. 原型化方法

原型化方法也是很重要的一种需求分析方法，所谓原型是指软件的一个早期可运行的版本，它实现了目标系统的部分或主要功能。

原型化方法就是用较小的代价尽可能快地构造一个粗糙的系统，这个系统实现了目标系统的部分或主要功能，一般这个系统在很多方面都存在缺憾。构造它的目的是在原型的基础上听取用户的意见，准确把握用户的需求，并很有可能在逐步改进原型、增强原型功能的过程中最终开发出目标系统。

3.5 结构化分析方法及工具

结构化分析（SA）方法是简单实用、使用很广泛的方法。它适用于分析大型的数据处理系统，特别是企事业管理方面的系统。这种方法通常与设计阶段的结构化设计（SD）衔接起来使用。

结构化分析方法也称为数据流方法，就是使用数据流图（DFD）、数据字典（DD）、结构化语言、判定树和判定表等工具来建立一种新的、称为结构化规格说明的目标文档。

3.5.1 自顶向下逐层分解

在软件工程技术中，控制复杂性的两个基本手段是“分解”和“抽象”。对于一个复杂的问题，由于人的理解力、记忆力均有限，所以不可能触及问题的所有方面以及全部细节。为了将复杂性降低到人可以掌控的程度，可以把大问题分割成若干个小问题，然后分别解决，这就是“分解”；分解也可以分层进行，即先考虑问题最本质的属性，暂时把细节略去，之后再逐层添加细节，直至涉及最详细的内容。

3.5.2 数据流图

数据流图（Data Flow Diagram，DFD）是 SA 方法中用于表示系统逻辑模型的一种工具。它以直观的图形描述系统数据的流动和处理过程，刻画数据流从输入到输出的移动变换过程。图中没有任何具体的物理元素，即使不是计算机专业技术人员也很容易理解。数据流图是软件开发人员和用户之间很好的交流工具。设计数据流图时只需考虑软件必须完成哪些基本功能，不必考虑如何实现这些功能。

1. 数据流图的基本成分

对大多数数据处理系统来说，从数据流的角度来描述一个企事业组织的业务活动是比较合适的。数据流图描述了一个组织由哪几个组成部分，也描述了来往于各部分之间的数据流。

图 3.4 是某仓库管理系统的数据流图，该系统的信息处理过程为保管员根据当日的出库单和入库单通过出入处理去修改库存台账；根据库存台账，由统计打印程序输出库存日报表；有必要进行查询时，可利用查询程序，在输入查询条件后，到库存台账去查找，并显示出查询结果。

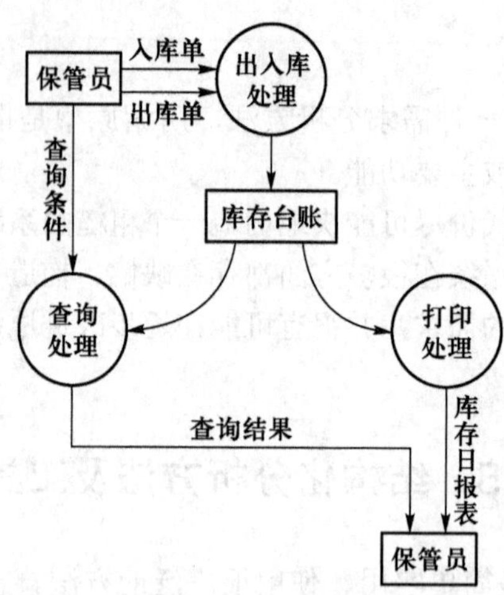

图 3.4 某仓库管理系统数据流图

数据流图中主要的图形元素与说明如表 3.3 所示。

表 3.3 数据流图中的主要图形元素

名称	符号	含义
信息源	□ 或 □	表示数据的源点或终点，它是系统之外的实体，可以是人、物或其他系统
加工	○ 或 □	表示对输入的数据进行加工或处理
数据存储	＝ 或 ＝	表示输入或输出文件。这些文件可以是计算机系统中的外部或内部文件，也可以是表或账单等
数据流	→	表示数据流的流动方向。数据流可以从加工流向加工，从加工流向文件，或从文件流向加工

（1）信息源

一个数据处理系统的内部用数据流、文件和加工 3 种成分表示一般已经足够了，然而为了便于理解，有时还可以画出数据流的源点和终点来说明它的来龙去脉。

源点和终点通常是存在于系统之外的人员组织或其他软件系统，如图 3.4 中的“保管员”是数据流“入库单”、“出库单”、“查询条件”的源点，也是数据流“查询结果”、“库存日报表”的终点。

画出源点和终点只是起到注释作用，帮助理解而已，所以源点和终点的表达不必很严格。

（2）加工（又称为数据处理）

对数据流进行某些操作或变换。每个加工也要有名称，通常是动词短语，简明地描述完成什么加工，反映这个加工的含义，如图 3.4 所示的出入库处理、打印处理和查询处理都是加工。在分层的数据流图中，加工还应编号。加工的作用主要有以下两个：

① 改变数据的结构，例如将数组中的各数据元素重新排序；

② 产生新的数据，例如对原来的数据进行汇总、求平均值。

（3）数据存储（又称为文件）

用来存储数据的工具，如图 3.4 中的库存台账。它可以是数据库文件或任何形式的数据组织，文件名应与它的内容一致。从文件流入或流出数据流时，数据流方向是很重要的。如果是读文件，则数据流的方向应是从文件流出，写文件时则相反。如果是又读又写，则数据流是双向的。在修改文件时，虽然必须首先读文件，但其本质是写文件，因此数据流应流向文件，而不是双向的。

（4）数据流

数据流是数据在系统内运动的方向。如图 3.4 所示的入库单、出库单等都是数据流。数据流由一组确定的数据项组成。例如，入库单由物资编码、物资名称、规格型号、入库数量、入库日期等数据项组成。数据流可以从加工流向加工，也可以从加工流向文件、从文件流向加工，还可以从源点流向加工或从加工流向终点。对数据流的表示通常有以下约定。

① 数据流的名称最好能反映出数据流的含义，不同的数据流间不能同名。

② 对流进或流出文件的数据流不需要标注名称，因为文件名本身就足以说明数据流了，而其他的数据流则必须标出名称。

③ 两个加工之间可以有多个不同的数据流，这是由于它们的用途不同，或它们之间没有联系，或它们的流动时间不同。

④ 数据流图描述的是数据流而不是控制流，因此像业务流程图中的一些控制流应从数据流图中删去（习惯使用程序流程图的软件人员应特别注意）。

2. 画数据流图的指导原则

采用数据流图的方式进行数据流程分析时一般应遵循两个原则。

① 由外向内：在画数据流图时，首先应画出系统的输入数据流和输出数据流，也就是先决定系统的范围，然后再考虑系统的内部，同样，对每一个加工来说也是先画出它们的输入和输出，再考虑这个加工的内部。

② 自顶向下、逐层分解：顺序完成顶层、中间层、底层数据流图，是对系统某个部分的精细描述，如图 3.5 所示。

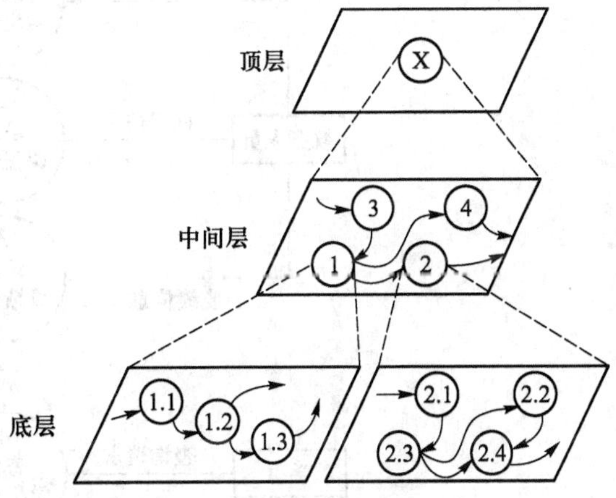

图 3.5 分层数据流图

3. 数据流图的画法

一般在了解和分析了实际系统后，使用数据流图为系统建立逻辑模型。对于不同的问题，数据流图可以有不同的画法。具体操作时可按下述步骤进行，如图 3.6 所示。

（1）识别系统的输入和输出

即确定系统的边界。在系统分析初期，系统的功能需求还不是很明确，为了防止遗漏，不妨先将范围定得大一些，即将整个系统表示成一个加工。系统边界确定后，越过边界的数据流就是系统的输入或输出。

（2）绘制系统内部数据流

从系统输入端到输出端（也可反之）逐步把数据流和加工连接起来，当数据流的组成或数据发生变化时，就在该处画一个“加工”。

集中画出主要的数据流的同时，还应该画上文件，以反映各种数据的存储位置，并表明数据是流入还是流出文件。

（3）对复杂加工进行分解

如果在加工内部还有数据流，则可将该加工分成若干个子加工，用这些数据流把子加工连接起来。

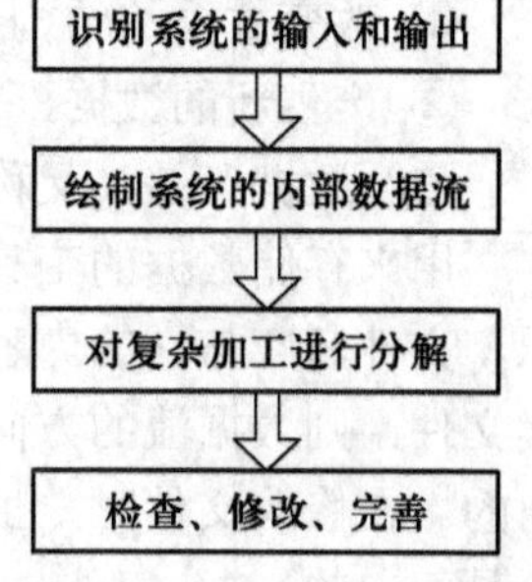

图 3.6 绘制数据流图的步骤

（4）检查、修改、完善

从上到下仔细检查所画的数据流图，看其是否全面、准确地反映了系统调查的结果。如果有些地方不太明确，应重新调查，并修改完善。

下面通过一个例子来说明数据流图的画法。某高校学生成绩管理系统的功能如下。

① 教务人员维护学生信息和课程信息，并录入学生的选课成绩，产生 3 个数据存储文件，分别是学生、课程、成绩。

② 学生输入查询请求，经系统合法性检查后，查询出自己的成绩等相关信息。

顶层数据流图将整个系统表示成一个加工，确定并标记出主要的输入输出，如图 3.7 所示。

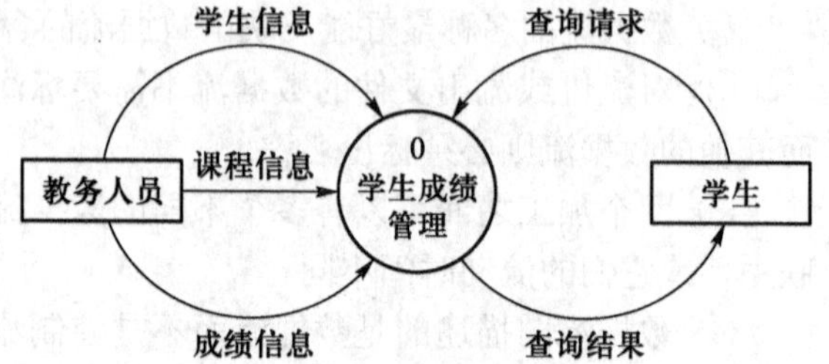

图 3.7 学生成绩管理系统顶层数据流图

画第 1 层数据流图时是在 0 层图的基础上分离出下一层中的加工、数据对象和存储，并对其进行细化，一次细化一个加工，并标记所有的加工、数据流、数据存储文件等，即将学生成绩管理系统展开，如图 3.8 所示。

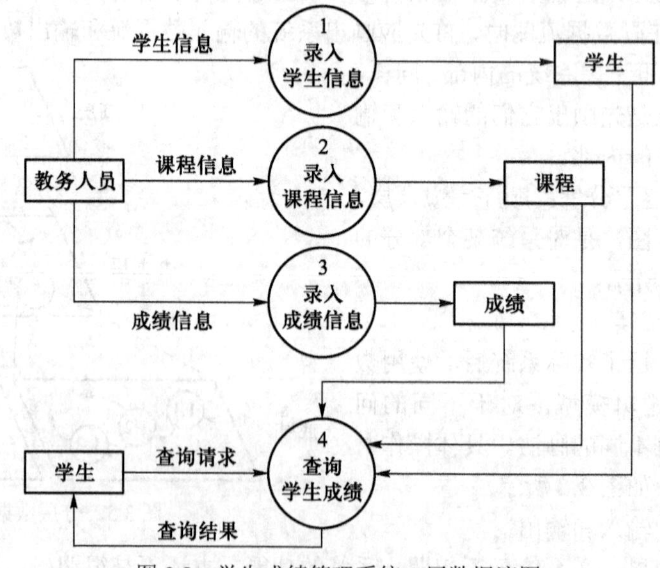

图 3.8 学生成绩管理系统 1 层数据流图

继续采用绘制第1层数据流图的方法，绘制第2层数据流图，将第1层的加工“查询学生成绩”展开，如图3.9所示。

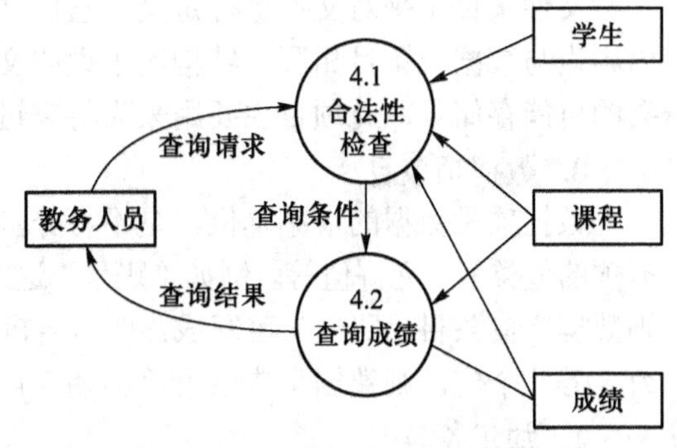

图3.9 学生成绩管理系统2层数据流图

4. 绘制数据流图的注意事项

（1）合理编号

分层数据流图的顶层称为0层，它是第1层的父图，而第1层既是0层图的子图，又是第2层图的父图，以此类推。子图的编号既反映出它所属的层次，又能反映出它与父图的关系。

（2）子图与父图的平衡

子图的输入输出数据流必须与父图中对应加工的输入输出数据流相同。子图的输入输出数据流可以比父图中对应加工的输入输出数据流表达得更细。例如，父图中有一个“订货单”数据流，在子图中可拆成“客户”、“品种”和“数量”3个数据流。

（3）分解的程度

对于规模较大的系统，数据流图可能需要绘制多层，但是如果层次过多，一方面会增加作图工作量，另一方面阅读也不方便。经验表明，数据流图最多不要超过7层。

3.5.3 数据字典

数据流图描述了系统的“分解”，即描述了系统由哪几部分组成，各部分之间有什么联系等，但是并没有说明系统中的各个成分有什么含义，因此仅有一套数据流图并不能构成系统说明书，只有为图中出现的每一个成分都进行定义之后，才是较完整地描述了一个系统。由数据流、文件和数据项的定义所组成的集合称为数据字典（Data Dictionary，DD）。

数据流和文件均是由若干个数据项组成的，因此在数据字典中有4种类型的信息需要描述，分别是数据流条目、文件条目、数据项条目和加工条目。

1. 数据流条目

数据流条目用于给出某个数据流的定义，通常是列出该数据流的各组成数据项。如图3.4中的数据流“入库单”由“货物编号”、“货物名称”、“规格型号”、“数量”和“计量单位”等数据项组成，因此数据字典中的“入库单”这个条目就可以写成：

入库单 = 货物编号 + 货物名称 + 规格型号 + 数量 + 计量单位

在数据字典各条目的定义中常使用下述符号。

① “=”表示“等价”。

② “+”表示“与”。

③ “[|]”表示“或”，即选择括号中的某一项。

④ “()”表示“可选”，即从括号中任选一项，也可以一项都不选。

⑤ “{}”表示“重复”，即括号中的项要重复若干次，重复次数的上、下限也可在括号右边标上，例如$\{X\}_1^5$表示把X重复1～5次，若在重复括号上没有附加重复次数的上下界，则表示0次或多次重复。

2. **文件条目**

文件条目用来对文件进行定义。它由文件编号、文件名、结构、数据量等组成。各部分的内容也与数据流条目相同。结构用于说明文档的关键字、索引情况等内容；数据量用于指明数据的可能存储量，此项目主要用来为将来进行磁盘空间的规划提供依据。

3. **数据项条目**

数据项是数据的最小单位，是不可分割的，是组成数据流和文件的基本单元，通常是该数据项的值类型、允许值等。例如“账号”这个数据项的值可以是00000～99999之间的任意整数，则数据字典条目“账号”可写成：账号 = 00000-99999，又如，数据项“存期”可取1或3或5或8等几个值，则数据字典条目“存期”可写成存期=[1|3|5|8]。

4. **加工条目**

加工条目是用来说明 DFD 中基本加工处理逻辑的，由于上层的加工是由下层的基本加工分解而来的，只要有了基本加工的说明，就可以理解其他加工。加工条目的主要内容有加工名、编号、输入输出等。

下面就上述学生成绩管理系统数据流图中的部分成分进行定义。

数据流名称：学生信息

别名：无

简述：包括描述学生的主要属性信息

定义：学号+姓名+性别+出生日期+班级

数据流量：10 000 左右

峰值：随时，通常在新生入学时期

(…)：略

数据存储名称：学生

别名：学生表

简述：存放学生基本信息

定义：学号+姓名+性别+出生日期+班级

组织方式：数据文件，以“学号”为关键字进行索引

数据量：10 000 左右

(…)：略

数据项名称：学号

别名：STU-NO

简述：唯一标识学生的学号

类型：字符串

长度：8 位

取值范围及含义：第 1、2 位：入学年份
第 3、4 位：院系号
第 5、6 位：专业班级代码
第 7、8 位：学生编号

其他说明：学号不能重复

(…)：略

加工名称：成绩查询

编号：4.2

激发条件：接收到合法的查询条件

输入：查询条件

输出：查询结果

(…)：略

3.5.4 加工逻辑说明

加工往往是软件系统中的一个小模块，尽管可以将一个大型复杂的系统逐层分解成许多个足够简单的基本加工，但其功能仍相对复杂，为了更好地理解每个基本加工，应为每个基本加工添加详尽的“小说明”。小说明中应精确地描述用户要求一个加工“做什么”，包括加工的激发条件、加工逻辑、优先级、执行频率、出错处理等，其中最基本的部分是加工逻辑。

前面已提出系统需求分析阶段的任务是理解和表达“用户的要求”，而不是考虑系统具体怎样实现，所以对于一个加工应描述的是用户要求这个加工“做什么”，而不是用编程语言来描述具体的加工过程。

最常用的加工说明描述工具有结构化语言、判定表和判定树。一般说来，采用这 3 种方式可以比较明确地把用户的要求表达出来，也比较易于被用户接受。

1. 结构化语言

结构化语言是介于自然语言和程序设计语言之间的一种半形式化语言。自然语言的优点是容易理解，但它不精确，可能有多义性。程序设计语言的优点是严格精确，但它的语法规定太死板，使用不方便。结构化语言综合了上述两种语言的优点，是一种带结构的自然语言。

使用结构化语言描述问题时允许使用 3 种基本逻辑结构：顺序结构、选择结构和循环结构，形式简洁，一般人甚至不熟悉计算机的用户都能理解。

（1）顺序结构

由一组有先后顺序的陈述句组成。陈述句至少有一个动词和一个名词，指出要做什么事情。例如“打印工资条”、“统计职工人数”等。

（2）选择结构

与程序设计语言结构 IF-THEN-ELSE 类似：

```
IF   条件 A
     执行动作 A
     ELSE
          执行动作 B
```

如果一个条件有若干个不同的状态，而这些状态中只能发生一种，不可能同时发生，则可以使用与 CASE 语句类似的形式：

```
CASE   条件 A    执行动作 A
       条件 B    执行动作 B
```

…　　…

条件N　执行动作N

（3）循环结构

由一个循环判断条件和一组重复执行的动作组成，与程序设计语言中的 DO-WHILE 和 REPEAT-UNTIL 等结构类似。

2. 判定表

有一类问题不易用语言表达清楚，此时可用判定表来表示这个加工逻辑。例如，“检查订购单”的加工逻辑是：“如果金额超过 500 元，又未过期，则发出批准单和提货单；如果金额超过 500 元，但过期了，则不发出批准单；如果金额低于 500 元，则不论是否过期都发出批准单和提货单，在过期的情况下还需发出通知单”。此加工逻辑如表 3.4 所示。

表 3.4　判　定　表

金额/元 \ 状态 \ 操作	>500		≤500	
	未过期	已过期	未过期	已过期
发出批准单	√		√	√
发出提货单	√		√	
发出通知单				√

判定表通常由 4 部分组成，如图 3.10 所示，其间用双线条或粗线条分开。左上部称为条件类别，列出决定一组条件的对象；右上部称为条件组合，列出各种可能的条件组合；左下部称为操作定义部分，列出所有的操作；右下部称为操作执行部分，列出在对应的条件组合下所选的操作。表的右部一般又分成许多列。

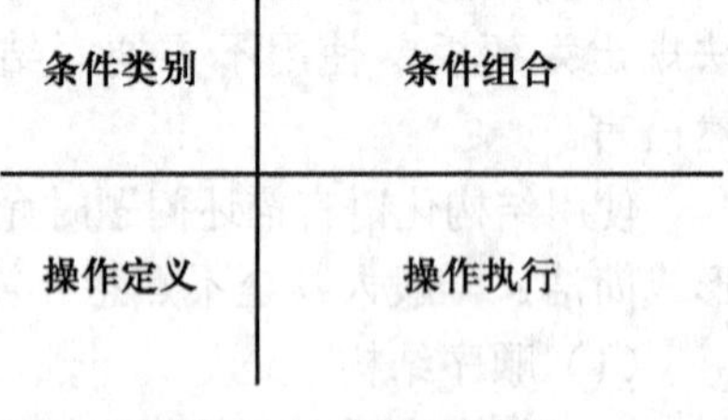

图 3.10　判定表结构

当需要描述的加工由一组操作组成，是否执行某些操作又取决于一组条件时，用判定表写加工逻辑比较合适。判定表的优点是清晰易懂，但它只适合描述条件，描述循环则比较困难。

3. 判定树

判定树本质上同判定表是一样的，当判定表这种描述方式不易被用户接受时，可以采用判定树的形式。判定树是一种图形表示，更易被用户理解。图 3.11 是表 3.4 对应的判定树的例子。

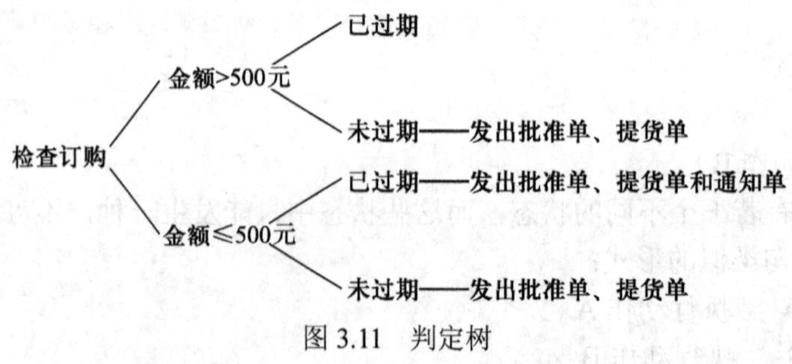

图 3.11　判定树

3.6 面向对象分析方法

传统的结构化方法适合需求比较明确的应用领域，但在实际软件项目开发过程中，用户的需求往往是变化的，而且用户到底要求系统实现什么功能也不是很清楚，采用面向对象方法可以相对较好地解决这个问题。面向对象方法的出现很快受到计算机软件界的青睐，并成为 20 世纪 90 年代后的主流软件开发方法，其原因主要在于：面向对象方法符合人们对客观世界的认识规律；采用面向对象方法开发的软件系统易于维护，其体系结构易于理解、扩充和修改；面向对象方法中的继承机制可有力支持软件的重用。

3.6.1 面向对象的基本概念

传统的软件工程方法曾经使软件产业获得巨大发展，在一定程度上缓解了软件危机，使用这种方法开发的许多中、小规模软件项目都获得了成功。但是，人们也注意到当将这种方法应用于大型软件产品的开发时，似乎很少能取得成功。

从 20 世纪 90 年代起，面向对象方法逐渐占据了软件工程分析设计的主流地位。它的主要思想是，尽可能地模拟人类习惯的思维方式，在计算机系统中自然地表达客观事物。

该方法可以表示为：

面向对象方法 = 对象 + 结构 + 消息（通信）

面向对象方法把重点集中在对问题空间的理解上，把对象作为基本构件单位，整个系统的结构建立在一系列的类之上；软件分析和设计过程主要包括类的构造、类的识别及划分、类的属性和方法的认定、类与类之间的关联、消息的传递等。其主要特点如下。

① 客观世界中的一切事物都是对象，复杂的对象可由简单的对象以某种方式组合起来，软件系统都是由对象构成的。

② 对象可被划分成各种类，每个类都定义了一组属性和一组方法。属性用来表示对象的状态，方法用来描述对象所执行的操作。例如，“学生”类的属性有“学号”、“姓名”、“性别”、“年龄”、“班级”等，“学生”类的方法有“上课”、“考试”、“开学”、“放假”等。

③ 若干个类可按照子类和父类的关系组成一个层次结构。通常下层的派生类具有和上层的基类相同的特性（包括属性和方法），这一特性称为继承。

④ 系统的发展和进化过程都是由系统的内部对象和外部对象通过相互传递消息完成的。

下面分别介绍与以上特点相关的一些基本概念。

1. 对象

客观世界中的任何实体都可以抽象成一个对象，对象是指一组属性以及这组属性上的专用操作的封装体。属性通常是一些数据，有时也可以是另一个对象。例如，“书”是一个对象，它可以有“书名”、“作者”、“出版社”、“出版年份”、“定价”等属性，其中“书名”、“出版年份”、“定价”是数据，“作者”和“出版社”可以是对象，它们还可以有自己的属性。每个对象都有自己的属性值，表示该对象的状态。对象中的属性只能通过该对象所提供的操作来存取或修改。操作也称为方法或服务，它规定了对象的行为，表示对象所能提供的服务。例如，“书”的方法有“借出”、“还回”、“破损”、“出版发行”等。一个对象通常可由对象名、属性和操作 3 部分组成。

2. **封装**

封装是一种信息隐蔽技术，用户只能看见对象封装界面上的信息，对象的内部实现对用户是隐蔽的。封装的目的是将对象的使用者和生产者分离，将对象的定义和实现分开。

一个对象好像是一个不透明的黑盒子，使用一个对象时，只需知道它向外界提供的接口形式，无须知道它的数据结构细节和实现操作的算法。

3. **类与实例**

类是一组具有相同属性和相同操作的对象的集合。一个类中的每个对象都是这个类的一个实例。例如“轿车”是一个类，“轿车”类的实例“张三的轿车”、“李四的轿车”都是对象。也就是说，对象是客观世界中的实体，而类是同一类实体的抽象描述。为类的属性赋不同的值即可得到该类的对象实例，如图 3.12 所示。类和对象之间的关系类似于程序设计语言中类型和变量之间的关系。

轿车	张三的轿车
品牌：字符串 颜色：字符串 车牌号：字符串	品牌：大众 颜色：白色 车牌号：陕ACN029
类	类的实例

图 3.12 类与实例

4. **继承**

继承性是父类和子类之间共享数据和方法的机制。这是类之间的一种关系，在定义和实现一个类的时候，可以基于一个已经存在的类来进行，把这个已经存在的类所定义的内容作为自己的内容，并加入若干新的内容。如图 3.13 所示为父类 A 和它的子类 B 之间的继承关系，箭头从子类 B 指向父类 A。子类 B 由继承部分（C）和增加部分（D）组成。

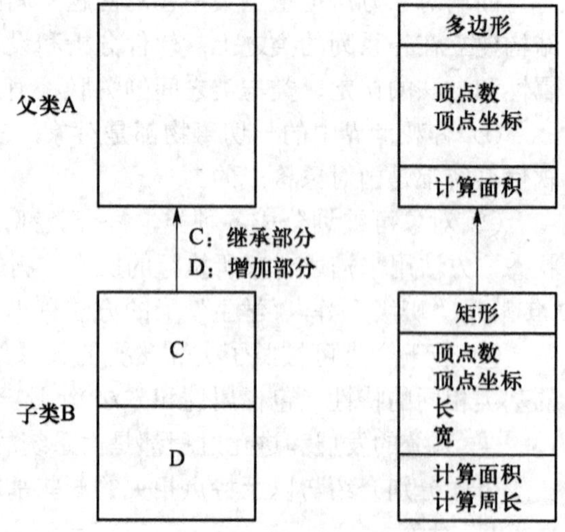

图 3.13 父类与子类的继承

5. **消息传递**

消息传递是对象间通信的手段，一个对象通过向另一个对象发送消息来请求其服务。一个消息通常包括接收对象名、调用的操作名和适当的参数（如果有必要）。消息只指出接收对象需要完成什么操作，但并不指示接收者怎样完成操作。消息完全由接收者解释，接收者独立决定采用什么方法完成所需的操作。

6. **多态性**

多态性是指同一个操作作用于不同的对象可以有不同的解释，并产生不同的执行结果。例如“画”操作作用在“矩形”对象上，则在屏幕上画一个矩形，作用在“圆”对象上，则在屏幕上画一个圆。也就是说，将相同操作的消息发送给不同的对象时，每个对象将根据自己所属类中定义的操作去执行，从而产生不同的结果。

3.6.2 面向对象分析过程

分析过程就是提取系统需求的过程，是指为了满足用户的需求，系统必须“做什么”，而不是“怎么做”（系统如何实现）。系统分析通常是从一个需求文档（陈述）和用户的一系列讨论开始的。一般来说，需求文档由用户、领域专家、系统的开发者以及其他有关人员共同制定。

首先，系统分析员要对需求文档进行分析。需求文档通常是不完整、不准确的，也可能还是非正式的。通过分析可以发现和改正需求文档中的歧义性、不一致性，剔除冗余的内容，挖掘潜在的内容，弥补不足，从而使需求文档更完整、更准确。快速地建立一个原型系统，通过在计算机上运行原型系统，使得分析员和用户尽快交流和相互理解，从而能更正确地、更完整地提取和确定用户的需求。

然后，进行需求建模。系统分析员根据提取的用户需求进行深入理解，识别出问题域内的对象，并分析它们之间的关系，抽象出目标系统应该完成的需求任务，并用 OOA 模型准确地表示出来，即用面向对象的方法建立对象模型、动态模型和功能模型。

最后，进行需求评审。经过用户、领域专家、系统分析员和系统设计人员的评审和反复修改后，确定需求规格说明。

上述分析过程如图 3.14 所示。

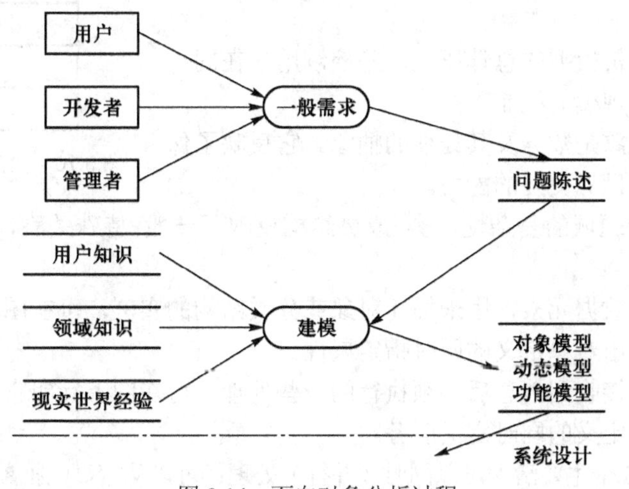

图 3.14　面向对象分析过程

3.6.3　面向对象分析的 3 个模型

面向对象分析模型需要表示出系统的信息（或数据）、功能和行为 3 个方面的基本特征。相应地，在进行面向对象分析时，需要建立面向对象的对象模型、功能模型和行为模型。

1. **对象模型**

对象模型是 3 个模型中最关键的一个模型，它的作用是描述系统的静态结构，包括系统中有哪些对象（或类），每一个对象（或类）需要哪些属性，然后确定对象（或类）之间的关系。对象模型通常使用类似于实体-关系图这样的图形工具进行表示。如图 3.15 所示为类定义示例。

图 3.15　类定义示例

2. **行为模型**

建立行为模型（也称为动态模型），是要确定系统的动态行为，即对象能够发送或接收的事件以及系统状态发生转移的情况。行为模型通常使用类似于状态转换图的图形工具进行表示。

3. **功能模型**

建立功能模型的目的是确定如何对数据（即对象中的属性对应的数据结构）进行计算和处理。功能模型通常使用类似于数据流图的图形工具进行表示。

3.6.4 面向对象分析的 5 个层次

面向对象分析由 5 个主要活动组成，即确定类与对象、识别结构、识别主题、定义属性和定义服务（方法）。对于一个复杂的问题面向对象的模型可用 5 个层次表示：主题层、类与对象层、结构层、属性层和服务层。这 5 个层次很像叠在一起的 5 张透明塑料片，每层会比上一层显现出对象模型的更多细节。在概念上，这 5 个层次是整个模型的 5 张水平切片，如图 3.16 所示。

图 3.16 面向对象分析的 5 个层次

主题层：给出分析模型的总体概貌，是控制用户在同一时间所能考虑的模型规模的机制。

类与对象层：对象是数据及其处理的抽象。它反映了保存有关信息和与现实世界交互的能力。

结构层：表示问题域的复杂性。类-成员结构反映了一般-特殊关系，整体-部分结构反映了整体-部分关系。

属性层：属性是数据元素，用来描述对象或分类结构的实例，可在图中给出并在对象的存储位置指定，即在给出对象定义的同时指定属性。

服务层：服务是接收到消息后必须执行的一些处理，可在图上标明它并在对象的存储位置指定，即在给出对象定义的同时定义服务。

5 个层次对应的 5 个主要活动可以同时（并行）处理；可以从较高的抽象层转移到较低的具体层，然后再返回到较高的抽象层继续处理；当系统分析员在确定类与对象的同时想到该类的服务，则可以先确定服务后，再返回去继续寻找类与对象，没有必要遵循自顶向下、逐步求精的原则。

在一般情况下，面向对象分析过程可按照下列流程进行：确定类与对象、识别结构、识别主题、定义属性、建立动态模型、建立功能模型、定义服务（方法）。但是，对于大型的、复杂的问题，不可能严格按照上面的流程进行，需要反复多次进行寻找、确定、识别、建立和定义来构造模型。

3.6.5 统一建模语言

统一建模语言 UML 是一种定义良好、易于表达、功能强大且普遍适用的建模语言。它融入了软件工程领域的新思想、新方法和新技术。它的作用域不限于支持面向对象的分析与设计，还支持从需求分析开始的软件开发全过程。本书将在第 11 章中进行简单介绍。

3.7 软件需求规格说明书

《软件需求规格说明书》是需求分析阶段最重要的文档，其作用相当于用户与开发单位之间的技术合同，是今后各阶段设计工作的基础，也是本阶段评审和测试阶段确认与验收的依据。

具体格式见本书附录中的“软件需求规格说明书”模板。

3.8 需求变更

一个大型软件系统的需求一定会不停地发生变化，原因是该系统通常要解决一些复杂且难度大的问题，而这些问题不可能一次就被完全定义。随着软件开发工作的深入开展，用户对需求可能会有新的发现或更确切的理解，为项目投入的资金可能会增加或减少，但是即使是由于为项目投入的资金增加而导致的需求变更也极有可能会使软件系统开发的代价和风险增大。

3.8.1 需求变更的代价和风险

只要允许软件需求变更或者添加新特性，一个表面上很简单的变更也可能会使软件开发工作进入一个非常复杂的局面，更困难的是这种现象完全不能被用户理解，用户始终认为“免费的需求变更”是用户不可侵犯的，软件开发人员有义务去满足用户的任何变更要求，但是如果任由用户进行需求变更，那么进行软件开发的代价会很惨重。

任何一个小的需求变更都可能会对软件开发的进度、成本、技术和效率产生不同程度的影响，变更只能在项目时间、预算、资源等的限制内进行协商。

3.8.2 需求变更控制过程

按照现代项目管理的概念，可以将一个项目的生存周期分为启动、实施、收尾3个过程。需求变更的控制不应该只是项目实施过程考虑的事情，而是在整个项目生存周期的全过程中都要考虑。为了将项目变更的影响降低到最小，就需要采用综合的变更控制方法，如图 3.17 所示。

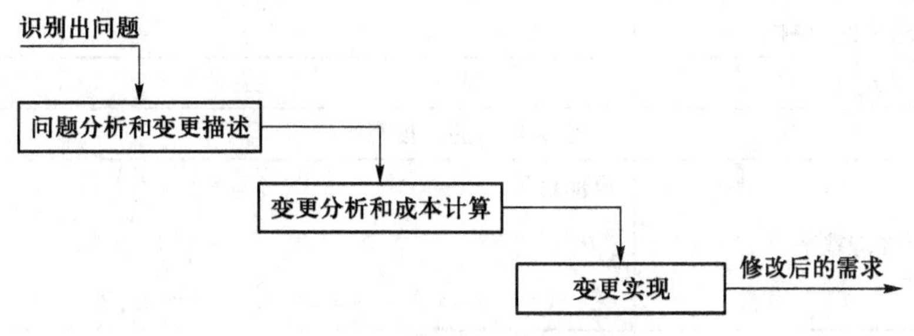

图 3.17 需求变更管理过程

1. 问题分析和变更描述

这是识别和分析需求的描述或者一份明确的变更提议，以检查它的有效性，从而产生一个明确的需求变更提议。

2. 变更分析和成本计算

使用可追溯性信息和系统需求的一般知识，对需求变更提议进行影响分析和评估。变更的成本应该包括对需求文档进行修改的成本、对系统修改进行设计和实现的成本。一旦分析完成并且被确认，应该做出是否执行这一变更的决策。

3. 变更实现

变更需求时要求同时修改需求文档和系统设计以及实现。如果先对系统的程序做变更，然后再修改需求文档，将几乎不可避免地导致需求文档和程序不一致的问题。

变更控制过程并不是给变更设置障碍，通过它可以尽可能采纳最合适的变更，将变更产生的负面影响降到最低。应该将变更过程做成文档，而且文档要简单、有效。

可以参考以下的需求变更策略：

① 所有需求变更必须遵循变更控制过程；
② 对于未获得批准的变更，不应该做设计和实现工作；
③ 由专门负责项目变更的部门决定实现哪些变更；
④ 项目风险承担者应该能够了解变更数据库的内容；
⑤ 决不能从数据库中删除或者修改变更请求的原始文档；
⑥ 每一个集成的需求变更必须能跟踪到一个经核准的变更请求。

3.8.3 需求变更控制报告

需求变更控制报告如表3.5所示。

表3.5 需求变更控制报告

需求变更申请	
申请变更的需求文档	输入名称、版本、日期等信息
变更的内容及其理由	
评估需求变更将对项目造成的影响	
申请人签字	
变更申请的审批意见	
项目经理签字	审批意见： 签字 日期
客户签字（合同项目）	审批意见： 签字 日期
更改需求文档	
变更后的需求文档	输入名称、版本、完成日期等信息

续表

<table>
<tr><td colspan="2">更改需求文档</td></tr>
<tr><td>更改人签字</td><td></td></tr>
<tr><td colspan="2">重新评审需求文档</td></tr>
<tr><td>需求评审小组签字</td><td>评审意见：
签字 日期</td></tr>
<tr><td colspan="2">变更结束</td></tr>
<tr><td>项目经理签字</td><td>签字
日期</td></tr>
</table>

3.9 典型例题解析

例 3.1 在结构化开发方法中，数据流图是________阶段产生的成果。

A．需求分析　　B．总体设计　　C．详细设计　　D．程序编码

【解析】 数据流图是系统分析人员与用户之间进行交流的有效手段，是结构化分析方法所使用的工具，用在软件需求分析阶段。

因此，本题的正确答案是 A。

例 3.2 在软件的需求分析中，开发人员要通过用户解决的最重要的问题是________。

A．要让软件做什么　　B．要给该软件提供哪些信息

C．要求软件达到的工作效率为多大　　D．要使软件具有何种结构

【解析】 需求分析阶段的工作任务是确定“用户真正需要的是一个什么样的软件系统，该软件系统必须实现什么功能”。

因此，本题的正确答案是 A。

例 3.3 进行需求分析可使用多种工具，但________不适用。

A．数据流图（DFD）　　B．判定表

C．PAD 图　　D．数据字典

【解析】 需求分析常用的工具有数据流图、数据字典、判定树、判定表等。PAD 图是系统设计工具。

因此，本题的正确答案是 C。

例 3.4 在结构化分析方法中，数据字典的作用是________。

A．存放所有处理结果

B．存放所有的程序文件

C．存放所有需要处理的原始数据

D．描述系统中所用到的全部数据和文件的有关信息

【解析】 在结构化分析方法中，数据字典的作用是描述系统中所用到的全部数据和文件的有关信息。

因此，本题的正确答案是D。

3.10 本章小结

需求分析是软件产品生存周期中的一个重要阶段，主要目的就是构造一个用户也能看懂的系统模型，传统方法用于构造以数据流图为核心的系统模型；而面向对象方法则用于构造以对象图（类图）为核心的系统模型。UML是面向对象方法不可缺少的工具，进行面向对象的需求分析时必须对UML有一定程度的掌握。

结构化分析方法（SA）以E-R图、DFD、DD等描述手段为工具，用直观的图表和简洁的语言来描述软件系统的模型，获得了广泛的承认与应用。在分析结束后，这些图表又相互补充组成需求规格说明书，成为需求分析阶段的正式文档。抽象与分解，是结构化分析的指导思想。

面向对象分析方法（OOA）通过对对象、属性和操作的表示来对问题建模。

本章还需掌握需求变更的步骤和注意事项。

3.11 习　题

一、选择题

1. 需求分析阶段结束后，应交的文档中不包括________。

A．数据流图　　B．数据字典

C．简明的算法描述　　D．项目的经费预算

2. 数据流图是进行软件需求分析常用的图形工具，其基本图形符号是________。

A．输入、输出、外部实体和加工　　B．交换、加工、数据流和存储

C．加工、数据流、数据存储和外部实体　　D．变换、数据存储、加工和数据流

3. 软件需求分析阶段的工作可以分为4个方面：对问题的识别、分析与综合、编写需求分析文档以及________。

A．软件的总结　　B．需求分析评审

C．阶段性的报告　　D．以上答案都不正确

4. 数据流程图中的数据存储是指________。

A．单据　　B．磁盘文件　　C．数据库文件　　D．存储数据的地方

5. 使用数据字典定义数据流或数据存储组成时可以使用若干符号，其中{…}表示的含义是________。

A．可选　　B．与　　C．或　　D．重复

6. 在画某个系统的数据流图时，顶层图有________。

A．0张　　B．1张　　C．2张　　D．3张以上

7. 系统定义明确之后，应对系统的可行性进行研究，可行性应包括________。

A．技术可行性、经济可行性、社会可行性　　B．经济可行性、安全可行性、操作可行性

C．经济可行性、社会可行性、系统可行性　　D．经济可行性、实用性、社会可行性

二、简答题

1. 什么是需求分析？需求分析阶段的主要任务是什么？怎样理解分析阶段的任务是决定做什么，而不是

怎样做？

2．什么是数据流图？其作用是什么？其中的基本符号各表示什么含义？

3．什么是数据字典？其作用是什么？

4．描述加工逻辑的工具有哪些？

5．什么是结构化分析方法？要经过哪些步骤来实现？

6．为什么 DFD 要分层？画分层 DFD 要遵循哪些原则？

7．用户需求能否随意变更？为什么？如果控制需求变更？

8．选择一个系统（例如人事档案管理系统、图书管理系统、医院监护系统、足球俱乐部管理系统、财务管理系统、学生成绩管理系统和飞机订票系统等），用 SA 方法对其进行分析，画出系统的分层 DFD 图，并建立相应的数据词典。

9．某公司承担空中和地面运输业务，计算货物托运费比率的规定如下。

空运：如果货物重量小于或等于 2 kg，则一律按 6 元/kg 收费；如果货物重量大于 2 kg 而又小于或等于 20 kg，则按 3 元/kg 收费；如果货物重量大于 20 kg，则按 4 元/kg 收费。

地运：若为慢件，则每千克收费 1 元；若为快件，当重量小于或等于 20 kg 时，则按 2 元/kg 收费，当货物重量大于 20 kg 时，则按 3 元/kg 收费。

请画出对应于计算托运费比率的判定树和判定表。

第4章　系 统 设 计

本章要点

- 系统设计的基本概念
- 概要设计的基本任务
- 详细设计的基本任务
- 系统设计工具
- 数据库设计
- 系统设计文档

4.1　系统设计的基本概念

在软件需求分析阶段要解决软件“做什么”的问题，并把这些需求通过规格说明书描述出来，这也是目标系统的逻辑模型。进入设计阶段后，要把软件“做什么”的逻辑模型变换为“怎么做”的物理模型，即着手实现软件的需求，并将设计的结果反映在“设计规格说明书”文档中，所以软件设计是一个把软件需求转换为软件表示的过程，最初这种表示只描述了软件总的体系结构，称为软件概要设计或结构设计或总体设计。然后对结构进行进一步细化，称为详细设计或过程设计。

系统设计是软件工程的重要阶段，它的基本目标是用比较抽象和概括的方式确定目标系统如何完成预定的任务，即软件设计是确定系统的物理模型。

系统设计的重要性和地位可概括为以下几点：

① 软件设计阶段占据软件项目开发总成本的绝大部分，是在软件开发中保证质量的关键环节；

② 系统设计是开发阶段最重要的步骤，是将需求准确地转化为完整的软件产品或系统的唯一途径；

③ 在系统设计阶段做出的决策最终将影响软件实现的成败；

④ 系统设计是软件工程和软件维护的基础。

从技术角度来看，系统设计包括软件结构设计、数据设计、接口设计和过程设计等。其中，结构设计是指定义软件系统各主要部件之间的关系；数据设计是指将分析时创建的模型转化为数据结构的定义；接口设计是指描述软件内部、软件和协作系统之间以及软件与人之间如何通信；过程设计是指将系统结构部件转换成软件的过程性描述。

从工程管理角度来看，系统设计分两步完成：概要设计和详细设计。概要设计（又称为结构设计）包括将软件需求转化为软件体系结构，确定系统级接口、全局数据结构或数据库模式；详细设计包括确立每个模块的实现算法和局部数据结构，用适当的方法表示算法和数据结构的细节。

系统设计的一般过程是：软件设计是一个迭代的过程，先进行高层次的结构设计，再进行低层次的过程设计，最后穿插进行数据设计和接口设计。

4.2 系统设计的目的和任务

4.2.1 概要设计的基本任务

1. 设计软件系统结构（简称软件结构）

为了实现目标系统，在设计程序和数据库之前必须首先进行结构设计，然后进一步分解、细化系统。

① 采用某种设计方法将一个复杂的系统按功能划分成模块。

② 确定每个模块的功能。

③ 确定模块之间的调用关系。

④ 确定模块之间的接口，即模块之间传递的信息。

⑤ 评价模块结构的质量。

2. 进行数据结构及数据库设计

（1）数据结构设计

采用逐步细化的方法，如采用数据字典描述逐步细化。设计有效的数据结构（如队列、线性表、链表等），可以大大简化软件模块处理过程的设计。

（2）数据库设计

数据库的设计指数据存储文件的设计，对此主要进行以下几方面设计。

① 概念设计：在数据分析的基础上，采用自底向上、由内向外的方法从用户角度进行视图设计，一般用 E-R 模型来表示数据模型，这是一个概念模型。

② 逻辑设计：将 E-R 图转换成指定 RDBMS 中的关系模式。E-R 模型是独立于数据库管理系统（DBMS）的，要结合具体的 DBMS 特征来建立数据库的逻辑结构，对于关系型的 DBMS 来说将概念结构转换为数据模式、子模式并进行规范，要给出数据结构的定义，即定义所含的数据项、类型、长度及它们之间的层次或相互关系的表格等。

③ 物理设计：对数据库内部物理结构进行调整并选择合理的存取路径，以提高数据库访问速度及有效利用存储空间。对于不同的 DBMS，因为物理环境不同，所以提供的存储结构与存取方法各不相同。物理设计就是设计数据模式的一些物理细节，如数据项存储要求、存取方式以及索引如何建立。

数据库设计的进度可根据实际的软件项目状况决定，很多软件项目的数据库设计工作在软件工程过程的详细设计阶段展开。

3. 编写概要设计文档

① 概要设计说明书。

② 数据库设计说明书：主要给出所使用的 DBMS 简介、数据库的概念模型、逻辑设计、

物理设计结果等。

③ 用户手册：对需求分析阶段编写的用户手册进行补充。

④ 修订测试计划，对测试策略、方法、步骤提出明确要求。

4. **评审**

在概要设计中，对设计部分是否完整地实现了需求中规定的功能、性能等要求，设计方案的可行性，关键的处理及内外部接口定义的正确性、有效性，各部分之间的一致性等都要进行评审，以免在后面的设计中出现大的问题而返工。

4.2.2 详细设计的基本任务

软件的详细设计就是对模块实现的过程设计（数据结构+算法）。

从软件开发工程化的角度来看，在进行编程以前，需要对系统所采用算法的逻辑关系进行分析，并给出明确、清晰的表述，为后面的程序编写打下基础，这就是进行详细设计的目的。

详细设计的任务具体有以下几个。

1. **对每个模块进行详细的算法设计**

用某种图形、表格、语言等工具将每个模块处理过程的详细算法描述出来。

2. **对模块内的数据结构进行设计**

对于在需求分析和概要设计阶段确定的概念性的数据模型进行确切的定义。

3. **对数据库进行物理设计，即确定数据的物理结构**

物理结构主要指数据库的存储记录格式、存储记录安排和存储方法，这些都依赖于具体所使用的数据库系统。

4. **其他设计**

① 代码设计：为了提高进行数据输入、分类、存储、检索等操作的效率，节约内存空间，对数据库中某些数据项的值要进行代码设计。

② 输入/输出格式设计。

③ 人机对话设计：对于一个实时系统，用户需要与计算机频繁对话，因此要进行对话方式、内容和格式的具体设计。

5. **编写详细设计说明书**

6. **评审**

对处理过程的算法和数据库的物理结构都要进行评审。

4.3 概 要 设 计

4.3.1 概要设计原理

1. **模块和模块化**

所谓模块，是指具有相对独立性的，由数据说明、执行语句等程序对象构成的集合。程序中的每个模块都需要单独命名，通过其名称可实现对指定模块的访问。在高级语言中，模块具体表现为函数、子程序、过程等。一个模块具有输入输出（接口）、功能、内部数据和程序代码

4 个特征。

输入和输出分别是模块需要和产生的信息，功能是指模块所做的工作，输入输出和功能构成了一个模块的外貌，即模块的外部特性。模块通过程序代码完成它的功能，内部数据是仅供该模块本身引用的数据，内部数据和程序代码是模块的内部特性。对模块的外部环境，只需了解它的外部特性就足够了，其内部特性可以不必了解。

“由外向内”是较合理的一种思考过程，所以应先确定模块的外部特性，再确定其内部特性。

模块化是指将整个程序划分为若干个模块，每个模块用于实现一个特定的功能。划分模块对于解决大型复杂的问题是非常必要的，可以大大降低解决问题的难度。

例如，设 $C(x)$为问题 x 所对应的复杂度函数，$E(x)$为解决问题 x 所需要的工作量函数。对于两个问题 P_1 和 P_2，如果 $C(P_1)>C(P_2)$，即问题 P_1 的复杂度比 P_2 高，则显然有 $E(P_1)>E(P_2)$，即解决问题 P_1 比 P_2 所需的工作量大。

人们在解决问题的过程中发现存在一个有趣的规律：$C(P_1+P_2)>C(P_1)+C(P_2)$，即解决由多个问题复合而成的大问题的复杂度大于单独解决各个问题的复杂度之和。也就是说，对于一个复杂的问题，将其分解成多个小问题分别解决比较容易，由此可以推出：$E(P_1+P_2)>E(P_1)+E(P_2)$。

由上面的不等式似乎还能得出下述结论：如果连续不断地分割软件，最后为了开发软件而需要的工作量也就小得可以忽略了。事实上，还有另一个因素在起作用，从而使得上述结论不能成立。如图 4.1 所示，当模块数目增加时每个模块的规模将减小，开发单个模块需要的成本（工作量）确实会减少，但是，随着模块数目的增加，设计模块间接口所需要的工作量也将增加。根据这两个因素，就得出了图 4.1 所示的总成本曲线。每个程序都相应地有一个最适当的模块数目 M，使得系统的开发成本最小。

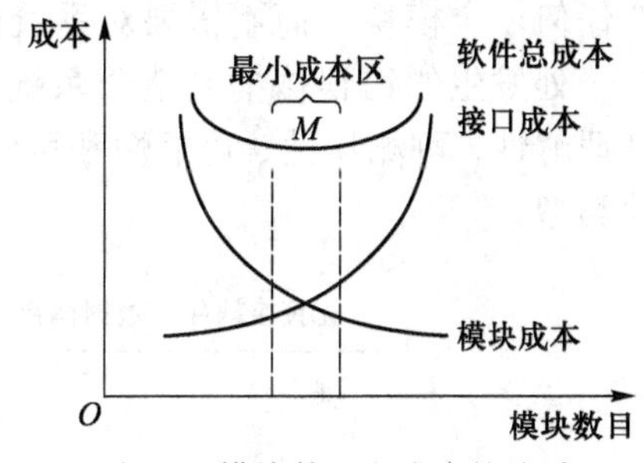

图 4.1 模块数目和成本的关系

2. **抽象与逐步求精**

人类在认识复杂现象的过程中使用的最强有力的思维工具是抽象。人们在实践中认识到，在现实世界中某些事物、状态或过程之间总存在着某些相似的方面（共性）。对这些相似的方面进行汇总和概括，暂时忽略它们之间的差异，这就是抽象。或者说抽象就是抽出事物的本质特性而暂时不考虑它们的细节。

对软件系统进行模块设计时，可划分出不同的抽象层次。在最高的抽象层次上可以使用问题所处环境的语言概括地描述问题的解法。在较低的抽象层次上则采用过程化的方法。

所谓逐步求精是指为了集中精力解决主要问题而尽量推迟对问题细节的考虑。抽象与逐步求精、模块化密切相关。结构化程序中自顶向下、逐步求精的模块划分思想正是人类思维中运用抽象方法解决复杂问题的体现。此外，在程序设计中运用抽象的方法还能够提高代码的可重用性。

3. **信息隐藏**

所谓信息隐藏是指在设计和确定模块时，使得一个模块包含的信息对于不需要这些信息的其他模块来说是不能访问的。也就是说，模块中所包含的信息（包括数据和过程）不允许其他不需要这些信息的模块使用。

模块化通过定义一组相互独立的模块来实现，这些独立的模块相互之间仅交换那些为了实现系统功能所必需的信息，而将自身的实现细节与数据“隐藏”起来。

信息隐蔽的目的主要是为了提高模块的独立性，减小将一个模块中的错误扩散到其他模块中的概率。信息隐蔽能为软件系统的修改、测试及之后的维护带来好处。

4. 模块独立性

为了降低软件系统的复杂性，提高可理解性、可维护性，必须将系统划分成为多个模块，但模块不能任意划分，应尽量保持其独立性。模块独立性是指软件系统中的每个模块只涉及软件要求的具体子功能，而和软件系统中其他模块之间的联系最小且接口是简单的。

良好的模块独立性能使开发的软件具有较高的质量。因为模块独立性强，则信息隐藏性能好，模块的可理解性、可维护性、可测试性好，所以软件的可靠性也很好。另外，接口简单、功能独立的模块易开发，且可并行工作，可以有效地提高软件的生产率。

模块的独立程度是评价设计好坏的重要度量标准。衡量软件的模块独立性使用耦合性和内聚性两个定性的度量标准。

（1）耦合性

耦合是模块之间相互连接的紧密程度的度量。耦合的强弱取决于模块间接口的复杂程度、调用模块的方式以及通过接口的信息。

在软件设计中应该追求尽可能松散的耦合系统。在这样的系统中可以研究、测试或维护任何一个模块，而不需要对系统的其他模块有很多了解。此外，由于模块间联系简单，在一处发生的错误传播到整个系统的可能性就很小。因此，模块间的耦合程度将对系统的可理解性、可测试性、可靠性和可维护性产生很大影响。模块的耦合性有如图 4.2 所示的几种类型。

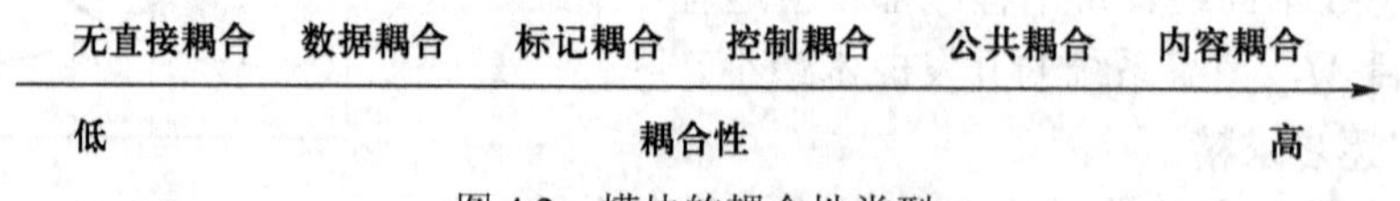

图 4.2 模块的耦合性类型

① 无直接耦合（No Direct Coupling）：两个模块之间没有直接关系，它们之间的联系完全是通过主模块的控制和调用来实现的，不传递任何信息。无直接耦合的模块独立性最强。

② 数据耦合（Data Coupling）：一个模块访问另一个模块时，彼此之间是通过简单数据参数（不是控制参数、公共数据结构或外部变量）来传递交换输入、输出信息的，相当于高级语言中的“值传值”。这种耦合程度较低，模块的独立性较高。

③ 标记耦合（Stamp Coupling）：指一个模块调用另一个模块时，不是传递数值本身，而是传递存放数值的变量名或文件名，如高级语言中的数组名、记录名、文件名等，这些名称就是标记，故称为标记耦合，其实传递的是这个数据结构的地址。这种耦合比数据耦合具有更多的出错可能性，因为数据本身和标记（变量名和文件名等）两者都可能出错。

④ 控制耦合（Control Coupling）：如果一个模块通过传送开关、标志、名字等控制信息明显地控制对另一模块功能的选择，就是控制耦合，如图 4.3 所示。

⑤ 公共耦合（Common Coupling）：若一组模块都访问同一个公共数据环境，则它们之间的耦合就称为公共耦合。公共的数据环境可以是全局数据结构、共享的通信区、内存的公共覆盖区等。

公共耦合的复杂程度随耦合模块个数的增加而显著增加。若只是两个模块间有公共数据环境，则公共耦合有两种情况：松散的公共耦合和紧密的公共耦合，如图 4.4 所示。

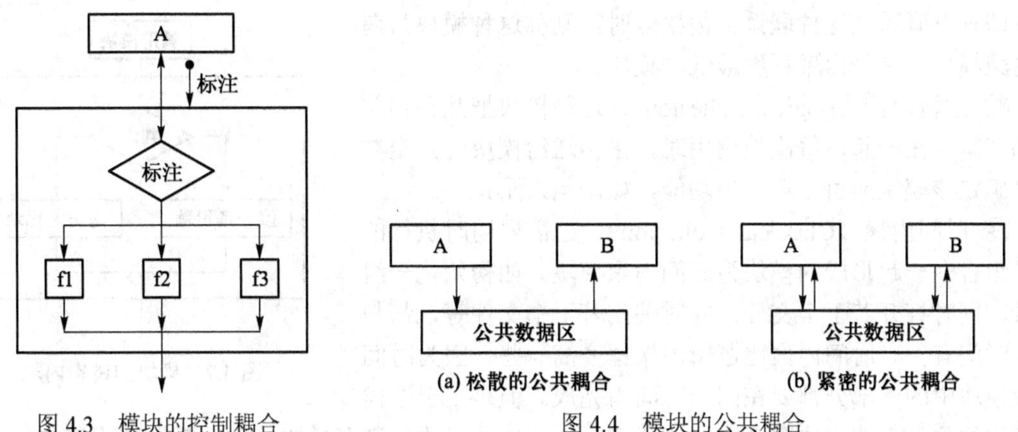

图 4.3 模块的控制耦合

图 4.4 模块的公共耦合

⑥ 内容耦合（Content Coupling）：如果发生下列情形，两个模块之间就发生了内容耦合，如图 4.5 所示。

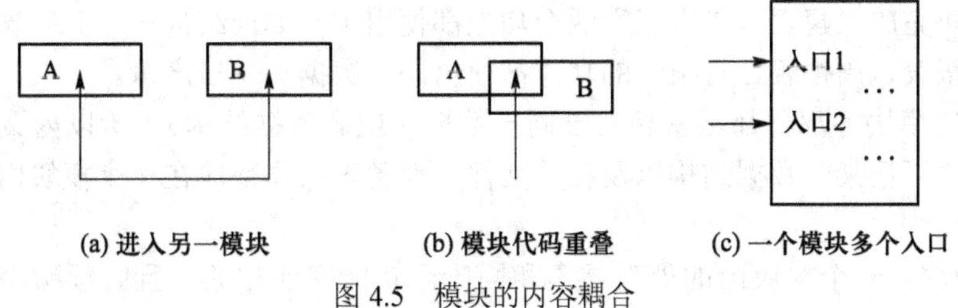

图 4.5 模块的内容耦合

- 一个模块直接访问另一个模块的内部数据。
- 一个模块不通过正常入口转到另一模块内部。
- 两个模块中有一部分程序代码重叠（只可能出现在汇编语言中）。
- 一个模块有多个入口。

（2）内聚性

内聚性是度量一个模块内部各个组成元素之间相互结合的紧密程度的指标。模块中组成元素结合得越紧密，模块的内聚性就越高，模块的独立性也就越高。理想的内聚性要求模块的功能明确、单一，即一个模块只实现一个功能。

在进行模块化设计时，耦合性和内聚性都是必须考虑的重要指标。但经实践证明，保证模块的高内聚性比低耦合性更为重要，在进行软件设计时应将更多的注意力集中在提高模块的内聚性上。模块的内聚性主要可划分为如下几种不同的类型，如图 4.6 所示。

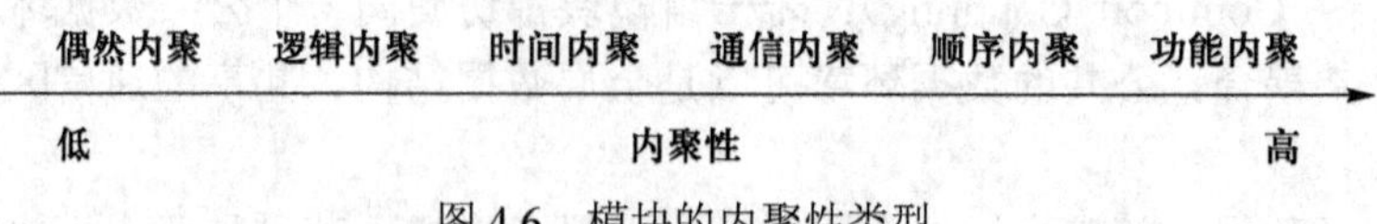

图 4.6 模块的内聚性类型

① 偶然内聚（Coincidental Cohesion）：也称为巧合内聚，当模块内的各部分之间没有联系，或者即使有联系，这种联系也很松散时，则称这种模块为偶然内聚模块，它是内聚程度最低的模块。

② 逻辑内聚（Logical Cohesion）：这种模块把几种相关的功能组合在一起，每次被调用时，由传送给模块的判定参数来确定该模块应执行哪一种功能，如图 4.7 所示。

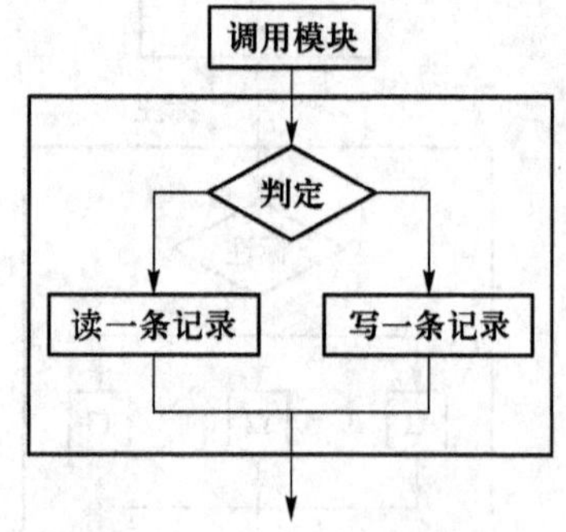

图 4.7 模块的逻辑内聚

③ 时间内聚（Classical Cohesion）：把需要同时执行的动作组合在一起形成的模块为时间内聚模块。如初始化一组变量，同时打开若干个文件，同时关闭若干个文件等，都与特定时间有关。时间内聚比逻辑内聚程度高一些，因为时间内聚模块中的各部分都要在同一时间内完成。但是由于这样的模块往往与其他模块联系得比较紧密，如初始化模块对许多模块的运行都会产生影响，因此和其他模块耦合的程度较高。

④ 通信内聚（Communicational Cohesion）：指模块内的所有处理元素都在同一个数据结构上操作（有时称之为信息内聚），或者指各处理元素使用相同的输入数据或者产生相同的输出数据。如一个模块完成“建表”、“查表”两个功能都使用同一数据结构——名字表。又如一个模块完成生成日报表、周报表、月报表的功能都使用同一数据——日产量。

通信内聚的模块各部分都紧密相关于同一数据（或者数据结构），所以内聚性要高于前几种类型。同时，可把某一数据结构以及相关文件、设备等操作都放在一个模块内，以达到信息隐藏的目的。

⑤ 顺序内聚：一个模块内的处理元素和同一个功能密切相关，且必须顺序执行，前一功能元素的输出就是下一功能元素的输入。例如某一模块的功能是求工业产值，前面部分的功能元素用于求总产值，随后部分的功能元素用于求平均产值，显然该模块内的两部分紧密相关。

⑥ 功能内聚（Functional Cohesion）：这是一种最强的内聚，一个模块中的各个部分都是完成某一具体功能必不可少的组成部分，或者说为了完成一项具体功能该模块中的所有部分要协同工作，是不可分割的，则称该模块为功能内聚模块。

耦合性与内聚性是模块独立性的两个定性标准，耦合与内聚是相互关联的。在程序结构中，各模块的内聚性越强，则耦合性越弱。一般较优秀的软件设计应尽量做到高内聚、低耦合，即减弱模块之间的耦合性和提高模块的内聚性，有利于提高模块的独立性。

4.3.2 软件结构优化准则

软件概要设计的主要任务是完成软件结构的设计。为了提高软件设计质量，必须根据软件设计的原理改进软件设计。长期以来，人们在计算机软件开发过程中积累、总结出了如下一些经验。

1. 模块的分解，尽量做到“高内聚，低耦合”

① 如果若干模块之间的耦合强度过高，并且每个模块的功能不复杂，可将它们合并，并以此原则优化初始的软件结构。

② 若有多个相关模块，应对它们的功能进行分析，消去重复的功能。

2. 模块结构的深度、宽度、扇出和扇入应适当

① 深度指软件结构中模块的层次数，用来表示控制的层数，在一定意义上能粗略地反映系统的规模和复杂程度。如果深度太大，则表示软件结构中控制层数太多，分工过细，应该检查结构中的某些模块是否过于简单，应考虑能否将其合并。

② 宽度指同一层次中最大的模块个数，用来表示控制的总分布。在一般情况下，宽度越大，系统结构越复杂。影响宽度的最大因素是模块的扇出。

③ 模块的扇出指一个模块拥有的直属下级模块的个数，一般将扇出数控制在 9 以内，好的系统结构的平均扇出数一般是 3～4。扇出太大，意味着模块十分复杂，缺乏中间层次，可以适当增加中间层次的控制模块；扇出如果太小也不好。这时可以考虑把下级模块进一步分解成若干个子功能模块，或者将其合并到它的上级模块中去。

④ 模块的扇入是指一个模块的直接上级模块的个数。在设计中，扇入系数大，说明模块分解得好，通用性强，冗余度低。但是，不能违背模块独立性原理，单纯地追求高扇入。

模块结构的深度、宽度、扇出和扇入如图 4.8 所示。

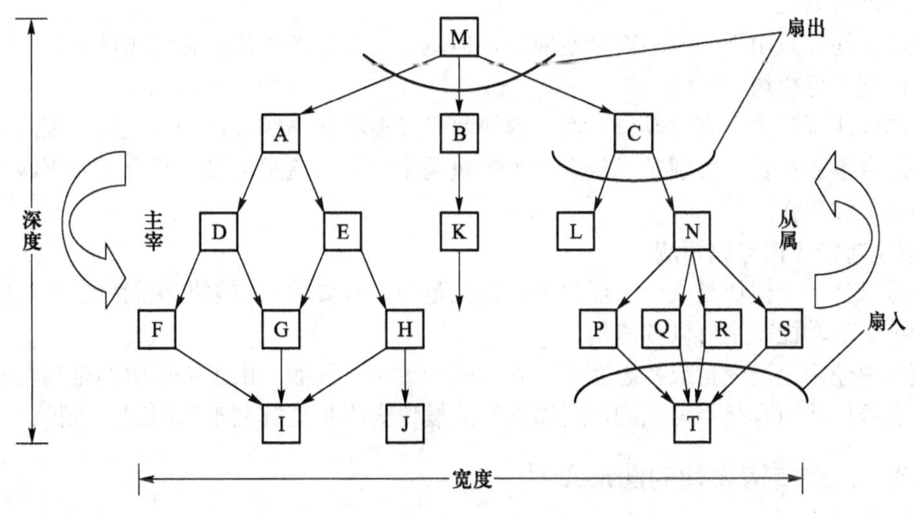

图 4.8 模块的深度、宽度、扇入、扇出

3. 模块的作用范围应该在控制范围内

模块的作用域定义为受该模块内一个判定影响的所有模块的集合。模块的控制域是这个模块本身以及所有直接或间接从属于它的模块的集合。例如，在图 4.9 中模块 A 的控制域是 A、B、C、D、E、F 等模块的集合。

在一个设计良好的系统中，所有受判定影响的模块应该都从属于做出判定的那个模块，最好局限于做出判定的那个模块本身及它的直属下级模块。例如，图4.9中模块A做出的判定只能影响模块B，符合这条规则。但是，如果模块A做出的判定同时还影响模块G中的处理过程，则会产生不好的影响。首先，这样的结构使得软件难于理解。其次，为了使得A中的判定能影响G中的处理过程，通常需要在A中给一个标记设置状态以指示判定的结果，并且应该把这个标记传递给A和G的公共上级模块M，再由M把它传给G。这个标记控制的是信息而不是数据，因此将使模块间出现控制耦合。

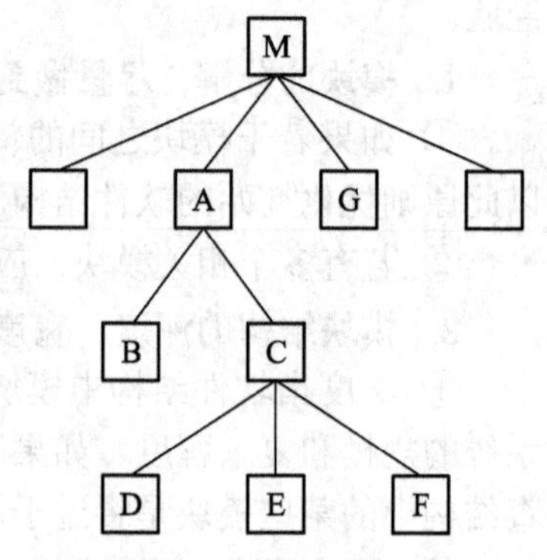

图4.9 模块的作用域和控制域

要修改软件结构以使作用域是控制域的子集，一个方法是将做判定的点往上移，例如，将判定从模块 A 中移到模块 M 中。另一个方法是把那些在作用域内但不在控制域内的模块移到控制域内，例如，把模块G移到模块A的下面，作为A的直属下级模块。

4. 模块接口设计要简单，以便降低复杂程度和冗余度

模块接口复杂是软件发生错误的一个主要原因。应该仔细设计模块接口，以便信息更容易传递，并且和模块的功能一致。

接口复杂是导致软件结构高耦合、低内聚的原因之一，应该重新分析这个模块的独立性。

5. 适当设置模块规模，以保持其独立性

经验表明，一个模块的规模不应过大，最好能写在一页纸内（通常包括50～150行语句），便于人们阅读与研究。

模块过大往往是由于分解不充分造成的，但是进一步分解必须符合问题结构，一般说来，分解后不应该降低模块独立性。

过小的模块开销大于有效操作，而且模块数目过多将使系统接口变得复杂，因此过小的模块有时不适合单独存在，特别是当只有一个模块调用它时，通常可以将其合并到上级模块中去而使其不再单独存在。

6. 模块功能应该可以预测

如果可以将一个模块当成一个黑盒子，也就是说，只要输入的数据相同就会产生同样的输出，这个模块的功能就是可以预测的。

在模块中使用全局变量或静态变量，则可能导致不可预测。由于模块中的全局变量和静态变量对于上级模块而言是不可见的，所以这样的模块既不易理解又难于测试和维护。

4.3.3 软件结构设计的图形工具

在概要设计阶段可能会用到如下几种图形工具：软件结构图、层次图和HIPO图。

1. 软件结构图

软件结构图是软件系统的模块层次结构，是进行软件结构设计的一个有力工具，用来表示软件的组成模块及其调用关系，结构图的基本符号有以下3个。

① 模块：每个方框代表一个模块，框内给出模块的名称或主要功能。

② 模块的调用关系：方框之间的箭头（或直线）表示模块之间的调用关系。因为按照惯

例总是由图中位于上方的方框代表的模块调用下方的模块，即使不用箭头也不会产生二义性，为了简单起见，可以只用直线而不用箭头表示模块间的调用关系。通常还用带注释的箭头表示模块在调用过程中相互之间传递的信息。如果希望进一步标明传递的信息是数据还是控制信息，则可以利用注释箭头尾部的形状来区分：尾部是空心圆时表示传递的是数据，是实心圆时表示传递的是控制信息，如图 4.10 所示。

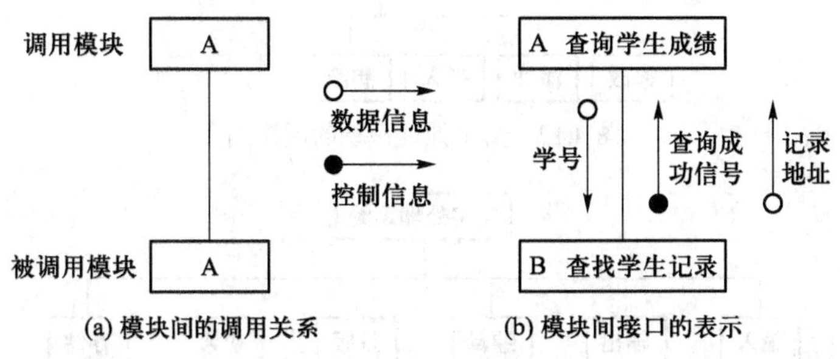

图 4.10 模块间的调用

③ 辅助符号。弧形箭头表示循环调用，菱形表示选择或者条件调用，如图 4.11 所示，图 4.11（a）表示模块 A 有条件地调用模块 B 或模块 D，图 4.11（b）表示模块 A 循环调用模块 B、C 和模块 D。

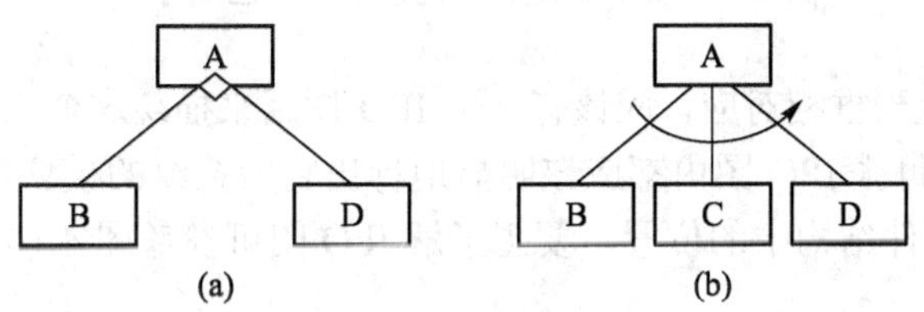

图 4.11 软件结构图辅助符号

画结构图时应注意，以同一名字命名的模块在结构图中仅允许出现一次；调用关系只能从上到下，调用次序可以依据数据传递关系来确定，一般由左向右；结构图要尽量画在一张纸上且要保持结构的清晰性。

2. 层次图

层次图是进行软件结构设计的另一种图形工具。层次图和结构图类似，也是用来描绘软件的层次结构的。层次图中的每一个矩形框代表一个模块，矩形框之间的关系表示调用关系而不是组成关系。如图 4.12 所示是层次图的一个例子，顶层的矩形框是文字处理系统的主控模块，通过调用下层模块完成文字处理的全部功能，第 2 层的每个模块控制完成文字处理的一个主要功能。例如，“编辑”模块通过调用它的下层模块可以完成 4 种功能中的任何一种。

层次图适用于自顶向下设计软件结构过程，而且通常用层次图来作为描绘软件结构的文档。

3. HIPO 图

HIPO 图（Hierarchy plus Input/Processing/Output，层次图加输入/处理/输出图）是美国 IBM 公司发明的。为了使 HIPO 图具有可追踪性，在 H 图（层次图）中除了顶层的矩形框之外，每个矩形框都加了编号。编号规则和 3.5 节中介绍的数据流图的编号规则相同，例如，为图 4.12

加了编号后得到图 4.13。

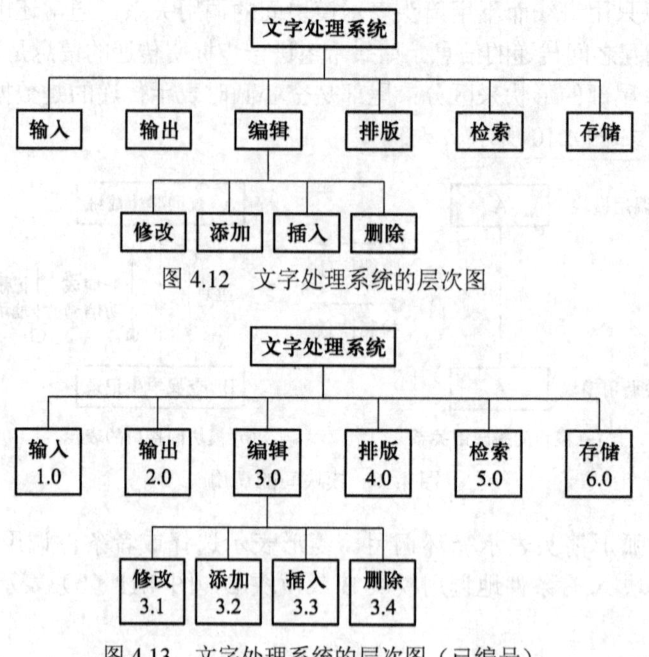

图 4.12 文字处理系统的层次图

图 4.13 文字处理系统的层次图（已编号）

和 H 图中的每个矩形框相对应，应该有一张 IPO 图用来描绘这个矩形框代表的模块的处理过程。在 HIPO 图中的每张 IPO 图内都应该明显地标出它所描绘的模块在 H 图中的编号，以便追踪了解这个模块在软件结构中的位置。要想了解 IPO 图可参考图 4.14。

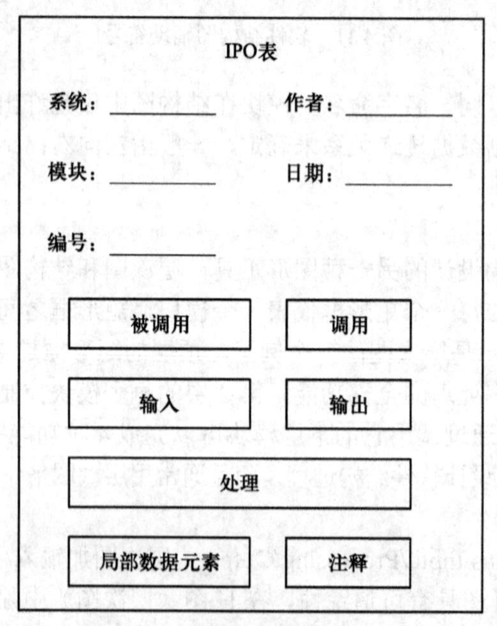

图 4.14 IPO 图

4.3.4 面向数据流的设计方法

在软件工程的需求分析阶段，信息流是一个关键要素，通常用数据流图描绘信息在系统中加工和流动的情况。面向数据流的设计方法定义了一些不同的映射方法，利用这些映射可以将数据流图变换成软件结构。因为任何软件系统都可以用数据流图表示，所以采用面向数据流的设计方法理论上可以设计任何软件的结构。通常所说的结构化设计方法（简称 SD 方法），也就是基于数据流的设计方法。

下面首先介绍数据流图表示的数据处理类型，然后针对不同的类型分别进行分析处理。典型的数据流类型有两种：变换型和事务型。

1. 变换型

变换型是指信息沿输入通路进入系统，同时由外部形式变换成内部形式，进入系统的信息通过变换中心，经过加工处理以后再沿输出通路变换成外部形式离开软件系统。由该过程可知，变换流的数据流图是一个线性结构。变换型结构的数据流图可分成 3 部分：输入、主加工和输出，如图 4.15 所示。

主加工是系统的中心工作，主加工的输入数据流称为系统的“逻辑输入”，主加工的输出数据流称为系统的“逻辑输出”。系统输入端的数据流称为“物理输入”，系统输出端的数据流称为“物理输出”。

从输入设备获得的物理输入一般要经过编辑、格式转换、合理性检查等一系列辅助性加工后变成纯粹的“逻辑输入”传送给主加工，同样，主加工产生的纯粹的“逻辑输出”要经过格式转换、组成物理块、缓冲处理等辅助性加工后成为物理输出，最后从系统送出。

使用“变换分析”技术导出标准形式的程序结构的步骤，如图 4.16 和图 4.17 所示。

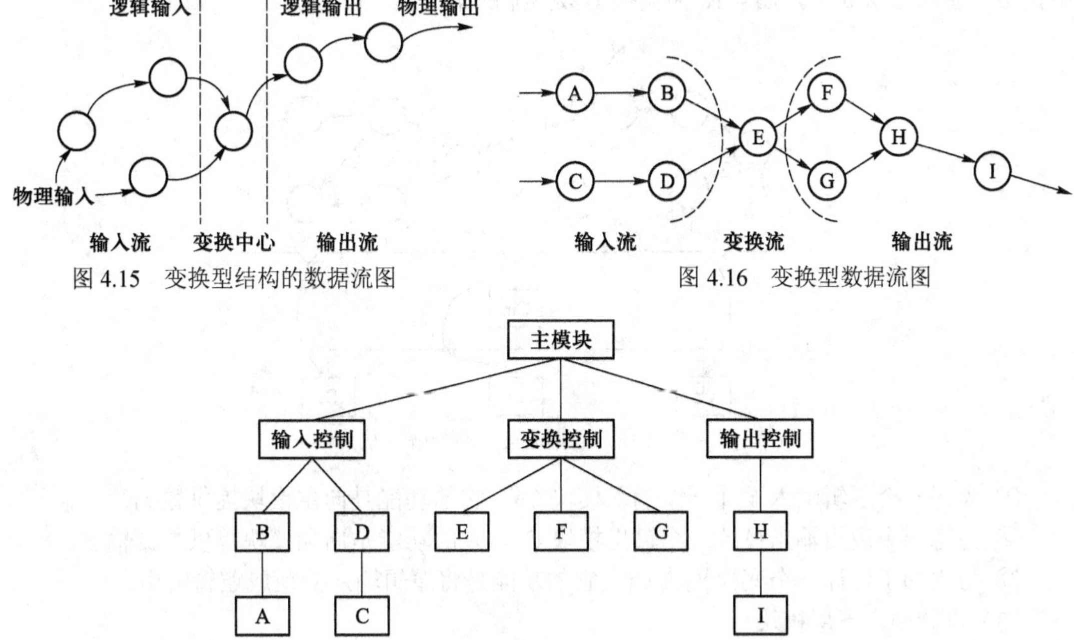

图 4.15 变换型结构的数据流图

图 4.16 变换型数据流图

图 4.17 变换流的程序结构

（1）找出主加工，确定逻辑输入和逻辑输出

如果设计员的经验比较丰富，对该系统的系统说明书又很熟悉，则决定哪些加工是系统的主加工是比较容易的，例如，几股数据流的汇合处往往是系统的主加工。

如果一时不能确定主加工在哪里，则可以用下面的办法先决定哪些数据流是逻辑输入和逻辑输出。

从物理输入端开始，一步步向系统的中间移动，直至形成的数据流已不能再被看做系统的输入，则其前一个数据流就是系统的逻辑输入。

同样，从物理输出端开始，一步步向系统的中间移动，也可以找出离物理输出端最远但仍可被看做是系统的输出的那个数据流，它就是逻辑输出。

对于系统的每一股输入和输出，都可用上面的方法找出相应的逻辑输入和逻辑输出，而位于逻辑输入和逻辑输出之间的加工就是系统的主加工。

（2）设计模块结构的顶层和第一层

设计模块结构的整个思考过程是按“由顶向下、逐步加细”的原则进行的，这个思想可以分两步描述。

① 每创建一个新的模块时，必须决定该模块的外部特征：该模块的功能，即该模块用来“做什么”；该模块同其调用模块的接口，即调用时传送的参数。

② 对已创建的模块进行“细化”：此时考虑这个模块应该“怎样做”才能完成它的功能，于是又要创建下一层的新模块，再循环到第①步。

通过这样“先决定做什么，再考虑怎样做”的过程，循环往复，设计过程就可有条不紊地进行，直至最后获得一个完整的结构层次。

程序结构的“顶”设计好之后，下面的结构就可按输入、变换、输出等分支来处理。设计结构第一层的方法如下，图4.18为变换型数据流的第一级分解方法。

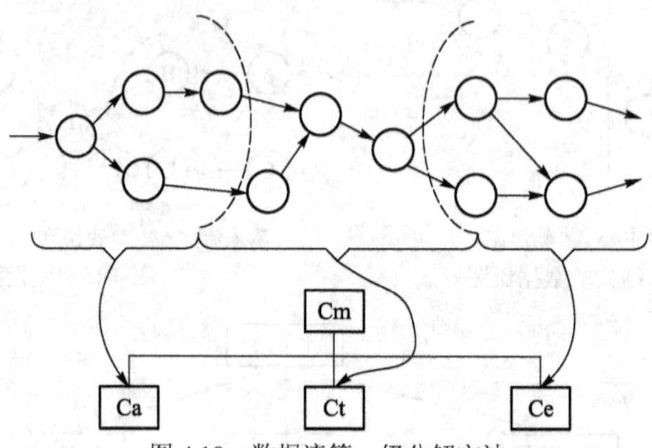

图4.18 数据流第一级分解方法

① 为每一个逻辑输入设计一个输入模块Ca，它的功能是向主模块提供数据。

② 为每一个逻辑输出设计一个输出模块Ce，它的功能是向主模块提供数据输出。

③ 为主加工设计一个变换模块Ct，它的功能是将逻辑输入变换成逻辑输出。

（3）设计中、下层模块

下面分别介绍如何设计输入模块、输出模块和变换模块的下层模块。

要设计输入模块，应先考虑输入模块应该“做什么”。由于输入模块的功能是向它的调用模块提供数据，所以它本身必定要有一个数据来源，因此输入模块可由两部分组成，一部分用于接收输入数据，另一部分用于将这些数据变换成其调用模块所需要的数据。可以为每一个输入模块设计两个下层模块，其中一个的功能是输入，另一个的功能是变换，也就是说，一个是输入模块，另一个是变换模块。调用模块时传送的参数可以同数据流图相对应。

输出模块的功能是将其调用模块提供的数据输出。它也由两部分组成，一部分是将调用模块提供的数据变换成输出的形式，另一部分是输出，这样也可以为每一个输出模块设计两个下层模块，其中一个是变换模块，另一个是输出模块（见图 4.17)。

上述设计过程可以由顶向下递归地进行，直至达到系统的输入端或输出端。

如图 4.19 所示，完成第二级分解的方法是从变换中心的边界开始沿着输入通路向外移动，把输入通路中的每个处理逻辑映射成软件结构中 Ca 控制下的一个低层模块；然后沿输出通路向外移动，把输出通路中的每个处理逻辑映射成直接或间接受模块 Ce 控制的一个低层模块；最后把变换中心内的每个处理映射成受 Ct 控制的一个模块。

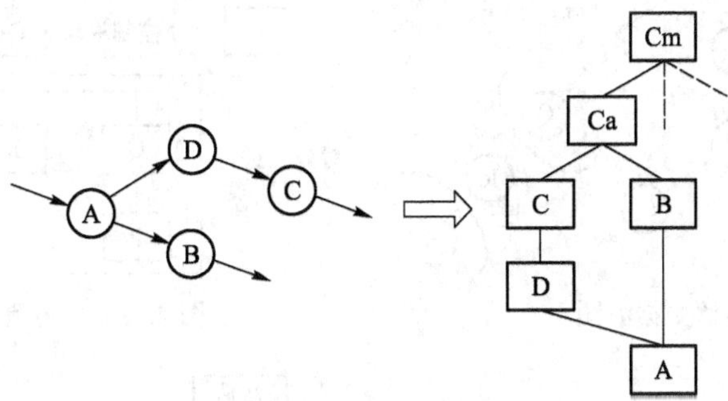

图 4.19 数据流第二级分解方法

2. **事务流**

数据沿输入通路到达一个处理 T，这个处理根据输入数据的类型在若干个动作序列中选出一个来执行。这种“以事务为中心的”的数据流称为“事务流”。当信息流具有如图 4.20 所示的明显特征时，可归结为事务流。

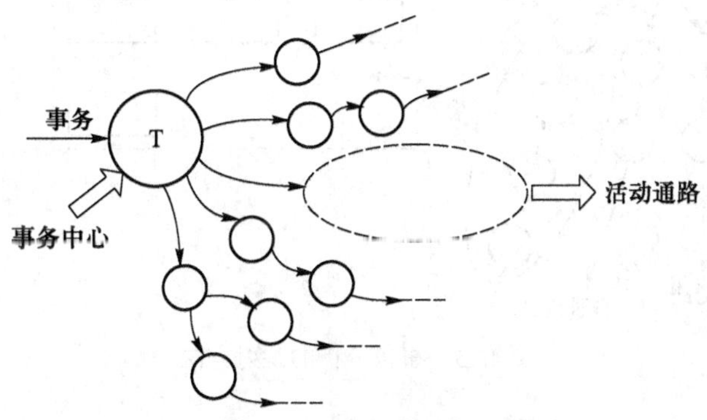

图 4.20 事务流数据流图的特征

事务分析也是“由顶向下、逐步细化”进行的。先设计主模块，再为每一种类型的事务处理设计一个事务处理模块，然后为每个事务处理模块设计下面的操作模块，再为操作模块设计细节模块，如图 4.21 和图 4.22 所示。

事务分析的设计步骤和变换分析的设计步骤大体相同或类似，主要差别仅在于由数据流图到软件结构的映射方法不同。由事务流映射成的软件结构包括一个接收分支和一个发送分支。映射出接收分支结构的方法和变换分析与映射出输入结构的方法相似，即从事务中心的边界开始，把沿着接收流通路的处理逻辑映射成模块。发送分支的结构包含一个调度模块，它控制下层的所有活动模块，然后把数据流图中的每一个活动流通路映射成与它的特征相对应的结构。图 4.23 显示了上述映射过程。

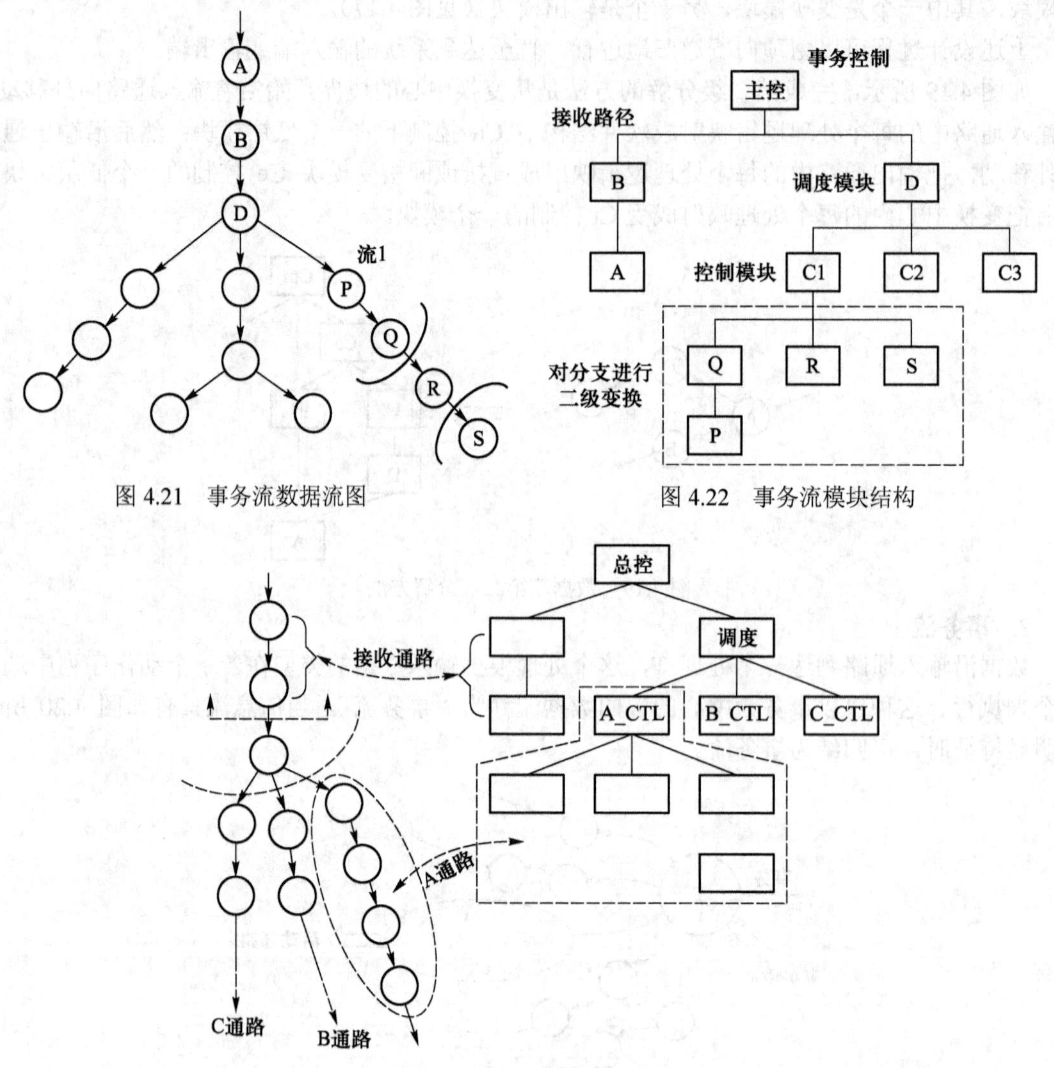

图 4.21 事务流数据流图

图 4.22 事务流模块结构

图 4.23 事务分析的映射方法

由事务分析导出的程序结构也是同问题结构相对应的，它符合事务型程序的标准形式，其质量也是较好的。

在实际系统中，数据流图往往混合使用变换型结构和事务型结构，此时一般以“变换分析”为主、“事务分析”为辅进行设计。先找出主加工，设计出结构图的上层，然后根据数据流图各部分的结构特点适当地运用“变换分析”或“事务分析”得出初始结构图的某个方案，如图 4.24 所示。

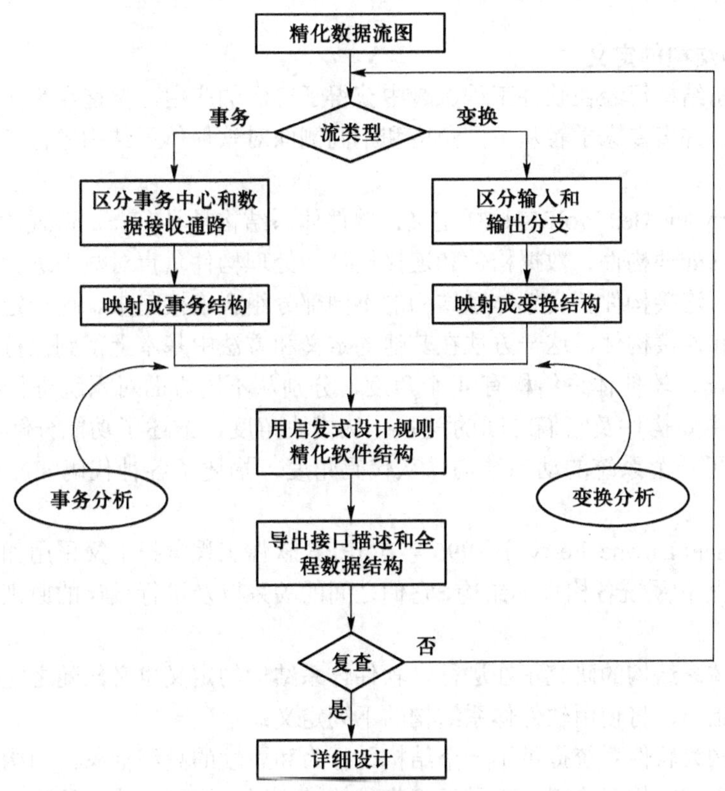

图 4.24 事务和变换分析软件结构

变换分析和事务分析是需要灵活运用的，由于各个系统的具体特点不同，初始图的设计方法也有多种，事实上任何满足系统说明书要求的结构图都可作为初始结构图，设计员应掌握如下原则：

① 程序结构尽可能与问题结构相对应；

② 块间联系尽可能低，块内联系尽可能高。

由于数据流图并不能反映出所有的用户要求（例如控制流、出错处理、过程性信息、种种限制等），而程序的模块结构必须能满足所有的用户要求，所以按数据流图导出的初始结构远不是一个完美的方案，设计员应该认识到获得初始结构图只是设计过程的开始，后面还有大量的改进和补充工作要去完成。

4.3.5 软件体系结构设计

1. 软件体系结构的兴起

20 世纪 60 年代的软件危机使得人们开始重视软件工程的研究。起初，人们把软件设计的重点放在数据结构和算法的选择上，随着软件系统规模越来越大、越来越复杂，整个系统的结构和规格说明显得越来越重要。软件危机日益加剧，只采用现有的软件工程方法已经无法解决很多问题。对于大规模的复杂软件系统来说，系统结构设计和规格说明比起对计算的算法和数据结构的选择已经变得重要得多。在这种背景下，人们认识到软件体系结构的重要性，并认为对软件体系结构进行系统、深入的研究将会成为提高软件生产率和解决软件维护问题的新的最有希望的途径。

2. 软件体系结构的定义

虽然软件体系结构已经在软件工程领域中获得了广泛的应用，但迄今为止还没有一个被大家所公认的定义。许多专家学者从不同角度和不同侧面对软件体系结构进行了刻画，较为典型的定义有如下几个。

Dewayne Perry 和 Alex Wolf 曾这样定义：软件体系结构是具有一定形式的结构化元素，即构件的集合，包括处理构件、数据构件和连接构件。处理构件负责对数据进行加工，数据构件是被加工的信息，连接构件负责把体系结构的不同部分组合连接起来。这一定义注重区分处理构件、数据构件和连接构件，这一方法在其他的定义和方法中基本上得到保持。

Kruchten 指出，软件体系结构有 4 个角度，分别从不同方面对系统进行描述。从概念角度，描述系统的主要构件及它们之间的关系；从模块角度，描述了功能分解与层次结构；从运行角度，描述了一个系统的动态结构；从代码角度，描述了各种代码和库函数在开发环境中的组织。

David Garlan 和 Dewne Perry 于 1995 年在 IEEE 软件工程学报上又采用如下的定义：软件体系结构是一个程序/系统各构件的结构、它们之间的关系以及进行设计的原则和随时间进化的指导方针。

总之，软件体系结构的研究正在进行，软件体系结构的定义也必然随之完善。在后面的章节里如果不特别指出，将使用软件体系结构的下列定义：

软件体系结构为软件系统提供了一个结构、行为和属性的高级抽象，由构成系统的元素的描述、这些元素之间的相互作用、指导元素集成的模式以及这些模式的约束组成。软件体系结构不仅指定了系统的组织结构和拓扑结构，显示了系统需求和构成系统的元素之间的对应关系，并且提供了设计决策的一些基本原则。

3. 软件体系结构分类

软件体系结构的开发是大型软件系统开发的关键环节。体系结构在软件生产线的开发中具有至关重要的作用，在这种开发生产中，基于同一个软件体系结构可以创建具有不同功能的多个系统。在软件产品之间共享体系结构和一组可重用的构件，可以降低软件开发、维护成本。

近年来，分布式系统的使用越来越广泛。通常，大型计算机系统都是分布式系统。分布式系统的信息处理分布在多台计算机上，软件运行在一组通过网络松散地集成在一起的处理机上。例如，银行的 ATM 系统、火车站订票系统等。分布式系统具有几个很重要的特征，例如资源共享性、开放性、并发性、可扩充性、透明性、复杂性、保密性和互操作性等。下面将重点介绍属于分布式系统的 C/S 结构、B/S 结构和 3 层 C/S 结构。

目前常用的软件体系结构有以下几种。

（1）主机/终端体系结构

早期的计算机系统多是单机系统，多个用户是通过联机终端来访问的，没有网络的概念，即所谓的主机分时系统。连接的终端完全没有事务处理能力，只用来输入和显示信息。所有的事务处理功能完全放在主机上实现，因此主机的负载很重，整个系统的事务处理能力全部取决于主机。目前，主机终端模式已逐步被淘汰。

（2）客户-服务器（Client/Server，C/S）体系结构

这类系统能够提供一组服务供客户机使用，客户机和服务器被分别对待，数据以及加工过程在多个处理机之间进行分配。客户端完成数据处理、数据表示以及用户接口功能；服务器端完成核心功能。它能充分发挥客户端 PC 的处理能力，很多问题可以在客户端处理后再提交给服务器，一般要求有特定的客户端。例如，腾讯公司的聊天工具 QQ 就采用了 C/S 模式，用户桌面上的QQ就是腾讯公司的特定客户端，而腾讯的服务器则负责为客户端的用户提供各种服务。客户-服务器体系结构的一般形式如图 4.25 所示。

这种模型的主要组成元素是：

① 一组提供服务的单机服务器；

② 一组向服务器请求服务的客户机；

③ 一个连接服务器与客户机的网络。

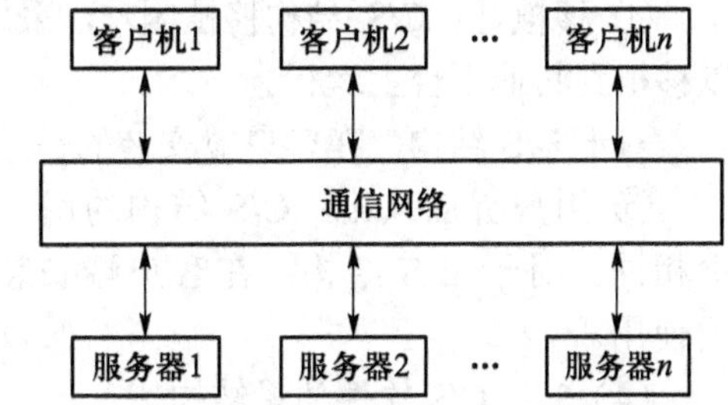

图 4.25 客户-服务器体系结构

（3）浏览器/服务器（Browser/Server，B/S）体系结构

随着 Internet 和 WWW 的流行，以往的主机/终端和 C/S 都无法满足当前全球网络开放、互连、信息随处可见和信息共享的新要求，C/S 结构对安装在客户机上的软件和客户机的操作系统一般也会有限制。为了尽量减少这种限制出现了 B/S 结构，即浏览器/服务器（Browser/Server，B/S）结构。B/S 结构的最大特点是：用户可以通过 WWW 浏览器去访问 Internet 上的文本、数据、图像、动画、视频点播和声音信息，这些信息是由许许多多的 Web 服务器产生的，而每一个 Web 服务器又可以通过各种方式与数据库服务器相连接，大量的数据实际存放在数据库服务器中。客户端除了 WWW 浏览器，一般不需要任何用户程序，只需从 Web 服务器上下载程序到本地来执行，在下载过程中若遇到与数据库有关的指令，由 Web 服务器交给数据库服务器来解释执行，并返回给 Web 服务器，Web 服务器又返回给用户。采用 B/S 架构管理软件方便、速度快、效果优，是目前比较流行的软件体系结构，如图 4.26 所示。

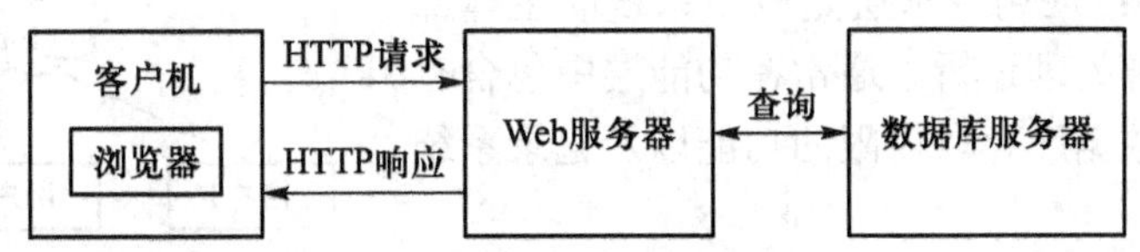

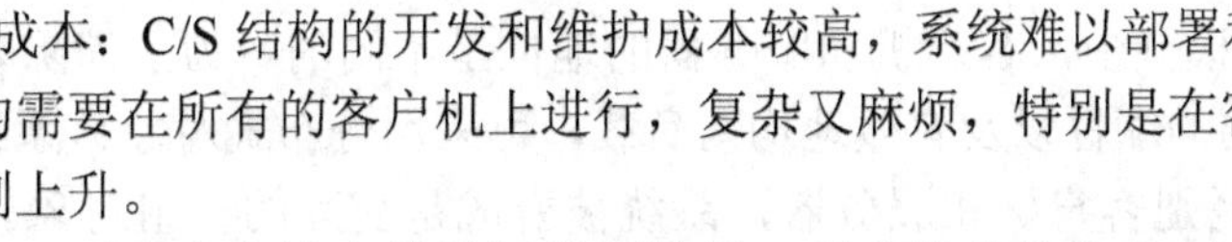

图 4.26 浏览器/服务器体系结构

B/S 结构相对于 C/S 结构有如下一些优势。

① 开发和维护成本：C/S 结构的开发和维护成本较高，系统难以部署和维护。应用程序的安装、修改和升级均需要在所有的客户机上进行，复杂又麻烦，特别是在客户端数量巨大的情况下，其成本将急剧上升。

对于 B/S 结构，只需在客户端安装通用的浏览器，所有的维护和升级工作都是在服务器上执行的，不需要对客户端进行任何改变，因而大大降低了开发和维护的成本。

② 客户端负载：C/S 结构应用程序的功能越来越复杂，客户端的应用程序也变得越来越庞

大，客户端也越来越“胖”，如果提高客户机的配置，又会增加投资的成本。

B/S 结构的客户端只负责进行显示，事务处理逻辑由服务器端负责，这样客户机就会变得很“瘦”。

③ 灵活性：C/S 结构系统模块中的某部分变动通常会影响其他模块的变动，使系统很难升级，灵活性较差。

B/S 多层体系结构中层与层之间的相互独立性使得某层的改变不会影响到其他层的改变，系统的改进变得相对容易。

④ 移植性：C/S 结构移植困难，采用不同开发工具开发的应用程序一般来说互不兼容，难以移植到其他平台上运行。

对于 B/S 结构，在客户端安装的是通用浏览器，不存在移植性问题。

⑤ 用户界面风格：C/S 结构的用户界面是由客户端所安装的软件决定的，用户界面各不相同。对于 B/S 结构，在客户端安装通用浏览器就可以访问程序，界面统一、友好，易于使用。

（4）3 层 C/S 软件体系结构

B/S 结构即“瘦客户机”结构，并没有根本解决 C/S 的问题，一旦客户端增加，服务器的负担就会加重。而传统的 C/S 即“胖客户机”结构，虽然网络传输负担减轻了，事务处理大多在客户机进行，但是软件修改困难，因为在这种情况下需要修改客户机的程序和配置，系统管理不方便进行。为了解决上述问题，就产生了 3 层结构。

3 层 C/S 体系结构中增加了应用服务器。可以将整个应用逻辑驻留在应用服务器上，而只有表示层设置在客户机上，如图 4.27 所示。

① 表示层：表示层是应用系统的用户界面部分，负责实现用户与应用程序之间的对话功能。在表示层可检查用户通过键盘等输入的数据，显示应用程序输出的数据，一般采用图形用户接口（Graphic User Interface，GUI）。

② 应用逻辑层：应用逻辑层是应用系统的主体部分，包含具体的业务处理逻辑。通常在功能层中包含有确认用户对应用和数据库存取权限的功能以及记录系统处理日志的功能。

③ 数据层：数据层主要包括数据的存储及对数据的存取操作，一般选择关系型数据库管理系统（RDBMS）。

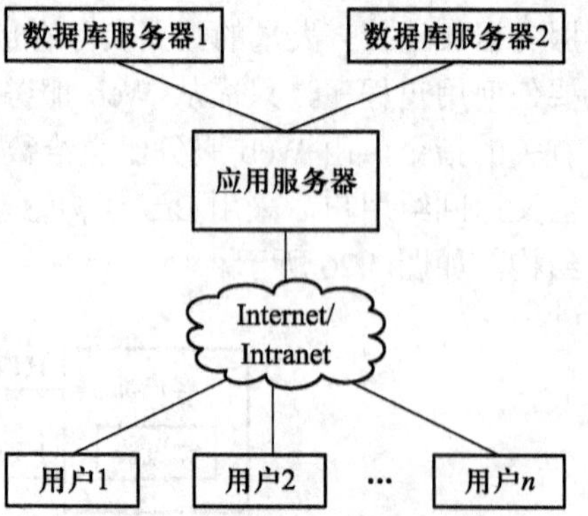

图 4.27 3 层 C/S 软件体系结构

（5）分布式对象体系结构

在客户-服务器模型中，客户机和服务器的地位是不同的。为了消除客户机与服务器之间的差别，提高系统的伸缩性以及有效地均衡负载，可采用分布式对象体系结构来设计系统。

这类系统不再区别客户机和服务器，系统被看成是交互的一组对象。它们的位置是无关紧要的，服务提供者和服务消费者之间没有界限，提供服务者就是服务器，接受服务者就是客户机。

分布式对象的实质是在分布式异构环境下建立应用系统框架和对象构件，它将应用服务分割成具有完整逻辑含义的独立子模块（称为构件），各个子模块可放在同一台服务器上或分布在多台服务器上运行，模块之间通过中间件互相通信。

通常将这个中间件称为软件总线或对象请求代理，它的作用是在对象之间提供一个无缝接口，如图 4.28 所示。

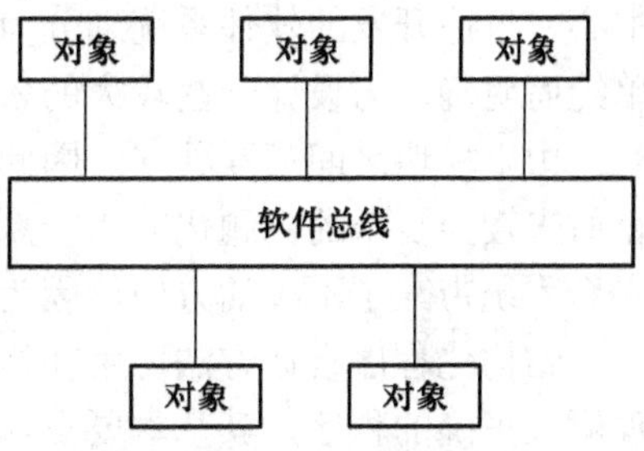

图 4.28　分布式对象体系结构

分布式对象技术的应用目的是降低主服务器的负荷，共享网络资源，平衡网络中计算机业务处理的分配，提高计算机系统协同处理的能力，从而使应用的实现更为灵活。

分布式对象技术的基础是构件。构件是一些独立的代码封装体，在分布式计算的环境下可以是一个简单的对象，但在大多数情况下是一组相关的对象组合体，能够提供一定的服务。

在分布式环境下，构件是一些灵活的软件模块，它们可以位置透明、语言独立和平台独立地互相发送消息，实现请求服务。

构件之间并不存在客户机与服务器的界限，接受服务者扮演客户机的角色，提供服务者就是服务器。

软件体系结构的设计和用户的要求、软件的需求、软件运行的环境以及进行软件开发时所采用的语言都有直接关系。软件开发人员在进行软件体系结构设计时应仔细研究相关的因素。

4.3.6　概要设计说明书

概要设计说明书又可称为系统设计说明书。编制概要设计说明书的目的是说明进行软件系统设计涉及的具体方面，包括软件系统的基本处理流程、软件系统的组织结构、模块划分、功能分配、接口设计、运行设计、数据结构设计和出错处理设计等，为进行系统的详细设计奠定基础。

具体格式见本书附录中的“概要设计说明书”模板。

4.4　详 细 设 计

软件设计通常分成概要设计和详细设计两步进行，在概要设计阶段要将软件系统分解成多个模块，并确定每个模块的外部特征，即功能（做什么）和界面（输入和输出）；在详细设计阶段要确定每个模块的内部特征，即每个模块内部的执行过程（怎样做）。通过这样的设计过程，就为编程制订了一个周密的计划，下面就可直接过渡到编程阶段了。

对于一些功能比较简单的模块，进行概要设计之后可直接进行编程。

进行详细设计时，每个模块是单独考虑的。进行详细设计时要确定模块内部的详细执行过程。包括局部数据组织、控制流、每一步的具体加工要求及各种实现细节等。

详细设计采用的典型方法是结构化程序设计方法。对于每个模块，目前常用 3 种描述方式：图形、语言和表格描述。图形描述包括传统的流程图、盒图和问题分析图等；语言描述方式主要是使用各种程序设计语言；表格描述包括判定表等。

4.4.1 结构化程序设计方法

结构化程序设计方法由迪克斯特拉（E. W. Dijkstra）在1969年提出，是指以模块化设计为中心，将待开发的软件系统划分为若干个相互独立的模块，从而使完成每一个模块的工作变得单纯而明确，为设计一些较大的软件打下良好的基础。

由于模块之间相互独立，因此在设计其中一个模块时，不会受到其他模块的干扰，因而可将原来较为复杂的问题化简为一系列简单模块的设计。模块的独立性还为扩充已有的系统、建立新系统带来了不少的方便，因为可以充分利用现有的模块进行积木式的扩展。

结构化程序设计方法可用在详细设计和编程阶段，指导人们用良好的思想方法开发出易于理解又正确的程序，其基本要点如下。

（1）采用自顶向下、逐步求精的程序设计方法和“单入口、单出口”的控制结构

自顶向下、逐步求精的程序设计方法从问题本身开始，经过逐步细化，将解决问题的步骤用由基本程序结构模块组成的结构化程序框图描述出来。

（2）使用3种基本控制结构构造程序

任何程序都是由顺序、选择和循环3种基本程序结构通过组合、嵌套构成的。这3种基本结构的共同点是单入口、单出口，还能有效地限制GOTO语句的使用。

（3）开发支持库

开发支持库是指在整个开发过程中，将项目的进展状况和程序的有关资料等均记录在文档库中，文档库由专职的资料员来维持。

（4）主程序员组的组织形式

主程序员组是程序员的组织方式，由主程序员、后备程序员和资料员3人构成核心人员，还包括若干初级程序员和一些专家。在开发过程中每个人都有确定的任务，主程序员在技术方面全面负责；后备程序员随时可以顶替主程序员完成其工作；初级程序员按主程序员和后备程序员确定的需求规格编程。程序最后要由主程序员和后备程序员审定。这种组织形式突出了主程序员的领导性，设计责任集中在少数人身上，有利于提高软件质量，并且能有效地提高软件生产率。

结构化程序设计方法就是综合运用这些手段来构造高质量程序的一种思想方法。结构化程序设计方法使用的描述工具包括结构化流程图、盒图、问题分析图和程序设计语言PDL等。

4.4.2 详细设计描述工具

详细设计描述工具是指用来描述程序处理过程的那些表达过程规格说明的工具，通常可以将其分为图形、表格和语言3类。图形工具是把过程的细节用图形方式描述出来，例如传统的程序流程图、盒图（N-S图）、问题分析图（PAD）等。表格工具是用一张包含系统输入、处理及输出信息的表格来表达过程的细节，例如前面介绍的判定表，这里不再介绍。语言工具是用某种语言（伪码）来描述过程细节，例如过程设计语言PDL。

不论是哪类工具，对它们的基本要求都是能提供对设计的无歧义的描述，即说明控制流程、处理功能、数据组织，以及其他方面的实现细节，从而能在编码阶段将对设计的描述直接翻译成程序代码。下面分别介绍几种常见的详细设计工具。

1. 程序流程图

一个模块的内部执行过程可用图形来描述，由于图形描述方式比较直观、形象化，所以易于理解，又易于进行复查。在图形描述方式中，程序流程图是历史最悠久、最广为流行的一种。图 4.29 中给出了程序流程图中所使用的基本符号，其中（a）为一般处理框，（b）为输入输出框，（c）为判断框，（d）为控制流，（e）为起止框，（f）为换页连接框，（g）为连接框。图 4.30 显示了程序流程图的 5 种基本控制结构。

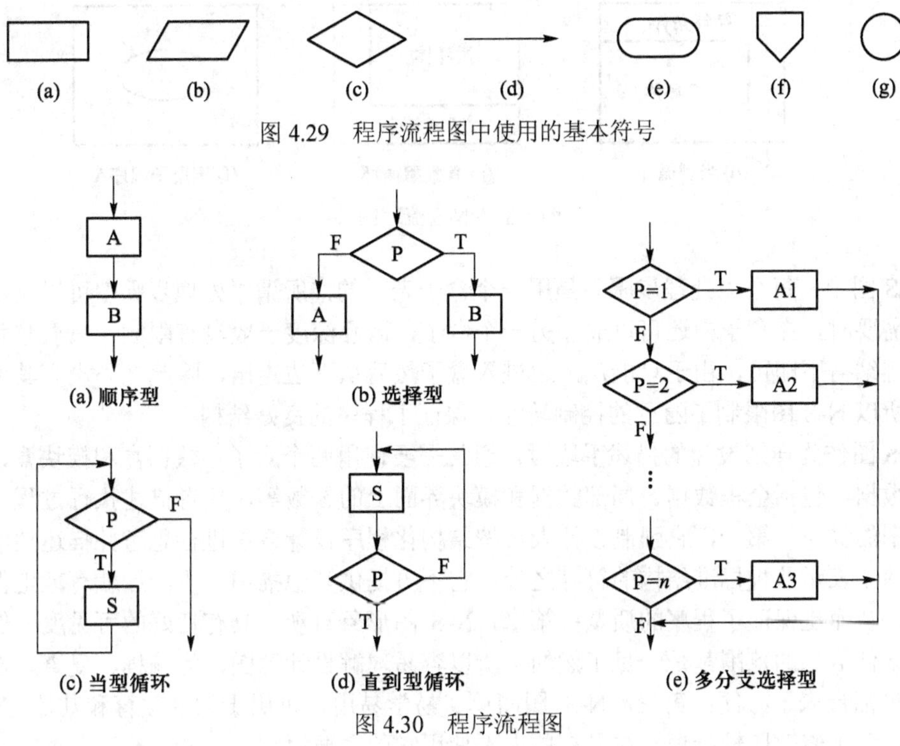

图 4.29 程序流程图中使用的基本符号

图 4.30 程序流程图

程序流程图包含 3 种基本成分：加工步骤用方框表示，逻辑条件用菱形表示，控制流用箭头表示。设计人员可以通过将结构化程序设计方法的 3 类标准结构反复嵌套来绘制流程图，这样得到的图称为结构化流程图。

结构化流程图的优点：结构清晰、易于理解、易于修改。结构化流程图的缺点：程序流程图本质上不是逐步求精的好工具，它诱使程序员过早地考虑程序的控制流程，而不去考虑程序的全局结构；在程序流程图中用箭头代表控制流，因此程序员不受任何约束，可以完全不顾结构化程序设计的思想，随意转移控制；程序流程图只能描述执行过程而不能描述有关的数据结构。

2. 盒图（N-S 图）

盒图又称为 N-S 图，是 Nassi 和 Shneiderman 为了保证结构化程序设计共同提出的一种图形工具。在 N-S 图中，所有的程序结构均使用矩形框表示，可以清晰地表达结构中的嵌套及模块之间的层次关系。在 N-S 图中，基本控制结构的表示符号如图 4.31 所示。

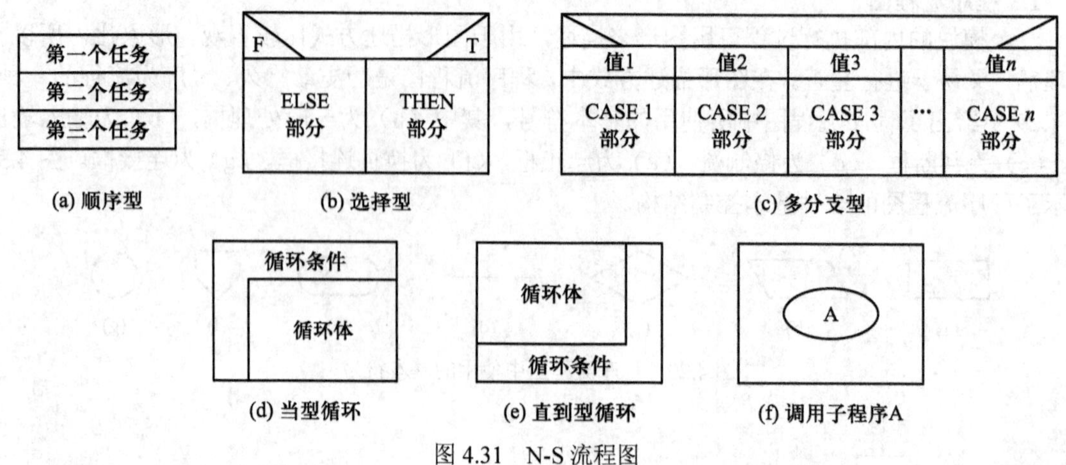

图 4.31 N-S 流程图

在 N-S 图中，每个“处理步骤”是用一个盒子表示的，所谓“处理步骤”可以是语句或语句序列。需要时，在盒子中还可以嵌套另一个盒子，嵌套深度一般没有限制，只要整张图能在一页纸上容纳得下即可，由于只能从上边进入盒子然后从下边走出，除此之外没有其他的入口和出口，所以 N-S 图限制了随意的控制转移，保证了程序的良好结构。

用 N-S 图作为详细设计的描述手段时，通常需要使用两个盒子：数据盒和模块盒，前者描述有关的数据，包括全程数据、局部数据和模块界面上的参数等，后者描述执行过程。

N-S 图的优点：第一，它强制设计人员按结构化程序设计方法进行思考并描述他的设计方案，因为除了表示几种标准结构的符号之处，它不再提供其他描述手段，这就有效地保证了设计的质量，从而也保证了程序的质量；第二，N-S 图形象直观，具有良好的可见度，例如循环的范围、条件语句的范围都是一目了然的，所以容易理解设计意图，为编程、复查、选择测试用例、维护都带来了方便；第三，N-S 图简单、易学易用，可用于软件教育和其他方面。N-S 图的缺点：手工修改比较麻烦，这是有些人不使用它的主要原因。

3. 问题分析图

问题分析图（Problem Analysis Diagram，PAD）是继程序流程图和 N-S 图后，由日立公司在 1973 年提出的又一种用于详细设计的图形表达工具。它只能用于结构化程序的描述。PAD 图采用了易于使用的树状结构图形符号，既利于清晰地表达程序结构，又利于修改。PAD 图中所使用的基本符号如图 4.32 所示。

PAD 图具有的主要特点如下。

① 使用 PAD 图描述的程序结构层次清晰，逻辑结构关系直观、易读、易记、易修改。

② PAD 图为多种常用高级语言提供了相应的图形符号，每种控制语句都与一个专门的图形符号相对应，易于实现 PAD 图与高级语言源程序的转换。

③ 支持自顶向下、逐步求精的设计过程。

④ 既能够描述程序的逻辑结构，又能够描述系统中的数据结构。

4. 过程设计语言（PDL）

（Process Design Language，PDL）语言即过程设计语言，是一种用于描述程序算法和定义数据结构的伪代码。PDL 语言的构成与用于描述加工的结构化语言相似，是一种兼有自然语言和结构化程序设计语言语法的“混合型”语言。

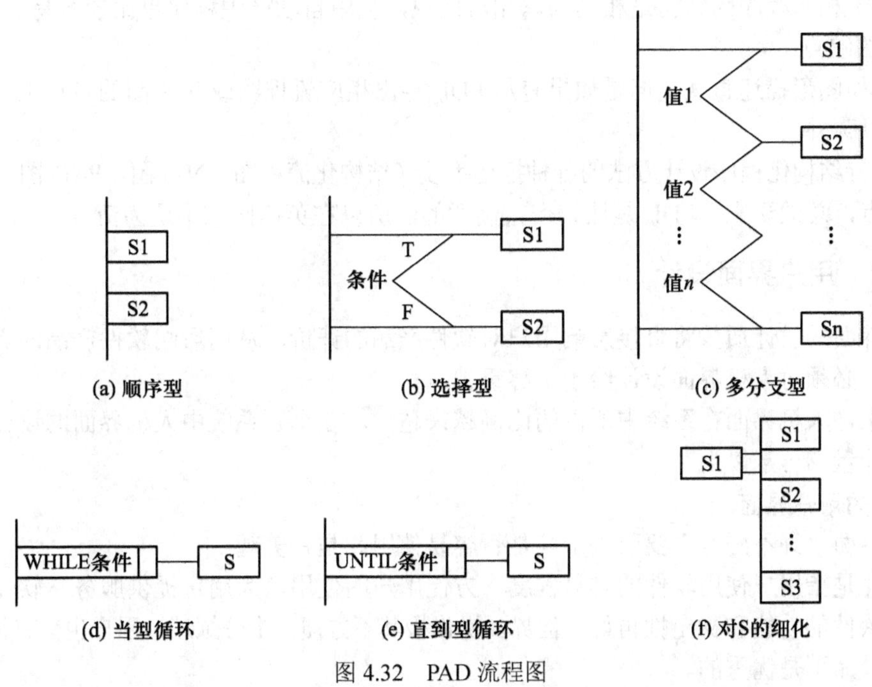

图 4.32 PAD 流程图

PDL 语言与结构化语言的主要区别在于：由于用 PDL 语言描述的算法是编码的直接依据，因此其语法结构更加严格并且处理过程描述更加具体详细。

PDL 的特点：语法是开放式的，其外层语法是确定的，而内层语法则是灵活自由的。外层语法描述控制结构，它用类似于一般编程语言控制结构的关键字（如 IF-THEN-ELSE、WHILE-DO、REPEAT-UNTIL 等）表示，所以是确定的，内层语法描述具体操作，考虑到不同软件系统的实际操作种类繁多，内层语法是灵活的，可以按系统的具体情况和不同的设计层次灵活选用，实际上任意的英语语句都可用来描述所需的具体操作。

例如，在 PDL 描述：

```
IF 条件
  处理 S1
ELSE
  处理 S2
ENDIF
```

中，外层语法 IF-THEN-ELSE 是确定的，内层操作“处理 S1”和“处理 S2”是不确定的。

PDL 同结构化语言的语法是一致的，如果在需求分析阶段描述用户需求，可以描述得比较抽象；如果在详细设计阶段描述模块的内部算法，则应描述得比较详细具体。

PDL 的优点：

① 同自然语言（英语）很接近，易于理解。

② 可以作为注释嵌在源程序中成为程序的内部文档，有效地提高程序的自我描述性。

③ 由于是语言形式，所以易于被计算机处理。

④ 由于相同程序的结构是相同的，相对地说，从中自动产生程序也比较容易。

PDL 的缺点：

① 不如图形描述直观，但是如果有从 PDL 导出相应流程图或 N-S 图的自动工具，这一缺点就能得以弥补。

② 支持结构化程序设计方法的各种描述手段（结构化流程图、N-S 图、PAD 图、PDL 等）各有优缺点，总的说来，PDL 是比较令人满意的，所以在英语国家中最为流行。

4.4.3 用户界面设计

人机界面的设计质量将直接影响用户对软件产品的评价，从而影响软件产品的竞争力和寿命，因此，必须对人机界面设计给予足够重视。

近年来，人机界面在系统中所占的比例越来越大，在个别系统中人机界面的设计工作量甚至占总设计量的一半以上。

1. 好的用户界面

用户界面“好不好”主要取决于其是否容易使用和是否美观。

易用性是指用户使用软件的容易程度。方便用户的使用，为用户提供服务是软件产品的宗旨。即使软件的功能和稳定性再好，但界面操作极其不方便，十分烦琐，用户也会有很大意见，认为软件产品不是优秀的。

除了要求软件易用之外，人们还希望用户界面美观。美观的界面能消除用户因工作而产生的乏味、紧张和疲劳感（情绪低落），大大提高用户的工作效率。

用户界面设计已经经历了两个界限分明的时代。第一代是以文本为基础的简单交互，如常见的命令行、字符菜单等。随着技术的发展，出现了第二代直接操作的图形用户界面。它使用了大量的图形、语音和其他交互媒介，充分考虑了人的要求。

2. 用户界面设计原则

在设计人机界面的过程中，几乎总会遇到下述 4 个问题：系统响应时间、用户帮助设施、出错信息处理和命令交互，这些问题往往会导致出现不必要的设计反复、项目延期和使用户产生挫折感。最好在设计初期就把这些问题作为重要的设计问题来考虑，这时修改比较容易，代价也低。

（1）系统响应时间

系统响应时间指从用户完成某个控制动作（例如，按回车键或单击鼠标），到软件做出预期的响应（输出信息或完成一个动作）之间间隔的时间。

系统响应时间有两个重要属性，分别是长度和易变性。如果系统响应时间过长，用户就会感到紧张和沮丧。但是，当用户工作速度是由人机界面决定的时候，系统响应时间过短也不好，这会迫使用户加快操作节奏，因而用户可能会犯错误。

易变性指系统响应时间相对于平均响应时间的偏差，在许多情况下，这是系统响应时间更重要的属性。即使系统响应时间较长，响应时间易变性低也有助于用户建立起稳定的工作节奏。当响应时间发生变化时，一般认为系统在工作过程中出现了异常。

（2）用户帮助设施

几乎交互式系统的每个用户都需要帮助，当遇到复杂问题时甚至需要查看用户手册以寻找答案。大多数现代软件都提供联机帮助设施，这使得用户无须离开用户界面就能解决自己的问题。在具体设计帮助设施时，必须解决下面的一系列问题。

① 在用户与系统交互期间，是否在任何时候都能获得关于系统任何功能的帮助信息？有两种选择：提供部分功能的帮助信息和提供全部功能的帮助信息。

② 用户怎样请求帮助？有 3 种选择：帮助菜单、特殊功能键和 HELP 命令。

③ 怎样显示帮助信息？有 3 种选择：在独立的窗口中显示、指出参考某个文档（不理想）和在屏幕固定位置显示简短的提示信息。

④ 用户怎样返回到正常的交互方式中？有两种选择：使用屏幕上的返回按钮和功能键。

⑤ 怎样组织帮助信息？有 3 种选择：平面结构、信息的层次结构和超文本结构。

（3）出错信息处理

出错信息和警告信息是出现问题时交互式系统给出的“坏消息”。出错信息设计得不好，将向用户提供无用的甚至误导的信息，这样反而会加重用户的挫折感。

一般说来，交互式系统给出的出错信息或警告信息应该具有下列属性。

① 信息应该用用户可以理解的术语描述问题。

② 信息应该提供有助于从错误中恢复的建设性意见。

③ 信息应该指出错误可能导致哪些负面后果（例如，破坏数据文件），以便用户检查是否出现了这些问题，并在确实出现问题时及时解决。

④ 信息应该伴随着听觉上或视觉上的提示，例如，在显示信息的同时发出警告铃声，或者用闪烁的方式显示信息，或者用能明显标识某些内容出错的颜色显示信息。

⑤ 信息不能带有指责色彩，也就是说，不能责怪用户。

⑥ 当确实出现了问题的时候，有效的出错信息能提高交互式系统的质量，减轻用户的挫折感。

（4）命令交互

命令行曾经是用户和系统软件交互最常用的方式，并且曾经被广泛地用于各种应用软件中。现在，面向窗口的、单击和拾取方式的界面已经减少了用户对命令行的依赖。但是，许多高级用户仍然偏爱面向命令行的交互方式。在多数情况下，用户既可以从菜单中选择软件功能，也可以通过键盘命令序列调用软件功能。

（5）合理的布局

首先，界面的布局应当符合逻辑，最好能够与工作流程吻合。界面设计人员只有仔细分析软件的需求，才能提取对界面布局有价值的信息。

其次，界面的布局应当整洁（整齐清爽）。界面元素应当在水平或者垂直方向对齐，行、列的间距保持一致。窗体的尺寸要合适，各种控件不能过于拥挤也不能过于宽松。要善于利用窗体和控件的空白，以及起分隔作用的线条。

（6）和谐的色彩

用户界面是否美观，主要取决于该界面的布局和色彩搭配。然而设计和谐的色彩太困难了，因为色彩的组合千变万化，并且人们对颜色的喜好也极不相同。设计用户界面时，可参考比较成熟的软件，如 Windows 操作系统软件、Microsoft Office 软件等。

3. 用户界面的设计过程

用户界面设计是一个迭代的过程，也就是说，通常先创建设计模型，再用原型实现这个设计模型，并由用户试用和评估，然后根据用户意见进行修改，如图 4.33 所示。

4. 人机界面设计指南

用户界面设计主要依靠设计者的经验来完成。总结众多设计者的经验得出的设计指南，有助于设计者设计出友好、高效的人机界面。下面介绍 3 种人机界面设计指南。

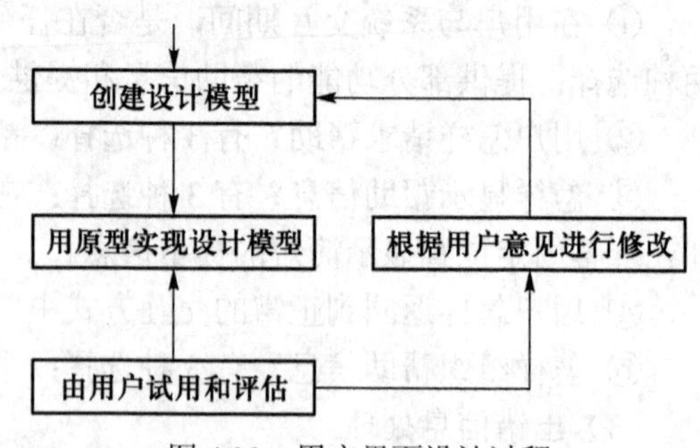

图 4.33 用户界面设计过程

（1）一般交互指南

① 保持一致性。应该为人机界面中的菜单选择、命令输入、数据显示以及许多其他功能设置一致的格式。

② 提供有意义的反馈。应向用户提供视觉的和听觉的反馈，以保证在用户和系统之间建立双向通信。

③ 在执行有较大破坏性的动作之前要求用户确认。如果用户要删除一个文件，或覆盖一些重要信息，或终止一个程序的运行，应该给出“您是否确实要……”的信息，以请求用户确认他的命令。

④ 允许取消绝大多数操作。每个交互式系统都应该能方便地取消已完成的操作。

⑤ 减少在两次操作之间必须记忆的信息量。不应该期望用户能记住在下一步操作中需要使用的一大串数字或标识符。应该尽量减少记忆量。

⑥ 提高对话、移动和思考的效率。应该尽量减少用户按键的次数，设计屏幕布局时应该考虑尽量减少鼠标移动的距离，避免出现用户问“这是什么意思？”的情况。

⑦ 允许犯错误。系统应该能保护自己不受严重错误的破坏。

⑧ 按功能对动作分类，并据此设计屏幕布局。下拉菜单的一个主要优点就是能按动作类型组织命令。实际上，设计者应该尽力提高命令和动作的内聚性。

⑨ 用简单动词或动词短语作为命令名。过长的命令名难于识别和记忆，也会占用过多的菜单空间。

（2）信息显示指南

如果人机界面显示的信息是不完整的、含糊的或难于理解的，则该应用系统显然不能满足用户的需求。可以用多种不同的方式“显示”信息，如文字、图形和声音、颜色、窗口等。下面是关于信息显示的设计指南。

① 只显示与当前工作内容有关的信息。用户在获得有关系统的特定功能的信息时，不必看到与之无关的数据、菜单和图形。

② 不要用数据淹没用户，应该用便于用户迅速吸取信息的方式来表示数据。例如，可以用图形或图表来取代庞大的表格。

③ 使用一致的标记、标准的缩写和可预知的颜色。显示的含义应该非常明确，用户无须参照其他信息源就能理解。

④ 允许用户保持可视化的语境。如果对所显示的图形进行缩放，原始的图像应该一直显示着（以缩小的形式放在显示屏的一角），以使用户知道当前看到的图像部分在原图中所处的相对位置。

⑤ 产生有意义的出错信息。

⑥ 使用大小写、缩进和文本分组形式以帮助用户理解信息。人机界面显示的信息大部分是文字，文字的布局和形式对用户从中提取信息的难易程度会产生很大影响。

⑦ 使用窗口分隔不同类型的信息。利用窗口用户能够方便地“保存”多种不同类型的信息。

⑧ 使用“模拟”显示方式表示信息，以使信息更容易被用户提取。例如，显示炼油厂储油罐的压力时，如果简单地用数字表示压力，则不易引起用户注意。但是，如果用类似温度计的形式来表示压力，用垂直移动和颜色变化来指示危险的压力状况，就容易引起用户的警觉，因为这样做为用户提供了绝对和相对两方面的信息。

⑨ 高效率地使用显示屏。当使用多窗口时，应该有足够的空间使得每个窗口至少都能显示出一部分。此外，屏幕大小应该设置成和应用系统的类型相配套（这实际上是一个系统工程问题）。

（3）数据输入指南

用户的大部分时间用在选择命令、输入数据和向系统提供输入上。在许多应用系统中，键盘仍然是主要的输入设备。但是，鼠标、数字化仪和语音识别系统正迅速地成为重要的输入手段。下面是关于数据输入的设计指南。

① 尽量减少用户的输入动作。最重要的是减少按键次数，这可以通过下列方法实现：用鼠标从预定义的一组输入中选一个；用“滑动标尺”在给定的值域中指定输入值；利用宏把一次按键转变成更复杂的输入数据集合。

② 保持信息显示和数据输入之间的一致性。显示的视觉特征应该与输入域一致。

③ 允许用户自定义输入。专家级的用户可能希望定义自己专用的命令或略去某些类型的警告信息和动作确认信息，人机界面应该为用户提供这样做的机制。

④ 交互应该是灵活的，并且可调整成用户最喜欢的输入方式。用户类型与喜好的输入方式有关，例如，秘书可能非常喜欢通过键盘输入，而经理可能更喜欢使用鼠标之类的设备输入。

⑤ 使在当前动作语境中不适用的命令不起作用，以使得用户不去做那些肯定会导致错误的动作。

⑥ 让用户控制交互流程。用户应该能够跳过不必要的动作，改变所需完成的动作的顺序（在应用环境允许的前提下），以及在不退出程序的情况下从错误状态中恢复正常。

⑦ 对所有输入动作都提供帮助。

⑧ 消除冗余的输入。除非可能发生误解，否则不要要求用户指定输入数据的单位；尽可能提供默认值；绝对不要要求用户提供程序可以自动获得或计算出来的信息。

4.4.4 Jackson 方法

1. 概述

前面介绍了根据数据流来确定软件结构，采用的是面向数据流的设计方法，而 Jackson 方法是一种面向数据结构的方法，简称 JSP 方法。JSP 方法适用于数据处理类问题，特别是用于企事业信息管理的一类软件系统的设计。

Jackson 方法的目标：获得简单清晰的设计方案，因为这样的方案易于理解、易于修改。

Jackson 方法的设计原则：使程序结构同数据结构相对应。

对于一般的数据处理系统而言，问题的结构可用它所处理的数据结构来表示。大多数系统处理的是具有层次结构的数据，如文件由记录组成，记录又由数据项组成（如图 4.34（a）所示），Jackson 方法以此为基础相应地建立模块的层次结构（如图 4.34（b）所示）。

Jackson 方法用图形描述数据结构和程序结构（见图 4.34），这种图形称为 Jackson 图，数据结构图中的方框表示数据，程序结构图中的方框表示模块（过程或函数等），结构图中的*表示重复，° 表示选择。

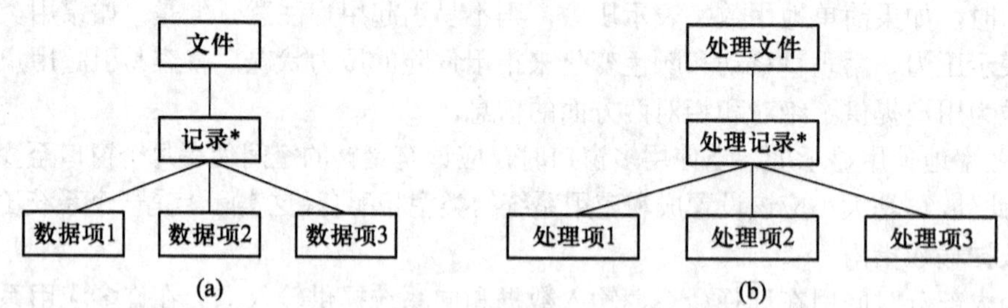

图 4.34 Jackson 图

2. Jackson 图

在一般的数据处理系统中，数据结构有“顺序”、“循环”和“选择”3 种类型，以数据结构为基础相应地建立的程序结构也就有“顺序”、“重复”（循环）和“选择”（条件）3 种类型。

（1）顺序结构

顺序结构的数据由一个或多个数据元素组成，每个元素按确定的次序出现一次。图 4.35（a）是采用顺序结构的 Jackson 图示例。

（2）选择结构

选择结构的数据包含两个或多个数据元素，每次使用这个数据时按一定条件从这些数据元素中选择一个，如图 4.35（b）所示。注意，在 B、C、D 的右上角用圆圈做标记。

（3）重复结构

重复结构的数据根据使用时的条件由出现零次或多次的数据元素组成，如图 4.35（c）所示。注意，在 B 的右上角有星号标记。

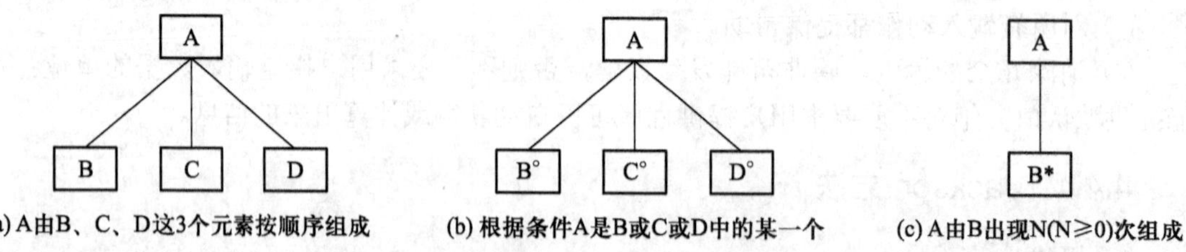

图 4.35 Jackson 数据结构的 3 种类型

Jackson 方法的优点是简单，易学易用，对于一些规模不大的数据处理系统，使用 Jackson

方法是相当成功的，在了解了系统需处理的数据结构后，如果能找到输入和输出数据结构之间的对应性，其程序结构是很容易导出的。

Jackson 方法的缺点是较大的系统往往涉及许多输入数据和输出数据，其结构又不相对应，此时使用 Jackson 方法将比较困难。鉴于这一原因，可将 SD 方法同 Jackson 方法结合起来使用，在画出了系统的数据流图之后，先用 SD 方法建立程序的总体结构，然后在局部范围内使用 Jackson 方法。

注意：即使采用 Jackson 方法，块间联系和块内联系仍然是评价程序结构质量的基本标准；在软件生存周期中，数据结构往往会发生变化，一旦数据结构改变了，以数据结构为基础建立的整个程序结构也就都要改变了。

3. JSP 方法设计步骤

Jackson 结构程序设计方法一般包括如下步骤。

① 分析并确定输入数据和输出数据的逻辑结构，并用 Jackson 图描述这些数据结构。

② 找出输入数据结构和输出数据结构中的对应关系。

③ 由 Jackson 图导出程序结构。

④ 列出所有的动作和条件，加入到程序图的适当位置。

⑤ 用伪码（PDL）表示。

下面通过一个例子说明采用 JSP 方法进行设计的过程。

例：将职工的姓名地址文件和工资文件合并成一个新文件。图 4.36 所示的是姓名地址文件和工资文件的结构，这两个文件均由“职工记录”重复组成，“职工记录”又由几个数据项顺序组成。图 4.37 所示的是新文件的结构。

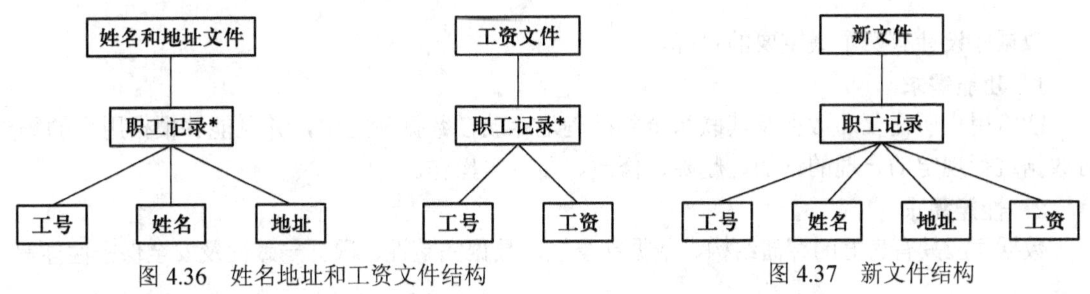

图 4.36 姓名地址和工资文件结构

图 4.37 新文件结构

根据输入和输出数据结构，假定姓名地址文件、工资文件和新文件中的记录个数相同（例如都是 5 000 个），其排列次序一致（如都按“工号”递增排列），而且新文件中某个“职工记录”的内容来自于姓名地址文件和工资文件中相应的职工记录的内容（如新文件中第 5 条记录的内容来自于姓名地址文件中的第 5 条记录和工资文件中第 5 条记录）。由于输入输出数据结构在内容、数量、次序上是对应的，所以容易用 Jackson 方法设计出程序结构，如图 4.38 所示。

从上面的例子中可以看出，对于一个输入、输出数据结构之间对应关系清晰的小规模数据处理问题来说，采用 Jackson 方法可以很方便地得到系统的处理过程描述。

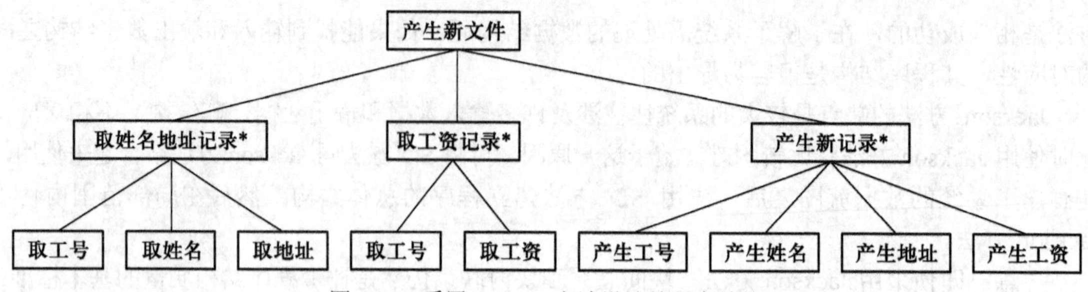

图 4.38 采用 Jackson 方法设计的程序结构

4.4.5 详细设计说明书

概要设计通常由项目中专门的人员完成，是对系统的高层描述，而详细设计的任务则通常由一个任务实施人来完成，是对某个具体的模块、类等局部元素的设计描述。

具体格式见本书附录中的“详细设计说明书”模板。

4.5 数据库设计

数据库设计是指从用户对数据的需求出发，创建一个性能良好、能满足不同用户需求、又能被选定的数据库管理系统（DBMS）所接受的数据模式，进而构造出数据库结构的过程。本节重点介绍数据库概念设计、数据库逻辑设计和数据库物理设计。

4.5.1 数据库设计的目标

数据库设计有两个最重要的目标。

1. 功能需求

能将用户所需要的数据及其联系全部准确地存放在数据库之中，并且能够根据用户的需要对数据进行规定的合理的增加、删除、修改、显示等操作。

2. 性能需求

数据库应具有良好的存储结构、数据共享性、数据完整性、数据一致性及安全保密性能等。

4.5.2 数据库设计的步骤

1. 数据库设计的步骤

数据库设计的步骤如图 4.39 所示。

2. 数据库设计各阶段的主要任务

数据库设计各阶段的主要任务如表 4.1 所示。

表 4.1 数据库设计阶段描述

设计阶段	设计描述
需求分析	数据字典、数据项、数据流、数据存储的描述
概念设计	概念模型（E-R 图）、数据字典

续表

设 计 阶 段	设 计 描 述
逻辑设计	某种数据模型（如关系）
物理设计	存储安排、方法选择、存取路径建立
实施	编写模式、装入数据、数据库试运行
运行及维护	性能监测、转储/恢复、数据库重组和重构

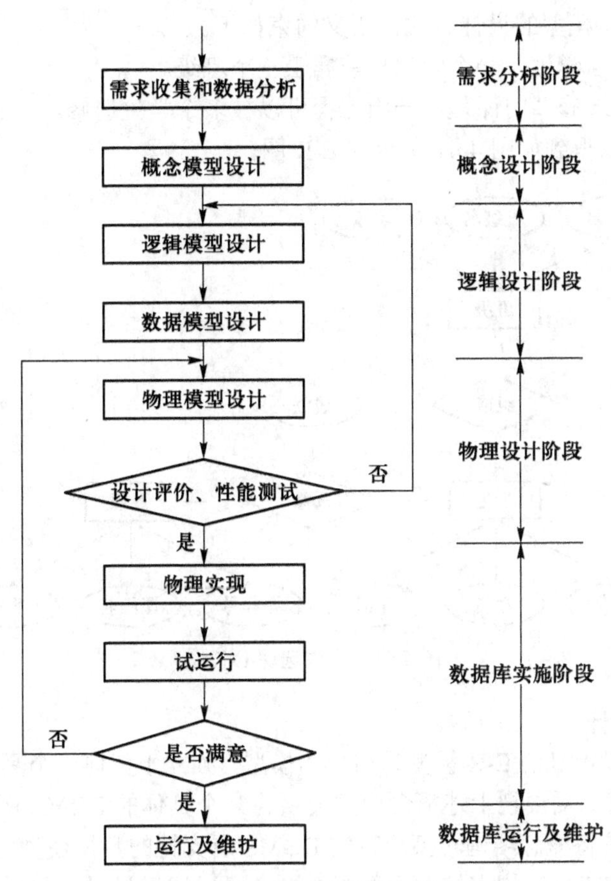

图 4.39 数据库设计的步骤

4.5.3 数据库设计的内容

1. 数据库概念设计

数据库概念设计的目的是分析数据间内在的语义关联，在此基础上建立一个数据的抽象模型。人们建立了许多概念模型，其中最著名、最实用的一种是 E-R 模型，它将现实世界的信息结构统一用属性、实体以及它们之间的联系来描述。

① 实体：客观存在的、相互区别的事务，实体可以是具体的对象。例如，一个学生、一门课程等。用矩形框表示，框内标注实体名称，如图 4.40（a）所示。

② 属性：实体所具有的性质。例如学生的属性有学号、姓名、性别、班级等。用椭圆形框表示，框内标注属性名称，如图 4.40（b）所示。

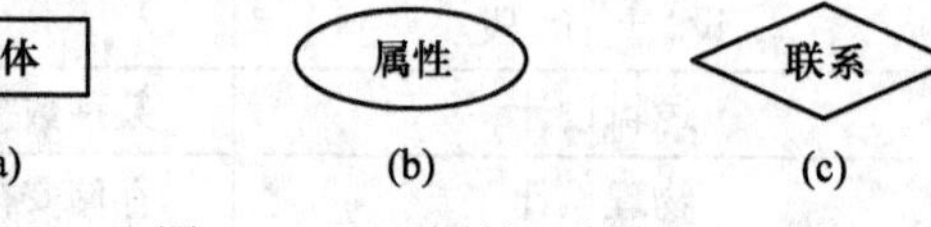

图 4.40　E-R 图的基本成分

③ 联系：实体之间的联系，有一对一（1:1），一对多（1:*n*）和多对多（*m*:*n*）3 种联系类型。例如系主任领导系，学生属于某一系，学生选修课程，工人生产产品，这里"领导"、"属于"、"选修"、"生产"表示实体间的联系，可以作为联系名称。联系用菱形框表示，框内标注联系名称，如图 4.36（c）所示。

下面举例说明 E-R 模型的设计方法，语义约束如下。

① 一个班级有多名学生，一个学生只能属于一个班级。

② 一个学生可以选修多门课程，一门课程可以被多个学生选修。

根据上述约定可以得到如图 4.41 所示的 E-R 图。

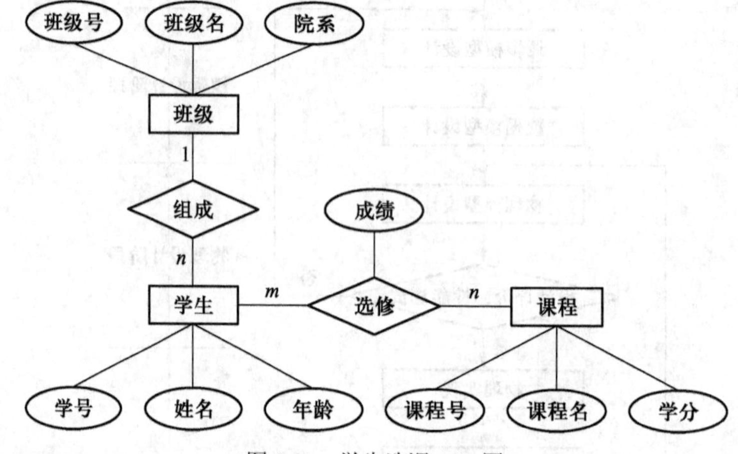

图 4.41　学生选课 E-R 图

2. 数据库逻辑设计

概念结构设计阶段得到的 E-R 模型是用户的模型，独立于任何一个具体的 DBMS。为了建立用户所要求的数据库，需要把上述概念模型转换为某个具体的 DBMS 所支持的数据模型。数据库逻辑设计的任务是将概念结构转换成特定 DBMS 所支持的数据模型的过程。

因为目前流行的 DBMS 均支持关系数据模型，所以这里只讨论关系数据库的逻辑设计问题，只介绍如何将 E-R 图转换成关系模型。下面首先说明关系模型中两个很重要的概念。

① 主键：在一个关系的若干属性中指定一个或一组可用来唯一标识该关系的元组（关系中的一行，也称为记录），这个或这些属性就称为主键。例如关系（表）"学生"中的"学号"。

② 外键：在一个关系中是主键，而在当前的关系中重复出现，起到联系两个关系的作用的属性称为外键。例如下面介绍的由图 4.41 导出的"选修"关系中的"学号"字段。

E-R 图转换为关系的原则如下。

① E-R 图中的每个实体都应转换为一个关系。

② 如果两实体间存在 1:1 联系。可在两实体对应的任一关系中多设一个字段作为外部键（必须是与之相联系的对方关系的主键）。

③ 两实体间存在 1:n 联系。

- 两个实体分别转换为一个关系，把实体中的所有属性都对应设置为关系的字段。
- 把两个实体联系的“1”方的实体的“主键”纳入“n”方实体对应的关系中作为“外部键”。

④ 两实体间存在 m:n 联系。

- 两实体均分别转换为一个关系。
- 需为“联系”单独建立一个联系，该关系中必须包含由它联系的两个实体的主键。

根据上述原则可把图 4.41 所示的 E-R 图转换为下述几个关系。

班级（班级号，班级名，院系）

学生（学号，姓名，年龄，班级号）

选修（学号，课程号，成绩）

课程（课程号，课程名，学分）

其中，有下画线的字段表示主键。

3. 数据库物理设计

数据库最终要存储在物理设备上。对于给定的逻辑数据模型，选取一个最适合应用环境的物理结构的过程，称为数据库物理设计。物理设计的任务是为了有效地实现逻辑模式，确定所采取的存储策略。此阶段以逻辑设计的结果作为输入，结合具体 DBMS 的特点与存储设备特性进行设计，选定数据库在物理设备上的存储结构和存取方法。

4.6 面向对象设计

面向对象设计（Object-Oriented Design，OOD）是面向对象分析到实现的一个桥梁。面向对象分析是对用户需求进行分析后，建立问题域精确模型的过程；而面向对象设计则是根据面向对象分析得到的需求模型建立求解域模型的过程。即分析必须搞清楚系统“做什么”，而设计必须搞清楚系统“怎么做”，从分析到设计不是传统方法的转换，而是平滑（无缝）过渡，而求解域模型是系统实现的依据。

面向对象设计可分为系统设计和类（对象）设计。系统设计是高层设计，主要确定实现系统的策略和目标系统的高层结构。类（对象）设计是低层设计，主要确定解空间中的类、关联、接口形式及实现服务的算法；高层设计主要确定系统的结构、用户界面，即用来构造系统的总的模型，并把任务分配给系统的各个子系统。

OOD 是目前软件开发行业比较流行的设计方法，但初学者很难在较短的时间内完全掌握。由于篇幅有限，在此不做详细介绍，读者可参考相关书籍学习，本书第 12 章的软件开发实例——图书管理系统，主要采用面向对象方法，读者可根据实例，深刻体会采用面向对象方法开发软件的要点。

4.7 典型例题解析

例 4.1 ________是一种面向数据流的开发方法，其基本思想是软件功能的分解和抽象。

A．结构化开发方法　　B．Jackson 系统开发方法

C．Booch 方法　　D．UML（统一建模语言）

【解析】 结构化开发方法是传统的、也是应用较广泛的一种软件开发方法，它基于数据流来进行需求分析和软件设计，按照软件内部数据传递和转换关系，对问题和功能按自顶向下的方式逐层进行分解。Jackson 系统开发方法是一种典型的面向数据结构的分析和设计方法。Booch 方法是一种面向对象的软件开发方法。UML 是一种建模语言。

因此，本题的正确答案是 A。

例 4.2 内聚性和耦合性是度量软件模块独立性的重要准则，进行软件设计时应力求________。

A．高内聚、高耦合　　B．高内聚、低耦合

C．低内聚、高耦合　　D．低内聚、低耦合

【解析】 模块内各元素之间的联系是块内联系，用内聚性衡量；穿越模块边界的联系是块间联系，用耦合性衡量。在开发过程中，应尽量使块内联系强而块间联系弱，即高内聚、低耦合。

因此，本题的正确答案是 B。

例 4.3 在开发软件系统时，用于系统开发人员与项目管理人员沟通的主要文档是________。

A．系统开发合同　　B．系统设计说明书

C．系统开发计划　　D．系统测试报告

【解析】 系统开发人员与项目管理人员在项目期内进行沟通时使用的文档主要有系统开发计划、系统开发月报告以及系统开发总结报告等项目管理文件。

因此，本题的正确答案是 C。

例 4.4 在软件工程的每一个阶段结束前，应该着重对可维护性进行复审。在系统设计阶段的复审期间，应该从________出发，评价软件的结构和过程。

A．指出可移植性问题以及可能影响软件维护的系统界面

B．容易修改、模块化和功能独立的目的

C．强调编码风格和内部说明文档

D．可测试性

【解析】 可维护性指与进行规定的修改所需要的努力有关的一组属性。它是所有软件都应具有的基本属性。在系统分析的复审过程中，应该从容易修改、模块化和功能独立的目的出发，评价软件的结构和过程。

因此，本题的正确答案是 C。

例 4.5 下面关于面向对象分析与面向对象设计的说法中，不正确的是________。

A．面向对象分析侧重于理解问题

B．面向对象设计侧重于理解解决方案

C．面向对象分析描述软件要做什么

D．面向对象设计一般不关注技术和实现层面的细节

【解析】 面向对象分析主要强调理解问题是什么，不考虑问题的解决方案，因此答案 A、

C 的说法正确。面向对象设计侧重问题的解决方案，并且需要考虑实现细节问题。

因此，本题的正确答案是 D。

例 4.6 确定构建软件系统所需要的人数时，无须考虑________。

A. 系统的市场前景　　B. 系统的规模

C. 系统的技术复杂性　　D. 项目计划

【解析】 构建软件系统时，需要综合考虑，包括系统的规模、系统的技术复杂度、项目计划等问题。

因此，本题的正确答案是 A。

4.8 本章小结

软件设计的主要任务是根据需求规格说明导出系统的实现方案，分为概要设计和详细设计两部分。

概要设计阶段的基本目的是用比较抽象和概括的方式确定系统如何完成预定的任务，也就是说，应该确定系统的物理配置方案，并进而确定组成系统的每个程序的结构。因此，概要设计阶段主要由两个小阶段组成。首先需要进行系统设计，从数据流图出发设想完成系统功能的若干种合理的物理方案，分析员应该仔细分析比较这些方案，并且和用户共同选定一个最佳方案。然后进行软件结构设计，确定软件由哪些模块组成以及这些模块之间的动态调用关系。层次图和结构图是描绘软件结构的常用工具。

在进行软件结构设计时应该遵循的最主要的原理是模块独立原理，也就是说，软件应该由一组完成相对独立的子功能的模块组成，这些模块彼此之间的接口关系应该尽量简单。

自顶向下逐步求精是进行软件结构设计的常用途径，但是，如果已经有了详细的数据流图，也可以使用面向数据流的设计方法，用形式化的方法由数据流图映射出软件结构。应该记住，这样映射出来的只是软件的初步结构，还必须根据设计原理并且参考启发式规则，认真分析和改进软件的初步结构，以得到质量更高的模块和更合理的软件结构。

详细设计阶段的关键任务是确定怎样具体地实现用户需要的软件系统，也就是要设计出程序的“蓝图”。除了应该保证软件的可靠性之外，还应使编写出的程序可读性好、容易理解、容易测试、容易修改和维护，这是详细设计阶段最重要的目标。结构程序设计技术是实现上述目标的基本保证，是进行详细设计的逻辑基础。

人机界面设计是接口设计的一个重要组成部分。对于交互式系统来说，人机界面设计和数据设计、体系结构设计及过程设计一样重要。人机界面的质量将直接影响用户对软件产品的接受程度，因此，对人机界面设计必须给予足够重视。在设计人机界面的过程中，必须充分重视并认真处理好系统响应时间、用户帮助设施、出错信息处理和命令交互 4 个设计问题。人机界面设计是一个迭代过程，通常首先创建设计模型，接下来用原型实现这个设计模型并由用户试用和评估原型，然后根据用户意见修改原型，直到用户满意为止。总结人们在设计人机界面的过程中积累的经验，得出一些关于用户界面设计的指南，认真遵守这些指南有助于设计出友好、高效的人机界面。

过程设计应该在数据设计、体系结构设计和接口设计完成之后进行，具体任务是设计解题的详细步骤（即算法），是在详细设计阶段应完成的主要工作。过程设计的工具可分为图形、表格和语言3类，这3类工具各有所长，设计人员应该能够根据需要选用适当的工具。

在许多应用领域中信息都有清楚的层次结构，在开发这类应用系统时可以采用面向数据结构的设计方法完成过程设计。本章以Jackson结构化程序设计技术为例，对面向数据结构的设计方法做了初步介绍。为了能使用这种方法解决实际问题，还需要进一步钻研有关的专著。

4.9 习 题

一、选择题

1. 结构化程序设计的主要特点是________。
   A. 模块化　　B. 每个控制结构具有封装性
   C. 每个控制结构具有独立性　　D. 每个控制结构只有一个入口和一个出口
2. 在模块化程序设计中，按功能划分模块的原则是________。
   A. 各模块的功能尽量单一且各模块之间的联系尽量少
   B. 各模块的功能尽量单一且各模块之间的联系尽量紧密
   C. 各模块应包括尽量多的功能
   D. 各模块应包括尽量多的输入输出操作
3. 下列叙述中正确的是________。
   A. 在模块化程序设计中，一个模块应尽量多地包括与其他模块联系的信息
   B. 在自顶向下、逐步细化的设计过程中，首先应设计解决问题的每一个细节
   C. 在模块化程序设计中，一个模块内部的控制结构也要符合结构化原则
   D. 在程序设计过程中不能同时采用结构化程序设计方法与模块化程序设计方法
4. 在数据流图（DFD）中，带有名字的箭头的连线表示________。
   A. 模块之间的调用关系　　B. 程序的组成成分
   C. 控制程序的执行顺序　　D. 数据的流向
5. 在采用结构化设计方法生成的结构图（SC）中，带有箭头的连线表示________。
   A. 模块之间的调用关系　　B. 程序的组成成分
   C. 控制程序的执行顺序　　D. 数据的流向
6. 下列工具中为需求分析常用工具的是________。
   A. PFD　　B. PAD　　C. DFD　　D. N-S
7. 在结构化方法中，软件功能分解所属的软件开发阶段是________。
   A. 编程调试　　B. 总体设计　　C. 需求分析　　D. 详细设计
8. 采用PAD图表示的程序执行流程为________。
   A. 自下而下、从左到右　　B. 自上而下、循环执行
   C. 自上而下、从左到右　　D. 都不对
9. PDL是________。

A．高级程序设计语言　　B．伪代码
C．中级程序设计语言　　D．低级程序设计语言

10．在面向数据流的软件设计方法中一般将信息流分为________。
A．变换流和事务流　B．变换流和控制流　C．事务流和控制流　D．数据流和控制流

11．软件设计涉及软件的构造、过程和模块的设计，其中软件过程是指________。
A．模块间的关系　B．模块的操作细节　C．软件层次结构　D．软件开发过程

12．软件结构中的两个模块之间有调用关系，传递简单数据值，相当于高级语言中的值传递，这两个模块之间的耦合是________。
A．公共耦合　B．控制耦合　C．标记耦合　D．数据耦合

13．把需要同时执行的动作组合在一起形成模块，该模块的内聚性是________。
A．顺序内聚　B．逻辑内聚　C．时间内聚　D．通信内聚

14．以下属于程序流程图缺点的是________。
A．历史悠久　　B．使用广泛
C．支持程序的 3 种基本控制结构　　D．可以随心所欲地画控制流程线的流向

15．采用面向数据流的设计方法可把________映射成软件结构。
A．数据流　B．模块化　C．控制结构　D．信息流

16．Jackson 方法根据________来导出程序结构。
A．数据结构　B．数据流图　C．数据间的控制结构　D．IPO 图

17．Jackson 方法主要适用于规模适中的________系统的开发。
A．数据处理　B．实时控制　C．文字处理　D．科学计算

18．在结构化分析方法中，数据字典的作用是________。
A．存放所有需要处理的原始数据　　B．存放所有的程序文件
C．存放所有处理结果　　D．描述系统中所用到的全部数据和文件的有关信息

19．在软件开发中，下面不属于设计阶段任务的是________。
A．定义模型算法　　B．定义需求并建立系统模型
C．数据结构设计　　D．给出系统模块结构

20．结构化程序设计主要强调________。
A．程序的执行效率　B．模块的内聚　C．程序的可理解性　D．模块的耦合

二、简答题

1．什么是软件概要设计？该阶段的基本任务是什么？
2．软件设计的基本原理包括哪些内容？
3．衡量模块独立性的两个标准是什么？它们各表示什么含义？
4．什么是“变换流”？什么是“事务流”？试将具有相应形式的数据流图转换成软件结构图。
5．详细设计的基本任务是什么？
6．简述 Jackson 方法的设计步骤。
7．结构化设计方法的基本思想是什么？它如何与 SA 方法相衔接？
8．数据库设计有哪些主要步骤？每个步骤的主要任务是什么？
9．已知有一个抽象的 DFD 图如图 4.42 所示，试用 SD 方法画出相应的结构图。

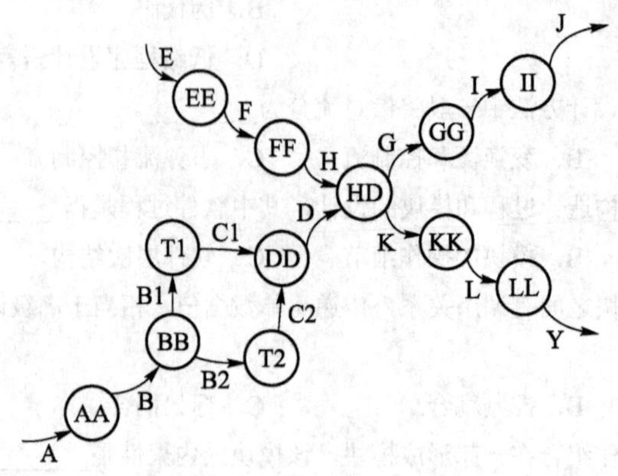

图 4.42 习题 9 图

10．画出与下列用伪码书写的程序所对应的 N-S 图和 PAD 图。

```
K=n
FLAG=1
WHILE FLAG >0 DO
        K=K-1
        FLAG=0
        FOR J=1 TO K DO
            IF L(J)>L(J+1) THEN DO
                L(J)<L(J+1)
                FLAG=1
            END DO
        END FOR
END WHILE
```

11．设要建立一个企业数据库，该企业各部门有很多职员，但一个职员仅属于一个部门；每个职员可在多项工程中做工，每项工程中可有多个职员做工；一种零件可以在多项工程中使用，每项工程也可以使用多种零件；每个供应商可为各个不同的工程供应各种零件，一种零件也可由多个供应商供应。试完成如下设计。

① 设计该数据库的 E-R 图，并适当给出各实体的属性。

② 将该 E-R 图转换为等价的关系模型。

第5章 软件实现

本章要点

- 程序设计语言的性能
- 结构化程序设计的原则
- 源程序的设计风格
- 程序复杂性度量方法
- 软件开发过程的文档

5.1 程序设计语言选择

完美的方案必须通过高质量的编码来实现。显然，可以采用很多途径实现设计，有多种语言和工具可供选择。程序的编码任务是将软件的设计转换成用程序设计语言实现的程序代码。程序的质量主要取决于软件设计的质量。但是，所选用的程序设计语言的特点及编码风格也将对程序的可靠性、可读性、可测试性和可维护性产生较大的影响。因此，所选择的程序设计语言与程序设计的质量、效果以及工作量有着直接的关系。

确认软件需求后，程序语言的技术特性就显得非常重要了。必须考虑程序是否需要复杂的数据结构、高性能及实时处理能力、繁杂的文件处理功能、多样式的报表输出等。进行软件开发所使用的语言通常应根据软件系统的应用特点、程序设计语言的内在特性等来进行选择。

程序设计语言的选择应该考虑以下因素。

① 项目的应用范围：应尽量选取适合某个应用领域的语言。

② 算法和计算复杂性：要根据不同语言的特点来选取能够适应软件项目算法和计算复杂性的语言。

③ 软件执行的环境：要选取机器上能运行且具有相应支持软件的语言。

④ 性能上的考虑：根据实际系统对性能、实时性等方面的要求进行选择。

⑤ 数据结构的复杂性：根据不同语言构造数据结构类型的能力选取合适的语言。

⑥ 软件开发人员的知识水平等：知识水平包括开发人员的专业知识、程序设计能力、对开发平台的熟悉程度。

一个程序员在工作过程中可能会使用不同的工具和技巧开发很多不同的软件项目。这和在课堂上编写程序大不相同，每个人的工作并不是独立的，每个人可能只是小组中的一员，因此彼此间保持无间隙的合作更加重要，所以选择语言时不只要考虑语言的性能，还必须考虑到小组成员对所使用的语言的熟悉程度。

一般较新的语言都具有比较强大的功能以及成熟语言所不具备的性能，但是选择语言不能盲目地追求高、新。成熟的语言已经被用在大量经典的程序中，具有完整的参考资料、支撑软件和软件开发工具，而且具有类似项目的开发经验和成功的先例。

总之，为某个特定开发项目选择程序设计语言时，既要从技术角度、工程角度、心理学角度评价，比较各种语言适用的程度，又必须考虑实现可能性。通过仔细地分析和比较，选择一种功能强而又适用的语言，对成功地实现从软件设计到编码的转换，提高软件的质量，改善软件的可测试性和可维护性是至关重要的。

5.2 结构化程序设计

结构化程序设计的概念最早是由 E. W. Dijkstra 提出来的，他指出："可以从高级语言中取消 GOTO 语句，程序质量与程序中所包含的 GOTO 语句的数量成反比"，并指出结构化程序设计并非简单地取消 GOTO 语句，而是创立一种新的程序设计思想、方法和风格，以显著提高软件生产率和质量。

5.2.1 关于 GOTO 语句的争论

自从提倡结构化设计以来，GOTO 语句就成了有争议的语句，并且结构化的倡导者 E.W.Dijkstra 建议从高级语言中取消 GOTO 语句，但是最终还是被保留了下来。普通的高级语言教材中给出的建议都是尽量少用或者不用 GOTO 语句。这是由于 GOTO 语句可以灵活跳转，如果不加以限制，它的确会破坏结构化设计风格。其次，GOTO 语句经常引发一些错误或带来一些隐患。它可能会跳过某些对象的构造语句、变量的初始化语句、重要的计算语句等。

但是 GOTO 语句的存在也有其自身的道理，正因为它可以灵活跳转，所以给程序设计带来了很多便利，使得程序的代码量减少，并且有时候可以带来很好的效果，例如在 C 语言中嵌套了多重循环，想要从最内层循环跳出到最外层，如果使用 BREAK 语句，必须一重重循环逐重跳出，使用 GOTO 就可以一次跳到最外层。就好比高层着火，直接从楼顶顺绳子下来肯定比一层层楼梯下来更快些。

总之，采用大量 GOTO 语句实现路径控制，会使程序路径变得复杂而且混乱，因此要严格控制 GOTO 语句的使用。在用一种非结构化的程序设计语言去实现一个结构化的构造时，或者在某种可以改善而不是损害程序可读性的情况下才可以使用 GOTO 语句。

5.2.2 结构化程序设计的原则

结构化程序设计是通过设计结构良好、容易理解的程序来降低程序出错的概率，并提高软件开发的效率和质量的，结构化程序设计原则如下：

① 程序结构是按功能划分为若干个基本模块；

② 各模块之间的关系尽可能简单，在功能上相对独立；

③ 使用顺序、选择、循环等基本控制结构表示程序逻辑；

④ 控制结构只准许有一个入口和一个出口；

⑤ 程序语句组成容易识别的模块，每个模块必须有一个入口和一个出口；

⑥ 复杂结构应该用基本控制结构进行组合嵌套来实现；

⑦ 严格控制 GOTO 语句，在可以改善程序性能，同时又不影响或者损害程序可读性的情况下才可以使用 GOTO 语句。

5.2.3 程序设计自顶向下、逐步求精

在详细设计和编码阶段，应当采取自顶向下、逐步求精的方法，把一个模块的功能逐步分解，细化为一系列具体的步骤，进而翻译成一系列用某种程序设计语言写成的程序。

这种逐步求精的思想符合人类解决复杂问题的普遍规律，从而可以显著提高软件开发的效率。而且这种思想还体现了先全局后局部、先抽象后具体的方法，使开发的程序层次结构清晰，易读，易理解，而且易于验证，因而提高了程序的质量。

自顶向下、逐步求精方法的优点如下。

① 自顶向下、逐步求精方法符合人们解决复杂问题的普遍规律，可提高软件开发的成功率和生产率。

② 用先全局后局部、先整体后细节、先抽象后具体的逐步求精过程开发出来的程序具有清晰的层次结构，因此程序容易阅读和理解。

③ 程序自顶向下、逐步细化，形成一个树状结构，如图 5.1 所示。在同一层的节点上所做的细化工作相互独立。在任何一层发生错误，一般只影响它下层的节点，同一层上的其他节点不会受到影响。在后面的测试中，也可以先独立地一个节点一个节点地做，最后再集成。

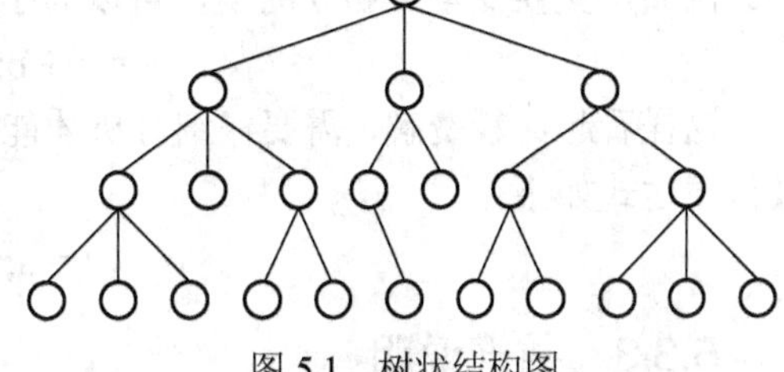

图 5.1 树状结构图

④ 程序清晰和模块化，因而在修改和重新设计一个软件时，可重用的代码量最大。

⑤ 每一步仅在上层节点的基础上做不多的设计扩展，便于检查。

⑥ 有利于设计的分工和组织工作。

5.3 源程序设计风格

程序实际上也是一种供人阅读的表达思想的文字，只不过它不是用自然语言而是用程序设计语言编写的。因此，一个逻辑上虽正确但杂乱无章的程序是没有什么价值的，因为它无法供人阅读，也难以测试、排错和维护，所以程序的设计风格显得尤为重要。

5.3.1 源程序文档化

源程序的文档化一般表现在以下几个方面。

1. 标识符的命名准则

标识符就是程序设计中涉及的模块名、变量名、常量名、函数名、数据区名、缓冲区名等，它的命名必须一般遵循一定的原则，但是不同的开发小组往往采用不同的命名方式，但是都遵守一定的准则：

① 要能见名知义，名字应能反映它所代表的实际含义；

② 应当选择精炼的意义明确的名字，不要太长；

③ 在一个程序中，一个变量只有一种用途，不能同时代表多个含义。

2. 程序的注释

注释可分为序言性注释和解释性注释。序言性注释是在一个程序或模块的开头对本程序段的模块功能、接口信息等所做的必要的说明。解释性注释是插入在程序正文中说明语句段和程序段的注释行。正确的注释非常有助于读者对程序的理解，便于之后对程序的升级和维护。

3. 书写格式

合理地使用空格、空行，可提高程序的可视化程度。自然的程序段之间可用空行隔开；对于选择语句和循环语句，采用缩进编排方式，这样可使程序的逻辑结构更加清晰，层次更加分明。

5.3.2 语句结构

语句结构直接影响到程序的可读性及效率，应该采用直接、简单、清晰的构造方式，而不要为了提高效率或者显示技巧而降低程序的清晰性和可读性。

例如，交换变量 a 和 b 的值，可以为了提高性能写成：

$$a = a + b;\ b = a - b;\ a = a - b$$

这样看起比较费解，需要仔细分析才能得到结论，但是如果借助中间变量 t 就会清楚得多，具体表达式如下：

$$t = a;\ a = b;\ b = t;$$

5.3.3 数据说明

在编写程序时，需要注意数据说明的风格，要使程序中的数据说明更易于理解和维护，必须遵循以下原则。

① 数据说明的次序应当规范化，以使数据属性容易查找，从而有利于测试、纠错与维护。

② 当多个变量名用一个语句说明时，应当对这些变量按字母的顺序进行排列。

例如，应该把

```
int weight, name, score , age;
```

写成

```
int age , name, score, weight;
```

③ 如果设计了一个复杂的数据结构，应当使用注释来说明在程序实现中这个数据结构固有的结构，例如 C 语言中的结构体、链表、二叉树、图、队列和栈等数据结构应该都有数据说明。

④ 对于一些复杂的数据说明最好将其放在一个说明文件中，便于查找和修改。

5.3.4 输入和输出

信息的输入和输出是与用户的使用直接相关的。输入和输出的方式和格式应当尽可能方便用户的使用。系统能否被用户接受，往往就取决于输入和输出的风格。

无论采用什么输入和输出方式，在设计和编码时都应遵守下列原则：

① 对输入的数据都进行检验，以保证每个数据的有效性；

② 检查输入项的各种重要组合的合理性，必要时报告输入状态信息；

③ 对于输入输出操作，应安排适当的缓冲区，以免发生频繁的信息交换操作；

④ 使输入步骤和操作尽可能简单，并保持简单的输入格式；

⑤ 输入数据时，应允许使用自由格式输入；

⑥ 输入一批数据时，最好使用输入结束标志，而不要由用户指定输入数据的数目；

⑦ 要在屏幕上使用提示符明确提示交互输入的请求，指明可使用的选择项的种类和取值范围；

⑧ 在有多项输入的情况下，应该给出哪些项目为必填项，哪些项目为选填项；

⑨ 当程序设计语言对输入输出格式有严格要求时，应保持输入格式与输入语句的要求一致；

⑩ 设计良好的输出报表。

输入和输出风格还受到许多其他因素的影响。例如输入输出设备的通用性、用户的熟练程度以及通信环境等。

5.3.5　效率

程序的效率是指程序的执行速度及程序所需占用的内存空间。设计逻辑结构清晰、高效的算法是提高程序效率的关键，提高程序效率的几条准则如下：

① 效率是一个性能要求，应当在需求分析阶段给出；

② 软件效率以需求为准，不应以人力所及为准；

③ 程序的效率与编码的质量息息相关；

④ 良好的设计可以提高效率；

⑤ 程序的效率与选择的算法相关，算法的效率以程序的执行速度和对存储容量的要求来表现。

进行编码设计时，提高效率的指导原则如下：

① 在编程之前，尽可能简化算术表达式和逻辑表达式；

② 检查算法中循环嵌套的情况，尽可能减少循环嵌套的程序；

③ 尽量避免使用多维数组；

④ 尽量避免使用指针和复杂的表；

⑤ 采用“快速”的算术运算；

⑥ 尽量采用整数算术表达式和布尔表达式；

⑦ 选用等效的高效率算法。

5.4　程序复杂性度量

5.4.1　代码行度量法

度量程序复杂性最简单的方法就是统计程序的源代码行数。代码行度量法，就是统计程序的源代码包括的代码和注释的行数，并以此行数作为程序复杂性的度量。这种方法计算简单，与所用的高级程序设计语言类型无关。此方法基于如下两个前提条件。

① 程序复杂性随着程序规模的扩大不均衡地增长。

② 控制程序规模最好采用分而治之的办法。

这种度量方法有一个重要的隐含假定是：书写错误和语法错误在全部错误中占主导地位。然而，由于这类错误严格来讲是私有的，不应把它们计入错误总数之中，在这种情况下，这种度量方法的前提就不存在。因而，代码行数度量法是一种很粗糙的方法。

假设每行代码的出错率为 0.5%，每 200 行源程序中可能有一个错误。Thayer 曾指出：程序出错率的估算范围是 0.04%～7%，并且每行代码的出错率与源程序行数之间不存在简单的线性关系。Lipow 进一步指出，对于小程序，每行代码的出错率为 1.3%～1.8%； 对于大程序，每行代码的出错率增长到 2.7%～3.2%，但这只考虑了程序的可执行部分，没有包括程序中的说明部分。

5.4.2 McCabe 度量方法

McCabe 度量法是一种基于程序控制流的复杂性度量方法。McCabe 定义的程序复杂性度量值又称为环路复杂度，由一个程序模块的程序流程图中环路的个数来衡量。如果将程序流程图中的每个处理符号都看做一个节点，原来连接不同处理符号的流线就变成连接不同节点的有向弧，这样得到的有向图就称为程序流图。

其计算公式为

$$V(G) = m - n + 2$$

其中，$V(G)$ 是强连通有向图 G 中的环数，m 是 G 中的弧数，n 是 G 中的节点数。

例如，在图 5.2 所示的程序流图中，节点数 $n = 9$，弧数 $m = 11$，则有 McCabe 环复杂度度量值为 4。

实际上，人们常常采用另一种计算方法来获得 McCabe 度量值，即对于单入口单出口模块（通常都属于这种情况），只需将程序中判断语句的个数加 1 即可得到 $V(G)$ 值。McCabe 度量法实质上是对程序控制流复杂性的度量，它并不考虑数据流，因而其科学性和严密性具有一定的局限性。

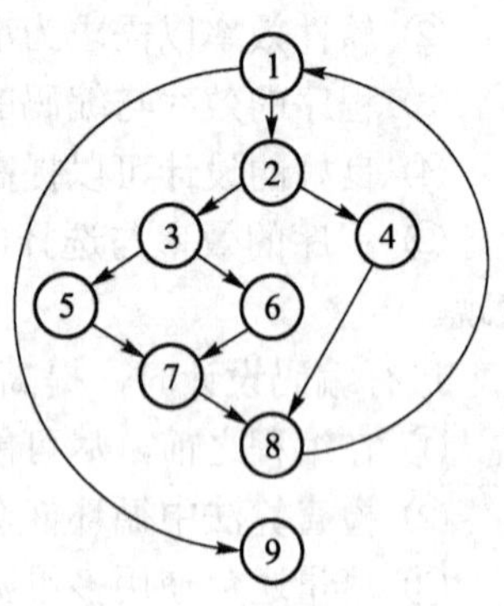

图 5.2 程序流图

5.4.3 Halstead 度量方法

Halstead 度量法通过计算程序中运算符和操作数的数量对程序的复杂性加以度量。设 n_1 表示程序中不同运算符的个数，n_2 表示程序中不同操作数的个数，N_1 表示程序中实际运算符的总数，N_2 表示程序中实际操作数的总数。

令 H 表示程序的预测长度，Halstead 给出 H 的计算公式为

$$H=n_1\log2n_1+n_2\log2n_2$$

令 N 表示实际的程序长度，其定义为 $N = N_1+N_2$。

Halstead 的重要结论之一是：程序的实际长度 N 与预测长度非常接近。

这表明即使程序还未编写完也能预先估算出程序的实际长度 N。Halstead 还给出了其他一

些计算公式，包括

程序容量计算公式 $V = N\log2(n_1+n_2)$，

程序级别计算公式 $L = (2/n_1) * (n_2/N_2)$，

编写程序的工作量计算公式 $E = V/L$，

程序中的错误数预测值计算公式 $B = N\log2(n_1+n_2)/3\,000$。

Halstead 度量实际上只考虑了程序的数据流而没有考虑程序的控制流，因而也不能从根本上反映程序的复杂性。

Halstead 度量是目前最好的度量方法、但它也有如下一些缺点。

① 没有区别自己编写的程序与别人编写的程序。

② 没有考虑非执行语句，可以把非执行语句中出现的运算对象、运算符统计在内。

③ 在允许混合运算的语言中，每种运算符必须与它的运算对象相关。在计算时应考虑这种因数据类型而引起差异的情况。

④ 没有注意调用的深度。当调用子程序的深度不同时，Halstead 公式应当区别对待。在计算嵌套调用的运算符和运算对象时，应乘上一个调用深度因子，这样可以增大嵌套调用时的错误预测率。

⑤ 没有把不同类型的运算对象、运算符与不同的错误发生率联系起来，而是将它们同等看待。

⑥ 忽视了嵌套结构。一般运算符的嵌套序列总比具有相同数量的运算符和运算对象的非嵌套序列复杂得多。解决的办法是将嵌套结果乘上一个嵌套因子。

需要说明的一点是，上述度量方法都是针对传统的结构化程序设计方法的。当将其应用到面向对象程序设计方法中时，其中的某些概念不再适用，如类、继承、封装和消息传递等。

5.5 软件实现文档

在项目开发过程中，应该按要求编写文档，使其具有针对性、精确性、清晰性、完整性、灵活性、可追溯性，常用的文档一般包含以下 13 种。

① 可行性分析报告：说明该软件开发项目的实现在技术上、经济上和社会因素方面的可行性，评述为了合理地达到开发目标可供选择的各种可能的实施方案，说明并论证所选定实施方案可行的理由。

② 项目开发计划：为软件项目实施方案制定的具体计划，应该包括各部分工作的负责人员、开发的进度、开发经费的预算、所需的硬件及软件资源等。

③ 软件需求说明书（软件规格说明书）：对所开发软件的功能、性能、用户界面及运行环境等做出的详细说明。它是在用户与开发人员双方对软件需求取得共同理解并达成协议的条件下编写的，也是实施开发工作的基础。该说明书应给出数据逻辑和数据采集的各项要求，为生成和维护系统数据文件做好准备。

④ 概要设计说明书：该说明书是概要设计阶段的工作成果，它应说明功能分配、模块划分、程序的总体结构、输入输出以及接口设计、运行设计、数据结构设计和出错处理设计等，为详细设计提供基础。

⑤ 详细设计说明书：着重描述每一个模块是怎样实现的，包括实现算法、逻辑流程等。

⑥ 用户操作手册：详细描述软件的功能、性能和用户界面，使用户对如何使用该软件获得具体的了解，为操作人员提供该软件各种运行情况的有关知识，特别是操作方法的具体细节。

⑦ 测试计划：为了做好集成测试和验收测试，需要为如何组织测试制定实施计划。计划应包括测试的内容、进度、条件、人员、测试用例的选取原则、测试结果允许的偏差范围等。

⑧ 测试分析报告：测试工作完成以后，应提交测试计划执行情况的说明，对测试结果加以分析，并提出测试的结论意见。

⑨ 开发进度月报：该月报是软件人员按月向管理部门提交的项目进展情况报告，报告应包括进度计划与实际执行情况的比较、阶段成果、遇到的问题和解决的办法以及下个月的计划等。

⑩ 项目开发总结报告：软件项目开发完成以后，应与项目实施计划对照，总结实际执行的情况，如进度、成果、资源利用、成本和投入的人力，此外，还需要对开发工作做出评价，总结出经验和教训。

⑪ 软件维护手册：主要包括软件系统说明、程序模块说明、操作环境、支持软件的说明、维护过程的说明，便于进行软件的维护。

⑫ 软件问题报告：指出软件问题的登记情况，如日期、发现人、状态、问题所属模块等，为软件修改提供准备文档。

⑬ 软件修改报告：软件产品投入运行以后，若发现需对其进行修正、更改等，应对存在的问题、修改的考虑以及修改的影响做出详细的描述，提交审批。

5.6 典型例题解析

例 5.1 以下代码是使用 C 语言编写的一个输出 a、b、c 三数中最小者的程序。其中出现了 6 个 goto 语句，1 个向前，5 个向后，程序可读性很差。将其改写为结构化语句。

```
if ( a< b )  goto   TIP3;
        if ( b <c)  goto TIP2;
TIP1:   printf("%d",c);
        goto TIP5;
TIP2:   printf("%d",b);
        goto TIP5;
TIP3:   if ( a < c )  goto TIP4;
        goto TIP1;
TIP4:   printf("%d",a);
TIP5:
```

【解析】 按照结构化语句编写为：

```
if(a<b)
    if(a<c)
        printf("%d",a);
```

```
    else  if(b <c)
            printf("%d",b);
    else
            printf("%d",c);
```

可以看出，结构化程序的可读性明显好于 goto 语句。

例 5.2 有以下两个循环，比较哪个循环的效率较高。

for (row=0; row<100; row++)
{
    for (col=0; col<5; col++)
    {
    sum = sum + a[row][col];
    }
}
	for (col=0; col<5; col++)
	{
	    for (row=0; row<100; row++)
	    {
	        sum = sum + a[row][col];
	    }
	}

【解析】 在多重循环中，如果有可能，应当将最长的循环放在最内层，最短的循环放在最外层，以减少 CPU 跨切循环层的次数，所以左边代码的效率要比右边代码的效率低。

5.7 本章小结

本章对计算机软件实现进行了简要的介绍。首先从软件实现中最重要的程序设计语言的选择讲起，主要介绍了结构化程序设计的原则、方法等，随后介绍了源程序设计的风格，包括源程序的文档化、语句说明、数据说明、输入输出和效率，然后介绍了程序复杂性的定义以及 3 种主要的度量方式，最后介绍了软件开发过程中的主要文档。

通过本章学习，读者应理解程序语言的选择、结构化程序设计的原则、源程序的设计风格、程序复杂性度量等概念；重点掌握源程序的设计风格、程序复杂性的度量和软件开发的文档；深刻理解程序设计过程中结构化程序设计的原则和方法。

5.8 习　　题

一、选择题

1．E. W. Dijkstra 提倡的________是一种有效地提高程序设计效率的方法。

A．标准化程序设计　　B．模块化程序设计

C．结构化程序设计　　D．面向对象程序设计

2．为了使程序结构易于理解，把基本控制结构限于顺序、循环、选择 3 种，应避免使用________。

A．if 语句　　B．while 语句　　C．for 语句　　D．goto 语句

3．McCabe 度量法是一种基于程序控制流的复杂性度量方法。McCabe 定义的程序复杂性度量值又称为________。

A．环路度量　　B．路径度量　　C．循环度量　　D．周期度量

4．常见的软件成本估计计量单位有________。

A．源代码行数　　B．工作量　　C．软件生产率　　D．进度估算

5．内部文档是为________编写的。

A．客户　　B．软件使用者　　C．软件的管理者　　D．程序设计人员

二、简答题

1．理解程序语言选择的基本原则，根据自己设计过的系统，考虑一下程序设计语言应如何选择。

2．结构化程序设计有时被错误地称为“无 goto 语句”的程序设计。请说明为什么会出现这样的说法，并讨论围绕这个问题的一些争论。

3．结合自己的实际情况，谈谈自己对源程序设计风格的重要性的理解。

4．结合结构化程序设计的思想，求解一个一元二次方程的根，给出自顶向下、逐步求精的过程。

5．对如图 5.3 所示的程序流程图，使用 McCabe 度量方法给出其度量。

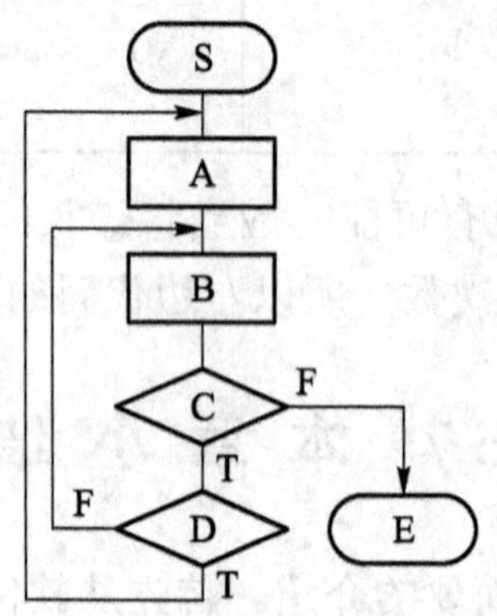

图 5.3　习题 5 图

第6章 软件测试

本章要点

- 软件测试的任务和原则
- 软件测试的方法
- 软件测试的步骤
- 软件测试案例分析
- 软件测试文档
- 软件产品测试提问单
- 调试的目的和技术

6.1 软件测试目的和任务

IEEE（1983）标准给出的测试的定义是：测试是选择适当的测试用例执行被测试程序的过程，测试的目的在于发现程序中的错误。

Grenford J. Myers 在《软件测试的艺术》（The Art of Software Testing）一书中指出：

① 软件测试是为了发现错误而执行程序的过程。

② 测试是为了证明程序有错，而不是证明程序无错。

③ 一个成功的测试是发现了至今未被发现的错误的测试。

E. W. Dijkstra 曾指出："测试只能证明程序有错（有缺陷），不能保证程序无错"。因此，能够发现程序缺陷的测试是成功的测试。当然，最理想的是证明程序是完全正确的，遗憾的是除非是极小的程序，至今还没有实用的技术可以证明任意程序的正确性。为了使程序有效运行，测试与调试是唯一手段。

测试的目的是以查找错误为主，而不是为了验证软件功能的正确性。查找不出错误的测试就是没有价值的说法也是片面的。测试并不仅仅是为了要找出错误，而是通过分析错误产生的原因和错误的分布特征，帮助项目管理者发现当前所采用的软件过程的缺陷，以便改进。没有发现错误的测试也是有价值的，完整的测试是评定测试质量的一种方法。

测试的基本任务应该是根据软件开发各阶段的文档资料和程序的内部结构，精心设计一组"高产"的测试用例，利用这些用例执行程序，找出软件潜在的缺陷，具体任务如下。

① 规划测试任务。

② 设计测试用例。

③ 建立一个合适的测试执行环境。

④ 评估、获取、安装和配置自动测试工具。

⑤ 执行测试。

⑥ 撰写适当的测试文档。

一个好的测试用例是很有可能找到至今尚未被发现的缺陷的用例，一个成功的测试则是指揭示了至今为止尚未被发现的缺陷的测试。

测试并不只是一个技术问题，更是一个职业道德问题。

6.2　软件测试的原则

软件测试是一项非常复杂、具有创造性和需要高度智慧的挑战性工作。

进行测试工作应遵循的一些基本原则如下。

1. 程序开发者不对自己的程序进行测试

程序开发者自己测试自己的代码可能会引起以下问题。

① 开发者对自己的程序非常了解，并以为是正确的，如果他们认为是错误的，他们一开始就不会这样做了。因此他们就很难发现在设计时就存在的理解错误，或因不良的编程习惯而留下隐患。

② 开发者对程序的功能、接口、输入输出格式非常熟悉，他们几乎不可能因为操作不当而引发错误，所以程序测试难以具备典型性。

③ 开发者既然能这样开发出程序来，那么他们就认为该程序是完美的，没有瑕疵的，所以在测试时就不会进行“破坏性”的测试。从爱惜程序的角度讲，他们在测试中引入了弄虚作假的成分。

在 20 世纪 80 年代初期，Microsoft 公司的许多软件产品都出现了 Bug。例如，在 1981 年与 IBM PC 一起推出的 BASIC 软件，用户在用“.1”（或者其他数字）除以 10 时，就会出错。在FORTRAN 软件中也存在破坏数据的Bug，由此激起了许多采用Microsoft 操作系统的PC 厂商的极大不满。Microsoft 公司的一位开发部门主管戴夫·穆尔回忆说：“我们清楚不能再让开发部门自己测试了。我们需要一个单独的小组来设计测试，运行测试，并把测试信息反馈给开发部门。这是一个伟大的转折点。”

总之，程序开发者应尽可能避免测试自己编写的程序，程序开发小组也应尽可能避免测试本小组开发的程序。如果条件允许，最好建立独立的软件测试小组或测试机构。

2. 不断地进行软件测试

在开发过程中，不能把软件测试看做软件开发的一个独立阶段，而应当把它贯穿到软件开发的各个阶段中。坚持软件开发各个阶段的技术评审，这样才能在开发过程中尽早发现和预防错误，把出现的错误扼杀在萌芽阶段，杜绝某些错误发生的隐患。

3. 测试用例均应追溯到特定要求

测试用例应由测试输入数据和与之对应的预期输出结果两部分组成。测试以前应当根据测试的要求选择测试用例，用来检验程序员编写的程序，因此不但需要测试的输入数据，而且需要针对这些输入数据得到预期输出结果。合理的输入条件是指能验证程序正确的输入条件，不合理的输入条件是指异常的、临界的，可能引起问题异变的输入条件。软件系统处理非法命令的能力必须在测试时受到检验。用不合理的输入条件测试程序时，往往比用合理的输入条件进行测试能发现更多的错误。

测试用例的质量可由以下 4 个方面来决定。

① 有效性：能否发现软件缺陷或至少可能发现软件缺陷；

② 可仿效性：可仿效的测试用例可以测试多项内容，从而减少测试用例数量；

③ 经济性：测试用例的执行分析和排错是否经济；

④ 修改性：每次修改软件后对测试用例的维护成本。

4. 测试中的群集现象

在被测程序段中，若发现的错误数目多，则残存的错误数目也比较多。这种错误群集性现象，已为许多程序的测试实践所证实。根据这个规律，应当对错误群集的程序段进行重点测试，以提高测试投资的效益。

5. 严格执行测试计划

测试之前应仔细考虑测试的项目，对每一项测试做出周密的计划，包括被测程序的功能、输入和输出、测试内容、进度安排、资源要求、测试用例的选择、测试的控制方式和过程等，还要包括系统的组装方式、跟踪规程、调试规程，回归测试的规定及评价标准等。对于测试计划，要明确规定，不要随意解释。

6. 从"小规模"开始，逐步转向"大规模"

从模块测试开始，一步步进行系统测试。

7. 穷举测试不可取

在测试中不可能覆盖路径的每一个组合，然而充分覆盖程序逻辑，确保覆盖程序设计中使用的所有条件是有可能的。

6.3 软件测试的内容

软件测试的主要工作内容是验证（Verification）和确认（Validation），下面分别给出其概念。

验证是保证软件正确地实现了一些特定功能的一系列活动，即保证软件完成用户的需求，试图证明在软件生存周期的各个阶段，以及阶段间的逻辑协调性、完备性和正确性，包括以下几个方面：

① 确定软件生存周期中一个给定阶段的产品是否达到前一阶段确立的需求的过程；

② 程序正确性的形式证明，即采用形式理论证明程序符合设计规定的过程；

③ 评定、审查、测试、检查、审计等各类活动。

确认是一系列的活动和过程，目的是证实在一个给定的外部环境中软件的逻辑正确性，即保证软件以正确的方式实现其功能，它包括需求规格说明的确认和程序的确认，而程序的确认又分为静态确认与动态确认。

① 静态确认：不实际执行程序，人工或通过程序分析来证明软件的正确性。

② 动态确认：通过执行程序，测试程序的动态行为，以证实软件不存在问题。

软件测试并不等于程序测试。软件测试应贯穿于软件定义与开发的整个周期。需求分析、概要设计、详细设计以及程序编码等各阶段所得到的文档，包括需求规格说明、概要设计、详细设计以及源程序，都应成为软件测试的对象。

6.4 软件测试方法

6.4.1 静态测试与动态测试

1. 静态测试

静态测试方法是指不运行被测程序本身，仅通过分析或检查源程序的语法、结构、过程、接口等来检查程序的正确性，以及借助专用的软件测试工具来评审软件文档或程序，度量程序静态复杂度，检查软件是否符合编程标准，借以发现所编写的程序的不足之处，减少错误出现的概率。

静态测试又可分为代码走查、代码审查、技术评审 3 个部分。

（1）代码走查

在开发小组内部进行的，采用讲解、讨论和模拟运行的方式进行的查找错误的活动，一般由程序员检查自己的程序，对源代码进行分析、检验。在实际使用中，代码走查显得更有效率，能快速找到缺陷，能够发现 30%～70%的逻辑设计和编码缺陷，并且代码走查发现的是问题本身而非征兆，但是非常耗费时间，而且代码走查需要知识和经验的积累。

（2）代码审查

在开发小组内部进行的，采用讲解、提问的方式并使用编码模板进行的查找错误的活动。一般有正式的计划、流程和结果报告，由程序员和测试员组成评审小组，按照“常见的错误清单”，进行会议讨论检查。

（3）技术评审

开发组、测试组和相关人员（QA、产品经理等）联合进行的，采用讲解、提问的方式并且使用编码模板进行的查找错误的活动。一般有正式的计划、流程和结果报告。

静态方法的主要特征是在用计算机测试源程序时，计算机并不真正运行被测试的程序。这说明静态方法一方面要将计算机作为对被测程序进行特性分析的工具，它与人工测试具有根本的区别；另一方面它并不真正运行被测试程序，只进行特性分析，这是和动态测试不同的。因此，静态方法常被称为“分析”，静态分析是对被测程序进行特性分析的一些方法的总称。

2. 动态测试

动态测试方法是指通过运行被测程序，检查运行结果与预期结果的差异，并分析运行效率和健壮性等性能，这种方法由 3 部分组成：构造测试实例、执行程序、分析程序的输出结果。

动态测试的主要特征是计算机必须真正运行被测试的程序，通过输入测试用例，对其运行情况（输入输出的对应关系）进行分析。

动态测试方法与静态分析方法的区别是：需要通过选择适当的测试用例，上机执行程序进行测试。常用的方法有白盒测试和黑盒测试，这两种测试方法在随后的章节中将进行详细的介绍。

6.4.2 黑盒测试与白盒测试

1. 黑盒测试

黑盒测试，又称为功能测试或数据驱动测试，是指把测试对象看做一个黑盒，测试时完全不考虑程序的内部逻辑结构与内部特性，只需根据需求规格说明书，测试程序的功能或程序的外部特性。

用黑盒测试方法发现程序中的错误，必须在所有可能的输入条件和输出条件中确定测试数据，以检查程序是否都能产生正确的输出。

进行黑盒测试主要是为了发现以下几类错误：

① 是否有不正确或遗漏的功能；

② 在接口上输入是否能被正确接受，能否输出正确的结果；

③ 是否有数据结构错误或数据文件访问错误；

④ 性能上是否能够满足要求；

⑤ 是否有初始化或终止性错误。

白盒测试可以在编码工作的早期进行，但是黑盒测试主要在后期进行。黑盒测试关注输入、输出的信息域，而不关注软件的内部结构。进行黑盒测试的主要工作在于对整个系统的划分，即将系统划分为若干个“黑盒集合”，以及对某个“黑盒”进行测试。对于这两方面工作均有对应的实现方法。要想对黑盒进行测试，必须了解黑盒的划分方法。软件一般具有一定的结构，这些结构用“节点”和“关系”表示，通俗地说就是“节点”代表“黑盒”，“关系”代表黑盒之间的协作（模块间的接口），在这个基础上测试并验证“节点”及其“关系”（接口）的正确性。

根据软件的结构，对于黑盒可采用如下几种划分方法。

① 按照事务流划分：

节点代表事务的步骤，联系代表步骤之间的连接关系，可以通过数据流图辅助建立这个“关系图”。

② 按照数据流划分：

节点代表数据结构，联系代表数据结构之间的转换，可以通过数据流图辅助建立这个“关系图”。

③ 按照有限状态划分：

节点表示用户可见的状态，联系代表节点之间的转换，可以通过状态图来辅助建立这个“关系图”。

实际软件的划分在软件的设计阶段已经完成，包括了一系列的对象（模块、接口）。测试工作可以将这些对象（模块、接口）作为黑盒，并且依照划分提供的线索逐步进行集成。

黑盒测试方法包括等价分类法、边界值分析法、错误推测法、因果图法、正交实验设计法、判定表驱动法、功能测试法等。没有一种方法能提供一组完整的测试用例，以检查程序的全部功能，因此在实际测试中需要把各种方法结合起来使用。

（1）等价分类法

等价类划分是一种典型的黑盒测试方法。使用这一方法时，完全不考虑程序的内部结构，只依据程序的需求规格说明来设计测试用例，所以必须仔细分析和推敲说明书的各项需求，特别是功能需求。把说明中对输入的要求和输出的要求区别开来并加以分解。由于穷举测试的办法数量太大，以致无法实际完成，而只能从输入数据中选取一部分作为测试用例。要使选取的测试用例能发现更多的错误，就可以采用等价分类法。

它基于集合理论的等价性原理确定有效输入和无效输入，对输入数据进行等价性分析，选择有效输入和无效输入的等价类。有效等价类是指对于程序的规格说明是合理的、有意义的输入数据构成的集合；而无效等价类是指对于程序的规格说明是不合理的、没有意义的输入数据构成的集合。根据输入数据的类型不同，进行的等价类划分如下。

① 输入的为数值，按照数值的取值范围可以将其分为一个有效等价类（输入数据在要求范围内）和两个无效等价类（输入数据在要求范围外）。例如，输入的为员工的年龄，取值范围为20~60，那么输入数值在20~60之间则为有效等价类，输入数值大于60和小于20就为两个无效等价类。

② 输入值为集合中的某个元素，按照输入的数据是否在集合内分为一个有效等价类（输入数据在集合内）和一个无效等价类（输入数据在集合外）。例如，员工的性别只能取“男”和“女”，如果输入为“男”或者“女”，则为有效等价类，输入其他则为无效等价类。

③ 输入数据被判定为一个布尔表达式，按照输入的数据是否成立可以分为一个有效等价类（输入数据使得布尔表达式成立）和一个无效等价类（输入数据使得布尔表达式不成立）。例如，输入的员工编号必须以“T”打头，如果输入的编号以“T”打头则为有效等价类，输入的编号不以“T”打头则为无效等价类。

确定等价类后，可以建立等价类表，如表6.1所示。

表6.1 等价类表

编号	输入条件	有效等价类	无效等价类
1	“男”或者“女”	“男”，“女”	其他
…	…	…	…

根据已划分的等价类，按以下步骤来设计测试用例。

① 针对每一个无效等价类，设计一个测试用例来覆盖它。

② 设计尽可能少的测试用例，覆盖所有的有效等价类。

（2）边界值分析法

长期测试工作经验证明，程序往往在处理边界出错，在边界内部出错的几率很小，所以检查边界情况的测试用例是高效的。边界情况是指输入等价类和输出等价类边界上的情况。边界值分析是一种补充等价分类法的测试用例设计技术。边界值分析法的设计原则如下。

① 输入的为一定范围的数值，选择正好等于边界值的数据及刚刚超过边界值的数据作为测试用例。例如，输入学生的成绩，范围为[0,100]，可以选取0、-1、100、101等作为测试数据。

② 输入值规定为一定个数的数据，就可以按照最大个数、最小个数、稍小于最小个数及稍大于最大个数等情况分别来设计测试用例。例如，要求输入的数据为100个，那么就可以输入0、1、99、100、101个等数据进行测试。

③ 输入或输出域是一个有序集合（如顺序文件、线性表和链表等），则应选取有序集合的第一个和最后一个元素作为测试用例。

④ 分析软件的设计说明，找出其他边界值进行测试。

（3）错误推测法

错误推测法是指完全凭经验和直觉推测程序中可能存在的各种错误，从而有针对性地编写检查这些错误的例子。错误推测方法的基本思想是，列举程序中所有可能存在的错误和容易发生错误的特殊情况。

例如，在数据输入中，输入数据为0或输出数据为0是容易发生错误的情形，因此可选择输入数据为0，或使输出数据为0的例子作为测试用例，同时也可以输入一些非数字的字符，对程序的容错性进行测试。

例如，在一个折半查找程序中，对于初始值就可以输入全部相同的数据，或者输入没有顺序的数据来进行测试。

（4）因果图法

前面介绍的等价类划分方法和边界值分析方法都着重考虑了输入条件，但未考虑输入条件之间的联系。如果在测试时必须考虑输入条件的各种组合，可能的组合数将是天文数字。因此必须考虑使用一种适合于描述对于多种条件的组合相应产生多个动作的形式来设计测试用例，这时就需要使用因果图。

因果图法是一种适合于描述对于多种条件的组合，相应产生多个动作形式的测试用例设计方法。它是把输入条件视为“因”，把输出或程序状态的改变视为“果”，将黑盒看成是从因到果的网络图，采用逻辑图的形式来表达功能说明书中输入条件的各种组合与输出的关系。

因果图法的设计步骤如下。

① 分析软件规格说明书，得到原因（即输入条件或输入条件的等价类）和结果（即输出条件），并给每个原因和结果赋予一个标识符。

② 根据因果关系画出因果图。

③ 因果图的画法，由于语法或环境限制，有些原因与原因之间、原因与结果之间的组合情况不可能出现。为了表示这些特殊情况，在因果图上用一些记号标明约束或限制条件。

因果图的基本符号如图 6.1 所示。

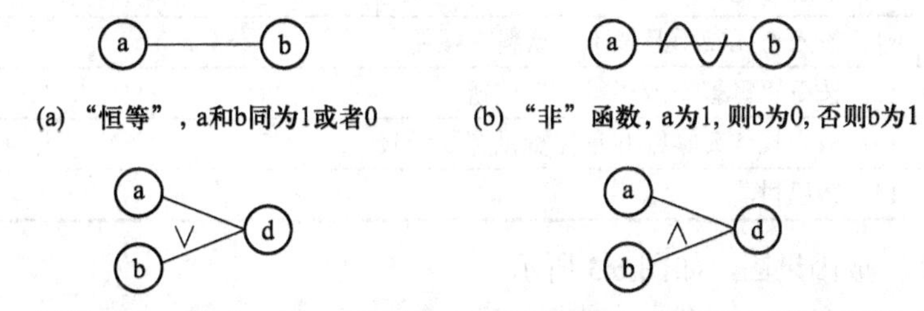

图 6.1 因果图的基本符号

为了表示原因与原因之间、结果与结果之间可能存在的约束条件，在因果图中可以附加一些表示约束条件的符号。从输入（原因）考虑，有 4 种约束；从输出（结果）考虑，还有一种约束，如图 6.2 所示。

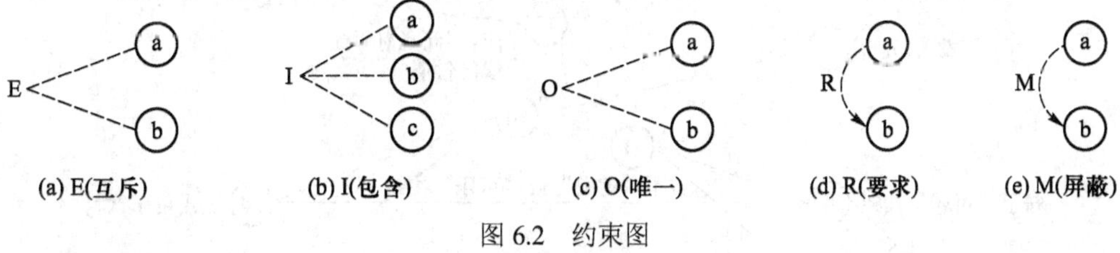

图 6.2 约束图

图 6.2 中符号的含义如下。

E（互斥）：a、b 不会同时成立。

I（包含）：a、b、c 三个原因中至少有一个必须成立。

O（唯一）：a 和 b 当中必须有一个且仅有一个成立。

R（要求）：a 出现时，b 必须也出现。

M（屏蔽）：a 是 1 时，b 必须是 0，a 为 0 时，b 的值不定。

④ 转换为判断表，将因果图转换为有限项判断表。

⑤ 设计测试用例，把判定表的每一列拿出来作为依据，设计测试用例。

例如，为一个饮料自动售货机的软件设计一个测试用例。其规格说明如下：“饮料的单价为 1 元，每次只能买一瓶饮料，如果放入 1 元钱或 5 元钱的纸币，按下“可乐”或“雪碧”按钮，则能买到相应的饮料。如果售货机没有零钱找，则显示“找零”的红灯亮，这时在放入 5 元币并按下按钮后，5 元币会退出来；若有零钱找，则显示“找零”的红灯灭，在送出饮料的同时退还 4 元币。

按照因果图分析法设计的步骤如下。

① 分析规格说明，列出原因和结果以及中间节点，如表 6.2 所示。

表 6.2　原因和结果以及中间节点表

原因	1. 售货机有零钱	3. 投入 5 元币	5. 按下“雪碧”按钮
	2. 投入 1 元币	4. 按下“可乐”按钮	
结果	21. 售货机“找零”灯亮	24. 送出可乐饮料	
	22. 退还 5 元币	25. 送出雪碧饮料	
	23. 退还 4 元币		
中间节点	11. 投入 5 元硬币且按下“饮料”按钮		
	12. 按下“雪碧”或“可乐”按钮		
	13. 应当找 4 元零钱并且售货机有零钱找		
	14. 钱已付清		

② 由表 6.2 生成因果图，如图 6.3 所示。

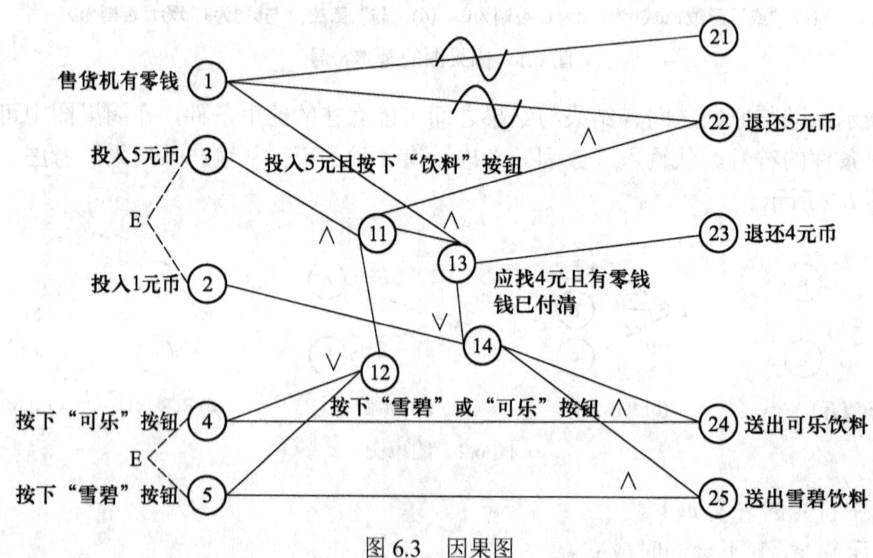

图 6.3　因果图

由于 2、3，4、5 不能同时发生，分别加上约束条件 E。

③ 由因果图转换成判定表，如表 6.3 所示。

表 6.3 由因果图得到的判定表

序号		1	2	3	4	5	6	7	8	9	10	11	12	13	14	15	16
原因	1	1	1	1	1	1	1	1	1	1	1	1	1	1	1	1	1
	2	1	1	1	1	1	1	1	1	0	0	0	0	0	0	0	0
	3	1	1	1	1	0	0	0	0	1	1	1	1	0	0	0	0
	4	1	1	0	0	1	1	0	0	1	1	0	0	1	1	0	0
	5	1	0	1	0	1	0	1	0	1	0	1	0	1	0	1	0
中间结果	11						1	1	0		0	0	0		0	0	0
	12						1	1	0		1	1	0		1	1	0
	13						1	1	0		0	0	0		0	0	0
	14						1	1	0		1	1	1		0	0	0
结果	21						0	0	0		0	0	0		0	0	0
	22						0	0	0		0	0	0		0	0	0
	23						1	1	0		0	0	0		0	0	0
	24						1	0	0		1	0	0		0	0	0
	25						0	1	0		0	1	0		0	0	0
测试用例		不可用	不可用	不可用	不可用	不可用	可用	可用	可用	不可用	可用	可用	可用	不可用	可用	可用	可用

序号		17	18	19	20	21	22	23	24	25	26	27	28	29	30	31	32
原因	1	0	0	0	0	0	0	0	0	0	0	0	0	0	0	0	0
	2	1	1	1	1	1	1	1	1	0	0	0	0	0	0	0	0
	3	1	1	1	1	0	0	0	0	1	1	1	1	0	0	0	0
	4	1	1	0	0	1	1	0	0	1	1	0	0	1	1	0	0
	5	1	0	1	0	1	0	1	0	1	0	1	0	1	0	1	0
中间结果	11						1	1	0		0	0	0		0	0	0
	12						1	1	0		1	1	0		1	1	0
	13						0	0	0		0	0	0		0	0	0
	14						0	0	0		1	1	1		0	0	0
结果	21						1	1	1		1	1	1		1	1	1
	22						1	1	0		0	0	0		0	0	0
	23						0	0	0		0	0	0		0	0	0
	24						0	0	0		1	0	0		0	0	0
	25						0	0	0		0	1	0		0	0	0
测试用例		不可用	不可用	不可用	不可用	不可用	可用	可用	可用	不可用	可用	可用	可用	不可用	可用	可用	可用

④ 根据表 6.3 得到测试用例。

（5）判定表驱动法

判定表适合于解决多个逻辑条件的组合问题。将各种逻辑的组合罗列出来，避免遗漏。不能表达重复的操作。

判定表包括条件桩、条件项、动作桩、动作项。

条件桩：列出所有条件，次序无关。

条件项：列出所对应条件的所有可能情况下的取值。

动作桩：列出可能采取的操作，次序无关。

动作项：列出条件项各种取值情况下采取的操作。

判定表驱动法的设计步骤为：

① 确定规则个数、条件及各条件取值的组合；

② 列出条件桩、动作桩；

③ 列出条件项；

④ 列出动作项；

⑤ 初始化判定表。

2. 白盒测试

白盒测试又称为结构测试、逻辑驱动测试或基于程序的测试，是指根据软件产品的内部工作过程在计算机上进行测试，以证实每种内部操作是否都符合设计规格要求。因此采用白盒测试技术时，必须有设计规范以及程序清单。

白盒测试的宗旨就是使测试用例尽可能覆盖程序内部逻辑。最彻底的白盒测试能够覆盖程序中的每一条路径。但是程序中含有循环后，路径的数量极大，要执行每一条路径变得极不现实。软件的白盒测试用来分析程序的内部结构。

白盒测试的优缺点如下所示。

优点：

① 迫使测试人员去仔细思考软件的实现。

② 可以检测代码中的每条分支和路径。

③ 揭示隐藏在代码中的错误。

④ 对代码的测试比较彻底。

缺点：

① 成本较高。

② 无法检测代码中遗漏的路径和数据敏感性错误。

③ 不验证规格的正确性。

白盒测试的测试用例一般分为逻辑覆盖、基本路径法和跟踪调试等。

（1）逻辑覆盖

几种常用的逻辑覆盖测试方法为语句覆盖、判定覆盖、条件覆盖、判定-条件覆盖、条件组合覆盖及路径覆盖，不同的逻辑覆盖测试方法都是从各自不同的方面出发进行的，其对比如表 6.4 所示。

表 6.4　几种覆盖方法的对比

<table>
<tr><td rowspan="6">发现错误能力
弱
↓
强</td><td>语句覆盖</td><td>每条语句至少执行一次</td></tr>
<tr><td>判定覆盖</td><td>每个判定的每个分支至少执行一次</td></tr>
<tr><td>条件覆盖</td><td>每个判定的每个条件应取到各种可能的值</td></tr>
<tr><td>判定-条件覆盖</td><td>同时满足判定覆盖和条件覆盖</td></tr>
<tr><td>条件组合覆盖</td><td>每个判定中各种条件的每一种组合至少出现一次</td></tr>
<tr><td>路径覆盖</td><td>使程序中每一条可能的路径至少执行一次</td></tr>
</table>

为了便于讨论上述的集中覆盖方法，下面以一个程序为例来进行介绍。

```
void main()
{
    int a,b,c;
    scanf("%d,%d",&a,&b);
    if(a>10&&b>10)
    {
    if(a+b<30||a<20)
        c=50
        else
        c=60
    }
    printf("%d",c);
}
```

按照上面的程序给出流程图，如图 6.4 所示。

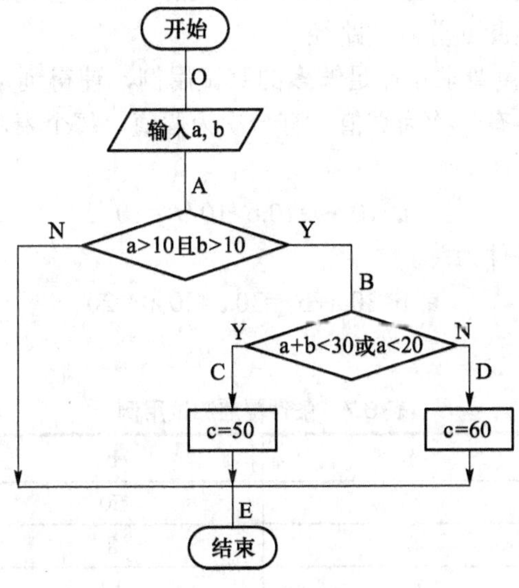

图 6.4　流程图

① 语句覆盖。语句覆盖的含义是：选择足够的测试用例，使程序中的每条执行语句至少执行一次。“足够的”一般是指测试用例越少越好。

测试用例如表 6.5 所示。

表 6.5 语句覆盖测试用例

序　　号	a	b	路　　径
1	50	50	OABDE
2	11	12	OABCE

语句覆盖的优点是可以很直观地由源代码得到测试用例，无须细分每条判定表达式。但是同时也存在缺点，由于这种测试方法仅仅针对程序逻辑中显式存在的语句，但对于隐藏的条件和可能到达的隐式逻辑分支是无法测试的。语句覆盖对于多分支的逻辑运算是无法全面反映的，它只关注一次运行，而不考虑其他情况。但是有可能执行 OAE 路径，但是并没有测试。

② 判定覆盖。判定覆盖，又称为分支覆盖，它要求设计足够多的测试用例，使得程序中的每个分支至少执行一次，每个判断的取真、取假至少执行一次。

测试用例如表 6.6 所示。

表 6.6 判定覆盖测试用例

序　　号	a	b	路　　径
1	50	50	OABDE
2	11	12	OABCE
3	6	10	OAE

判定覆盖比语句覆盖要多几乎一倍的测试路径，当然也就具有比语句覆盖更强的测试能力。同样判定覆盖也具有和语句覆盖一样的简单性，无须细分每个判定就可以得到测试用例。大部分的判定语句往往都是由多个逻辑条件组合而成的，若仅仅判断其最终结果，而忽略每个条件的取值情况，必然会遗漏部分测试路径。

③ 条件覆盖。条件覆盖要求设计足够多的测试用例，使得判定中的每个条件获得各种可能的结果，即每个条件至少有一次为真值，有一次为假值，每个表达式有两个条件，第一个判定表达式的条件为：

$$a>10,a<=10,b>10,b<=10$$

第二个判定表达式的条件为：

$$a+b<30,a+b>=30,a<20,a>=20$$

测试用例如表 6.7 所示。

表 6.7 条件覆盖测试用例

序　　号	a	b	路　　径
1	20	50	OABDE
2	8	8	OAE
3	11	12	OABCE

测试数据 1 就可以满足 a>10，b>10，a+b>=30, a>=20。

测试数据 2 就可以满足 a<=10，b<=10。

测试数据 3 就可以满足 a>10，b>10,a+b<30, a<20。

与判定覆盖相比条件覆盖增加了对符合判定情况的测试，增加了测试路径。但条件覆盖并不能保证判定覆盖。条件覆盖只能保证每个条件至少有一次为真，而不考虑所有的判定结果。

④ 判定-条件覆盖。判定-条件覆盖要求设计足够的测试用例，使得判定中每个条件的所有可能取值（真/假）至少出现一次，并且每个判定本身的判定结果（真/假）也至少出现一次。

测试用例如表 6.8 所示。

表 6.8 判定-条件覆盖测试用例

序　　号	a	b	路　　径
1	20	50	OABDE
2	6	8	OAE
3	15	12	OABCE

测试数据 1 就可以满足 a>10，b>10，a+b>=30, a>=20， 同时满足第一个条件 a>10&&b>10 为真，第二个条件 a+b<30||a<20 为假。

测试数据 2 就可以满足 a<=10，b<=10，同时满足第一个条件 a>10&&b>10 为假。

测试数据 3 就可以满足 a>10，b>10，a+b<30, a<20， 同时满足第一个条件 a>10&&b>10 为真，第二个条件 a+b<30||a<20 为真。

判定-条件覆盖满足判定覆盖准则和条件覆盖准则，弥补了两者的不足。判定-条件覆盖准则的缺点是未考虑条件的组合情况。

⑤ 条件组合覆盖。要求设计足够多的测试用例，使得每个判定中条件结果的所有可能组合至少出现一次。这是一种相当强的覆盖准则，可以有效地检查各种可能的条件取值的组合是否正确。它不但可以覆盖所有条件的可能取值的组合，还可以覆盖所有判断的可取分支，但可能有的路径会遗漏掉。

对于上面的例子，共有 8 种可能的组合条件：

- a>10,b>10
- a>10,b<=10
- a<=10,b>10
- a<=10,b<=10
- a+b<30,a<20
- a+b<30,a>=20
- a+b>=30,a>=20
- a+b>=30,a<20

测试用例如表 6.9 所示。

表6.9 条件组合覆盖测试用例

序号	a	b	路径
1	20	50	OABDE
2	6	8	OAE
3	15	12	OABCE
4	12	8	OAE
5	8	12	OAE
6	12	30	OABDE

由流程图可以分析出第6个条件是不能成立的，所以对其不进行测试，其余条件测试如下。

测试数据1就可以满足：a>10，b>10，a+b>=30, a>=20。

测试数据2就可以满足：a<=10，b<=10。

测试数据3就可以满足：a>10，b>10，a+b<30, a<20。

测试数据4就可以满足：a>10,b<=10。

测试数据5就可以满足：a<=10,b>10。

测试数据6就可以满足：a>10,b>10, a+b>=30, a<20。

条件组合覆盖准则满足判定覆盖、条件覆盖和判定-条件覆盖准则。每个条件都显示能单独影响判定结果，但是线性地增加了测试用例的数量。

⑥ 路径覆盖。路径覆盖就是设计足够的测试用例，覆盖程序中所有可能的路径。但在路径数目很大时，真正做到完全覆盖是很困难的，必须把覆盖路径数目压缩到一定限度。由于路径覆盖需要对所有可能的路径进行测试（包括循环、条件组合、分支选择等），那么需要设计大量、复杂的测试用例，使得工作量呈指数级增长。

（2）基本路径法

基本路径测试法是在程序控制流图的基础上，通过分析控制构造的环路复杂性，导出基本可执行路径集合，从而设计测试用例的方法。设计出的测试用例要保证在测试中程序的每个可执行语句至少执行一次。基本路径测试法包括以下5个方面。

① 程序的控制流图：描述程序控制流的一种图示方法。

② 程序环境复杂性：采用McCabe复杂性度量方法，从程序的环路复杂性可导出程序基本路径集合中的独立路径条数，这是确定程序中每个可执行语句至少执行一次所必需的测试用例数目的上界。

③ 导出测试用例。

④ 准备测试用例，确保基本路径集中的每一条路径的执行。

⑤ 图形矩阵：是在基本路径测试中起辅助作用的软件工具，利用它可以实现自动地确定一个基本路径集。

（3）跟踪调试

跟踪调试是深入测试代码的最佳方法，同时也是在程序调试过程中发现错误根源的有利工具。

排错工具一般由执行控制程序、执行状态查询程序、跟踪程序组成。跟踪程序用以跟踪程序执行过程中所经历的事件序列（如分支、子程序调用等）。程序员可通过对程序执行过程中各种状态的判别进行程序错误的识别、定位及改正。排错过程往往是一个非常复杂的过程，特别是那种算法复杂、调用子模块较多的模块，进行错误的定位并不是一件容易的事情。下面介绍几种排错时应该采用的方法策略。

① 断点设置：设置断点，对源程序实行断点跟踪能够大大提高排错的效率。通常除了可以根据经验与错误信息来设置断点外，还应重点考虑以下几种语句：函数调用语句、判定转移/循环语句、SQL 语句、比较复杂的语句。

② 中间和结果变量查看：在跟踪执行状态下当程序停止在某条语句时可以查看变量的当前值和对象的当前属性。通过对比这些变量当前值与预期值可以轻松地定位程序问题根源。

③ SQL 语句执行检查：在跟踪执行或运行状态下将疑似错误的 SQL 语句打印出来，重新在数据库 SQL 查询分析器中跟踪执行可以较高效地检查纠正 SQL 语句错误。

3. 黑盒测试和白盒测试的区别

使用白盒法设计测试用例时，只需要选择一个覆盖标准，而使用黑盒法进行测试时，则应该同时使用多种黑盒测试方法，才能得到较好的测试效果。黑盒测试法注重测试软件的功能需求。但是没有一种方法能提供一组完整的测试用例，用以检查程序的全部功能，因而在实际测试中需要把各种方法结合起来使用。黑盒测试和白盒测试的区别如表 6.10 所示。

表 6.10 黑盒测试法与白盒测试法的比较

项 目	黑盒测试法	白盒测试法
规划方面	功能的测试	结构的测试
优点方面	能确保从用户的角度出发进行测试	能对程序内部的特定部位进行覆盖测试
缺点方面	1. 无法测试程序内部的特定部位 2. 当规格说明有误时不能发现问题	1. 无法检查程序的外部特性 2. 无法对未实现规格说明的程序内部欠缺部分进行测试
应用范围	1. 边界分析法 2. 等价类划分法 3. 决策表示法	1. 语句覆盖 2. 判定覆盖 3. 条件覆盖 4. 判定-条件覆盖 5. 路径覆盖 6. 循环覆盖 7. 模块接口测试

总之，软件测试有一个致命的缺陷，即测试的不完全、不彻底性。由于任何程序只能进行少量（相对于穷举的巨大数量而言）的有限的测试，在未发现错误时，不能说明程序中没有错误。

6.5 软件测试步骤

测试过程一般按以下 4 个步骤进行，即单元测试、集成测试、确认测试和系统测试，如图 6.5 所示。

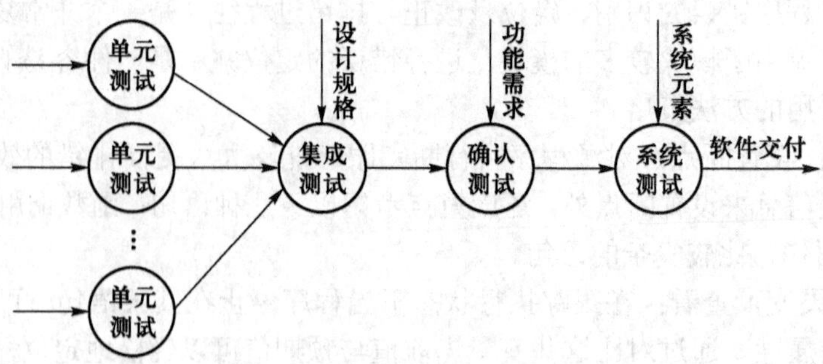

图 6.5 软件测试步骤

单元测试是对用源代码实现的每一个模块单元进行测试，确保各个程序模块能正确地实现规定的功能。然后进行集成测试，根据设计规格说明，按照软件体系结构把已测试过的模块组装起来，检查程序结构的正确性。确认测试则是检查已实现的软件是否满足了需求规格说明中确定了的各种需求。最后是系统测试，把已经经过确认的软件纳入实际运行环境中，与其他系统组合在一起进行测试。

6.5.1 单元测试

单元测试，也称为模块测试，是指开发者编写的一小段代码，用于检验被测代码的功能是否正确。单元测试需要从程序的内部结构出发设计测试用例。多个模块可以并行地独立进行单元测试。它主要包括 5 个元素：模块接口、局部数据结构、路径测试、错误处理和边界条件。

1. 模块接口

模块接口测试主要检查数据能否正确地进入模块。Myers 针对模块接口的测试在软件测试的文章中提出了一些建议，主要涉及以下几点。

① 模块接受的输入参数个数与模块的变元个数是否一致。

② 参数与变元的属性是否匹配。

③ 传送给另一个被调用模块的变元个数与参数的个数是否相同。

④ 传送给另一个被调用模块的变元属性与参数的属性是否匹配。

⑤ 调用内部函数时，变元的个数、属性和次序是否正确。

⑥ 在模块有多个入口的情况下是否引用与当前入口无关的参数。

⑦ 是否修改只作为输入值的变元。

⑧ 出现全局变量时，这些变量是否在所有引用它们的模块中都有相同的定义。

⑨ 格式说明与输入、输出语句给出的信息是否一致。

⑩ 缓冲区的大小是否与记录的大小相匹配。

⑪ 是否所有的文件在使用前均已打开。

⑫ 对输入、输出错误的处理是否正确。

2. 局部数据结构

设计测试用例，检查数据类型说明、初始化等方面的问题，保证内部的数据保持完整性，包括内部数据的内容、形式及相互关系不发生错误，同时检查数据对模块的影响。常见的几类错误如下。

① 变量类型不正确的或不一致的。

② 初始化的数据类型有误。

③ 数据类型不兼容。

④ 地址溢出。

3. 路径测试

选择适当的测试用例，对模块中的执行路径进行测试。对基本执行路径、跳转和循环等进行测试，常见的错误有如下几种。

① 混合运算中存在优先级问题。

② 将不同类型数据进行比较。

③ 逻辑运算错误。

④ 相等与近似混淆。

⑤ 判定不正确或使用不正确的变量。

⑥ 不正常的或不存在的循环终止。

⑦ 分支循环不正常退出。

⑧ 循环变量修改不适当。

4. 错误处理

检查模块的错误处理功能是否包含有错误或缺陷。程序运行中出现了异常现象并不奇怪，良好的设计应该预先估计到投入运行后可能发生的错误，常见的错误包括如下几种。

① 允许不合理的输入。

② 错误条件的处理不正确。

③ 出错原因报告有误。

④ 错误被处理之前就引起了系统干预。

⑤ 提供的错误信息不足，以致无法找到出错的原因。

5. 边界条件

一般在数据流、控制流的边界位置最容易出现错误，例如刚好等于、大于或小于确定的比较值的情况，对选择条件和循环条件的边界、复杂数据结构的边界等都应进行测试。

单元测试在编码阶段进行。在源程序代码编制完成，经过评审和验证，确认没有语法错误之后，就开始进行单元测试的测试用例设计。利用设计文档，设计可以验证程序功能、找出程序错误的多个测试用例。对于每一组输入，应有预期的正确结果。但是当前的每个模块都是独立的，需要在进行单元测试时，为被测试模块设计若干辅助测试模块。辅助模块包括以下两种。

① 驱动模块：用以模拟主程序或者调用模块的功能，用于向被测试模块传递数据，接收、输出从被测试模块返回的数据。

② 桩模块：用以模拟那些由被测模块所调用的下属模块的功能。

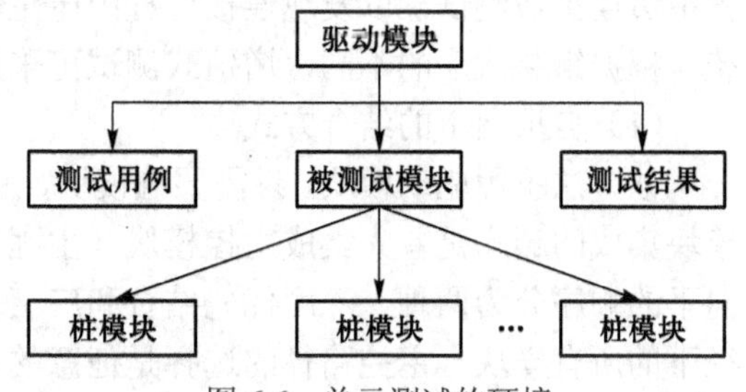

图 6.6　单元测试的环境

测试的环境如图 6.6 所示，驱动模块和桩模块都是额外开销，这两种模块在单元测试中是必须存在的，但并不作为最终的软件产品提供给用户。

6.5.2 集成测试

在完成单元测试后，将所有模块按照设计要求组装成为系统，这时在功能模块之间进行的测试称为集成测试，又称为组装测试或联合测试。重点测试模块的接口部分，需设计测试过程所使用的驱动模块或桩模块。测试方法以黑盒测试法为主。

实践表明，模块能够单独地工作，并不能保证连接起来后也能正常工作。程序在某些局部不会产生的问题，在全局上很可能会暴露出来，影响功能的发挥。集成测试有两种：非增殖式测试和增殖式测试。

1. 非增殖式测试

首先对每个模块分别进行模块测试，然后再把所有模块组装在一起进行测试，最终得到要求的软件系统。由于程序中不可避免地存在涉及模块间接口、全局数据结构等方面的问题，所以一次试运行成功的可能性并不是很大。下面通过一个例子来介绍非增殖式测试，需要测试的软件包括 6 个模块，它们之间的调用关系如图 6.7 所示。

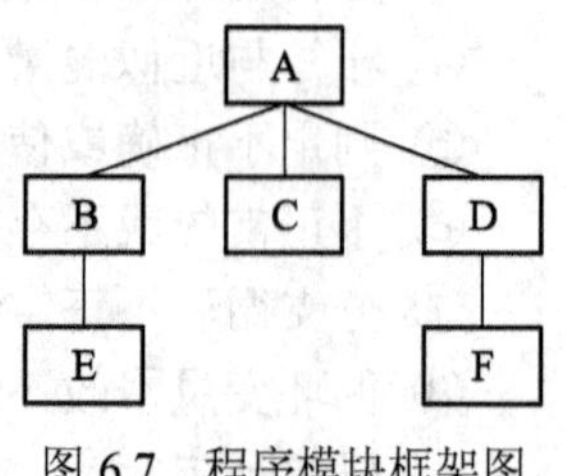

图 6.7 程序模块框架图

根据模块之间的调用关系，为主模块 A 配备 3 个桩模块，为模块 B 和 D 分别配备驱动模块和桩模块，为 C、E 和 F 模块配备驱动模块，模块的配备如图 6.8 所示。

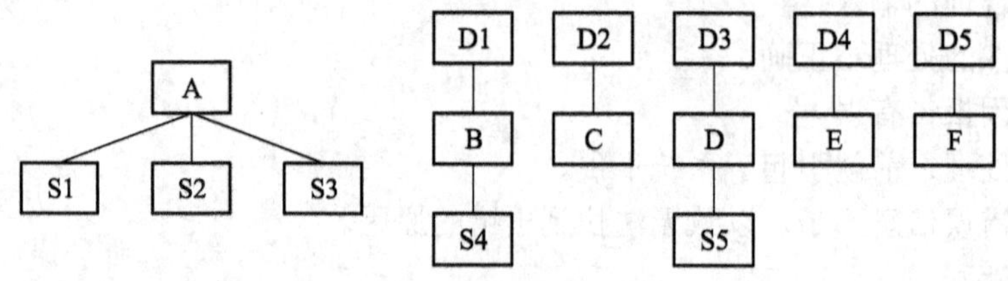

图 6.8 模块配备图

将所有的模块一次连接起来，简单、易行，但是由于不可避免地存在涉及模块间接口、全局数据结构等方面的问题，所以测试成功比较困难。

2. 增殖式测试

增殖式测试与非增殖式测试不同，它的集成是逐步实现的，组装测试也是逐步完成的。增殖式测试是对一个个模块进行模块测试，然后将这些模块逐步组装成较大的系统，在组装的过程中边连接边测试，以发现连接过程中产生的问题。最后通过增殖逐步组装成为要求的软件系统。根据组装次序的不同，增殖式测试可采用以下 3 种方案。

（1）自顶向下的结合方式

该方法不用驱动模块，只需要桩模块，因为它是从主调用模块一层层逐步自上而下进行的，模块集成的顺序是首先集成主控模块（主程序），然后按照控制层次结构向下进行集成。按照向下的顺序分为两种，深度优先结合和广度优先结合。深度优先结合是首先结合结构中主控路径下的所有模块，主控路径的选择是任意的，可以先选择最左边的，然后是中间的，直至最右边。广度优先结合是首先沿着水平方向，把每一层中所有直接隶属于上一层的模块集中起来，直至最底层。下面通过对上面的例子进行分析来区别深度优先结合和广度优先结合。

采用深度优先结合进行增殖式测试的过程如图 6.9 所示。

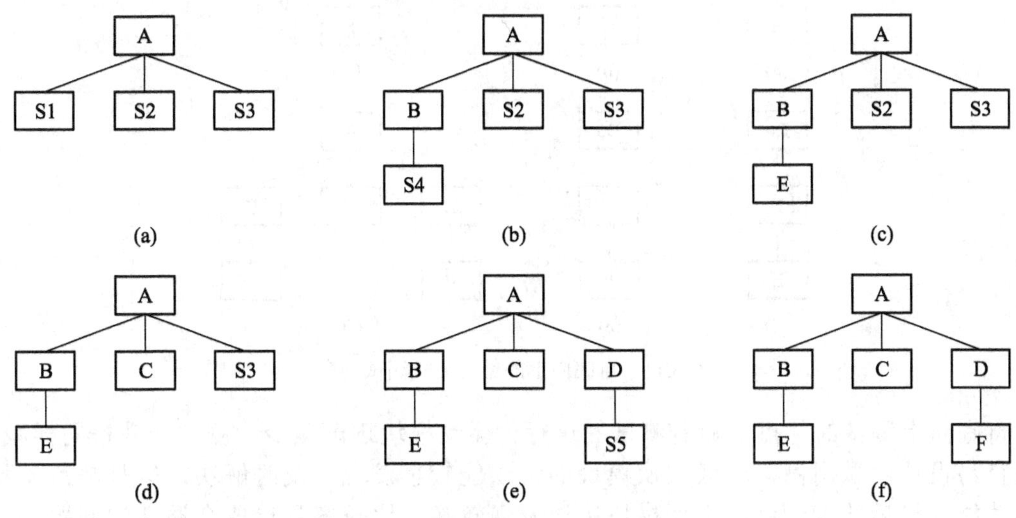

图 6.9 深度优先结合测试顺序

采用广度优先结合进行增殖式测试的过程如图 6.10 所示。

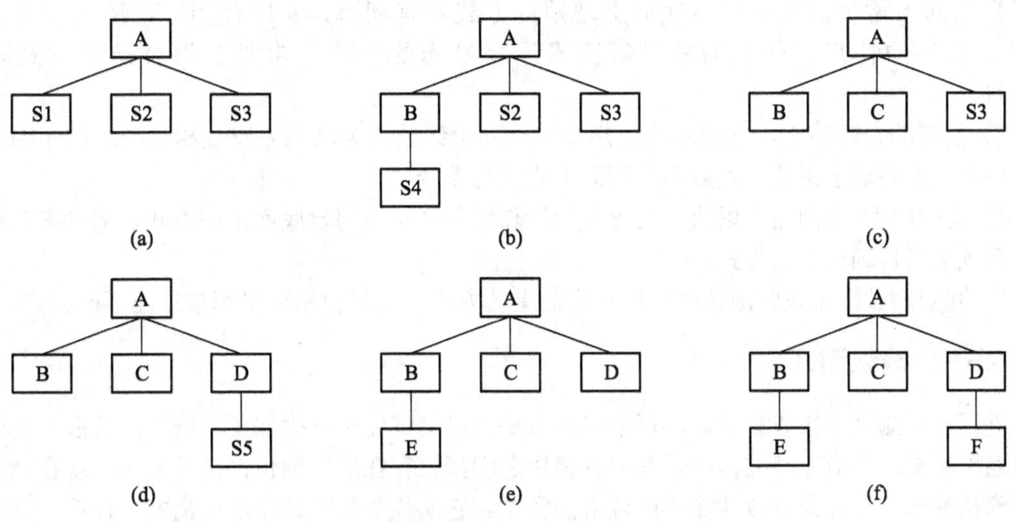

图 6.10 广度优先结合测试顺序

自顶向下测试的优点是能较早地发现高层模块接口、控制等方面的问题，但是桩模块不可能提供完整的信息，因此把许多测试推迟到用实际模块代替桩模块之后。设计较多的桩模块，测试开销大。

（2）自底向上的结合方式

自底向上的结合方式是从程序结构的最底层模块开始组装和测试，该方法不用桩模块，只需要驱动模块。继续以上述例子为例，采用自底向上的结合方式进行增殖式测试的过程如图 6.11 所示。

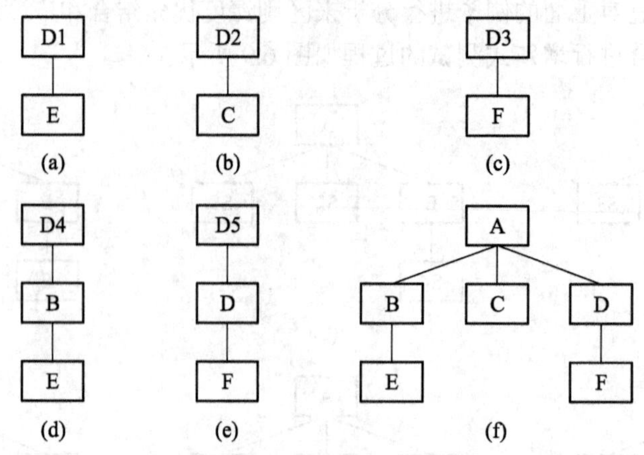

图 6.11 自底向上的结合方式测试顺序

自底向上测试的优点是随着测试的进行，驱动模块逐渐减少，测试开销也同样减少，比较容易设计测试用例，较低层次模块的错误能较早发现，及时解决，但是缺点是系统整体功能到最后才能看到，主调模块错误发现较晚，比较容易造成全局性的问题，影响范围大。

（3）混合结合方式

自顶向下增殖的方式和自底向上增殖的方式各有利弊，实际使用时，应根据实际的状况、软件的特点、任务的安排等因素选择恰当的方法。常见的混合结合方式有以下 3 种。

① 衍变的自顶而下，它的基本思想是自底向上组装成为功能完整且相对独立的子系统，即先自底而上集成子系统，然后再自顶而下集成总系统。

② 自底而上-自顶而下增值，对含有读操作的子系统采用自底而上的方式，对含有写操作的子系统采用自顶而下的方式。

③ 回归测试，在回归测试中采用自底而上的方式，对其他模块采用自顶而下的方式。

6.5.3 确认测试

进行单元测试和集成测试后，每个单元模块已经测试完毕，确保了正确性，分散开发的模块被连接起来，构成完整的程序。其中各模块之间接口存在的问题也都已经解决，现在就可以进行确认测试，又称为有效性测试或合格性测试。它的任务是验证系统的功能、性能等特性是否符合需求规格说明。

在确认测试阶段要进行功能测试、软件配置审查、α 测试和 β 测试，下面详细介绍这 4 种测试。

（1）功能测试

功能测试是指在开发的环境或者模拟的环境下，运用黑盒测试的方法，验证被测软件是否满足需求规格说明书中列出的需求。需要制定测试计划，确定测试步骤，设计测试用例。测试数据应选用实际运用的数据。测试结束后，应该写出测试分析报告。如果经过检验，软件功能、性能及其他要求均已满足需求规格说明书的规定，那么就可以认定其在功能上满足客户的需求，否则要尽快进行修正。

（2）软件配置审查

软件配置是指软件工程过程中所产生的所有信息项：文档、报告、程序、表格、数据等。软件配置审查是确认过程的重要环节，目的是保证软件配置的所有成分都齐全，各方面的质量都符合要求，在测试的过程中，应当严格按照用户手册和操作手册中定义的操作步骤进行操作，以便检查文档资料的完整性和正确性。

（3）α测试和β测试

在结束各种测试后，软件交付用户使用，用户在使用过程中可能会出现各种各样的问题，对于开发者来说是无法预测的。因为用户在使用过程中常常会发生使用方法错误、异常的输入、缺乏计算机相关知识导致的常识性错误等。如果软件是为多个用户开发的产品，让每个用户逐个执行正式的验收测试是不切实际的，所以就可以采用α测试和β测试，以便发现可能只有最终用户才能发现的错误。

α测试是指软件开发公司组织内部人员模拟各类用户行为对即将面市的软件产品（称为α版本）进行测试，试图发现错误并修正。α测试的关键在于尽可能逼真地模拟实际运行环境和用户对软件产品的操作并尽最大努力涵盖所有可能的用户操作方式。经过α测试调整的软件产品称为β版本。α测试的特点如下：

① 它是在开发环境下进行的。

② 它不需要测试用例来评价软件使用质量。

③ 用户往往没有相关经验。

④ 主要评价软件产品的功能、局域化、可用性、可靠性、性能和技术支持。

β测试是指软件开发公司组织各方面的典型用户在日常工作中实际使用β版本，并要求用户报告异常情况、提出批评意见，然后软件开发公司再对β版本进行改错和完善。

6.6 测试案例分析

6.6.1 测试引言

1. 项目背景

XXX公司工程项目信息管理系统是一个工程项目信息管理系统，该系统主要包括公司资质管理、人员信息管理、人员资质管理、招投标管理、工程项目管理和合同管理等内容。该系统主要面向内部员工。开发语言为C++语言，后台数据库为SQL Server 2005。

2. 测试目的

本方案主要实施对程序界面、功能和程序代码的测试，使得界面友好，功能完善；使界面符合设计规范，适用于用户；保证程序创建的类与接口完整且正确，程序模块单独正常运行；保证局部模块功能完备，运行正确与稳定。

3. 参考资料

参考资料如表6.11所示。

表6.11 参考资料列表

编号	名称	版本	描述	备注
1	XXX工程项目信息管理系统测试用例	1.0		
2	XXX工程项目信息管理系统需求说明书	1.0		
3	C++语言编码规范	2.0		
4	软件测试项目开发规范			
5	软件测试过程			
6	界面规范			
7	设计文档			

4. **通过的准则**

① 界面测试通过的标准：界面的样式、大小、整体布局的设置；各种标签控件的使用及主题描述以及事件源控件的使用、快捷键的使用。

② 程序的功能：包括子功能，必须和系统需求规格说明书保持一致，程序的各项功能符合用户的要求，输入输出符合规范。

③ 程序代码通过的标准：创建的类、接口、方法、属性应与详细设计保持一致；程序的各种命名、注释、代码行的格式等应符合命名标准和编码规范；程序模块能独立稳定运行。

6.6.2 测试环境配置

1. **硬件设备**

硬件设备列表如表6.12所示。

表6.12 硬件设备列表

编号	设备用途	配置环境	描述	备注
1	数据库服务器	CPU ：Intel Xeon 3.06×2 内存：4 GB DDR ECC 硬盘：双 73 GB 万转 SCSI 电源：350 W 服务器专用 机箱：IBM 专用机箱 其他：原装 IBM 超薄光驱		1台
2	客户端	处理器：AMD Athlon Neo X2 L325 内存容量：2 048 MB 硬盘容量：320 GB 光驱类型：DVD 刻录光驱 显示屏：21.5 英寸液晶 显卡：ATI Radeon HD3200		50台

2. **软件环境**

软件设备列表如表6.13所示。

表 6.13 软件设备列表

编 号	设备用途	配置环境	描 述	备 注
1	数据库服务器	操作系统：Windows Server 2003 数据库：SQL Server 2005		1 台
2	客户端	操作系统：Windows XP 编译环境：Visual C++ 2005		50 台

6.6.3 测试计划

测试计划中包括界面及功能测试和代码测试两部分，由于中间涉及的表格和项目较多，在此不再赘述，只给出部分测试表的部分项目。

1. 界面及功能测试

界面及功能测试如表 6.14 所示。

表 6.14 界面及功能测试表

序 号	功能模块	功 能 点	质量保证标准	问题属性	出错频率
F1	系统登录	显示符合性	正确性	故障	
		导航条显示	正确性	故障	
		正常登录	正确性	故障	
		页面链接	正确性	故障	
		安全性测试	正确性	缺陷	
		并发性测试	正确性	缺陷	
F2	主菜单	显示符合性	正确性	故障	
		导航条显示	正确性	故障	
		菜单链接	正确性	故障	
		子菜单的功能	正确性	故障	
F3	员工管理	显示符合性	正确性	故障	
		添加新员工	正确性	故障	
		修改员工信息	正确性	故障	
		添加员工资质信息	正确性	故障	
		修改员工资质信息	正确性	故障	
		删除员工资质信息	正确性	故障	
		删除员工	正确性	故障	
		当前的位置显示、链接	正确性	故障	
		报表的显示	正确性	故障	
		员工资质到期提醒	正确性	故障	

续表

序　　号	功能模块	功能点	质量保证标准	问题属性	出错频率
F4	公司资质管理	显示符合性	正确性	故障	
		添加公司资质信息	正确性	故障	
		修改公司资质信息	正确性	故障	
		删除公司资质信息	正确性	故障	
		公司资质到期提醒	正确性	故障	
		当前的位置显示、链接	正确性	故障	
		报表的显示	正确性	故障	
F5	投标报名管理	显示符合性	正确性	故障	
		添加报名信息	正确性	故障	
		修改报名信息	正确性	故障	
		删除报名信息	正确性	故障	
		当前的位置显示、链接	正确性	故障	
		报表的显示	正确性	故障	
F6	投标资格审查管理	显示符合性	正确性	故障	
		添加资格审查信息	正确性	故障	
		修改资格审查信息	正确性	故障	
		删除资格审查信息	正确性	故障	
		当前的位置显示、链接	正确性	故障	
		报表的显示	正确性	故障	
		资格审查不通过菜单显示	正确性	故障	
		资格审查通过菜单显示	正确性	故障	
F7	投标中标管理	显示符合性	正确性	故障	
		添加中标信息	正确性	故障	
		修改中标信息	正确性	故障	
		删除中标信息	正确性	故障	
		当前的位置显示、链接	正确性	故障	
		报表的显示	正确性	故障	
		商务标书的上传功能	正确性	故障	
		技术标书的上传功能	正确性	故障	
		投标不通过菜单显示	正确性	故障	
		投标通过菜单显示	正确性	故障	

续表

序　　号	功 能 模 块	功　能　点	质量保证标准	问 题 属 性	出 错 频 率
F8	投标合同管理	显示符合性	正确性	故障	
		添加合同信息	正确性	故障	
		修改合同信息	正确性	故障	
		删除合同信息	正确性	故障	
		当前的位置显示、链接	正确性	故障	
		合同签订后菜单显示	正确性	故障	
F9	工程管理	显示符合性	正确性	故障	
		添加工程信息	正确性	故障	
		修改工程信息	正确性	故障	
		删除工程信息	正确性	故障	
		当前的位置显示、链接	正确性	故障	
		报表的显示	正确性	故障	
		添加质量控制信息	正确性	故障	
		修改质量控制信息	正确性	故障	
		删除质量控制信息	正确性	故障	
		添加进度控制信息	正确性	故障	
		修改进度控制信息	正确性	故障	
		删除进度控制信息	正确性	故障	
		添加安全控制信息	正确性	故障	
		修改安全控制信息	正确性	故障	
		删除安全控制信息	正确性	故障	
		添加停复工控制信息	正确性	故障	
		修改停复工控制信息	正确性	故障	
		删除停复工控制信息	正确性	故障	
		添加竣工控制信息	正确性	故障	
		修改竣工控制信息	正确性	故障	
		删除竣工控制信息	正确性	故障	
F10	账户信息管理	显示符合性	正确性	故障	
		添加账户信息	正确性	故障	
		修改账户信息	正确性	故障	
		删除账户信息	正确性	故障	
		当前的位置显示、链接	正确性	故障	
		报表的显示	正确性	故障	
		账户的授权	正确性	故障	
		账户的密码管理	正确性	故障	
		账户的停复用	正确性	故障	
		登录用户的账号信息显示	正确性	故障	

2. 代码测试

各层公用问题测试表如表6.15所示。

表6.15 各层公用问题测试表

序号	测试项	测试内容	质量保证标准	问题属性	出错频率
T1	代码与设计对照	按需求、设计文档与代码进行对照，看是否完全实现了所有设计文档中规定的内容	完备性	错误	
T2	代码与设计对照	按需求、设计文档与代码进行对照，看是否创建了所需的初始化数据文件	完备性	错误	0
T3	参数返回值	函数中被传递参数的类型、个数、顺序及返回值是否正确	正确性	错误	0
T4	参数传递	当函数需要调用其他函数时，调用的参数是否正确	正确性	错误	0
T5	命名	是否按命名规范进行了结构体、函数、变量的命名	正确性	错误	
T6	注释	注释是否使用简洁明了的语言对每一个方法都进行了充分必要的描述；是否对复杂的代码进行了注释；当程序的运行受到某些特殊因素限制时，是否做了限制注释	易理解性	缺陷	
T7	冗余语句和变量	是否存在永远执行不到的语句和变量，而降低了程序的可理解性	易理解性	缺陷	
T8	程序是否冗余	对于程序中的大量重复内容，是否使用了专门的结构体来实现	可验证性	缺陷	0
T9	代码与书写注释	在一个函数内代码的长度不允许超过100行。如果一个函数的代码长度超过一个屏幕，那么这个函数可能就太长了，建议使用统一的格式化代码。将“{”放在所有者的后面，并且在下一行代码前加入Tab键缩进(Tab键比用若干个空格更容易控制的缩进距离的一致） 结构体和枚举类型的注释 函数的注释 宏定义的注释 局部变量的注释	易理解性	缺陷	0.05
T10	结构体	创建的属性（字段）是否完整，类型与命名是否规范，注释是否清楚合理	易理解性	缺陷	0
T11	函数	是否正确定义了此函数（包括修饰词、返回类型、参数、参数类型） 注释是否清楚 命名是否正确：方法函数名的第一个单词小写，后面的单词第一个字母大写；第一个单词必须是动词，使函数的意义清晰明了	易理解性	缺陷	0

续表

序号	测试项	测试内容	质量保证标准	问题属性	出错频率
T12	常量	常量的命名全部使用大写。用下画线来分隔单词 EXIT_STATUS_YES EXIT_STATUS_NO LOGIN_SUCCESS	易理解性	缺陷	0
T13	枚举类型	1．创建的属性（字段）是否完整，命名是否规范，注释是否清楚合理 2．是否给第一个枚举属性赋初值	正确性	错误	0

C++代码的走查测试如表 6.16 所示。

表 6.16　C++代码走查测试

序号	测试项	测试内容	质量保证标准	问题属性	出错频率
J1	下标	是否有下标变量越界错误	健壮性	错误	
J2	字符串	在进行字符串比较和将字符串写入数据表前应去掉它的前后空格	健壮性	错误	
J3	float double	不要用等于或不等于来比较浮点值，而应该判断其差别是否小于某一指定小的值。例如，89.6 实际上可能为 89.59999232458	正确性	错误	
J4	float double	不要将浮点值用于计数循环，应用整型值	正确性	错误	
J5	float double	不要使用类型为 float 或者 double 的变量执行精确的金融计算。浮点数不精确会导致金融计算不正确。可定义若干类来完成不同的金融计算	正确性	错误	
J6	switch	在 switch 语句的末尾如果没有 default 语句将会不利于处理异常	健壮性	缺陷	
J7	switch	是否在 switch 结构中的每一个 case 语句体结束时都有 break 语句	正确性	错误	
J8	if 语句	在 if 语句体右括号后紧跟一个分号通常是错误的，会使 if 语句成为顺序语句	正确性	错误	
J9	循环语句	注意循环的条件中是否有差 1 的现象	正确性	错误	
J10	循环语句	代码是否有无穷循环的可能(循环条件永远为真)	可预测性	错误	
J11	数值范围	是否存在溢出错误	正确性	错误	
J12	方法声明、参数、返回值	方法声明错误 参数错误 返回值错误	正确性	错误	
J13	计算	计算错误	正确性	错误	
J14	比较	比较错误	正确性	错误	
J15	控制流	控制流错误	正确性	错误	

6.6.4 测试的自动化工具

在本次测试中使用的测试工具如表 6.17 所示

表 6.17 自动化测试工具

工具名称	简介	实施者
LoadRunner 9.5	企业级软件并发自动化压力测试工具	
Win Runner	C/S 架构下的功能测试工具	
QuickTest Professional	功能测试自动化工具	
C++ Test	C/C++源代码自动化的单元测试工具	

6.6.5 测试的任务和安排

对 XXX 公司工程项目信息管理系统进行全面的测试，系统测试环境的建立和测试活动的安排在公司内部进行，根据软件需求说明书对整个系统的功能模块进行测试，确保系统的功能、界面、代码正常运行。

测试的进度表如表 6.18 所示。

表 6.18 测试的进度表

测试活动	周期	开始时间	结束时间	实施者
编写测试用例	3 个工作日	2010.4.5	2010.4.7	
进行测试	5 个工作日	2010.4.8	2010.4.14	
编写测试文档	3 个工作日	2010.4.45	2010.4.19	

6.6.6 测试评价的标准

1. 范围

本次系统测试的主要内容包括功能测试、界面测试、代码测试、并发性测试。

2. 测试文档整理

执行测试计划，进行测试的相关操作，编写测试报告，将测试结果填写到测试报告中，对测试结果进行分析，完成测试报告。

3. 尺度

进行 XXX 公司工程项目信息管理系统测试结果的评判时，根据测试结果和预期结果之间的关系，可将问题属性分为 4 类：错误、缺陷、失效、故障。

① 错误是指计算值、观测值、测量值之间，或条件与真值之间，不符合规定的或理论上的正确值或条件。

② 缺陷是指与期望值或特征值的偏差。

③ 故障是指功能部件不能执行所要求的功能。故障可能由错误、缺陷或失效引起。

④ 失效是指功能部件执行其功能的能力丧失，系统或系统部件丧失了在规定限度内执行

所要求功能的能力。

6.7 软件测试文档

常见的软件测试文档由测试计划、测试用例、测试报告、β测试协议、β测试报告等组成，下面简单介绍各种文档的编写规范。

6.7.1 测试计划

具体格式见本书附录中的“软件测试计划”模板。

6.7.2 测试用例

1. 接口-路径测试用例
   1.1 被测试对象（单元）的介绍
   1.2 测试范围与目的
   1.3 测试环境与测试辅助工具的描述
   1.4 测试驱动程序的设计
   1.5 接口测试用例
   1.6 路径测试的检查表
2. 功能测试用例
   2.1 被测试对象的介绍
   2.2 测试范围与目的
   2.3 测试环境与测试辅助工具的描述
   2.4 测试驱动程序的设计
   2.5 功能测试用例
3. 健壮性测试用例
   3.1 被测试对象的介绍
   3.2 测试范围与目的
   3.3 测试环境与测试辅助工具的描述
   3.4 测试驱动程序的设计
   3.5 容错能力/恢复能力测试用例
4. 性能测试用例
   4.1 被测试对象的介绍
   4.2 测试范围与目的
   4.3 测试环境与测试辅助工具的描述
   4.4 测试驱动程序的设计
   4.5 性能测试用例
5. 图形用户界面测试用例
   5.1 被测试对象的介绍

5.2 测试范围与目的
5.3 测试环境与测试辅助工具的描述
5.4 测试驱动程序的设计
5.5 测试人员分类
5.6 用户界面测试的检查表

6. 信息安全性测试用例
6.1 被测试对象的介绍
6.2 测试范围与目的
6.3 测试环境与测试辅助工具的描述
6.4 测试驱动程序的设计
6.5 信息安全性测试用例

7. 压力测试用例
7.1 被测试对象的介绍
7.2 测试范围与目的
7.3 测试环境与测试辅助工具的描述
7.4 测试驱动程序的设计
7.5 压力测试用例

8. 可靠性测试用例
8.1 被测试对象的介绍
8.2 测试范围与目的
8.3 测试环境与测试辅助工具的描述
8.4 测试驱动程序的设计
8.5 可靠性测试用例

9. 安装/反安装测试用例
9.1 被测试对象的介绍
9.2 测试范围与目的
9.3 测试环境与测试辅助工具的描述
9.4 测试驱动程序的设计
9.5 安装/反安装测试用例

6.7.3 测试报告

具体格式见本书附录中的“软件测试报告”模板。

6.7.4 软件产品测试提问单

测试提问单是测试人员或者测试部门经过长期的测试实践和经验总结得出的辅助性测试资料，通过问答的形式来激发测试者对被测项目或者软件的思考。

借助于测试提问单，不但可以为用户需求说明书的功能、性能测试提供帮助，而且便于理解和测试用户需求说明书之外的其他问题。测试提问单的内容非常广泛，涉及功能、性能、界面元素、易用性、用户习惯和特殊域输入等，可以是对用户需求的补充或者是需求以外的延伸。下面给出部分的软件测试单，如表 6.19~表 6.22 所示。

表 6.19 软件安装类测试提问单

序 号	提 问 内 容
1	软件是否有安装程序？安装程序是否有服务器端和客户端之分？
2	软件安装对操作系统有没有要求？对显示设备、外部设备等有没有要求？
3	软件是否需要安装其他的辅助程序？能否独立运行？
4	软件安装是否包括数据库、中间件的安装？
5	软件安装支持哪些形式？安装盘安装？在线安装？
6	软件安装完成后是否需要重启？
7	是否支持自定义安装，能否改变安装路径？
8	软件安装是否显示安装进度条？安装界面是否友好？
9	软件安装出错时的信息提示是否友好？
10	软件安装是否有最小化安装、典型安装和推荐安装等类型？
11	软件安装完成后，在桌面和任务栏能否建立快捷图标？
12	安装程序与安装手册是否一致？
13	安装程序与在线安装帮助是否一致？
14	在磁盘空间不足时，是否有提示？
15	是否可以在安装过程中中止安装？中止后是否会删除已安装的程序？
16	安装时是否可以不覆盖原来的数据？
17	是否有卸载该软件的程序？
18	卸载软件后，是否还需要手工删除文件？

表 6.20 确认正确性测试提问单

序 号	提 问 内 容
1	每个域中确认出现问题时，是否有恰当的提示信息？
2	是否要求用户对一个确认的错误域进行修改？
3	当域有多项检查规则时，是否可以进行覆盖测试？
4	在域中输入非法数据并确认后，是否有报错信息？
5	能否保持屏幕/窗口级的一致性（除非特殊要求）？
6	对于数字域，检查负数能否输入？
7	对于数字域，检查最大值、最小值，以及中间值是否允许？
8	对于字符/字母域检查是否有特定的限制？
9	检查必输域是否必需？是否带有标记，如*？
10	必输域对应的数据能否为空值？
11	录入的查询条件不合法或无数据时，是否给出正确提示？
12	确认数据处理前，是否提示用户再次确认数据处理？

续表

序 号	提问内容
13	进行数据处理时，是否正确加锁？
14	在数据处理过程中，若有其他用户再次进行数据处理，是否严格限制？
15	在数据处理过程中是否将鼠标开关置为“沙漏”，结束后是否恢复为“箭头”？
16	在长时间等待的过程中，是否动态标识进度？
17	每年12月份进行数据处理后，是否自动进行年数据处理？
18	是否给出数据处理成功与否的信息？若不成功，是否给出失败原因？

表6.21 数据完整性测试提问单

序 号	提问内容
1	关闭正在编辑的窗口时，数据是否得到保存？是否有提示？
2	检查域的长度，有没有字符被截掉？
3	数字域的最大值和最小值是什么？
4	数字域是否正确接受负数？
5	一组单选按钮是否由一组值代表（在数据库中）？
6	数据库对数据的存储是否完整？有没有出现字符串被截、数值没有四舍五入等问题？
7	特定数据的格式是否正确？如日期型数据有没有“-”或“/”等分隔符；金额字段的数据有没有每3位数字自动添加“,”分隔符？
8	录入非法字符时，是否给出提示？
9	ID、编号或单据号重复时，是否给出提示？
10	数据列太长，能否调整列宽？

表6.22 数字域测试提问单

序 号	提问内容
1	数字域的边界值是什么？
2	录入有效值是否提示正确并接受？
3	录入无效值是否提示错误并拒绝？
4	在数字前面带有空格的数字域是否正确接受？
5	在数字后面带有空格的数字域是否正确接受？
6	正、负值是否正确处理？
7	除零的情况是否不允许？
8	是否由于小数位或者四舍五入的问题导致计算有误？

6.8 调 试

6.8.1 调试的目的

软件测试也是一个系统工程，在做测试时，需要先制定测试计划和给出规格说明，然后设计测试用例，定义策略，最后将测试结果与预先给出的期望结果进行比较，再做评价分析。通过了软件测试，表示已经将软件和测试计划、规格说明进行了比较、评价分析。但是此时的软件并不是没有问题了，实践证明程序中还存在潜在的一些错误，为了更加彻底地发现问题，还要进行软件调试，以便进一步诊断和改正程序中潜在的错误，与软件测试不同，进行软件测试的目的是尽可能多地发现软件中的错误。

调试是软件开发过程中最艰巨的脑力劳动，有时心理方面的原因多于技术方面的原因，调试活动由两部分组成。

① 确定程序中可疑错误的性质、位置和严重级别。

② 对设计和编码进行跟踪、修改，排除错误。

调试是一项极具强技巧性的工作。在测试阶段发现的错误、软件运行失效、出现的问题往往只是内在错误的外在表现，但是逻辑、编码、设计中的错误很难直接表现出来，因为它们和外在表现的问题之间往往没有明显的联系。要找出问题的内在原因，排除潜在的错误，不是一件简单的事情，所以调试是一种通过现象发现问题本质的思维分析过程。

6.8.2 调试技术

1. 调试的步骤

调试工作是一件非常复杂和困难的工作，所以要求调试工作者必须具有扎实的专业知识，并且精通设计和编码，有敏锐的洞察力和耐心，往往在一个庞大的系统中，一个不确定性的错误可能要修改几天甚至十几天时间，调试的步骤如下。

① 从外在的错误表现特征入手，确定程序中存在的错误性质和位置。

② 跟踪错误相关位置的代码，找出导致错误的内在原因。

③ 修改设计和代码，排除错误。

④ 对于这个错误重复进行某些相关测试，以确认该错误是否被排除，同时还要观察是否引进了新的错误。

⑤ 如果所做修正无效，必须撤销改动，一般在改动前最好对以前的代码进行备份，以免对正确的代码进行了修改，重复上述过程，直到找到一个有效的解决办法为止。

查找错误的难度一般体现在如下方面。

① 错误出现的位置和导致错误发生的代码所处的位置可能相距甚远。也就是说，现象可能出现在程序的一个部分，而实际的原因可能在与之相距很远的另一部分。在紧耦合的程序结构中这种情况更为明显。

② 当查找到一个错误时，修改程序，运行后错误可能暂时消失，但是实际上也不一定被彻底排除了。

③ 出现的错误可能并不是由程序本身引起的，也有可能是人为造成的。

④ 出现的错误实际上是由一些非错误原因（例如，舍入不精确）引起的。

⑤ 出现的错误也有可能是由于调用时序的问题引起的。

⑥ 可能是由分布在许多任务中的问题引起的，这些任务运行在不同的处理机上。

⑦ 错误有可能是不确定性的，例如在 100 次运行中才能出现一次，这样重现问题都是一件非常困难的工作。

⑧ 现象可能是周期出现的，例如嵌入式系统。

⑨ 错误常常隐藏在程序中，并且与其他的程序有着千丝万缕的联系，修改完了一个错误，可能会引发其他的问题。

错误的后果越严重，查找错误原因的压力也越大。通常，这种压力会导致软件开发人员在改正一个错误的同时引入两个甚至更多个错误。

2. 调试的方法

错误出现的类别、性质、现象和原因多种多样，所以调试推断程序内部的错误位置及原因的方法也有多种。

（1）强行排错法

强行排错法可能是寻找软件错误原因最低效的方法，但是这种方法比较简单，不需要进行过多的思考，一般当其他的排除方法都失效后，使用比较广泛，常用的包括以下几种。

① 跟踪程序的运行过程。

② 通过内存全部打印来排错（将计算机存储器和寄存器的全部内容打印出来，然后在这大量的数据中寻找出错的位置）。

③ 在程序的特定位置设置输出语句。

④ 使用自动调试工具。

⑤ 跟踪变量的变化过程。

在使用以上方法之前，都应当对错误的征兆进行全面彻底的分析，对错误的位置和性质进行推测。

一般使用编程语言的功能有：输出语句执行的跟踪信息，跟踪子程序调用，以及指定变量的变化情况。自动调试工具的功能包括：设置断点，当程序执行到某个特定的位置时，暂停程序执行，即可观察程序的状态以及变量的变化情况。在更多情况下这样做只会浪费时间和精力。在使用任何一种调试方法之前，必须首先进行周密的思考，必须有明确的目的，应该尽量减少无关信息量。

（2）回溯排错法

回溯是一种相当常用的调试方法，同时也是小程序中常用的一种有效排错方法。从发现症状的地方开始，人工沿程序的控制流往回跟踪分析源程序代码，直到找出错误根源或确定错误产生的范围为止。

回溯法对于小程序很有效，但是随着程序规模的扩大，回溯的路径数目较多，回溯会变得很困难，有时甚至不可用。

（3）对分查找法

如果知道重要的变量在程序内若干个关键点的正确值，可以使用赋值的方式在程序中“注入”这些变量的正确值，然后运行程序并检查输出结果，如果输出的结果是正确的，则错误原因在程序的前半部分；否则，错误原因在程序的后半部分，然后循环进行以上步骤，直到把出错范围缩小到容易诊断的程度为止，类似于数据结构中二分法查找的思想。

（4）归纳排错法

归纳法是一种从个别现象推断出一般性结论的思维方法，它的基本思想是：从错误的现象入手，通过分析发现可能的错误原因，然后通过它们之间的关系来找出错误。

归纳排错法的步骤如下。

① 收集数据：分析已知的调试用例和执行结果，把输出正确和错误的用例进行分类整理；

② 组织数据：由于归纳法是一种从个别现象推断出一般性结论的思维方法，所以需要组织整理数据，以便发现规律。

③ 提出假设：分析现象之间的关系，在关系中查找矛盾现象，设计关于出错原因的假设。如果无法提出假设，那么就回到收集数据和组织数据的过程中，以获得更多的数据。

④ 证明假设：把假设与原始现象和数据进行比较，如果能完全解释一切现象，则假设得到证明，否则说明假设不合理，重复以上步骤。

（5）演绎排错法

演绎法是从一般原理或前提出发，经过排除和精化的过程推导出结论的一种思考方法。它是通过已有的测试用例设想出所有可能出错的原因并将其作为假设，然后再用原始测试数据或进行新的测试，逐个排除不可能正确的假设，最后得出错误的真正原因。

如果用遍了各种调试方法和调试工具却仍然找不出错误原因，则应该向同事或者同行求助，进行分析讨论，以开阔思路，尽早找出问题的原因所在。

6.9 典型例题解析

例 6.1 为了把握软件开发各个环节的正确性和协调性，人们需要进行__1__和__2__工作。__1__的目的是证实在一个给定的外部环境中软件的逻辑正确性。它包括__3__和__4__，__2__则试图证明在软件生存周期的各个阶段，以及阶段间的逻辑__5__、__6__和正确性。

供选择的答案：

1 和 2：A．操作　B．确认　C．验证　D．测试　E．调试

3 和 4：A．用户的确认　B．需求规格说明的确认　C．程序的确认　D．测试的确认

5 和 6：A．可靠性　B．独立性　C．协调性　D．完备性　E．扩充性

【解析】 软件测试的主要工作内容是验证和确认。为了把握各个环节的正确性，人们需要进行各种确认和验证工作。

确认是一系列的活动和过程，目的是证实在一个给定的外部环境中软件的逻辑正确性，即保证软件以正确的方式完成了这个工作，包括需求规格说明的确认和程序的确认，而程序的确认又分为静态确认与动态确认。

验证是保证软件正确地实现了一些特定功能的一系列活动，即保证软件完成了客户的需求，试图证明在软件生存周期的各个阶段，以及阶段间的逻辑协调性、完备性和正确性。

答案：1. B　2. C　3. B　4. C　5. C　6. D

例 6.2 测试过程一般包括单元测试、__1__、确认测试和__2__。__1__又称为组装测试或__3__，它重点测试模块的接口部分，需设计测试过程所使用的__4__或__5__。测试方法以黑盒法为主。确认测试则是要检查已实现的软件是否满足需求规格说明中确定的各种需求。

供选择的答案：

1 和 2：A．软件测试　B. 集成测试　C．模块测试　D. 用户测试　E. 系统测试

3：A．软件测试　　B．合成测试　　C．联合测试　　D．组合测试
4和5：A．驱动模块　　B．桩模块　　C．调用模块　　D．系统模块

【解析】 测试过程一般按4个步骤进行，即单元测试、集成测试、确认测试和系统测试。单元测试是对用源代码实现的每一个模块单元进行测试，确保各个程序模块正确地实现了规定的功能。然后进行集成测试，根据设计规格说明，按照软件体系结构，把已测试过的模块组装起来，检查程序结构的正确性。确认测试则是要检查已实现的软件是否满足需求规格说明中确定的各种需求。最后是系统测试，把已经经过确认的软件纳入实际运行环境中，与其他系统成分组合在一起进行测试。

集成测试，又称为组装测试或联合测试。重点测试模块的接口部分，需设计测试过程所使用的驱动模块或桩模块。测试方法以黑盒测试法为主。

答案：1. B　2. E　3. C　4. A　5. B

例6.3 三角形问题，在三角形问题描述中，要求边长是整数，三角形每边边长的取值范围设为[1, 100]，使用边界值分析建立测试用例。

【解析】 边界情况是指输入等价类和输出等价类边界上的情况。边界值分析是一种补充等价分类法的测试用例设计技术。根据边值分析法的设计原则以及题目的实际条件，可以将三边构成的图形分为等腰三角形、等边三角形、一般三角形、非三角形。根据各种情况的边界情况设计的测试用例如表6.23所示。

表6.23　例6.3测试用例

测试用例	a	b	c	预期输出
Test1	60	60	1	等腰三角形
Test2	60	60	2	等腰三角形
Test3	60	60	60	等边三角形
Test4	50	50	99	等腰三角形
Test5	50	50	100	非三角形
Test6	60	1	60	等腰三角形
Test7	60	2	60	等腰三角形
Test8	50	99	50	等腰三角形
Test9	50	100	50	非三角形
Test10	1	60	60	等腰三角形
Test11	2	60	60	等腰三角形
Test12	99	50	50	等腰三角形
Test13	100	50	50	非三角形

例6.4 某保险公司承担人寿保险已有多年历史，该公司的保费计算方式为投保额×保险率，保险率又依据点数不同而不同，10点以上费率为0.6%，10点以下费率为0.1%。输入数据如表6.24所示。

表 6.24 输 入 数 据

年龄	20～39 岁	6 点
	40～59 岁	4 点
	60 岁以上 20 岁以下	2 点
性别	男性	5 点
	女性	3 点
婚姻	已婚	3 点
	未婚	5 点
抚养人数	一人扣 0.5 点，最多扣 3 点（四舍五入取整数）	

要求使用划分等价类的方法建立测试用例。

【解析】

① 分析输入数据形式。首先对输入的数据形式进行分析，主要包括以下输入。

年龄：一位或两位数。

性别：以英文“male”、“female”、“M”、“F”表示。

婚姻：“已婚”、“未婚”。

抚养人数：空白或一位数字。

保险费率：10 点以上，10 点以下。

② 划分输入数据，对所有输入数据在其值域范围进行等价类划分，结果如表 6.25 所示。

表 6.25 等价类划分结果

年龄	数字范围	1～99 岁
	等价类	20～39 岁 40～59 岁 60 岁以上 20 岁以下
性别	类型	英文字
	等价类	集合：Male，M 集合：Female，F
婚姻	等价类	已婚 未婚
抚养人数	选择项	抚养人数可以有，可以没有
	范围	1～9 人
	等价类	空白 1～6 人 6 人以上
保险费率	等价类	10 点以上 10 点以下

③ 设计输入数据，根据上一步，继续细分有效等价类和无效等价类，结果如表 6.26 所示。

表 6.26 细分等价类

	有效等价类	无效等价类
年龄	20～39 岁	
	40～59 岁	小于、等于 0 选一个
	60 岁以上 20 岁以下	大于 99 选一个
性别	英文 Male、M，任选一个	非英文文字，如“男”
	英文 Female、F，任选一个	非 Male、M、Female、F 的任意英文字，如“child”
婚姻	已婚，未婚	非“已婚”或“未婚”的任意字符，如“离婚”
抚养人数	空白	
	1～6 人	小于 1 选一个
	7～9 人	大于 9 选一个
保险费率	10 点以上（0.6%）	
	10 点以下（0.1%）	

④ 设计测试用例，根据等价类划分的结果设计的测试用例如表 6.27 所示。

表 6.27 例 6.4 测试用例

编号	年龄	性别	婚姻	抚养人数	保险费率	备 注
1	27	Female	未婚	空白	0.6%	有效 年龄：20～39 岁 性别：集合 {Female，F} 婚姻：集合 {未婚} 抚养人数：空白 保险费率：0.6%
2	50	Male	已婚	2	0.6%	有效 年龄：40～59 岁 性别：集合 {Male，M} 婚姻：集合 {已婚} 抚养人数：1～6 人 保险费率：0.6%
3	70	F	未婚	7	0.1%	有效 年龄：60 岁以上 20 岁以下 性别：集合 {Female，F} 婚姻：集合 {未婚} 抚养人数：6 人以上 保险费率：0.1%
4	0	M	已婚	4	无法推算	年龄无效，因此无法推算保险费率
5	100	Female	未婚	5	无法推算	年龄无效，因此无法推算保险费率

续表

编号	年龄	性别	婚姻	抚养人数	保险费率	备　注
6	1	男	已婚	6	无法推算	性别类无效，因此无法推算保险费率
7	99	Child	未婚	1	无法推算	性别类无效，因此无法推算保险费率
8	30	Male	离婚	3	无法推算	婚姻类无效，因此无法推算保险费率
9	75	Female	未婚	0	无法推算	抚养人数类无效，因此无法推算保险费率
10	17	Male	已婚	10	无法推算	抚养人数类无效，因此无法推算保险费率

6.10 本章小结

本章对计算机软件测试进行了详细的介绍。首先从软件测试的目的、任务、原则和内容讲起，介绍了软件测试的基本概念和内容。接着重点介绍了软件测试的方法，主要包括静态测试、动态测试、黑盒测试和白盒测试等测试方法。随后介绍了软件测试的步骤，包括单元测试、集成测试、确认测试和系统测试，最后介绍了软件测试文档、提问单和自动化测试工具。

通过本章学习，读者应理解软件测试的重要性、必要性以及软件测试文档等内容；重点掌握软件测试的各种方法、测试的流程和各种测试之间的关系；深刻理解软件测试不是一个独立的过程，是与软件的开发过程密切相关的。

6.11 习　题

一、选择题

1．进行软件测试的目的是________。

A．找出错误所在并改正　　B．排除存在错误的可能性

C．对错误性质进行分类　　D．统计出错的次数

2．黑盒测试除了测试程序外，还适用于对________阶段的软件文档进行测试。

A．编码　　B．软件总体设计　　C．软件详细设计　　D．需求分析

3．白盒测试法是根据程序的________来设计测试用例的方法。

A．应用范围　　B．内部逻辑　　C．功能　　D．输入数据

4．软件的集成测试工作最好由________承担，以提高集成测试的效果。

A．该软件的设计人员　　B．该软件开发组的负责人

C．该软件的编程人员　　D．不属于该软件开发组的软件设计人员

5．在下面的逻辑测试覆盖中，测试覆盖最弱的是________。

A．条件覆盖　　B．条件组合覆盖　　C．语句覆盖　　D．判定-条件覆盖

二、名词解释

1．测试

2．验证

3．确认

4．黑盒测试

5．白盒测试

6．集成测试

三、简答题

1．简述软件测试的原则。

2．软件测试的内容包括哪些？

3．软件测试的步骤包括哪 4 个部分，4 个部分之间有什么关系？

4．为以下代码画出流程图，并使用逻辑覆盖方法建立测试用例。

```
void main()
{
    int a,b,c=0,d=3;
    scanf("%d,%d",&a,&b);
    if(a>8&&b<10)
        d=15;
    else
    {
    if(d>8||a<20)
        c=50
        else
        c=60
    }
    printf("%d",c);
}
```

5．如图 6.12 所示，该软件包括 7 个模块，分别使用非增殖式测试方式、自顶向下的结合方式、自底向上的结合方式进行测试，给出测试流程。

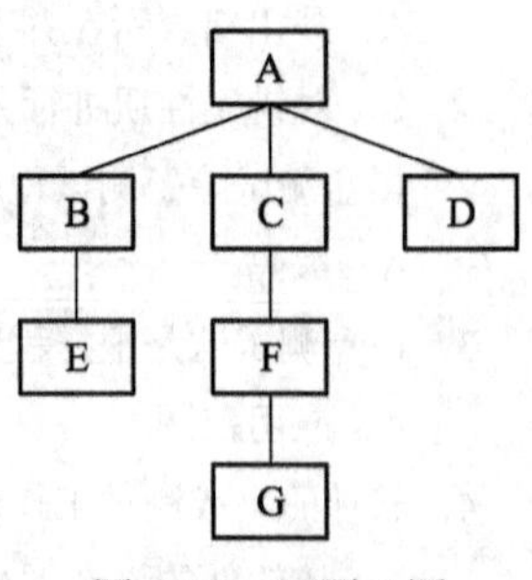

图 6.12　习题 5 图

6．在 NextDate 函数中，隐含规定了变量 mouth 和变量 day 的取值范围为 1≤mouth≤12 和 1≤day≤31，并设定变量 year 的取值范围为 1912≤year≤2050，根据边界值分析建立测试用例。

7．设有一个档案管理系统，要求用户输入以年月表示的日期。假设日期限定为 1990 年 1 月—2049 年 12 月，并规定日期由 6 位数字字符组成，前 4 位表示年，后 2 位表示月。现用等价类划分法设计测试用例，以测试程序的日期检查功能。

第 7 章　软件发布与实施

本章要点

- 软件产品分类
- 软件产品发布
- 软件的培训
- 软件产品实施

7.1　软件产品分类

软件产品一般以产品名称为主要分类依据，其次也可以根据软件产品应用领域进行分类，通用软件以及无明显应用领域的软件产品按技术特点进行分类，或者归类到其他系统软件、其他计算机应用软件和其他设备类应用软件中，详细的分类如表 7.1 所示。

表 7.1　软件产品分类说明

序号	类　别	类　名	说　明
1	系统软件	A01 操作系统	
2		A02 工具软件与平台系统	含开发平台、应用服务器和电子邮件等后台系统软件
3		A03 构件和中间件	
4		A04 信息安全	含杀毒软件、防火墙、加密等软件
5		A99 其他系统软件	含驱动程序、输入法
6	计算机应用软件	B01 办公和管理	含电视会议系统、项目管理、呼叫中心、个人信息
7		B02 企业管理	含人力资源、资产管理
8		B03 地理信息	含非车载 GPS
9		B04 游戏和娱乐	含彩票
10		B05 电子政务	含社区服务、社会保险、财政
11		B06 财务税收	含财务、税务
12		B07 金融	含银行、证券、保险、基金、投资
13		B08 商业贸易	含电子商务、CRM
14		B09 通信和网络服务	含通信、网络增值服务
15		B10 环境能源	含石油、煤矿、电力、水利
16		B11 文教体育	含图书馆、排版、印刷

续表

序号	类别	类名	说明
17	计算机应用软件	B12 旅游服务	含餐饮、宾馆
18		B13 交通物流	含海关、公路、铁路、电子标签、交通
19		B14 医疗卫生	含医保和计划生育
20		B15 公安司法	含消防、治安、交警、法院、检察院
21		B16 建筑物业	含建筑、装修、停车场、房地产
22		B99 其他计算机应用软件	
23	设备类（含嵌入式）应用软件	C01 网络和通信	通信网络设备及终端
24		C02 信息家电	含电冰箱、DVD 等家用电器控制软件
25		C03 数字装备	含机电（光机电）一体化、监控
26		C04 医疗设备	
27		C05 汽车电子	含车载 GPS
28		C06 能源设备	含石油、矿产、电池等
29		C07 计算机及设备	计算机板、卡
30		C08 消费电子	含 MP3、MP4、数码相机、电子词典等
31		C09 数字电视	数字电视设备和终端
32		C10 办公商用设备	含办公、金融、税收、商业设备
33		C99 其他设备类应用软件	

7.2 软件产品发布

严格按照软件产品发布流程发布软件版本是建立和完善软件产品版本控制，保证软件产品质量的关键过程之一。参与软件产品发布的人员主要是测试负责人和配置工程师。

公司软件产品发布的规程如下。

① 发布准备。

发布之前，所有程序由测试人员进行确认测试；检查登记的所有问题都已经被修正，或者遗留的问题不影响系统的使用，如果有严重问题未解决（级别为必须修复）则不能发布。

② 测试负责人编写产品质量报告进行质量分析和总结。

③ 源码、文档入库。

源码包括数据库创建脚本（含静态数据）、编译构建脚本和所有源代码；文档包括需求、设计、测试文档，安装配置手册、使用手册、用户手册、二次开发手册、产品介绍、软件产品质量报告等。

④ 配置工程师进行程序打包，标记源码、文档版本。

⑤ 配置工程师填写发布基线通知并通知相关人员；配置工程师经理对发布基线进行审计。

⑥ 在质量控制系统上新建产品发布计划，填写配置项，执行发布计划（发布产品）。

⑦ 上传程序包、使用文档至下载站点。

⑧ 编写发布说明 readme.txt。

readme.txt 的内容应该包括产品版本说明；产品概要介绍；本次发布包含的文件包、文档说明；本次发布包含或者新增的功能特性说明；遗留问题及影响说明；版权声明以及其他需要说明的事项。

⑨ 正式发布通知。

通知开发、测试、市场、销售各相关部门并附上产品发布说明和产品介绍。

⑩ 后续工作。

产品发布后，在使用过程中可能还会发现一些缺陷。在不影响产品正常使用的情况下，这些缺陷将在下一版本发布时解决；如果缺陷严重影响使用，则必须打补丁或者按照流程重新发布。

⑪ 软件产品发布成功后，即建立了一条发布基线。

所有产品的安装根据用户需求从已经发布的版本中选择或者进行增量开发。

7.3 软件培训

软件培训是整个项目实施工作中比较重要的工作，用户对软件的操作功能是否熟练将直接影响到后面的软件应用效果，所以软件公司和用户双方要对此阶段的工作给予足够的重视。要充分认识培训的重要性和艰巨性。在项目实施之前对用户的相关人员进行系统和规范的产品培训是非常必要的，以使用户了解软件产品，最终能够自己解决使用中的具体问题。

7.3.1 软件培训的 3 个层次

根据人员在公司所处位置的不同，在培训工作中将参加产品培训的人员划分为 3 个层次：决策管理层、技术层、操作层。

针对不同层次的用户培训的内容是不同的，具体如下。

1. 决策管理层

决策管理层在软件的实施过程中起到了至关重要的作用。对决策管理层进行培训，让他们了解软件现有的整体功能并进行展望，便于后期对软件进行升级和二次开发。同时对管理层和决策层需要进行报表的培训，保证他们能够在上线后使用系统进行决策支持。通过全面的、分层次的、持续的培训来保证项目的成功。

2. 维护层

对系统的维护人员进行系统维护知识、操作方法、操作系统、数据库、开发工具等知识的培训，而且会在实施过程中适时培训，培训内容主要包括如下方面。

① 向系统管理员移交使用手册及完整的系统维护文档。

② 指导系统管理员进行应用软件的设置，并逐步使系统管理员独立进行应用软件的设置。

③ 指导系统管理员独立完成包括系统的基本结构、模块划分、数据结构等的构造及维护，日常问题的处理，常见故障的排除，紧急情况的处理等方面的工作。

④ 在系统管理员对软件的学习过程中提供帮助。

⑤ 培训系统管理员，使其有能力对各子系统的操作人员进行培训。

3. **操作层**

对具体操作员进行细节性的操作培训，使其通过培训后，能够熟练操作自己相关业务的软件模块，准确及时地响应工作。

7.3.2 软件培训的文档

文档是培训中易于理解的一种方法。文档的质量和类型可能是很重要的。

一个基于计算机的系统被各种不同的人使用着。当出现问题时，除了用户和操作员，开发小组的其他成员和用户也需要阅读文档，以理解现在的系统能做什么和不能做什么。给分析员看的与给用户看的是不一样的，分析员必须知道计算的细节，而这对用户来说并不值得关心，软件培训中的文档一般包括如下几种。

1. **用户手册**

用户手册是系统用户的参考指南。这个手册应该是完整的、可以理解的，因此它体现了系统中不同层次的用户需求。

一个书写很差的用户手册将导致用户对系统感到不舒适而且不能有效地使用系统。因此，任何增强可读性和方便信息访问的方式都是有用的，例如，术语表、标签、编号、交叉引用、彩色编码、图形和索引等。

具体格式见附录 GB/T 8567—2006 标准的“用户操作手册”模板。

2. **操作员手册**

操作员手册以与用户手册同样的方式向操作员提供了材料。操作员手册与用户手册的唯一不同在于用户希望了解系统的详细功能和使用方法，操作员希望了解系统运行和访问的详细情况。操作员手册描述了软件和硬件配置，给用户授予权限的方法，给系统增加或者减少外部设备的方法，以及复制或者备份文档的方法。

3. **通用系统指南**

它的读者是消费者，而不是开发人员。通用系统指南与系统设计文档类似。它以用户能够理解的方式描述一个问题的解决方案。除此之外，通用系统文档描述了系统的硬件和软件配置，也描述了系统的体系结构。

一个好的通用系统指南提供交叉引用。如果指南的读者想要了解关于系统实现的具体方式，他们可以查阅用户指南中的合适页。另一方面，如果用户需要更多关于系统支持的信息，他们可以求助于操作员指南。

4. **其他的系统文档**

许多系统文档在开发人员提交系统时提供。有些是系统开发当前步骤的产品。例如，需求文档在需求分析完成后书写并且在必要时进行更新。

7.3.3 软件培训的流程

具体的培训工作流程以及过程中涉及的文档如下。

1. **调研培训信息**

在培训开始前 X 天由用户实施负责人，将参加培训的部门和人员情况填入《受训部门汇总表》、《受训人员情况一览表》。

2. 编制培训计划

结合调研结果，与用户实施负责人商议具体培训内容、时间、场地和人员等事项。由项目组编制《培训计划》。

3. 签署培训计划

用户签署《培训计划》，进一步确认培训安排。

4. 发培训通知

培训开始前 X 天，按照签署的《培训计划》，将培训内容、时间、场地和人员等信息通知给用户实施负责人。

5. 搭建培训环境

公司项目组在培训开始前，将培训环境搭建及检查妥当，将培训提纲及培训手册准备好。

6. 组织培训

公司项目组培训负责人与用户实施负责人组织相关人员参加培训，按培训制度严格考核。由用户将考勤情况填入《培训人员签到表》。

7. 培训考核

公司项目组培训负责人与用户实施负责人组织受训人员参加上机及理论考试。

8. 培训总结

公司项目组培训负责人与用户实施负责人一起对出勤情况及考核情况做出总结，填入《培训及考核统计表》，及时向相关负责人汇报。

7.3.4 培训考核

1. 考核目的

考核是为了检验操作员对系统的理解、操作熟练程度，也是为了使系统能更好地运行打下基础，如果在考核中发现操作员不能很好地适应自己将来的岗位，就加强再培训的力度，对症下药，这样才能达到更好的效果，所以考核是很必要的。

2. 考核内容

考核内容可以分为上机考核（考核操作员的操作水平）和笔答考核（考核操作员对软件的理解情况），原则上要求按制定的考核计划进行考核，还要将考核的成绩提交给管理部门报备。

3. 考核时间安排

根据实际情况确定。

7.4 软件产品实施

软件项目实施是指软件公司的技术人员针对软件产品在软件技术、软件功能、软件操作等方面进行系统调试以及软件功能实现、人员培训、软件上线使用、后期维护等一系列的工作。

软件产品的实施步骤如下。

1. 项目启动阶段

此阶段处于整个项目实施工作的最前期，由成立项目组、前期调研、编制总体项目计划、启动4个阶段组成。

2. **需求调研确认阶段**

此阶段的主要工作是软件公司的项目实施人员调查用户对系统的需求，包括管理流程调研、功能需求调研、报表要求调研、查询需求调研等，实施人员调研完成后，会编写《需求调研分析手册》，并交付用户进行确认，待用户对《需求调研分析手册》上所提到的需求确认完毕后，项目实施人员将以此为依据进行软件功能的实现。如果用户又提出新的需求，实施人员将分析需求的难度及对整个系统的影响程度来确定是否进行实现。

3. **软件功能实现确认阶段**

此阶段的主要工作是项目实施人员根据需求调研阶段确认的《需求调研分析手册》中的用户需求内容进行具体软件功能的实现工作。在软件功能实现的过程中，项目实施人员将记录软件实现的详细过程。便于公司在售后服务中使用。每一个实施技术人员必须严格按照要求记录、存档。将调研要求的所有功能实现完毕后，项目实施人员将编制《软件功能确认表》，定制好软件功能待用户确认，用户根据《软件功能确认表》上的功能逐一确定软件功能是否达到要求，对于不满足要求的功能，项目实施人员将会记录下来并进行功能修改，直到满足用户要求。

4. **数据标准化初装阶段**

此阶段的主要工作是项目实施人员指导用户进行系统标准化资料的准备工作，并对用户进行初装的软件操作培训，以便用户能够及时地将标准资料录入系统中，初装完成后，项目实施人员会对资料初装的情况进行核查，为之后具体业务功能的开展打好基础。

5. **系统培训阶段**

系统培训阶段工作是整个项目实施工作中比较重要的工作，详细介绍见7.3节。

6. **系统安装测试及试运行阶段**

此阶段的主要工作是在用户所处的真实环境中，对用户网络及硬件设备进行测试，对软件系统进行容量、性能、压力等测试以及试运行，目的在于确保系统的各项功能均能正常使用，并且符合用户签署的《需求分析报告》中描述的需求，同时在正式运行之前发现尽可能多的潜在问题并改正；目的还在于在正式运行前能进一步提高有关人员的操作水平，使其掌握操作规范。

7. **总体验收阶段**

此阶段是对项目总体的完成情况进行验收。验收分阶段进行，在每一项目阶段结束时，用户对这一阶段的可交付成果进行验收，在测试及试运行结束后，对系统进行总体验收。需要验收的可交付成果如表7.2所示。

表7.2 可交付成果表

主要项目阶段	阶段组成	主要里程碑	可交付成果
启动阶段	编制总体项目计划		签署的《总体项目计划》
	启动会	项目启动会	签署的《项目实施协议》
需求调研阶段	需求分析报告确认	需求调研结束	签署的《需求分析报告》
软件实现	软件功能确认	软件功能确认	签署的《软件功能确认表》

续表

主要项目阶段	阶 段 组 成	主要里程碑	可交付成果
数据初装	用户签署初装计划及初装培训计划		签署的《初装计划及初装培训计划》
	初装检查及总结	数据初装完成	《数据初装总结表》
培训及考核	用户签署培训计划		签署的《培训计划》
	培训总结	培训完成	《培训总结表》
测试及试运行	用户签署测试及试运行计划		签署的《测试及试运行计划》
	测试及试运行总结	试运行完成	《测试及试运行总结》
验收	总体验收	验收完成	《总体验收报告》

8. 系统交接阶段

此阶段是项目实施的最后一个阶段，主要工作是软件公司项目组向用户移交软件项目，包括软件产品、项目实施过程中所生成的各种文档，并签署《售后服务协议》，项目将进入售后服务阶段。软件公司项目组还需要让用户填写《用户满意度调查表》，对软件公司项目实施人员的整个项目实施情况进行评价，软件公司将听取用户的意见，在今后的项目实施管理中进行加强和改进。

7.5 典型例题解析

例 7.1 以下软件中不属于系统软件的是________。

A．构件和中间件　　　　B．杀毒软件

C．显卡驱动程序　　　　D．MP4 中内置的系统软件

【解析】 系统软件包括操作系统、工具软件与平台系统、构件和中间件、信息安全和其他系统软件。A 选项显然是系统软件，B 选项属于信息安全类软件，C 选项属于其他系统软件，D 选项属于设备类（含嵌入式）应用软件，故选择 D。

例 7.2 以下不属于软件培训对象的是________。

A．决策管理层　　B．技术层　　C．操作层　　D．程序编码层

【解析】 根据人员在公司中所处位置的不同，在培训工作中将参加产品培训的人员划分为 3 个层次：决策管理层、技术层、操作层，故选择 D。

7.6 本 章 小 结

本章对软件的发布与实施进行了简要的概述。首先从软件产品的分类出发，介绍了软件的分类的原则和类别；进而介绍了一个软件产品的发布流程，软件发布后，软件产品的实施就提上了日程，重点介绍了软件产品实施的步骤，对软件产品的培训进行了详细的讲解。

通过本章学习，读者应理解软件分类、软件产品发布、实施、培训等概念；深刻理解软件产品发布的流程和软件产品实施地方法。

7.7 习 题

一、选择题

1．以下属于设备类（含嵌入式）应用软件的是________。

A．Office 2003　　B．Windows XP

C．车载GPS中内置的系统软件　　D．瑞星杀毒

2．证券交易软件属于________。

A．系统软件　　B．计算机应用软件　　C．设备类软件　　D．其他软件

3．源码包括________、编译构建脚本和所有源代码。

A．需求分析　　B．详细设计　　C．概要设计　　D．数据库创建脚本

4．进行系统维护知识、操作方法、操作系统、数据库、开发工具等知识培训的对象为________。

A．决策管理层　　B．技术层　　C．操作层　　D．程序编码层

5．以下不属于软件培训文档的是________。

A．用户手册　　B．系统设计方案　　C．操作员手册　　D．通用系统指南

二、简答题

1．仔细了解软件产品的分类，根据自己平时使用的软件给出每一类软件的具体示例。

2．以学生管理信息系统为例，给出软件产品发布的流程。

3．软件产品实施的概念是什么？

4．软件培训的3个层次是什么？中间会产生哪些文档？

5．一个自动化系统的用户不需要对计算机的基本概念很熟悉。然而，计算机的知识对很多操作员来说是非常有用的。在什么情况下自动化系统的用户不能意识到计算机系统潜在的危险？这种缺乏意识的现象是一个好的系统设计吗？举例说明。

第8章 软件维护

本章要点

- 软件维护的概念
- 软件维护的传统方法
- 软件维护的最新方法
- 软件维护文档

8.1 软件维护的概念

软件投入运行后，软件的开发工作已经结束，进入软件的维护阶段。这个阶段是软件生存周期的最后一个阶段，其基本任务是保证软件在一个相当长的时期能够正常运行。

软件维护需要的工作量很大，平均说来，大型软件的维护成本高达开发成本的4倍左右。目前国外许多软件开发组织都将60%以上的人力用在维护已有软件上，而且随着软件数量的增多和使用寿命的延长，这个百分比还在持续上升。将来维护工作甚至可能会束缚住软件开发组织的手脚，使他们没有余力开发新的软件。

8.1.1 软件维护的定义

所谓软件维护就是在软件已经交付使用之后，为了改正错误或满足新的需要而修改软件的过程。可以通过描述软件交付使用后可能进行的4项活动具体地定义软件维护。

1. 改正性维护

软件测试不可能找出一个大型软件系统中所有潜在的软件错误，所以在软件使用期间仍有可能发现错误。在软件交付使用后，必然会有一部分隐藏的错误被带到运行阶段来。这些隐藏的错误会在某些特定的使用环境下暴露出来。为了识别和纠正软件错误、改正软件性能上的缺陷、排除实施中的误使用，应当进行的诊断和改正错误的过程就称为改正性维护。

2. 适应性维护

由于计算机技术发展迅速，外部环境（新的硬、软件配置）或数据环境（数据库、数据格式、数据输入/输出方式、数据存储介质）可能发生变化，而软件的使用寿命往往超出当时开发该软件系统时设备环境的寿命，为了适应新的变化而对软件进行修改的过程称为适应性维护。

3. 完善性维护

在软件的使用过程中，用户往往会对软件提出新的功能与性能要求。为了满足这些要求，需要修改或再开发软件，以扩充软件功能、增强软件性能、改进加工效率、提高软件的可维护性。在这种情况下进行的维护活动称为完善性维护。

4. **预防性维护**

除了以上3类维护之外，还有一类维护活动，称为预防性维护。预防性维护方法是由Miller提出来的，他把这种方法定义为："把今天的方法学应用到昨天的系统上，以支持明天的需求。"这是为了进一步改进软件的维护性和可靠性，或者为进一步改进提供更好的基础而对软件进行的修改，也就是说采用先进的软件工程方法对需要维护的软件或软件中的某一部分（重新）进行设计、编制和测试。

在整个软件维护阶段所花费的全部工作量中，预防性维护只占很小的比例，而完善性维护占了几乎一半的工作量。软件维护活动所花费的工作占整个生存周期工作量的70%以上。

在维护阶段的最初一二年，改正性维护的工作量较大。随着错误发现率急剧降低，并趋于稳定，就进入了正常使用期。然而，由于改造的要求，适应性维护和完善性维护的工作量逐步增加。实践表明，在几种维护活动中，完善性维护所占的比重最大，来自用户要求的扩充、加强软件功能、性能的维护活动约占整个维护工作量的50%，如图8.1所示。

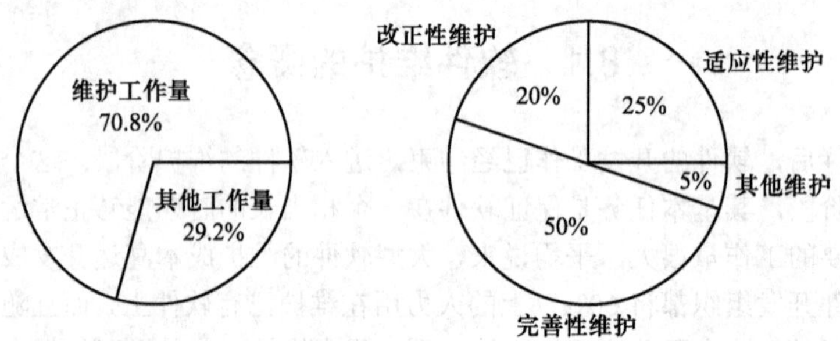

图8.1 维护在软件生存周期所占比例以及3类维护占总维护工作量的比例

8.1.2 软件维护的原因

软件需要维护的原因很多，可分为以下3种。

1. **存在潜在的设计错误**

改正在特定的使用条件下暴露出来的一些潜在程序错误或设计缺陷。

2. **环境变化**

因在软件使用过程中数据环境发生变化或处理环境发生变化，需要修改软件以适应这种变化。

3. **增加新功能**

用户和数据处理人员在使用时提出改进现有功能、增加新的功能，以及改善总体性能的要求，为了满足这些要求，就需要修改软件把这些要求纳入到软件之中。

8.1.3 影响维护工作量的因素

在软件维护过程中，影响到软件维护工作量的有以下几个因素。

1. **程序设计语言**

程序设计语言的功能越强大，生成程序所需的代码量就越少；语言的功能越弱，实现同样的功能所需的代码量就越大，程序的规模就越大。

许多软件是用较早的程序设计语言书写的，程序逻辑功能显得复杂而又混乱，且没有采用结构化或者面向对象的设计思想，直接影响到程序的可读性。

2. 系统规模

系统的规模越大，整体控制起来越困难，模块之间的连接和交互就越复杂，执行语句的代码量就越大，所以维护工作量就越大。

3. 数据库平台的搭建

早期的程序，数据和程序融为一体，对数据的管理比较困难，程序出现问题后，对数据的保护也不够，引入数据库后，就可以简单而有效地管理和存储用户程序中的数据，还可以减少生成用户报表应用软件的维护工作量。

4. 系统运行时间

系统运行的时间越长，系统经过修改的次数就会越多，结构可能会越来越乱。由于维护人员的不断更换，程序又变得越来越难于理解。而且许多运行时间较长的系统在设计当初并未按照软件工程的要求进行开发，经常存在缺少文档，或文档太少，以及在长期的维护过程中文档在许多地方与程序代码不一致的问题，这样在维护过程中就会遇到很大困难。

5. 先进的软件开发技术

在进行软件开发时，若使用能使软件结构比较稳定的分析与设计技术以及程序设计技术，如面向对象技术、复用技术等，可极大地减少工作量。

6. 其他的相关技术

应用的类型、数学模型、任务的难度、开关与标记、IF 语句嵌套深度、索引或下标数等，对维护工作量都有影响。

8.1.4 软件维护的成本

在过去的几十年中，软件维护的成本稳步上升。1970 年用于维护已有软件的费用只占软件总预算的 35%～40%，1980 年则上升为 40%～60%，1990 年后上升为 70%～80%。维护费用只不过是软件维护最明显的代价，其他一些现在还不明显的代价将来可能更为人们所关注，主要包括如下方面。

① 可用的资源必须首先供维护任务使用，以致耽误甚至丧失开发的良机。

② 变更的结果把一些潜在的错误引入正在维护的软件中，使得软件的整体质量下降。

③ 当看来合理的有关改错或修改的要求不能及时满足时将引起用户不满。

④ 生产率大幅度下降，这种情况在维护旧程序时常常遇到。

维护工作量可以分成以下两种。

① 生产性活动：分析和评价软件的维护方法，设计修改和编写修改代码。

② 理解性活动：理解代码的执行过程、执行结果，判断程序所使用的数据结构、接口特性、模块功能等。

维护工作量的模型如下式所示：

$$M = p + Ke^{c-d}$$

其中，M 是维护中消耗的总工作量，p 是上面描述的生产性工作量，K 是一个经验常数，c 是因缺乏好的设计和文档而导致复杂性的度量，d 是对软件熟悉程度的度量。

通过以上的模型可以看出，如果软件的开发没有按照软件工程的流程来执行，而且原系统的开发人员不能参加维护工作，那么维护工作量和费用将呈指数级增加。

8.2 软件的可维护性

1. 软件可维护性的概念

软件可维护性，是指软件维护人员理解、纠正软件系统出现的错误和缺陷，以及为了满足新的要求进行修改、扩充或压缩的容易程度。可维护性、可使用性、可靠性是衡量软件质量的几个主要质量特性，也是用户十分关心的几个方面。

提高可维护性是支配软件工程方法所有步骤的关键目标，也是软件开发阶段各个时期的关键目标。

衡量程序的可维护性主要使用6个特性，对于不同类型的维护，这6种特性的侧重点也不相同，表8.1中显示了在各类维护中应侧重哪些特性。

表8.1 在各类维护中的侧重点

	改正性维护	适应性维护	完善性维护
可理解性	√		
可测试性	√		
可修改性	√	√	
可靠性	√		
可移植性		√	
效率			√

表8.1中涉及的质量特性通常体现在软件产品的方方面面，为使每一个质量特性都达到需求，在软件开发的各个阶段就应该采取相应的措施加以保障。所以，软件的可维护性能的好坏是产品发布运行以前各阶段综合质量表现的最终结果。

2. 软件可维护性的度量

程序维护人员以及开发人员都希望对程序的可维护性做出定量度量，但是目前来讲，准确地定量度量软件可维护性还很难做到，但是在该方面已经有很多的专家机构在研究，而且已经形成了一门学科——软件度量学。度量一个可维护的程序时常用的方法包括质量检查表、质量测试和质量标准。

（1）质量检查表

用于测试程序中某些质量特性是否存在的一个问题清单。评价者针对检查表中的每一个问题，定性判断并且回答“Yes”或者“No”。

（2）质量测试

用于定量分析和测量程序的质量。

（3）质量标准

用于评价程序的质量。

由于许多质量特性是相互抵触的，要考虑几种不同的度量标准，相应地去度量不同的质量特性。

3. 软件可维护性的 6 个特性

（1）可理解性

软件可理解性表现为软件维护者通过阅读源代码和相关文档，理解软件的结构、功能、接口和内部处理过程的难易程度。

一个可理解的程序应该具备以下特性：

① 模块化结构良好，高内聚，低耦合。

② 代码风格及设计风格的一致性良好。

③ 详细的设计文档。

④ 结构化设计思想。

⑤ 良好的命名规则。

⑥ 数据的完整性检查。

可理解性度量的检查表如表 8.2 所示。

表 8.2 可理解性度量的检查表

序 号	问 题	答 案	备 注
1	程序是否模块化?		
2	结构是否良好?		
3	每个模块是否有注释块?		
4	在模块中是否有其他有用的注释内容，包括输入输出、精确度检查、限制范围和约束条件、假设、错误信息、程序履历等?		
5	在整个程序中缩进和间隔的使用风格是否一致?		
6	程序中的每一个变量、过程是否具有单一的有意义的名字?		
7	程序是否体现了设计思想?		
8	程序是否限制使用一般系统中没有的内部函数过程与子程序?		
9	是否能通过建立公共模块或子程序来避免多余的代码?所有变量是否是必不可少的?		
10	是否避免了把程序分解成过多的模块、函数或子程序?程序是否避免了很难理解的、非标准的语言特性?		

（2）可测试性

可测试性表明论证程序正确性的容易程度。测试的容易程度取决于软件容易理解的程度。良好的文档对测试是至关重要的，此外，软件结构、可用的测试工具和调试工具，以及以前设计的测试过程也都是非常重要的。程序越简单，证明其正确性就越容易。合理设计测试用例，取决于对程序的全面理解。因此，一个可测试的程序应当是可理解的、可靠的、简单的。

可测试性度量检查表如表 8.3 所示。

表 8.3 可测试性度量检查表

序　号	问　题	答　案	备　注
1	程序是否模块化？		
2	结构是否良好？		
3	程序是否可理解？		
4	程序是否可靠？		
5	程序是否能显示任意的中间结果？		
6	程序是否能以清楚的方式描述它的输出？		
7	程序是否能及时按照要求显示所有输入？		
8	程序是否能跟踪及显示逻辑控制流程？		
9	程序是否能从检查点再启动？		
10	程序是否能显示带说明的错误信息？		

对于程序模块，程序复杂性对可测试性的影响非常大，程序的环路复杂性越大，程序的路径就越多，最终全面测试程序的难度就越大。

（3）可靠性

可靠性是指程序按照用户的要求和设计目标，在给定的时间内正确执行的概率。可靠性度量的标准主要有平均失效间隔时间、平均修复时间。

① 平均失效间隔时间：是指软件在规定时间内保持某项功能的一种能力，也可以认为是无故障的时间间隔，它的值越大说明该系统的可靠性越高。

② 平均修复时间：是指确认问题发生所需的时间，以及进行维护所需要的时间，它的值越小说明该系统的可靠性越高。

可靠性度量检查表如表 8.4 所示。

表 8.4 可靠性度量检查表

序　号	问　题	答　案	备　注
1	程序中对可能出现的没有定义的数学运算是否做了检查？		
2	循环终止和多重转换变址参数的范围是否在使用前做了测试？		
3	下标的范围是否在使用前测试过？		
4	所有数值方法是否足够准确？输入的数据是否检查过？		
5	大多数执行路径在测试过程中是否都已执行过？		
6	对于最复杂的模块和最复杂的模块接口，在测试过程中是否集中做过测试？		
7	测试是否包括正常的、特殊的和非正常的测试用例？		
8	是否包括错误恢复和再启动过程？		

（4）可修改性

可修改性表明程序容易修改的程度。一个可修改的程序应当是可理解的、通用的、灵活的、简单的。耦合、内聚、信息隐藏、局部化、控制域与作用域的关系等都影响软件的可修改性。

可修改性度量检查表如表 8.5 所示。

表 8.5 可修改性度量检查表

序 号	问 题	答 案	备 注
1	程序是否模块化？		
2	结构是否良好？		
3	程序是否可理解？		
4	在表达式、数组/表的上下界、输入/输出设备命名符中是否使用了预定义的文字常数？		
5	程序是否把可能变化的特定功能部分都分离到单独的模块中？		
6	是否确定了一个能够当做应急措施的一部分，或者能在小一些的计算机上运行的系统子集？		
7	是否允许一个模块只执行一个功能？每一个变量在程序中是否用途单一？		
8	能否以不同的输入/输出方式操作？		
9	能否根据资源的可利用情形，以不同的数据结构或不同的算法执行？		

（5）可移植性

软件可移植性指的是，把程序从一种计算环境（硬件配置和操作系统）转移到另一种计算环境中的难易程度，或者程序可以容易地、有效地在各种各样的计算环境中运行的容易程度。一个可移植的程序应具有结构良好、灵活、不依赖于某一具体计算机或操作系统的性能。

可移植性度量检查表如表 8.6 所示。

表 8.6 可移植性度量检查表

序 号	问 题	答 案	备 注
1	是否是用广泛使用的标准化程序设计语言来编写程序的，且是否仅使用了这种语言的标准版本和特性？		
2	在程序中是否使用了标准的、被普遍使用的库功能和子程序？		
3	在程序中是否极少使用或根本不使用操作系统的功能？		
4	在程序中数值计算的精度是否与机器的字长或存储器大小的限制无关？		
5	程序在执行之前是否测定当前的输入/输出设备？		
6	程序是否把与机器相关的语句分离了出来，集中放在一些单独的程序模块中，并且有说明文档？		
7	允许在小一些的计算机上分段（覆盖）运行？		
8	是否是用高级的独立于机器的语言来编写程序的？		
9	在程序中是否避免了依赖于字母、数字或特殊字符的内部位表示，并且有说明文件？		

（6）效率

效率是指一个程序能执行功能而又不浪费机器资源的程度。这些机器资源包括内存容量、外存容量、通道容量和执行时间。

效率度量检查表如表 8.7 所示。

表 8.7 效率度量检查表

序 号	问 题	答 案	备 注
1	是否消除了无用的标号与表达式，以充分发挥编译器的优化作用？		
2	程序是否模块化以及结构是否良好？		
3	是否把特殊子程序和错误处理子程序都归入了单独的模块中？		
4	在编译时是否尽可能多地完成了初始化工作？		
5	是否将一个循环内所有不变的代码都放在了循环外处理？		
6	是否以快速的数学运算代替了较慢的数学运算？		
7	程序是否避免了非标准的函数或子程序的调用？		
8	在几条分支结构中是否最有可能为“真”的分支首先得到测试？		
9	在复杂的逻辑条件中是否最有可能为“真”的表达式首先得到测试？		

（7）其他度量可维护性的方法

进行可维护性度量时也可以根据软件维护期间关于工作量的一些数据，间接地对软件的可维护性做出估计，相关数据如表 8.8 所示。

表 8.8 软件维护期间的相关数据

序 号	数 据	序 号	数 据
1	问题识别的时间	6	收集维护工具的时间
2	分析、诊断问题的时间	7	具体的改错或修改时间
3	局部测试的时间	8	集成或回归测试的时间
4	修改规格说明的时间	9	维护的评审时间
5	因管理活动拖延的时间	10	恢复时间

8.3 软件维护的过程

软件维护的过程比较复杂，一般过程如下。

1. 确认维护要求

维护人员与用户反复协商，确认错误的情况以及对业务影响的大小，此外必须了解用户希望做什么样的修改，最后再由维护组织管理员确认维护类型。

2. 分类处理

对于改正性维护，从评价错误的严重性开始进行。如果存在严重的错误，则必须安排人员，在系统监督员的指导下，快速地进行问题分析，寻找错误发生的原因；对于不严重的错误，可根据任务、机时情况，视轻重缓急进行排队，统一安排时间。

对于适应性维护和完善性维护的申请，需要先确定每项申请的优先次序。若某项申请的优先级非常高，则可立即开始维护工作，否则维护申请和其他的开发工作一样，要进行排队，统一安排时间。

尽管维护申请的类型不同，但都要进行同样的技术工作，包括修改软件需求说明、修改软件设计、设计评审、对源程序做必要的修改、单元测试、集成测试、确认测试、软件配置评审等。

3. 维护评审

在每次软件维护任务完成后，需要进行状况评审，对以下问题进行确认：设计、编码、测试中的哪一方面可以改进？哪些维护资源应该有但没有？工作中主要的或次要的障碍是什么？从维护申请的类型来看是否应当有预防性维护？

4. 维护总结

在评审结束后，对本次软件维护的过程做一个总结，对本次软件维护的经验和不足要进行整理，便于在之后的维护中进行借鉴。

8.4 软件维护的管理方法

软件维护过程本质上就是修改软件定义和开发过程，使软件能够按照用户的需求高质量完成功能，其实维护的相关工作在提出一项维护要求之前已经开始了。进行软件维护的管理时首先必须建立一个维护组织，随后必须确定报告和评价的过程，而且必须为每个维护要求规定一个标准化的事件序列，建立一个适用于维护活动的记录保管过程，最后对维护活动进行评价，下面详细介绍软件维护的管理方法。

1. 维护组织

除了大型的软件开发公司外，通常在软件维护工作方面，不成立正式的维护机构，虽然并不成立正式的维护组织，但是非正式的责任委托也是绝对必要的。每个维护要求都通过维护管理员转交给相应的系统管理员去评价。一旦做出评价，由修改负责人确定如何进行修改。在维护人员对程序进行修改的过程中，由配置管理员严格把关，控制修改的范围，对软件配置进行审计。

在维护活动开始之前就明确维护责任是十分必要的，这样做可以大大减少维护过程中可能出现的混乱。

2. 维护报告

应该用标准化的维护报表表达所有软件维护要求。软件维护人员通常给用户提供空白的维护要求表，这个表格由要求进行一项维护活动的用户填写。对于适应性或完善性的维护要求，应该提出一个简短的需求说明书。由维护管理员和系统管理员评价用户提交的维护要求表。

维护要求表是一个在外部产生的文件，它是计划维护活动的基础。在软件组织内部应该制定出一个软件维护报告，给出下列信息：

① 维护要求内容；

② 满足维护要求所需要的工作量；

③ 维护要求的性质；

④ 这项要求的优先次序；

⑤ 与修改有关的事后数据。

3. 维护的事件流

维护的事件流是指由一项维护要求引出的一串事件。维护的事件流程可以参照 8.3 节软件维护的过程。

4. 保存维护记录

对于软件生存周期的所有阶段，很多软件维护则根本没有记录保存下来。因此，不能估计维护技术的有效性，而且很难确定维护的实际代价是什么。

到底哪些记录是值得保存的，Swanson 归纳了以下内容：

① 程序标识、源语句数、机器指令条数、程序设计语言；

② 程序安装的日期、安装以来程序运行的次数、程序失效的次数；

③ 程序变动的层次和标识，因程序变动而增加、删除的源语句数；

④ 每个改动耗费的人时数、累计用于维护的人时数；

⑤ 程序改动的日期、软件工程师的名字、维护类型、维护开始和完成的日期。

应该为每项维护工作都收集上述数据。可以利用这些数据构建一个维护数据库。

5. 评价维护活动

缺乏有效的数据就无法评价维护活动。如果已经开始保存维护记录了，则可以对维护工作做一些定量度量。至少可以从下述 7 个方面度量维护工作：

① 每次程序运行平均失效的次数；

② 用于每一类维护活动的总人时数；

③ 平均每个程序、每种语言、每种维护类型所做的程序变动数；

④ 在维护过程中增加或删除一条源语句平均花费的人时数；

⑤ 维护每种语言平均花费的人时数；

⑥ 一张维护要求表的平均周转时间；

⑦ 不同维护类型所占的百分比。

根据对维护工作定量度量的结果，可以做出关于开发技术、语言选择、维护工作量规划、资源分配及其他许多方面的决定，而且可以利用这样的数据去分析评价维护任务。

8.5 软件维护文档

软件的开发渗透着软件人员的复杂脑力劳动，文档作为软件产品的主要形式集中体现了软件开发人员的劳动成果，现在，没有文档的执行程序是不完整的软件。软件的生产和开发工作总是伴随着大量的信息记录和使用，因此文档的编制在软件开发工作量中占有相当大的比重，文档在软件生存周期的地位和作用越来越突出了。

文档是影响软件可维护性的决定因素。由于被长期使用的大型软件系统在使用过程中必然会经受多次修改，所以文档比程序代码更重要。

总的说来，软件文档应该满足下述要求。

① 必须描述如何使用这个系统，没有这种描述时即使是最简单的系统也无法使用。

② 必须描述怎样安装和管理这个系统。

③ 必须描述系统需求和设计。

④ 必须描述系统的实现和测试，以便使系统成为可维护的。

按照文档的产生和使用范围，可以将软件文档大致分为 3 类：开发文档、管理文档和用户文档，下面对 3 类文档做简要介绍。

1. 开发文档

作为开发人员前一阶段工作成果的体现和后一阶段工作的依据，包括项目开发计划、可行性研究报告、软件需求规格说明书、数据要求说明书、概要设计说明书、详细设计说明书、（也可包含源程序文档），本书前面各章已经较详细地介绍了各个阶段应该产生的开发文档，此处不再重复。

2. 管理文档

由软件开发人员制定的、需提交给管理人员的一些工作计划或工作报告，使管理人员能够了解软件开发项目安排、进度、资源、使用和成果等，包括项目开发计划、测试计划、开发进度月报、项目开发总结，本书前面各章已经较详细地介绍了各个阶段应该产生的管理文档，此处不再重复。

3. 用户文档

用户文档是用户了解系统的第一步，它应该能使用户获得对系统的准确的初步印象。文档的结构方式应该使用户能够根据需要方便地阅读有关的内容。

用户文档至少应该包括下述 5 方面的内容。

① 功能描述：说明系统能做什么。

② 安装文档：说明怎样安装这个系统以及怎样使系统适应特定的硬件配置。

③ 使用手册：简要说明如何着手使用这个系统（应该通过丰富的例子说明怎样使用常用的系统功能，还应该说明用户操作错误时怎样恢复和重新启动）。

④ 参考手册：详尽描述用户可以使用的所有系统设施以及它们的使用方法，还应该解释系统可能产生的各种出错信息的含义（对于参考手册最主要的要求是完整，因此通常使用形式化的描述技术）。

⑤ 操作员指南：说明操作员应该如何处理使用过程中出现的各种情况。

高质量的文档有助于程序员编制程序，有助于管理人员监督和管理软件的开发过程，有助于用户了解软件工作和运行时的正确操作，有助于维护人员进行有效的修改和扩充。质量差的文档会起到相反的作用，将使用户难于理解软件的特性，给用户造成不便，而且会削弱对软件的管理，难于确认和评价开发工作的进展，如果引起误操作，甚至造成有害的后果。文档的质量应当通过以下方面体现。

① 针对性：编制文档前，应分清读者对象，按不同类型、不同层次分别对待，以适应他们的需要，对于面向用户的文档，不应加上过多的专业术语。

② 精确性：文档的行文应当十分准确，不能出现多义性的描述；同一项目若干文档的内容应该协调一致，没有矛盾。

③ 清晰性：文档编写力求简明。如有可能，应配以适当的图表，增强清晰性。

④ 完整性：任何一个文档都应是独立完整的，自成体系的，允许必要的部分重复，避免出现转引其他文档内容的情况。

⑤ 灵活性：各个不同的软件项目，其规模和复杂程度有许多实际差别，不能同等看待。对于较小的比较简单的项目，可做适当调整或合并。

⑥ 可追溯性：在各开发阶段编制的文档与各阶段完成的工作密切相关，前后两个阶段的文档具有一定的继承关系。对于同一项目在各开发阶段提供的文档之间必定存在着可追溯的关系，需要时能够追踪。

以上这些文档在项目开发各个阶段的工作开展时随之编制，有的在一个阶段进行，有的则需跨越多个阶段，如表 8.9 所示。

表 8.9　文档编制和软件开发阶段的关系

阶段 文档	可行性研究与计划	需求分析	软件设计	编码与单元测试	集成与测试	运行维护	管理人员	开发人员	维护人员	用户
可行性研究报告	→						■	■		
项目开发计划	→	→					■	■		
软件需求规格说明		→						■		
数据要求规格说明		→						■		
测试计划		→	→					■		
概要设计规格说明			→					■	■	
详细设计规格说明								■	■	
用户手册		→	→	→						■
操作手册			→	→						■
测试分析报告					→			■	■	
开发进度月报	→	→	→	→	→		■			
项目开发总结					→		■			
程序维护手册（维护修改建议）						→	■		■	

8.6　自动维护的工具

辅助进行维护活动的软件称为“软件维护工具”，可以辅助维护人员对软件代码及其文档进行各种维护活动。

1. 文本编辑器

文本编辑器在维护的很多方面都是非常有用的。首先，文本编辑器可以从一个地方复制代码或文本到另一个地方，防止复制时出错。其次，一些文本编辑器可以跟踪保存在另一个位置的源文件的改变。

2. **文件比较器**

维护中一个很有用的工具是文件比较器，它能够比较两个文件并报告它们的不同之处。人们常常使用它来保证两个系统是相同的。这个程序能读出两个文件并指出其中的不同之处。

3. **编译器和链接器**

编译器和链接器包含了简化维护和配置管理的特性。编译器检查代码和语法错误，用多种形式指出错误之处和错误的类型。一些语言的编译器还会检查分离编译的组件的一致性。

4. **调试工具**

调试工具通过以下方式帮助人们进行维护：单步跟踪程序的运行逻辑，检查寄存器的内容和内存区的内容，指定标志和指针。

5. **交叉引用产生器**

自动进行系统生成和交叉生成为开发组和维护组进行系统修改提供了支持。当提出对需求的改变时，可以使用这个工具告诉我们哪些其他的需求、设计和代码组件将受到影响。

6. **版本控制工具**

版本控制是程序管理和维护必不可少的工具，特别是在多人协作的团队中，适宜的版本控制工具可以提高开发效率，消除很多有代码版本带来的问题。

8.7　典型例题解析

例 8.1　维护工作量的估算模型为：$M = p + Ke^{c-d}$，其中，M代表________。

A．维护总工作量　　B．生产性工作量

C．复杂性的度量　　D．经验常数

【解析】　在模型中，M是维护中消耗的总工作量，p是生产性工作量，K是一个经验常数，c是因缺乏好的设计和文档而导致复杂性的度量，d是对软件熟悉程度的度量，故选 A。

例 8.2　软件维护的原因中不包括以下哪一种？________

A．潜在的设计错误　　B．编译出错

C．环境变化　　D．增加新功能

【解析】　软件需要维护的原因很多，分为以下 3 种类型：①潜在的设计错误；②环境变化；③增加新功能，故选 B。

例 8.3　下列度量软件维护的工作中，哪些是不正确的？________

A．程序运行过程中出错的频率

B．用于每一类维护活动的总人时数

C．程序在编译中出现错误进行修改所花费的人力

D．编写程序详细设计说明书所花费的时间

E．维护每种语言平均花费的人时数

F．一张维护要求表的平均周转时间

G．不同维护类型所占的百分比

H．每次程序运行平均失效的次数

I. 平均每个程序、每种语言、每种维护类型所做的程序变动数

J. 在维护过程中增加或删除一条源代码语句平均花费的人时数

【解析】 缺乏有效的数据就无法评价维护活动。如果已经开始保存维护记录了，则可以对维护工作做一些定量度量。至少可以从下述7个方面度量维护工作。

① 每次程序运行平均失效的次数。

② 用于每一类维护活动的总人时数。

③ 平均每个程序、每种语言、每种维护类型所做的程序变动数。

④ 在维护过程中增加或删除一个源代码语句平均花费的人时数。

⑤ 维护每种语言平均花费的人时数。

⑥ 一张维护要求表的平均周转时间。

⑦ 不同维护类型所占的百分比。

A、C、D三项均指在软件开发阶段花费的成本，不属于软件维护阶段，故选择A、C、D。

8.8 本章小结

本章对软件的运行与维护进行了简要的介绍。首先从软件维护的概念出发，介绍了软件维护的定义、原因、成本以及影响软件维护工作量的因素；进而介绍了软件的可维护性，软件维护过程，最后重点介绍了软件维护的管理方法，软件维护的文档和工具。

通过本章学习，读者应理解软件维护的概念、维护的原因、可维护性等概念；深刻理解影响软件维护的因素，软件维护过程，软件维护的管理方法，了解软件维护的文档和自动维护的工具。

8.9 习题

一、选择题

1．软件维护困难的主要原因是________。

A．费用低　　B．人员少　　C．开发方法的缺陷　　D．得不到用户支持

2．在可维护性的特性中，相互矛盾的是________。

A．可理解性与可测试性　　B．效率与可修改性

C．可修改性和可理解性　　D．可理解性与可读性

3．软件需要维护的原因不包括________。

A．环境变化　　B．潜在的设计错误　　C．开发语法错误　　D．增加新功能

4．完善性维护主要表现的特征为________。

A．可修改性　　B．可靠性　　C．可移植性　　D．效率

5．软件维护过程本质上就是修改软件________过程，使软件能够按照用户的需求高质量完成功能。

A．定义和开发　　B．开发和发布　　C．开发和交付　　D．定义和发布

二、简答题

1．软件的可维护性与哪些因素有关？在软件开发过程中应该采取哪些措施才能提高软件产品的可维护性？

2. 针对一个用户自己完成过的具体项目，根据软件维护的管理方法，给出进行某些功能维护的步骤和方法。

3. 下面有关软件维护的叙述中有些是不准确的，将它们列举出来。

供选择的答案：

① 要维护一个软件，必须先理解这个软件。

② 阅读别人写的程序并不困难。

③ 如果文档不齐全也可以维护一个软件。

④ 谁开发的软件就得由谁来维护这个软件。

⑤ 设计软件时就应考虑到将来的可修改性。

⑥ 维护软件是一件很吸引人的创造性工作。

⑦ 维护软件就是改正软件中的错误。

⑧ 维护好一个软件是一件很难的事情。

4. 给出维护要求表的定义，它包括哪些内容？

5. 给出几种自动维护的工具，它们的区别是什么？

第 9 章　软件配置管理

本章要点

- 软件配置管理的定义、作用
- 软件配置项、基线、软件配置项标识
- 软件配置管理的基本过程

9.1　软件配置管理概念

9.1.1　配置管理的必要性

软件项目的开发会产生大量的软件产品（例如文档、代码和数据，以及相应的各个阶段的版本），这些产品之间存在不同形式的关系。对于同一软件产品，可能需要对其进行多次的变更，从而产生多个不同的版本。软件项目组必须清楚地知道软件开发过程中会产生哪些产品，这些产品会有哪些不同的形式和版本，这时就需要对这些软件产品进行软件配置管理。

软件工程使软件项目开发从手工作坊模式上升到团队开发模式，其开发工作围绕着软件生存周期的需求分析、设计、构造、测试、部署、交付、维护等阶段进行。通过使用软件工程的方法及工具，可以避免开发过程中许多可能出现的错误，提高软件的可重用性，降低软件测试和维护中的工作量，从而大大提高软件产品的质量，缩短开发周期。

在团队开发的模式中，软件开发管理就显得更加重要，其管理的好坏将直接影响到软件产品的质量。如果缺乏对软件开发的统一管理，势必造成以下问题的出现。

① 工作成果无法回溯，随着工作的进展新的程序覆盖了老的程序，当突然发现新程序有问题而老程序正确时，就只能重写老的程序来覆盖新的程序。过一段时间又发现原来的老程序有问题，而解决方法是在原来的新程序中进行修改，这在早期的软件项目开发中是经常出现的情况。

② 由于开发经费及开发时间的限制，不可能进行一次开发就解决所有问题，许多问题有待在维护阶段解决，因此带来的是软件产品的不断升级，而维护和升级所必需的文档往往非常混乱。

③ 开发商对开发过程缺乏规范化的管理，即使有源程序文档也由于说明不详细而不能对产品进行进一步的功能扩充，用户不得不再投入大量的经费去开发新产品，浪费大量的人力、物力和时间。

④ 在软件的团队式开发中，人员流动在所难免，如管理不善，有些人员的流动将对开发产生致命的影响。特别是软件开发管理人员或核心成员的流失，有可能导致无法确定软件产品

中各模块所处的状态及阶段，使软件产品的版本出现混乱，甚至可能会泄露公司的核心机密。

⑤ 用户与开发商没有有效的沟通手段，用户投入了开发费用后，得到的是有关可执行程序以及一堆杂乱无章的文档，即使是较好的文档，对不熟悉开发过程的专业人员来说也无从下手，更谈不上日后的维护和升级，用户的利益无法保证。

这些问题在实际开发中表现为：项目组成员沟通困难，软件重用率低下，开发人员各自为政，代码冗余度高，文档不健全等；造成的结果是：数据丢失，开发周期漫长，产品可靠性差，质量低劣，软件维护困难，用户抱怨使用不便，项目风险增加等。

随着软件系统的日益复杂化以及用户需求、软件更新的频繁化，软件配置管理逐渐成为软件生存周期中的重要控制过程，在软件开发过程中扮演着越来越重要的角色。一个好的软件配置管理过程能覆盖软件开发和维护的各个方面，同时对软件开发过程的宏观管理，即项目管理，也有重要的支持作用。良好的配置管理能使软件开发过程有更好的可预测性，使软件系统具有可重复性，使用户和主管部门对软件质量和软件项目开发小组有更强的信心。

9.1.2 软件配置管理

1. 软件配置管理

软件配置管理（Software Configuration Management，SCM），指通过执行版本控制、变更控制的规程，以及使用合适的配置管理软件，来保证所有配置项的完整性和可跟踪性，并维护不同项目之间的版本关联，以使软件在开发过程中任一时间的内容都可以被追溯。配置管理是对工作成果的一种有效保护。

软件配置管理是一套规范、高效的软件开发基础结构。作为管理软件开发过程的有效方法，SCM 可以系统地管理软件系统中的多个版本；全面记载系统开发的历史过程，包括为什么修改，谁做了修改，修改了什么；管理和追踪开发过程中危害软件质量以及影响开发周期的缺陷和变化。通过 SCM 对开发过程进行有效的管理和控制，完整、明确地记载开发过程中的历史变更，形成规范化的文档，不仅使日后的维护和升级得到保证，而且更重要的是，这还会保护宝贵的代码资源，积累软件财富，提高软件重用率，加快投资回报。SCM 是通往 ISO 9000 和 CMM 标准的一块基石。

2. 软件配置管理的任务

软件配置管理的主要任务是每当有了更改，与其相关的软件批准项均可得到正确的处理，使新版本软件没有冲突。软件配置管理大致需要完成以下任务。

① 软件配置项的标识：明确有哪些软件配置项，软件配置项的描述，明确每个软件配置项的内容。

② 版本控制：明确每个软件配置项有哪些版本以及这些版本的变化关系，这是软件配置管理的核心任务之一。

③ 变更控制：针对基线，保证它们在复杂多变的开发过程中真正处于受控的状态，并且在任何情况下都能迅速地恢复到任意历史状态，这是软件配置管理的另一个重要任务。

④ 配置审计：变更控制的补充手段，以确保某一变更需求已被切实实现。在某些情况下，也将其作为正式的技术复审的一部分。

⑤ 状态报告：报告软件配置项的状态。

3. 配置管理给项目带来的好处

在项目的开发和实施过程中，配置管理可以带来以下好处：

① 缩短开发周期；

② 减少开发和实施费用；

③ 有利于知识库的建立；

④ 规范管理，规范测试，可进行工作量的量化；

⑤ 可加强协调与沟通。

9.1.3 软件配置项

在软件配置管理中，将软件工程项目各项活动的产物，即那些在软件生存周期内产生的、需要进行配置管理的工作产品，称为软件配置项（Software Configuration Item，SCI）。它可以是各种文档、程序、数据、标准和规约。

① 技术文档：软件技术开发合同、可行性分析报告、软件需求规格说明书、软件概要设计说明书、软件详细设计说明书、软件测试规格说明书、测试分析报告、用户操作手册、联机用户操作手册和安装手册等。

② 管理文档：项目开发计划、软件配置管理计划、软件质量保证计划、软件测试计划和软件风险管理计划等。

③ 程序：源代码、可执行代码和组件等。

④ 数据：配置文件和数据文件等。

⑤ 标准和规约：软件工程规范、需求管理规范、软件需求规格说明书编写规范和编码规范等。

图 9.1 描述了常见的软件配置项之间的相关性。软件配置项之间的相关性有助于发现软件配置项变更的影响范围。例如，如果软件需求规格说明书发生了变更，那么软件概要设计说明书以及软件详细设计说明书都可能会受到影响。

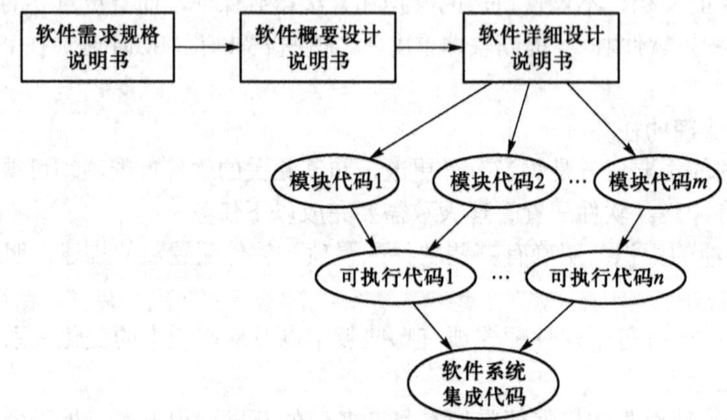

图 9.1 软件配置项及其相关性

9.1.4 基线

在软件开发过程中，由于一些原因可能需要变动需求、预算、进度和设计方案等，尽管这些变动请求中的绝大部分是合理的，但在不同的时机进行不同的变动，难易程度和造成的影响差别甚大，这种变动将可能导致软件开发人员难以区分不同软件配置项之间的差异。因此，为了有效地解决这一矛盾，软件配置管理引入了基线（Baseline）的概念。

所谓基线是指已经通过正式审核和批准的软件配置项，可以理解为标志软件开发过程的各个里程碑。任何一个 SCI 一旦形成文档并复审通过，即形成一个基线，它标志着软件开发过程中一个阶段的结束，同时也作为下一个软件开发过程的基础。例如，软件需求规格说明书经过评审，对发现的问题进行更正后，用户和软件项目组双方均已认可，并且得到正式批准，该软件需求规格说明书就可以作为基线。

软件开发过程中典型的基线示例如下。

① 软件技术开发合同。

② 经过评审和批准后的项目开发计划。

③ 经过评审和批准后的软件需求规格说明：原型、分析模型、数据描述、功能需求、性能需求。

④ 经过评审和批准后的软件概要设计说明：总体结构设计、数据结构描述、逻辑结构描述、接口设计。

⑤ 经过评审和批准后的软件测试规格说明。

⑥ 经过测试后的源代码及清单。

⑦ 经过测试后的可执行代码。

⑧ 经过评审和批准后的用户操作手册。

⑨ 维护文档。

⑩ 相关的标准与规程等。

9.1.5 基线库

图 9.2 描述了软件配置项、基线和基线库之间的关系。软件工程活动所产生的软件配置项一旦通过了正式的评审和批准，就意味着该软件配置项的正确性和完整性等得到了大家的认可，可以作为本阶段产品的结果，同时也可以作为项目后续软件工程活动的基础，在这种情况下就可将该软件配置项作为基线纳入基线库中。

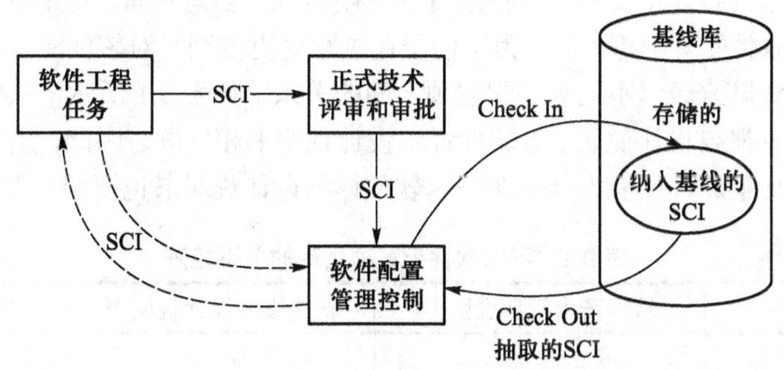

图 9.2 软件配置项、基线和基线库

基线库是一个或多个基线的集合。对处于基线库中的任何软件配置项进行修改和变更将受到严格的控制，虽然可以修改，但必须按照一个特殊的、正式的过程进行评估，确认每一处修改。相反，对于未成为基线的软件配置项，可以进行非正式修改。

例如，以软件配置项软件需求规格说明书为例，在它没有成为基线前，可以对它进行大量的日常修改和变更，如果该软件需求规格说明书通过了正式的评审并被批准，该软件需求规格说明书被纳入基线库，这也说明需求分析阶段的工作已经完成，下一软件过程即软件设计开始，并基于该软件需求规格说明书为基线开始实施，该基线是受控的，若要对它进行修改，必须通过严格的审批流程才能完成。

9.2　软件配置管理过程

为了支持软件配置管理活动，一般的软件项目应该成立软件配置管理小组。软件配置小组成员可由软件项目组成员担任。

9.2.1　软件配置项的标识

软件工程过程会产生大量的软件配置项。为了能够管理和控制这些软件配置项，必须对它们进行标识。对软件配置项的标识必须是完整而系统的，应包括所有相关的文档、程序、数据、标准和规程等，不能有遗漏。对软件配置项的描述包括两方面内容：软件配置项命名和软件配置项属性。

软件配置项命名应遵循唯一性、含义性、简洁性、直观性、可追溯性等原则，这样可以达到对软件配置项进行控制和管理的目的。图 9.3 描述了软件配置项的一种命名方法。一个软件配置项的名称可由 5 部分组成：软件配置的项目名、类型、文件名称、版本号和修订号。其中，软件配置项类型用于描述该软件配置项是文档、程序、数据还是标准和规程。例如，ERP.DOC.SRS.2.1 标识了 ERP 项目下的文档类的一个软件配置项，它是 SRS（Software Requirement Specification，软件需求规格说明书），其版本号是“2”，修订号是“1”。

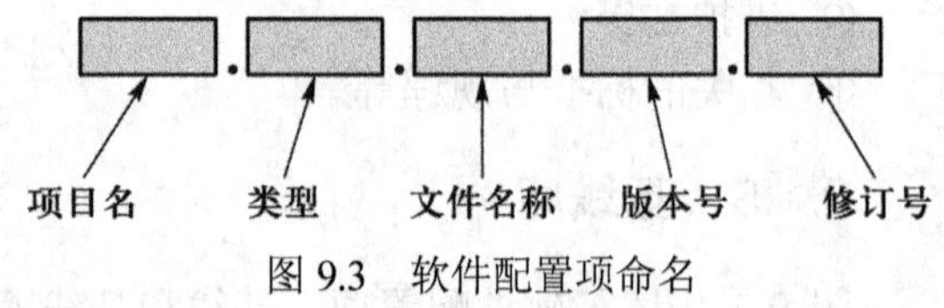

图 9.3　软件配置项命名

软件配置项属性的描述主要包括软件配置项的创建者、创建时间、评审者、发布时间、修改者、所依赖的其他软件配置项等内容。为了便于在进行变更控制时对软件配置项的影响范围进行评估，可以用关联矩阵来表示不同软件配置项之间的关系。如表 9.1 所示，从中可以看出软件需求规格说明书与软件概要设计说明书、软件详细设计说明书相关联。因此，当软件需求规格说明书发生变更时，相应的软件概要设计说明书、软件详细设计说明书也要跟着发生变更。

表 9.1　不同软件配置项之间的关系矩阵

	软件需求规格说明书	软件概要设计说明书	软件详细设计说明书
软件需求规格说明书		√	√
软件概要设计说明书			√
软件详细设计说明书			

9.2.2 版本控制

在软件工程过程中，由于多种原因会导致一个软件配置项可能会有多个不同版本存在。常见情况如下。

① 因软件被改进、完善和扩充等，导致同一软件配置项存在多个版本。例如，需求分析阶段结束产生软件需求规格说明书的一个版本，后因用户需求发生变更，产生了新版本的软件需求规格说明书。又例如，因需求变更，对原先版本的代码进行变更，同样产生了新版本的源代码和可执行代码。

② 当同时从事多个软件项目开发时，同一个软件配置项可能需要多个不同版本，分别应用于不同的软件项目。例如，软件项目组开发了一个通用组件，为了支持不同项目的特殊需求，该组件产生了多个不同的版本。

因此，软件配置管理应提供一定的手段，用于区分和描述软件配置项的各个不同版本，以及这些版本之间的变化关系，以确保软件开发和管理人员能够精确地恢复任意软件产品的各个不同版本。

图 9.4 用树状结构描述了软件配置项的版本演化情况。其中，节点表示各个版本的软件配置项；边表示软件配置项不同版本之间的依赖和演化关系。例如，软件配置项 ERP.DOC.SRS.2.0 是由软件配置项 ERP.DOC.SRS.1.2 演化而来的。

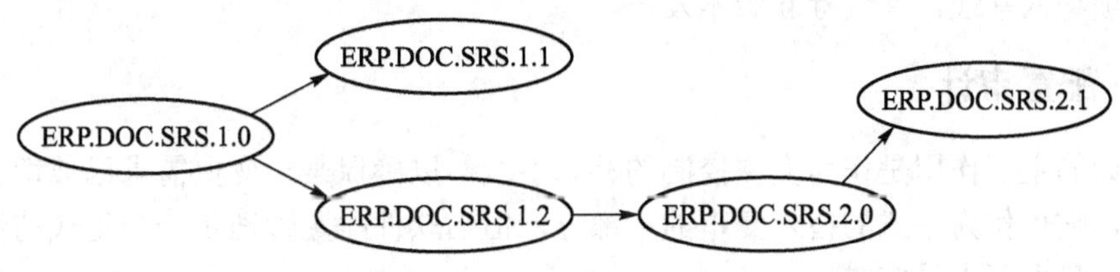

图 9.4 软件配置项版本形成的树状结构

9.2.3 变更控制

在软件工程过程中，变更是不可避免的。变更的来源有两个。一是用户，用户是软件项目需求的提出者。十分常见的现象是用户提出需求后，软件需求规格说明书也纳入基线并进入开发阶段，用户又对需求提出变更。二是软件开发人员或项目管理人员，在软件工程过程中，设计人员发现在开发的过程中有不妥的地方，提出对技术解决方案中的某些设计细节进行变更；由于某种特殊原因，项目管理人员提出对项目开发计划进行变更等。从以上变更来源可以看出，随着工作的进展，用户和软件开发人员都将掌握更多的信息，对问题的本质和设计方案有了更深入的认识，同时会发现前期的需求、设想、设计中的一些不充分、不完善的问题，这时提出变更是不可避免的。

软件工程过程中变更出现的不可避免性决不意味着变更的任意性，无控的变更将导致项目混乱，甚至失败。因此，软件配置管理必须对软件配置项的任何变更都进行控制。针对基线，保证在复杂多变的开发过程中真正处于受控的状态。

变更控制步骤如图9.5所示，说明如下。

① 提出变更请求，要对软件配置项进行变更的人员提出（或获得）一个书面的变更申请。该申请应详细描述变更的原因、变更的内容、对应的软件配置项、受影响的范围等内容。

② 变更请求审核，由配置控制委员会（Configuration Control Board，CCB）审核并决定是否批准变更。若审核通过，则执行变更程序；若审核未通过，则停止变更操作。

③ 提取软件配置项，变更人员从基线库中提取需要变更的软件配置项。

④ 修改软件配置项，变更人员对提取的软件配置项实施相应的软件工程活动（例如，进行需求分析、概要设计、编码等），得到修改后的软件配置项。

⑤ 建立测试基线并测试，对变更所对应的软件工程活动和变更后的软件配置项建立相应的测试基线，并对其进行测试。例如，对软件工程活动进行审查，对开发文档进行评审，对程序代码进行测试等，以确保变更后的软件配置项正确无误。

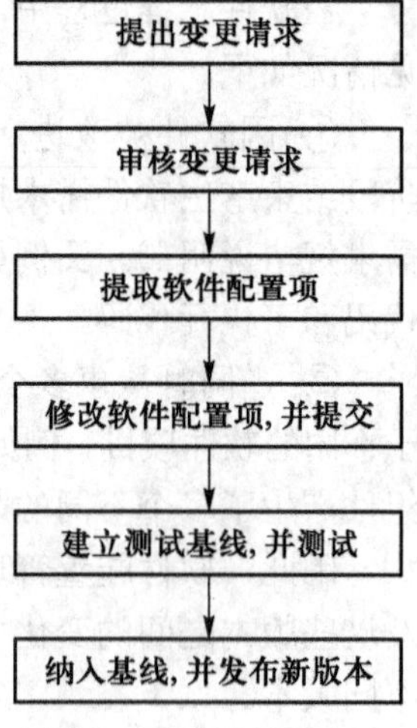

图9.5 变更控制过程

⑥ 纳入基线，如果变更后的软件配置项经过了正式的评审，并且得到了批准，那么可将该软件配置项纳入基线，并进行新版本发布。

9.2.4 配置审计

配置审计的主要作用是作为变更控制的补充手段，以确保某一变更需求已被切实实现。在某些情况下，它也作为正式的技术复审的一部分，但当软件配置管理是一个正式的活动时，该活动由软件质量保证人员完成。

软件配置审计主要包括以下方面的内容：

① 检查配置控制手段是否齐全。

② 验证当前基线对前一基线的可追踪性。

③ 确认各软件配置项是否正确反映。

④ 变更是否完成。

⑤ 对软件配置项定期进行备份、归档，防止意外丢失。

9.2.5 状态报告

为了及时追踪软件配置项的变化，以备配置审计时使用。软件配置管理人员需要在软件工程过程中，对每个软件配置项的变化进行系统的记录。

配置状态报告就是根据配置项的变更记录来向管理者报告软件工程过程的进展情况。这样的报告应该定期进行，并尽量通过计算机辅助软件工程（Computer-Aided Software Engineering，CASE）工具自动生成，用数据库中的客观数据来真实反映各配置项的情况。

配置状态报告应着重反映当前基线配置项的状态，以作为对开发进度报告的参照。同时能根据其中开发人员对软件配置项的操作记录来对开发团队的工作关系进行一定的分析，同时也为配置审计做好准备。

配置状态报告记录包括如下内容：

① 配置库结构和相关说明。

② 起始基线的构成。

③ 当前基线位置及状态。

④ 基线演化及状态。

⑤ 变更状态。

⑥ 版本交付信息等。

9.3 常用软件配置管理工具简介

软件配置管理工具有很多，下面就较常用软件配置管理工具做简单介绍。

1. VSS

Visual SourceSafe 是国内比较流行的软件配置管理工具之一，用户量非常大。它是 Microsoft 公司推出的配置管理工具，属于 Visual Studio 这个开发产品家族的一员。Visual SourceSafe 的优点是简单易用，即学即会，Visual SourceSafe 的功能能够满足常规配置管理的基本要求。

VSS 的主要局限性如下。

① 只能在 Windows 下运行，不能在 UNIX、Linux 下运行。Visual SourceSafe 不支持异构环境下的配置管理，这对用户而言是很麻烦的。但这不是技术问题，是由 Microsoft 公司产品战略决定的。

② 适合于局域网内的用户群，不适合于通过 Internet 连接的用户群，因为 VSS 是通过“共享目录”方式存储文件的。

有些销售软件配置管理工具的软件供应商经常贬低 VSS，但是这里可以给出一个例证说明 VSS 的效用。有一个国内知名的软件公司，其软件事业部的 10 余个项目全部采用 VSS 来管理，只用一台 PC 作为软件配置管理服务器，不但没有出现问题，而且配置管理做得井井有条。

关于 VSS 的具体操作，见第 11 章软件工程中的常用工具介绍。

2. CVS

CVS（Concurrent Version System，并行版本系统）是著名的开放源代码的软件配置管理工具，是开放源码的一个奇迹，也是开放源码得以延续和发展的推动者，是版本控制的经典。

CVS 的官方网站是 http://www.cvshome.org/。官方提供的是 CVS 服务器和命令行程序，但是官方并不提供交互式的客户端软件。许多软件机构根据 CVS 官方提供的编程接口开发了各种各样的 CVS 客户端软件，最有名的是 Windows 环境下的 CVS 客户端软件 WinCVS。WinCVS 是免费的，但是不开放源代码。

与 VSS 相比，CVS 的主要优点如下。

① VSS 提供的功能 CVS 都有，CVS 支持并发的版本管理，VSS 没有并发功能。CVS 服务器的功能和性能都比 VSS 高出一筹。

② CVS 服务器是用 Java 编写的，可以在任何操作系统和网络环境下运行。CVS 深受 UNIX 和 Linux 的用户喜爱。Borland 公司的 JBuilder 提供了 CVS 的插件，Java 程序员可以在 JBuilder

集成环境中使用 CVS 进行版本控制。

③ CVS 服务器有自己专用的数据库，文件存储并不采用 VSS 的“共享目录”方式，所以不受限于局域网，信息安全性很好。

CVS 的不足之处在于它的客户端软件较多，良莠不齐。UNIX 和 Linux 的软件高手可以直接使用 CVS 命令行程序，而 Windows 用户通常使用 WinCVS。安装和使用 WinCVS 显然比 VSS 麻烦，这点是比较遗憾的。

3. ClearCase

ClearCase 是 Rational 公司推出的软件配置管理工具，可用于 Windows 和 UNIX 开发环境。是软件行业公认的功能最强大、价格最昂贵的软件配置管理工具。

Rational 公司推出的软件配置管理工具 ClearCase 主要用于 Windows 和 UNIX 开发环境。ClearCase 提供了全面的配置管理功能，包括版本控制、工作空间管理、建立管理和过程控制，而且无须软件开发者改变他们现有的环境、工具和工作方式。

ClearCase 主要应用于复杂产品的并行开发、发布和维护，其功能划分为 4 个范畴：版本控制、工作空间管理、构造管理、过程控制。ClearCase 通过 TCP/IP 来连接客户端和服务器。另外，ClearCase 拥有的浮动 License 可以跨越 UNIX 和 Windows NT 平台被共享，因此，无须软件开发者改变他们现有的环境、工具和工作方式而完成配置管理。

ClearCase 的功能比 CVS、VSS 强大得多，但是其用户量却远不如 CVS、VSS 的多。主要原因是 ClearCase 价格昂贵，对于中国一般用户而言，比较难以接受。

用户只有经过几天的培训，才能正常使用 ClearCase，但培训是需要费用的。如果不参加培训，用户很难使用它进行操作。

9.4 本章小结

软件配置管理是应用于整个软件生存周期中的重要控制过程，是在整个软件生存周期内管理变化的一组活动，软件配置管理的目标是使变化能够更加正确且更容易被适应，在需要对软件进行修改时，减少错误的概率和减少为此花费的工作量。

本章对软件配置管理进行了简要的介绍。主要讲述了软件配置管理的定义、目的和重要性，软件配置管理的功能以及所包含的内容。通过本章学习，应掌握配置管理的作用和任务、掌握软件配置项、基线的概念和软件配置管理的过程。

9.5 习题

一、简答题

1. 什么是软件配置管理？
2. 什么是软件配置项？软件配置项都包含哪些内容？
3. 什么是基线？在什么情况下，软件配置项可以定义为基线？
4. 软件配置管理的基本内容是什么？试具体说明。
5. 软件配置管理是否需要贯穿整个软件生存周期？

6．软件配置项的标识包含哪两部分内容？

二、论述题

试论软件配置管理的必要性。

三、综合应用题

阅读以下关于软件配置管理的叙述。

在一些大中型软件项目中，经常会出现一些混乱和差错，如版本错误、数据不一致等。在软件的开发过程中，随着工作的进展也会产生许多信息，如规格说明、设计说明、源程序、各种数据等，以及合同、计划书、会议录、报告等需要管理的文档。对于一个大中型软件项目来说，这些信息文档的数量可以达到几百个甚至上千个，如果没有一套严谨、科学的管理办法，出现混乱和差错几乎是必然的。软件配置管理为软件开发提供了一套管理办法和原则，以防止混乱和差错的产生，以及适应软件的各类变更。典型的配置问题有多重维护、共享数据、同时修改、丢失版本号或者没有版本号。一般地，实施软件配置管理应完成以下几方面的任务：确定软件配置管理计划，确定配置标识规则，实施变更控制，报告配置状态，进行配置审核，进行版本管理和发行管理。

试简要回答以下问题。

① 软件配置管理的一个重要内容就是对变更加以控制，将变更对成本、工期和质量的影响降到最小。说明软件配置管理中“变更管理”的主要任务。

② 为了有效地进行变更控制，通常会借助“配置数据库”。说明配置数据库的主要作用及其分类。

③ 配置状态报告对于大型软件开发项目的成功起着至关重要的作用。说明配置状态报告的主要作用及其包含的主要信息。

第 10 章 软件项目管理

本章要点

- 项目干系人
- 软件项目管理活动
- 项目的团队组织
- 软件度量及方法
- 计划和跟踪
- 软件风险管理的相关方法
- 质量管理

10.1 软件项目管理概念

10.1.1 项目干系人

要完成软件项目，最重要的一个因素就是人。凡与软件项目有直接关系的人称为干系人，软件项目有 6 类干系人。

1. 项目业主

项目业主也称为发起人或出资人，负责建设费用的筹集、项目的建立、维护等工作，拥有项目的所有权，决定项目的使用策略。

项目业主关注的内容是：本项目的投资目的以及具体功能是什么？本项目的建设成本、运营费用是多少？本项目可使本企业业务得到哪些优势？投资回报率是多少？

2. 项目用户

项目用户也称为客户，是实际的使用（操作）人，也是最后实施并完成项目的工作人，对项目开发、系统运营最有影响的人。

在某些情况下，项目业主和项目用户可以是同一角色。例如，某企业为自己定制了一套专用的管理系统，自己既是出资人又是使用人，那么，本企业既是本项目的项目业主，也是本项目的项目用户。

3. 项目开发者

项目开发者指与项目开发相关的技术人员，他们负责完成项目的开发，使之能投入运营。项目开发者包括系统分析师、系统架构师、软件设计师、编程人员和软件测试人员等。

4. 项目管理人和职员

项目管理人和职员指与项目签约、项目开发和项目交付（实施）相关的管理人员和其他人员。项目管理人和职员包括项目经理、市场人员、会计、环境工具配备人员、实施人员、培训人员等。

5. IT 供应商

IT 供应商指为完成本项目提供相应服务的软硬件供应商，负责提供本项目的外包、外购和相关服务，包括硬件产品（系统）供应商、软件产品（系统）供应商、软件项目的分包商等。

6. 咨询人员

咨询人员负责对项目的建设提供咨询，包括项目的可行性研究、解决方案、工具环境、基础设施等不同层面的咨询。

在很多情况下，IT 供应商也是咨询人，目前也已出现了专业的咨询公司和监理公司，为客户的项目建设进行专业的咨询工作。

各干系人之间的角色在某些特定环境下是不同的。例如，专用软件系统的开发与面向市场的通用软件系统的开发，其项目干系人的角色是不同的，如表 10.1 和表 10.2 所示。

表 10.1 专用软件系统的开发中各干系人的角色

甲 方	乙 方	第 三 方
项目业主 项目用户	项目开发者 管理人和职员	IT 供应商 咨询人员

表 10.2 面向市场的通用软件系统的开发中各干系人的角色

市 场	开 发 方	第 三 方
项目用户	项目业主 项目开发者 管理人和职员	IT 供应商 咨询人员

10.1.2 软件项目管理

软件项目是软件工程的一个独立单位，是围绕做出软件产品所有活动的全过程。软件项目开发的任务是按照给定的进度、成本和质量，开发出满足用户要求的软件产品。为了支持这一任务的实现，软件工程提出了一系列的方法、技术和工具来支持软件系统工程化开发，同时也强调管理在软件项目开发中的重要性。

所谓的软件项目管理是指为了使软件项目按照预定的成本、进度和质量等要求顺利完成，而对成本、人员、进度、质量、风险等进行分析和管理的活动。从整体上看，软件项目管理主要关注以下 3 方面的对象：人员、产品和过程，如图 10.1 所示。

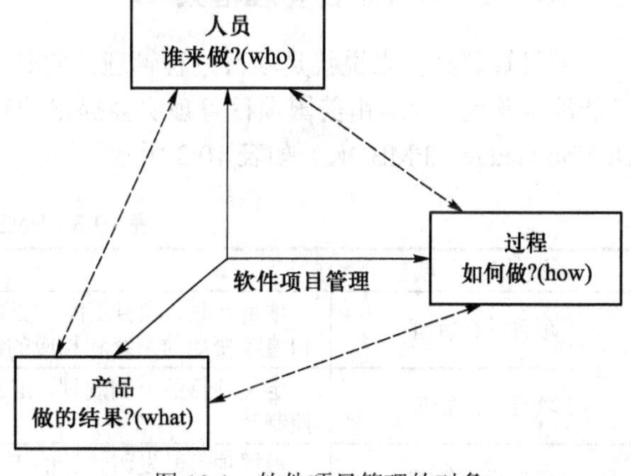

图 10.1 软件项目管理的对象

1. **人员**

一般地，一个软件项目的开发是由许多承担不同任务的人员来完成的。这些人员对软件系统开发的关注视点和工作内容不尽相同，在软件项目中所扮演的角色（如项目经理、需求分析人员、设计人员、程序员、测试人员、用户等）也不一样。但是，他们所从事的工作往往是相互关联的，并且服务于一个共同的目标，即成功地开发出满足用户需求的软件系统。它们相互合作构成了一个团队。例如，需求分析人员的工作成果（即软件需求规格说明书）将作为指导软件设计人员进行软件设计的基础和依据，而测试人员进行软件测试的对象是程序员所开发的源代码。因此，如何确定软件项目所需的人员和角色，为他们分配合适的任务，组建一个好的团队，促进不同人员之间的交流、沟通和合作，提高团队成员的开发效率和质量，是软件项目管理需要考虑的关键问题之一。

2. **过程**

软件项目的开发需要定义一组步骤和活动（如计划、需求、分析、设计、实现、测试等），以指导软件开发人员按照成本和进度等要求有序地开展工作。这些活动的实施直接关系到软件项目的产品、成本、进度和质量。由于软件项目组成员的知识、技能和经验存在差别以及应用的特殊性等，不同的软件项目往往会采用不同的过程来指导软件系统的开发。因此，必须对软件项目的开发过程进行有效的管理，包括明确过程活动、定义和改进过程、估算它们的工作量和成本、制定计划、跟踪过程、进行风险控制等。

3. **产品**

软件项目开发会产生大量具有不同抽象层次的软件产品（包括各种文档和程序）。例如软件需求规格说明书、软件设计规格说明书、源程序代码、可执行代码、测试用例等。这些软件产品相互关联。为了确保软件产品的质量，获得正确的版本，了解和控制产品的变更，在软件项目开发过程中必须对这些软件产品进行有效的管理，包括明确有哪些产品、如何保证它们的质量，如何控制它们的变化等。

软件项目管理的上述3方面对象是密切相关的。软件项目中的各种产品归根结底是由人员通过执行各种软件开发活动和实施软件过程而得到的。

10.1.3 软件项目管理框架

项目管理具体来说就是项目过程管理，它是一个综合管理，也就是任何一个决策的调整都可能涉及其他方面。由美国项目管理协会提出的项目管理知识体系（Project Management Body Of Knowledge，PMBOK）如表10.3所示。

表10.3 PMBOK体系

知识领域	工作内容
项目综合管理	项目计划、项目追踪、变更控制。给出一个综合的协调同步的计划，建立管理和追踪变更的系统和相应的规程
项目范围管理	定义项目的范围规划，定义和分解工作范围，核实工作范围，进行范围的变更控制
项目进度管理	根据项目开发组预计的工作范围、任务、顺序，并配上相应的资源，制定整个项目的进度计划，并进行计划的跟踪和维护

续表

知识领域	工作内容
项目成本管理	资源规划，成本估算，成本预算，费用计划制定，成本控制
项目质量管理	制定质量计划，编制质量准则，进行质量控制
人力资源管理	制定人力资源规划，组建团队，解决人员冲突，制定培训计划
项目沟通管理	制定沟通计划（各干系人），定期制作项目状态报告
项目风险管理	制定风险管理规划，推动团队实施风险管理过程，维护风险文档
项目采购管理	制定采购计划，制定询价计划和询价，管理各 IT 供应商和合同，进行协议的管理和协商

PMBOK 指南中提出的软件项目管理框架如图 10.2 所示。

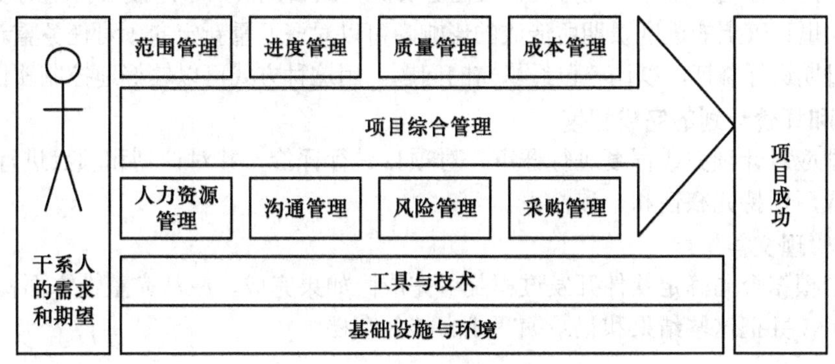

图 10.2 软件项目管理框架

10.1.4 软件项目管理过程

通过前面的内容可以看出，软件项目管理包括范围管理、进度管理、质量管理、成本管理、人员管理、沟通管理、风险管理、采购管理等内容。管理的对象是进度、系统规模及工作量估算、经费、组织机构和人员、风险、质量、作业和环境配置等。软件项目管理所涉及的范围覆盖了整个软件生存周期。

1. 软件项目的启动

明确项目的目标和范围，考虑候选的解决方案，标明技术和管理上的要求。有了这些信息，才能做出合理、精确的成本估算，实际可行的任务分解以及可管理的进度安排。

项目的目标标明了软件项目的目的，但不涉及如何去达到这些目的。范围标明了软件要实现的基本功能，并尽量以定量的方式界定这些功能。候选的解决方案虽然涉及的方案细节不多，但有了方案，管理人员和技术人员就能够据此优选一种方法，给出诸如交付期限、预算、个人能力、技术界面及其他许多因素所构成的限制。

2. 制定项目计划

制定计划的任务包括如下方面。

① 估算项目所需要的人力、项目成本和项目所需时间。

② 制定进度计划，分配资源，建立项目组织及任用人员（包括人员的地位、作用、职责、

规章制度等），根据规模和工作量估算分配任务。

③ 进行风险分析，包括风险识别、风险估计、风险优化、风险驾驭策略、风险解决和风险监督。这些步骤贯穿在软件工程过程中。

④ 制定质量管理指标：如何识别定义好的任务？管理人员对结束时间如何掌握，如何识别和监控关键路径以确保其结束？对进展如何度量？如何建立分隔任务的里程碑？

⑤ 编制预算和成本计划。

⑥ 准备环境和基础设施等。

3. 计划的跟踪和控制

项目计划制定完成并启动后，就必须开始按项目计划对项目进行跟踪和控制。由项目经理负责完成对整个软件过程的控制，提供过程进展的内部报告，并按合同规定向需方提供外部报告。对于在进度安排中标明的每一个任务，如果任务实际完成日期滞后于进度安排，则项目经理可以估算项目中间里程碑上的进度误期所造成的影响。可以对资源重新定向，对任务重新进行安排，或者对交付日期进行修订，以调整已经暴露的问题。用这种方式可以较好地控制软件的开发。

4. 评审和评价计划的完成程度

项目经理应对计划完成程度进行评审，对项目进行评价，并对计划和项目进行检查，使之在变更或完成后保持完整性和一致性。

5. 编写管理文档

项目经理根据合同确定软件开发过程是否完成。如果完成，应从完整性方面检查项目完成的结果和记录，并把这些结果和记录编写成文档并存档。

10.2 软件项目的团队组织

软件项目的投入主要是劳动力，好的团队才能很好地发挥集体智慧和效应，是完成软件项目的基础。

10.2.1 项目组人员管理原则

积极的人员管理和交流对于项目成败起着关键的作用。有效的人员管理能够促进项目团队的建设和协作。下面是进行人员管理应遵循的一些原则。

① 项目目标与公司目标相协调。

② 参加专业交流，跟踪技术领域的发展。

③ 工作勤奋负责，对工作有足够的自信心。

④ 保证成员对工作的热情和积极性。

⑤ 建立透明的评估机制。

⑥ 及时准确地传达成员间的意见。

⑦ 遇到问题保持冷静沉着，认真对待，及时解决。

⑧ 运用专业工具和手段进行信息交流。

⑨ 在决策过程中，广泛地听取成员间的意见。

⑩ 处理好与同事、领导或下属之间的关系。

10.2.2 团队组织结构

当项目组需要多人参与时，项目组的组织结构就变得非常重要了，这就是开发团队的组织结构，它决定了开发团队的控制结构和决策制定模式。

（1）层次型结构

层次型组织结构是将组织分为多级，组长负责全组工作，任务包括：进行任务分配和工作量技术评审、参加技术活动等，如图 10.3 所示。本结构比较适合大型软件项目和本身就是层次结构状的软件项目的开发。

（2）统管型结构

以组长为核心组成的团队结构。组长由经验丰富、能力强的专家担任，负责小组的全部技术活动的计划、设计、实现等工作的安排、协调与审查工作，如图 10.4 所示。

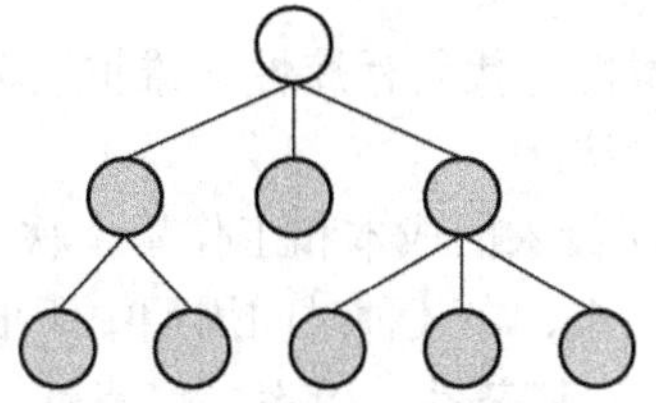

图 10.3　层次型结构模型

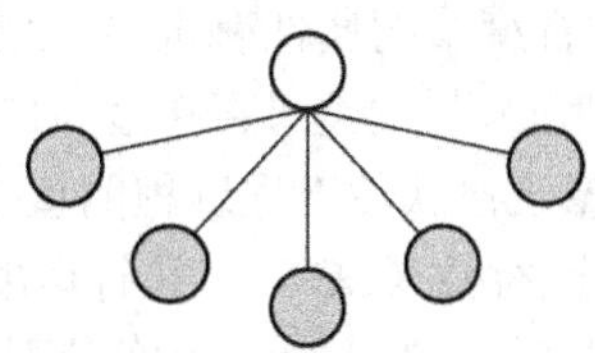

图 10.4　统管型结构模型

（3）民主型结构

民主型团队是由具有丰富经验的技术人员组成的。项目中的重大决策都是由项目全体成员集体讨论确定的，这样可以充分发挥团队中每个成员的积极性和创造性，如图 10.5 所示。

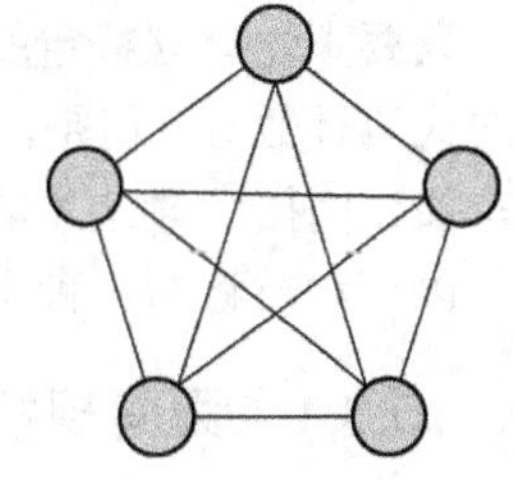

图 10.5　民主型结构模型

团队结构没有绝对的优势和劣势，采用何种团队结构取决于项目开发中的内部因素和外部因素，如表 10.4 所示。

表 10.4　面向市场的通用软件系统的开发各干系人的角色

组织结构	适合情形	优势	劣势
层次型	适合于大型软件项目	可充分发挥各级项目成员的特长，利于大型软件项目的研发	对信息和指令的反应速度较慢
统管型	团队中有非常优秀的专家（领导者）	提供专家见解，鼓励行动一致，在项目碰到危机时非常有效	可能存在片面性，改进困难较大，限制了集思广益
民主型	团队中有较多经验丰富的技术专家	提倡集思广益和全局观，利于充分发挥成员的积极性和创造性	缺乏协调性，团队成员的素质要求较高，要求对成员进行广泛的培训

10.3 软件度量

在项目策划阶段的例会上，公司总经理问项目经理小李：“软件项目开发估计需要多少时间？成本是多少？”，小李回答说“时间估计不会太长，成本也在一个可接受范围之内”。公司总经理对项目经理的这种回答不满意，他希望能够得到关于软件项目较为准确的定量描述。经过一番考虑后，小李回答说“项目估计需要3个月，成本大约需20万”，公司负责人对这一数据极为感兴趣，他进一步向小李问道：“你是如何得到这组数据的？”。小李对此没有任何准备，也没有充分的依据，他无法对该问题做出回答。

以上案例表明，为了支持软件项目的实施和管理，需要对软件项目的规模、工作量、成本、进度、质量等属性进行定量描述，即软件度量。具体表现在如下方面。

① 在开发前对软件项目的有关性质进行定量描述将有助于估算软件项目的成本和工作量，辅助软件项目计划的制定。

② 在开发过程中对软件项目的有关性质进行定量描述可以提供软件项目开发的可视性，支持对软件项目进行跟踪和控制，评估软件系统的质量，加强风险管理。

③ 在开发之后对软件项目的有关性质进行定量描述，可用于对软件项目的实施情况进行整体评估，为后续软件项目的开发积累经验数据。

可对软件进行度量的属性有很多，例如功能点属性、代码行属性、维护活动属性等，但软件度量方法可划分为两大类：直接度量法和间接度量法。

① 直接度量法：软件工程过程的直接度量包括所投入的成本和工作量。软件产品的直接度量包括产生的代码行数（LOC）、执行速度、存储量大小、在某种时间周期中所报告的差错数。

② 间接度量法：产品的间接度量则包括功能性、复杂性、效率、可靠性、可维护性和许多其他的质量特性。

只要事先建立特定的度量规程，很容易做到直接度量开发软件所需要的成本和工作量、产生的代码行数等。但是，软件的功能性、效率、可维护性等质量特性却很难用直接度量法判定，只有通过间接度量法才能推断。

以下章节将对几种常用的方法进行讲解。

10.3.1 面向规模的度量

面向规模的度量方法主要是针对代码行（Line Of Code，LOC）的度量，是对软件和软件开发过程的直接度量，属于直接度量法。

一个软件项目的代码行数目越多，它的规模也就越大。软件代码行的数目易于度量，许多软件开发组织和项目组都保留有以往软件项目代码行数目的记录，这有助于在以往类似软件项目代码行记录的基础上对当前软件项目的规模进行估算。面向规模的软件度量是通过进行规范化质量和/或生产率的测量而得到的，这些测量基于所生产软件的“规模”。如果一个软件组织保持简单的记录，就会产生一个面向规模的测量表，如表10.5所示。

表10.5 面向规模的度量

项目	工作量/人月	费用/千元	规模/KLOC	文档页数	发布前错误数	首年缺陷数	开发人数
Xm01	16	159	11.1	300	128	10	4
Xm02	65	440	28.8	1 280	200	26	5
Xm03	40	308	16.5	998	308	20	8
…	…	…	…	…	…	…	…

为了产生可以与其他项目中同类度量相比较的度量，可以选择代码行作为规范化值。根据表 10.5 中所包含的基本数据，能够为每个项目产生一组简单的面向规模度量，如表 10.6 所示。

表 10.6 面向规模的平均度量

类型	度量值
生产率	KLOC/PM（人月）
质量	错误数/KLOC
	缺陷数/KLOC
成本	元/KLOC
	元/文档页
	元/人月
文档	文档页数/KLOC

面向规模的度量并没有被普遍认为是软件开发过程度量的最好方法。大多数的争议都是围绕着使用代码行（LOC）作为关键的度量是否合适。LOC 度量的支持者们认为 LOC 是所有软件开发项目的最终产品，并且很容易进行计算；许多现有的软件估算模型使用 LOC 或 KLOC 作为关键的输入，并且已经有大量的文献和数据涉及 LOC。另一方面，反对者们则认为 LOC 度量依赖于程序设计语言，它们对设计得很好，但较小的程序会产生不利的评判，它们不适用于非过程语言，而且估算时需要一些可能难以得到的信息，例如，早在分析和设计完成之前，管理者就必须估算出要产生的 LOC。

10.3.2 面向功能的度量

由于代码长不一定能够说明该软件的功能强和复杂性大，用代码行进行度量不一定准确，因此引入了面向功能的度量，是对软件和软件开发过程的间接度量，属于间接度量法。

面向功能度量的关注点在于程序的功能性和实用性，而不是对 LOC 计数。一种典型的生产率度量法称为功能点（Function Points，FP）度量，该方法利用软件信息域中的一些计数度量和软件复杂性估计的经验关系式来算出功能的度量，对于每个项目需要收集的 FP 数据如表 10.7 所示。

表 10.7 需收集的 FP 数据

信息域	定义
用户输入个数	各个用户输入是面向不同应用的输入数据，对它们都要进行计数。输入数据应有别于查询数据，应分别计数
向用户输出数	各个用户输出是为用户提供的面向应用的输出信息，对它们均应进行计数。这里的输出是指报告、屏幕信息、错误信息等，在报告中的各个数据项不应再分别计数
用户查询个数	查询是一种联机输入，它导致软件要以联机输出的方式生成某种即时的响应。对每一个不同的查询都要进行计数
使用文件数	每一个逻辑主文件都应计数。这里的逻辑主文件是指逻辑上的一组数据，它们可以是一个大型数据库的一部分，也可以是一个单独的文件
外部接口数	对所有被用来将信息传送到另一个系统中的机器可读写的接口（即磁带或磁盘上的数据文件）均应计数

按照简单、一般、复杂加权，则本项目的 *FP* 值是：

$$FP = CT \times (0.65 + 0.01 \times \sum_{i=1}^{14} F_i)$$

其中，*CT* 是5个信息域的信息量的加权和（如表10.8所示），0.65是加权因子，0.01是常量，F_i 是复杂调整值，分14种，每种6级评分，如表10.9所示。

表10.8 *CT* 值的加权计算

信息域	统计计数			加权因数			加权计数
	简单 *A*	中间 *B*	复杂 *C*	简单 *D*	中间 *E*	复杂 *F*	$A \times D + B \times E + C \times F$
用户输入个数							
向用户输出数							
用户查询个数							
使用文件数							
外部接口数							
						CT=	Σ( )

表10.9 *FP* 的校正值 F_i

i	定义	F_i
1	系统是否需要可靠的备份和恢复？	
2	是否需要数据通信？	
3	是否有分布式处理的功能？	
4	性能是否是关键？	
5	系统是否将运行在现有的高度实用化的操作环境中？	
6	系统是否要求联机数据项？	
7	联机数据项是否要求建立在多重窗口中显示或操作的输入事务？	
8	是否联机地更新主文件？	
9	输入、输出、文件、查询是否复杂？	
10	内部处理过程是否复杂？	
11	程序代码是否要设计成可重用的？	
12	设计中是否包含变换和安装？	
13	系统是否要设计成多种安装形式以安装在不同的机构中？	
14	应用系统是否要设计成便于修改和易于用户使用的？	

注：F_i 的取值，0无影响，1偶然，2适中，3普通，4重要，5极重要

一旦计算出功能点，就可以仿照LOC的方式度量软件的生产率、质量和其他属性，如表10.10所示。

表 10.10 面向功能的度量

类 型	度 量 值
生产率	FP/PM（人月）
质量	错误数/FP
成本	元/FP
文档	文档页数/FP

10.4 项目计划和跟踪

本节内容实际上就是项目的进度管理。其主要工作分为两部分：项目计划的制定和项目计划的跟踪与控制。

10.4.1 项目计划的制定

确定计划进度的方式有两种。

① 系统最终交付日期已经确定，软件开发部门必须在规定期限内完成。

② 系统最终交付日期只确定了大致的年限，最后交付日期由软件开发部门确定。

后一种安排能够对软件项目进行细致分析，最好地利用资源，合理地分配工作， 而最后的交付日期可以在对软件进行仔细分析之后再确定下来，但前一种安排在实际工作中会经常遇到，如不能按时完成，用户会不满意，所以必须在规定的产品交付期限内进行倒推，进行人力调配和制定进度计划。

制定进度计划的最终交付物是主进度计划表，它也是一个过程，包括以下活动。

① 定义活动：定义项目组和干系人必须交付的交付物，并进行任务分解，一般以工作分解结构（Work Breakdown Structure，WBS）表达，并标识持续期、费用和资源需求。工作任务表如表 10.11 所示。

表 10.11 工作任务表

工 作 任 务	开 始 时 间	结 束 时 间	完 成 人	工 作 量
1.1 标识需求				
用户访谈	w1,d1	w1,d2	Li	2 人/天
标识需求	w1,d2	w1,d2	Zhang	1 人/天
建立产品陈述	w1,d3	w1,d3	Li /Yang	2 人/天
里程碑：需求规格说明书	w1,d3	w1,d3	Li /Yang	
1.2 输入/控制/输出定义（OCI）				
交互模式范围	w1,d4	w1,d5	Zhang	1 人/天
文档特征范围	w1,d5	w1,d5	Yang	1 人/天
声音输入功能	w2,d1	w2,d1	Yang/ Li	2 人/天

续表

工作任务	开始时间	结束时间	完成人	工作量
客户审核 OCI	w2,d2	w2,d4	Yang	2 人/天
按要求修改 OCI	w2,d3	w2,d5	Zhang	2 人/天
里程碑：定义 OCI	w2,d5	w2,d5	Li /Yang	
1.3 定义功能/行为				
……				

注：W 表示周，D 表示天。例如，w1,d1 表示第一周第一天。

② 估计活动持续期，并将活动顺序化：标识 WBS 的依赖性、优先级和持续期，以 AOV 网（Activity On Vertex Network）图标识最佳路径。

③ 开发进度表：按最佳路径排出时限图，也就是甘特图，如图 10.6 所示。项目经理依据此进度表进行项目的跟踪与控制。

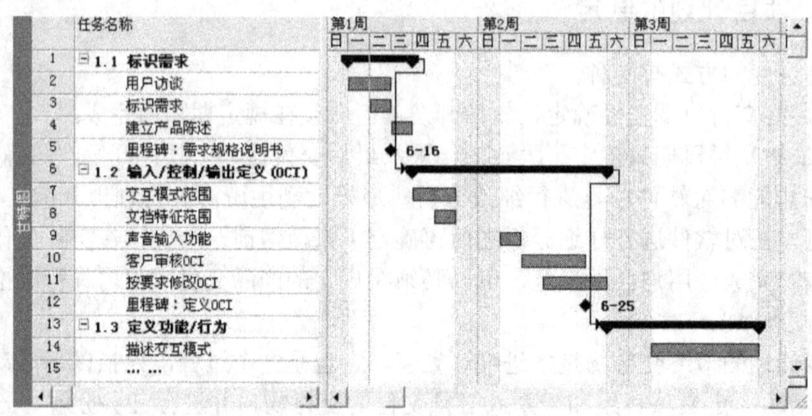

图 10.6 甘特图表示的开发进度表

关于计划编制和跟踪的项目管理工具 Microsoft Office Project 2007 的详细介绍参见本书第 11 章。

10.4.2 项目计划的跟踪与控制

软件项目的跟踪与控制是指在软件项目的实施过程中，随时掌握软件项目的实际开发情况，以便当软件项目实施与软件项目计划相背离，或者出现问题和风险时，能够采取有效的处理措施来控制软件项目的实施。

软件项目的实际进展与计划两者间的不一致将使得原有的软件项目计划失去意义。试想一想，如果按照原先的软件项目计划，项目组应该在第 5 周进入概要设计阶段的工作，但是实际上第 5 周需求分析工作尚未完成，因此，在这种情况下原有的软件项目计划将无法指导软件项目的实施。解决这一问题的办法是在软件项目实施过程中及时了解项目的实际进展情况，发现实际进展和计划之间的偏差，并以此为基础来调整软件项目计划。

因此，在软件项目实施过程中，软件经理需要记录软件项目尤其是软件开发活动的实际进展情况，通过和原先的软件项目计划进行对比，发现两者之间的偏差。图 10.7 是对所制定的项目计划的跟踪图，其中对计划中的各种任务的状态进行了明确的标识，标识的状态有3种：“已完成任务”、“按时的任务”和“延迟的任务”，对于正在进行的“按时的任务”和“延迟的任务”给出了进度完成的比例。

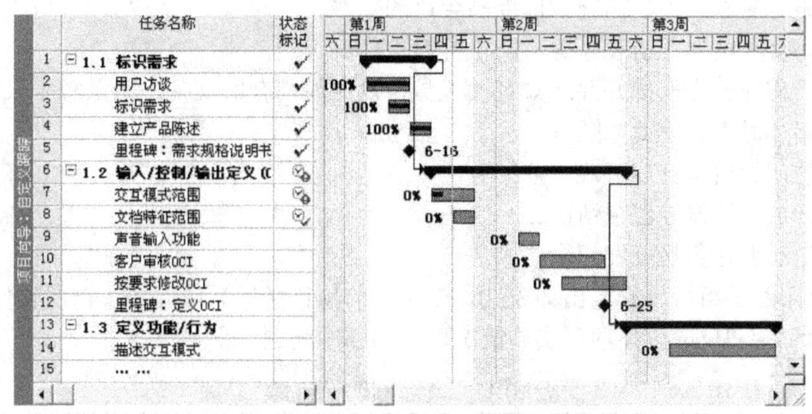

图 10.7 项目计划与实际进展情况跟踪

软件项目跟踪和控制方法包括两个主要内容：软件项目计划和项目开发进程。软件项目计划描述了有关软件项目开发的进度、成本、资源和人员等方面的预先规划，它是判断软件项目实施是否发生偏差的主要基准。软件项目的开发进程描述了软件项目的实际执行情况，是了解软件项目的实施进度以及所面临问题的主要依据。软件开发人员尤其是软件项目经理需要跟踪软件项目实施过程中的两方面对象：软件项目存在的风险、问题和项目进展，从而采取相应的措施来应对偏差（如调整软件开发计划）、解决问题和消除风险。图 10.8 描述了软件项目跟踪和控制的操作内容。

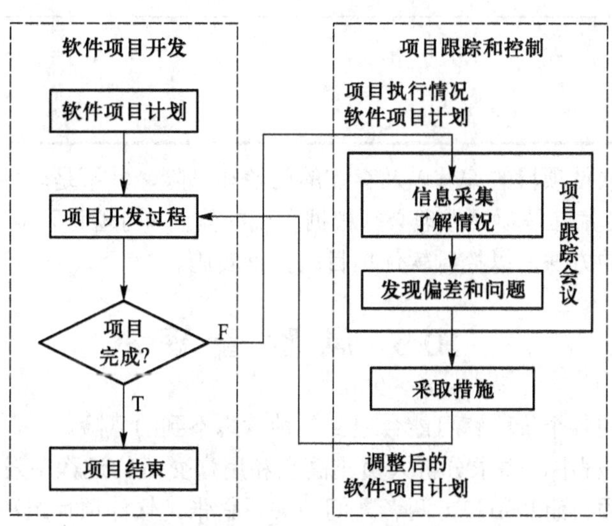

图 10.8 项目的跟踪和控制过程

对于一些规模比较大的软件项目而言，为了支持软件项目的跟踪和控制，应成立一个软件项目跟踪小组，其一般由软件项目组人员组成。软件项目跟踪小组由项目经理和软件开发各活动的负责人组成，软件项目跟踪小组需要指定一个负责人，负责协调软件项目的跟踪和控制工作。

一般地，软件项目跟踪小组应定期（如每周一次）召开软件项目跟踪和监督会议，获取软件项目实施的详细情况和面临的问题。软件项目跟踪会议的召开应注意以下问题。

① 围绕跟踪对象，不要离题，以提高会议的效率。

② 明确与会人员的职责和任务，防止推卸责任。

③ 会议日程应预先安排好并通知有关人员，以便他们有所准备，确保每个人有备而来。

④ 限定阐述时间，言简意赅。

⑤ 费时的问题留待会后解决。

⑥ 鼓励开放、坦诚地汇报情况。

⑦ 形成记录并在会后分发记录。

软件项目跟踪小组可以制定出如表 10.12 所示的项目（周）情况表，以便软件项目跟踪小组成员更好地记录和反应软件项目实施情况以及面临的问题。

表 10.12 项目（周）情况表

项目（周）情况表 XXX 项目 XXXX 年 XX 月 XX 日
1．本周项目进展及偏差：
2．本周存在的问题和风险：
3．下周工作计划：

通过跟踪，发现软件项目的偏差以及存在的问题和风险，并不是软件项目跟踪和监督的最终目的，软件开发人员尤其是项目经理必须根据发现的偏差、问题和风险尽快地提出纠正偏差、解决问题和消除风险的方法，以控制软件项目的正常实施。

10.5 风险管理

在软件项目过程的各个阶段有可能会遇到各种意想不到的风险。

① 在需求分析过程中，需求分析人员小高在和用户交流的过程中发生了争执，出现了不愉快现象，造成软件项目组和用户方两者之间的关系紧张。软件项目组和用户方出现这种状况是双方没有想到的。如果任其发展下去，势必会影响整个需求分析工作。

② 在软件设计阶段，软件设计人员小杨发现，用户需求中的某项需求至今尚未找到有效的技术解决途径。显然，该问题将直接影响软件项目的后续开发工作。如果项目组不尽快找到

解决该问题的技术途径，那么整个软件项目就会受到影响。

③ 软件项目实施 3 个月后，软件项目组主要成员小胡突然有一天告诉项目经理，他计划离开公司前往国外留学。小胡的离开显然将影响项目的正常实施，给项目组带来损失。可以想象，小胡的离开将给项目组带来一系列问题：谁来接替小胡的工作？在此之前谁来负责交接小胡的工作等。尽管上述事件还没发生，但项目经理必须考虑如何避免上述问题的发生，以及一旦发生后该采取的措施，以便将损失减少到最小。

上述案例说明：软件项目实施过程中存在大量的风险，软件风险形式多样，许多软件风险事先难以确定。如果不对风险进行良好的管理，就很难保证按照计划、在成本和进度范围内开发出高质量的软件产品，甚至会导致项目失败，因此必须对项目实施过程中发生的风险进行有效的管理。

10.5.1 风险管理基础

导致软件项目的开发受到影响和产生损失、甚至失败的事件发生的可能性称为风险，即风险是失败和灾害的可能性。

风险不同于问题和争议，因为风险是指未来潜在的不利结果或损失。问题和争议是项目当前的事件或状态，如果风险得不到有效的控制，它就可能转化为问题和争议。

每个软件项目都会面临风险。成功地管理风险、化解风险对项目的成功非常关键。因此，风险管理提倡主动地应对和处理风险，不断地评估哪些环节会出现风险，应采用何种策略进行处理。

1. 软件风险的特点

一般地，软件风险具有以下特征。

① 事先难以确定。例如在上述例子中项目经理和其他项目组人员在项目实施之前或者之初不会想到小胡会在项目实施过程中要求离开项目组。

② 带来损失。对软件项目开发带来负面和消极影响，甚至可能会导致项目失败。软件风险给软件项目开发带来的损失表现出不同的形式，如导致软件产品质量下降、软件开发进度滞后、无法满足用户的需求、软件开发成本上升等。

③ 概率性。软件风险本身是一种概率事件，它可能发生也可能不发生。但是一旦发生，势必会对软件项目产生消极影响。

④ 可变性。软件风险在一定条件下可以转化。原先为风险的事件可以转化为非风险事件，而非风险事件也可以转化为风险事件。

2. 风险源

风险源可以归结为以下几个。

① 产品的目标不当。例如，目标过大，与资源不匹配。

② 由客户或最终用户引起。

③ 组织管理或决策问题。

④ 费用、人员、进度因素。

⑤ 项目特性。例如，此类项目成功概率较低。

⑥ 采用新技术。

⑦ 运营环境等。

3. 风险产生的影响

风险产生的影响表现在以下方面。

① 费用超支。

② 进度失控。

③ 功能达不到规范要求。

④ 产品性能不达标。

⑤ 客户不满意。

⑥ 员工无斗志。

⑦ 公司形象受损。

⑧ 法律问题等。

4. 风险管理的关键概念

风险管理的关键概念如下。

（1）在任何项目过程中风险是固有的

不同的项目存在的风险的类型和数目是不一样的，但没有一个项目是完全没有风险的。在项目实施过程中，总会存在影响项目实施的不确定因素会影响项目的组织实施，影响项目成功地达到目标。因此，牢记风险是固有的和无处不在的。

（2）主动进行风险管理是最有效的

要采用积极和主动的方法来标识、分析和处理风险。

① 预见风险，而不是等到它发生时才做出响应。

② 找出根源，而不是处理现象。

③ 在问题发生前，问题处理计划就已准备就绪。

④ 采用众所周知的、结构化的、可重复的过程来解决问题。

⑤ 尽可能地采用预防措施。

有效的风险管理不是简单地应对问题就能达到的，应事先标识风险，并去管理风险。主动的风险管理可以缓解风险的影响。

（3）以积极的态度对待风险标识

风险标识过程有助于项目小组有效地管理风险。把风险摊开在桌面上，不但不会影响项目的正常进展，而且有助于项目成功实施。

（4）连续评估

项目过程在持续变化下，要求项目小组经常地再次评定已知风险的状态，重新评价或更新计划，看它能否防止或响应与这些风险关联的问题。

（5）先指明，后管理

在面对不确定性时，风险管理与决策相关。风险的一般性陈述会留下许多不确定性，使人们对风险产生不同的理解。明确地陈述风险有助于：

① 了解产生风险的原因和引发问题的关系；

② 确保所有小组成员对风险有相同的理解；

③ 为进行定量的分析和计划工作提供基础；

④ 建立各干系人对小组管理分析能力的信心。

（6）不要简单依据风险的数目来判断项目情况好坏

有一点需要强调，不要简单依据已知风险的数目来判断项目情况好坏。风险是一种可能性，并不一定会带来损失或不好的结果，只要积极应对，也会产生好的结果。

10.5.2 风险识别

在软件项目的开发过程中可能遇到各种形式的风险。常见的软件风险如表 10.13 所示。

表 10.13 常见的软件风险

风 险 类 型	可能的风险内容描述
计划编制风险	计划、资源和产品的定义完全由客户或上层领导决定，忽略了软件项目组的意见，并且这些决定不完全一致
	计划忽略了必要的任务和活动
	计划不切实际
	软件规模估算过于乐观
	工作量估算过于乐观
	进度的压力造成生产率下降
	目标日期提前，但没有相应地调整产品范围和可用资源
	一个关键任务的延迟导致其他相关任务产生连锁反应
组织和管理风险	缺乏强有力、有凝聚力的领导
	管理方面的英雄主义，忽视客观确切的状态报告，降低发现和改正问题的能力
	解雇人员导致软件项目小组能力下降
	管理层审查/决策的周期比预期时间长
	削减预算打乱软件项目计划
	非技术的第三方工作比预期要长（如采购硬件设备）
	管理层做出了打击软件项目组积极性的决定
	计划性太差，无法适应期望的开发速度
	软件项目计划由于压力而放弃，导致开发混乱
	仅由管理层和市场人员进行技术决策
	低效的项目组织结构降低软件开发的生产率
开发环境风险	开发设施和工具不能及时到位
	开发设施和工具到位但不配套
	开发设施和工具不如期望的那样有效
	开发人员需要更换开发设施和工具
	开发设施和工具的学习期比预期的要长
	开发设施和工具的选择不是基于技术需求，不能提供计划要求的功能

续表

风险类型	可能的风险内容描述
产品风险	错误发生率高的模块，需要更多的时间进行测试和重构
	要求软件重用，需要更多的时间
	开发额外不需要的功能延长了进度
	要满足软件产品规模和速度要求，需要更多的时间
	严格要求与现有系统兼容，需要更多的时间
	由于功能错误，需要重新进行设计和实现
	要矫正质量低下的软件产品，需要更多的时间对其进行测试和重构
人员风险	招聘人员所需的时间比预期的要长
	技术人员怠工导致工作被遗漏、质量低下，工作需要重做
	项目管理人员怠工，导致计划和进度失效
	开发人员与管理层关系不佳导致决策迟缓、影响全局
	作为开发人员参与工作的先决条件（如培训、其他项目的完成等）不能按时完成
	项目组人员没有全身心地投入到项目中，无法达到所需的软件产品功能和性能需求
	人员工作的进展比预期的要慢
	任务的分配和人员的技能不匹配
	项目组人员的数目不足
	项目组关键人员只能兼职参与
	最佳人选没有加入软件项目组，或者加入软件项目组但没有合理使用
	有问题的项目组人员没有及时调离软件项目组，影响其他人员的工作积极性
	由于项目组人员间发生冲突，导致沟通不畅、设计欠佳、接口错误和额外进行重复工作
	缺乏激励措施、士气低下
	缺乏必要的规范，工作失误增加，重复工作，降低工作质量
	缺乏工作基础（语言、经验、工具等）
	在项目过程中，项目组人员离开软件项目组
	在项目后期加入新的软件开发人员，额外的培训和沟通降低了软件项目组人员的开发效率
	项目组人员不能有效地在一起工作
设计风险	设计过于简单，考虑不仔细、不全面，需要重新设计和实现
	设计过于复杂，导致一些不必要的工作，影响效率
	设计质量低下，需要重新设计和实现
	使用不熟悉的方法，导致需要额外的培训时间
	产品使用低级语言编写，导致开发效率较低
	分别开发的模块无法有效集成，需要重新设计和实现

续表

风 险 类 型	可能的风险内容描述
需求风险	需求已经成为软件项目基准，但仍在变化
	需求定义欠佳：不清晰、不准确、不一致
	增加了额外的需求
过程风险	跟踪不准确，导致无法预知项目进展是否落后于计划
	风险管理粗心，导致没有发现重大的软件项目风险
	没有遵循标准，导致沟通不足、质量问题和重复工作
	前期的质量保证行为不真实，导致后期的重复工作
用户风险	最终用户的意见未被采纳，造成软件产品无法满足用户要求
	最终用户对交付的软件产品不满意，要求重新开发
	最终用户不买进项目产品，无法提供后续支持
	最终用户坚持新的需求
承包商风险	承包商提供的软件产品质量低下，必须花时间改进质量
	承包商提供的软件产品达不到性能要求
	承包商没有按照承诺交付软件产品

10.5.3 风险管理过程、原则

风险管理方法如图 10.9 所示，它大致包括风险分析和风险控制两个主要部分，目的是在软件风险影响软件项目实施前，对它进行识别和处理，并预防和消除风险的发生，包括识别风险（会有哪些软件风险）、预防和消除风险（最好不要让软件风险发生）以及制定软件风险发生后的处理措施。

具体风险管理过程如图 10.10 所示。从这个模型中可以看到，风险管理过程是一个迭代的过程，是一个对风险管理不断改进优化的过程。

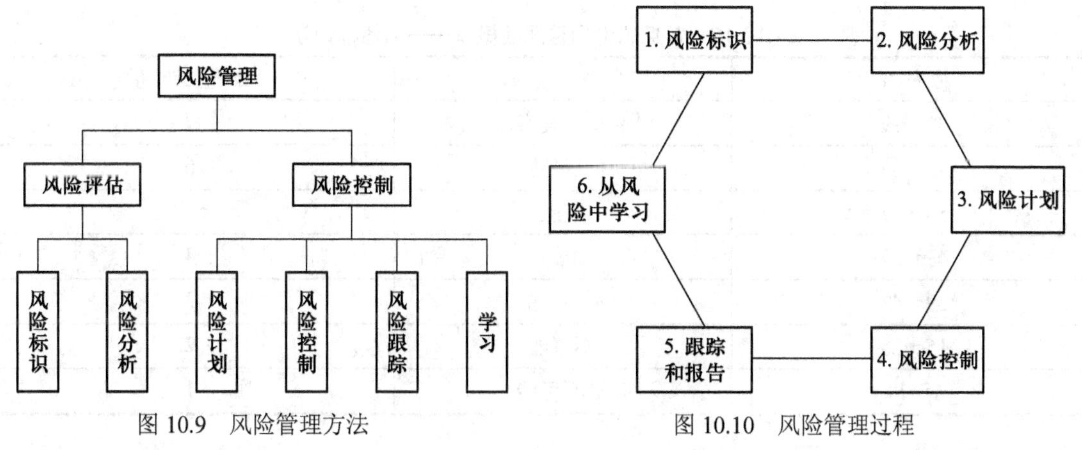

图 10.9　风险管理方法　　图 10.10　风险管理过程

1. 风险标识

风险管理过程的第一步。把可能发生的风险列举出来，必须明确地陈述潜在的风险，形成风险列表，如表 10.14 所示。

表 10.14 常见软件项目风险

编　号	风　险
1	招聘不到所需的技术人员
2	组织结构发生变化
3	软件产品的交付日期提前
4	用户增加了额外的需求
5	由于用户的业务繁忙，没有足够的时间配合
6	需求分析所需的软件工具尚未到位

2. 风险分析

风险分析是指评估所识别的各项软件风险发生的概率、估算软件风险发生后可能造成的损失以及计算软件风险危险度，并排列其对应的优先级。

对风险发生概率进行评估可采用以下方法，由熟悉系统、有软件开发经验的人参与评估；可以由多人独立评估，然后进行综合折中。风险发生的概率既可以采用定量的表示方法，也可以采用定性的方法（如非常可能、可能等）。一般地，定性表示方法和定量表示方法两者之间有一定的对应关系，表 10.15 是概率的三值标识法，表 10.16 是概率的七值标识法。

表 10.15 常见软件项目风险概率——三值标识法

概率/%	自然语言	数值计量
68～99	高	3
34～67	中	2
1～33	低	1

表 10.16 常见软件项目风险概率——七值标识法

概率/%	自然语言	数值计量
87～99	几乎确实	7
73～86	很可能	6
58～72	可能	5
43～57	中性	4
29～42	不太可能	3
15～28	不可能	2
1～14	极不可能	1

针对所识别的每一个风险，表 10.17 中用概率、工作量对软件风险的发生概率和软件风险发生后给软件项目所造成的损失进行了表示和度量。然后再根据每个软件风险发生的概率和损失，计算出它们的危险度，危险度的计算方式如下：

$$危险度 = 风险概率 \times 风险损失$$

表 10.17 软件风险及其发生概率、造成的损失和危险度列表

编 号	风 险	风险概率	损失/人周	危险度/人周
1	招聘不到所需的技术人员	0.9	3	2.7
2	组织结构发生变化	0.7	6	4.2
3	软件产品的交付日期提前	0.8	5	4.0
4	用户增加了额外的需求	0.6	8	4.8
5	由于用户的业务繁忙，没有足够的时间配合	0.5	3	1.5
6	需求分析所需的软件工具尚未到位	0.2	4	0.8

大量的软件工程实践表明，软件项目的 80%成本用于解决 20%的问题。也就是说，在软件工程实践过程中可能会出现大量的问题，其中 20%的问题是核心和关键。软件风险管理也类似，要重点关注其中的关键性软件风险。所谓的关键性软件风险是指那些危险度较高的软件风险。例如在表 10.17 中，编号为 4、2 和 3 的软件风险的危险度非常高。根据软件风险的危险数，可以对软件风险的优先级进行排序，如表 10.18 所示。经过排序后的软件风险列表清晰地显示了哪些软件风险的危险度比较高，需要重点关注；哪些软件风险的危险度比较低，可以暂时不予考虑。

表 10.18 软件风险的优先级列表

编 号	风 险	风险概率	损失/人周	危险度/人周
4	用户增加了额外的需求	0.6	8	4.8
2	组织结构发生变化	0.7	6	4.2
3	软件产品的交付日期提前	0.8	5	4.0
1	招聘不到所需的技术人员	0.9	3	2.7
5	由于用户的业务繁忙，没有足够的时间配合	0.5	3	1.5
6	需求分析所需的软件工具尚未到位	0.2	4	0.8

3. 风险计划

风险计划是风险管理中的第三个步骤，项目小组将具有软件风险优先级的风险列表转换成行动计划。针对每一个重要的软件风险，相应地制定处理该软件风险的计划。计划活动包括：为最高风险列表中的每一个风险开发出详细的策略和行动，创建一个集成的风险管理计划；把实现风险行动计划所要求的任务集成到项目进度表中，把这些任务委派给项目小组成员并主动跟踪他们的状态。

风险管理计划主要描述关于软件风险处理方法的内容，如表 10.19 所示。

表 10.19 软件风险管理计划

<table>
<tr><td colspan="2">软件风险管理计划</td></tr>
<tr><td colspan="2">XXX 项目 XXXX 年 XX 月 XX 日</td></tr>
<tr><td>风险编号</td><td>3</td></tr>
<tr><td>风险名称</td><td>小胡离开项目组</td></tr>
<tr><td>风险发生对象</td><td>小胡</td></tr>
<tr><td>风险发生原因</td><td>未知</td></tr>
<tr><td>风险可能发生的时机</td><td>3 周后</td></tr>
<tr><td>消除风险的措施</td><td>由项目经理与小胡进行交流，询问其离开项目组的真正原因，并及时向公司高层反映情况</td></tr>
<tr><td>风险发生后的应对措施</td><td>由小高接替小胡的工作</td></tr>
</table>

4. 风险控制

风险控制是风险管理中的第四个步骤，在这个过程中，项目小组主动实施与软件风险管理计划相关的活动，以缓解或消除风险。一般地，软件风险化解有以下几种方式。

（1）避免风险

采取主动和积极的措施来规避软件风险，将软件风险发生的概率控制为零。例如针对用户可能没有时间参加需求评审这一软件风险，项目组可以考虑选择用户方便的时间来进行需求评审，这样“用户不能出席需求评审会”这一软件风险就不会发生。

（2）转移风险

将可能或者潜在的软件风险转移给其他的单位或个人，从而使自己不用再承担该软件风险。例如如果开发某个子系统存在技术和人力资源方面的风险，可以考虑将它外包给其他软件开发公司，从而将该软件风险从项目中转移出去。

（3）消除引发软件风险的根源

如果知道导致软件风险发生的因素，那么可针对这些因素采取一定的手段消除软件风险发生的根源。例如如果发现导致小胡离开项目组的主要原因是薪酬太低，那么可以通过给小胡增加薪酬来消除发生软件风险的根源。表 10.20 中列举了常见软件风险的控制方法。

表 10.20 常见软件风险的控制方法

风 险 描 述	控 制 方 法
人员薄弱	招募顶级人才，培训，团队建设，项目开始前招聘或预定关键成员
人员流失	确保在项目的关键部分提供备份人力资源，加强配置管理，加强项目组人员的职业道德建设
需求变更	严格的变更控制流程
对需求理解不够	加强与用户的沟通，组织领域知识培训，应用快速原型技术
计划过于乐观	估算要科学，利用工具，借鉴历史数据
质量低劣	制定质量保证计划，落实质量保证计划，安排专人负责质量保证
不切实际的进度	通过协商制定一个更为合理的进度计划，任务并行化，关注关键路径
运用新技术	提供技术培训，进行技术验证
设计低劣	要有清晰的设计活动和设计时间，进行设计检查
承包商失败	检查参考资料，外包前检查承包商的能力，积极管理承包商

5. 跟踪和报告

在风险评估和控制过程中，项目经理必须对软件风险的化解程度及其变化（如发生概率、可能导致的损失和危险度）进行检查和监控，并对收集到的有关软件风险信息进行记录，以促进对软件风险的持续管理。

风险监控的主要内容包括：监控和跟踪重要软件风险，记录这些软件风险危险度的变化以及软件风险化解的进展情况，确认软件风险是否已经得到化解和消除，是否有新的软件风险发生等。在表 10.21 中，描述了项目实施过程中软件风险的变化及其化解进展情况。

表 10.21 风险监控报告

风险监控报告 XXX 项目 XXXX 年 XX 月 XX 日				
本周排序	上周排序	监控周数	风险描述	化解进展情况
1	1	5	功能蔓延	采取分阶段交付的方式，需和市场人员和最终用户解释
2	5	5	设计低劣	要求按规范来进行软件设计，对软件设计结果进行评审
3	2	4	软件测试负责人未到位	候选人员名单已经报给公司主管，最晚将于下周确定

6. 从风险中学习

从风险中学习是风险管理中的第六个步骤，也是风险管理过程的最后一个步骤，为风险管理活动增加了一个战略的视点。从风险中学习强调通过增强的能力，使得项目组在组织层次上成熟，以可重用的方式捕获知识，对风险管理过程进行改进，其主要目标如下。

① 捕获学习经验，针对风险标识和成功的缓解策略，将其作为项目组的收益，纳入风险知识库中。

② 捕获项目组的反馈可改进风险管理过程。

③ 为风险管理活动提供质量保证，确保项目组获得经常性的反馈。

10.6 质量管理

质量是企业的生命线，也是项目成功的关键。本小节主要讨论以下两个问题：什么是软件质量以及在软件开发的过程中如何保证软件质量。

10.6.1 软件质量

概括地说，软件质量就是“软件与明确和隐含定义的需求相一致的程度”。更具体地说，软件质量是软件与明确说明的功能和性能需求、文档中明确描述的开发标准以及任何的专业开发软件产品都应该具有的隐含特征相一致的程度。上述定义强调了下述的 3 个要点。

① 软件需求是度量软件质量的基础，与需求不一致就代表质量不高。

② 指定的开发标准定义了一组指导软件开发的准则，如果没有遵守这些准则，几乎肯定

会导致软件质量不高。

③ 通常有一组没有显式描述的隐含需求（例如，软件应该是容易维护的）。如果软件满足明确描述的需求，但却不满足隐含的需求，那么软件的质量仍然是值得怀疑的。

虽然软件质量是难于定量度量的软件属性，但是仍然能够提出许多重要的软件质量指标（其中绝大多数目前还处于定性度量阶段）。

10.6.2 软件质量保证

软件质量保证（Software Quality Assurance，SQA）是保证软件产品质量和软件过程质量的一种方法，通过建立一套有计划、有系统的方法，来向管理层保证拟定出的标准、步骤、实践和方法能够正确地被所有项目所采用。其措施主要有：基于非执行的测试（也称为复审或评审）、基于执行的测试（即以前讲过的软件测试）和程序正确性证明。复审主要用来保证在编码之前各阶段产生的文档的质量；基于执行的测试需要在程序被编写出来之后进行，它是保证软件质量的最后一道防线；程序正确性证明使用数学方法来严格验证程序是否与对它的说明完全一致。

软件质量保证的目的是使软件过程对于管理人员来说是可见的。它通过对软件产品和活动进行评审和审计来验证软件是否合乎标准。软件质量保证组在项目开始时就一起参与建立计划、标准和过程，这些将使软件项目满足机构方针的要求。其目标有以下几个。

① 软件开发工作是有计划进行的。

② 客观地验证软件项目产品和工作是否遵循恰当的标准、步骤和需求。

③ 将软件质量保证工作及结果通知给相关组别和个人。

④ 使高级管理层接触到在项目内部不能解决的不符合类问题。

参加 SQA 工作的人员可以划分成以下两类。

① 软件工程师通过采用先进的技术方法和度量进行正式的技术复审以及完成计划周密的软件测试来保证软件质量。

② SQA 小组的职责是辅助软件工程师以获得高质量的软件产品。其从事的软件质量保证活动主要是计划、监督、记录、分析和报告。简而言之，SQA 小组的作用是，通过确保软件过程的质量来保证软件产品的质量。

10.6.3 CMM & CMMI

1. CMM

软件能力成熟度模型（Capability Maturity Model，CMM）是由美国卡内基梅隆大学软件工程研究所（CMU SEI）研究出的一种用于评价软件承包商能力并帮助改善软件质量的方法，其目的是帮助软件企业对软件工程过程进行管理和改进，增强开发与改进能力，从而能按时地、不超预算地开发出高质量的软件。其所依据的想法是：只要集中精力持续努力去建立有效的软件工程过程的基础结构，不断进行管理的实践和过程的改进，就可以克服软件开发中的困难。

最初，建立此模型的目的主要是，为大型软件项目的招投标活动提供一种全面而客观的评审依据，发展到后来，此模型又同时被应用于许多软件机构内部的过程改进活动中。

通过实施 CMM 可以提高软件企业的能力成熟度，改进软件的开发、维护过程，按时、按量地为客户提供高质量的软件，真正实现提高企业竞争力的目的。CMM 把企业控制软件过程的能力分为 5 级：一级（初始级）、二级（可重复级）、三级（可定义级）、四级（可管理级）、五级（可优化级）。这种成熟度分级的优点是能明确而清楚地反映过程改进活动的轻重缓急和优先顺序，如表 10.22 所示。

表 10.22 CMM 的级别

级 别	特 点	关 键 过 程
初始级	软件开发过程中偶尔会出现混乱的现象，只有很少的工作过程是经过严格定义的，开发成功往往依靠的是某个人的智慧和努力	
可重复级	建立了基本的项目管理来跟踪进度、功能、费用，根据项目进度表进行开发。对于相似的项目，可以重用以前成功部分的内容	需求管理、软件项目计划、软件项目的跟踪和监督、软件转包管理、软件质量保证和软件组态管理
可定义级	已将软件管理和过程文档化和标准化，它被集成为一个组织的标准的开发过程。所有项目的开发和维护都在这个标准基础上进行定制	组织过程关注程度、组织过程定义、培训项目、集成化的软件管理、软件产品化机制、项目组的内部协调和对出现错误的复查
可管理级	对于软件开发过程和产品质量的测试细节都有很好的归纳，产品和开发过程都可以定量地分解和控制	定量的过程管理和软件质量管理
可优化级	通过建立开发过程的定量反馈机制，不断产生新的思想，采用新的技术来优化开发过程	缺陷预防、技术更新管理和流程改造管理

2. CMMI

CMMI（Capability Maturity Model Integration，能力成熟度模型集成）是在 CMM 多年实施和实践的基础上推出的，它不像 CMM 那样简单地定义每级过程成熟度有多少过程域，而是深入到每个过程域的成熟度，得到的是综合能力成熟度。例如，整个企业的综合评价是可定量管理的二级，它的 5 个子过程域分别被评为（三，一，二，三，二）级，这样就知道过程改进的重点是哪个过程域了。

CMMI 的级别与 CMM 的级别类似，也把企业控制软件过程的能力分为 5 级，但级别的名字、概念略有差异，如表 10.23 所示。

表 10.23 CMMI 的级别

级 别	特 点	关 键 过 程
初始级	企业对项目的目标与要做的努力很清晰，项目的目标得以实现。但是由于任务的完成带有很大的偶然性，企业无法保证在实施同类项目的时候仍然能够完成任务。企业在项目实施上对实施人员有很大的依赖性	
管理级	企业在项目实施上能够遵守既定的计划与流程，有资源准备，权责到人，对相关的项目实施人员有相应的培训，对整个流程有监测与控制，并与上级单位对项目与流程进行审查。企业在二级水平上体现了对项目的一系列管理程序	配置管理、度量和分析、需求管理、项目计划、项目控制与监控、供应商协议管理、过程和产品的质量保证

续表

级 别	特 点	关 键 过 程
定义级	企业不仅能够对项目的实施有一整套的管理措施，并保障项目的完成，而且，企业能够根据自身的特殊情况以及自己的标准流程，将这套管理体系与流程予以制度化，这样，企业不仅能够在同类的项目上得到成功的实施，在不同类的项目上一样能够得到成功的实施	技术解决方案、产品集成、需求开发、组织过程的定义、组织培训、集成的项目管理、风险管理、集成的组织环境、验证、确认、组织过程的焦点、集成的供应商管理、决策分析和消解、综合团队
量化管理级	企业的项目管理不仅形成了一种制度，而且要实现数字化的管理。对管理流程要做到量化与数字化。通过量化技术来实现流程的稳定性，提高管理的精度，降低项目实施在质量上的波动	定量的项目管理 组织的项目管理
优化级	企业的项目管理达到了最高的境界。企业不仅能够通过信息手段与数字化手段来实现对项目的管理，而且能够充分利用信息资料，对企业在项目实施的过程中可能出现的次品予以预防。能够主动地改善流程，运用新技术，实现流程的优化	组织的更新和部署 原因分析和错误分辨

CMMI 会分别评定各过程域，然后综合评定过程域，有以下两个方法。

① 连续的：描述可以根据企业需要选择流程改进顺序，降低企业风险，这给通过 ISO 做流程改进提供了一个方便的比较，使用能力度（Capability）来衡量。

② 阶段的：描述提供了已经过验证的流程改进顺序，方便从 CMM 移植过来。使用成熟度（Maturity）来衡量流程改进。

现在评价一个企业的过程能力都采用 CMMI，而不是 CMM。

10.7 案 例 分 析

管理“航空机票预订”项目：为航空公司开发一套机票预订和查询系统，对该软件项目实施项目管理。

10.7.1 建立“航空机票预订”项目的过程模型

“航空机票预订”项目的过程模型如图 10.11 所示。

在以下几个阶段建立基线，实施系统跟踪：

- 需求调研
- 概要设计
- 详细设计
- 构造
- 单元测试
- 集成测试
- 系统测试
- 验收测试

- 安装

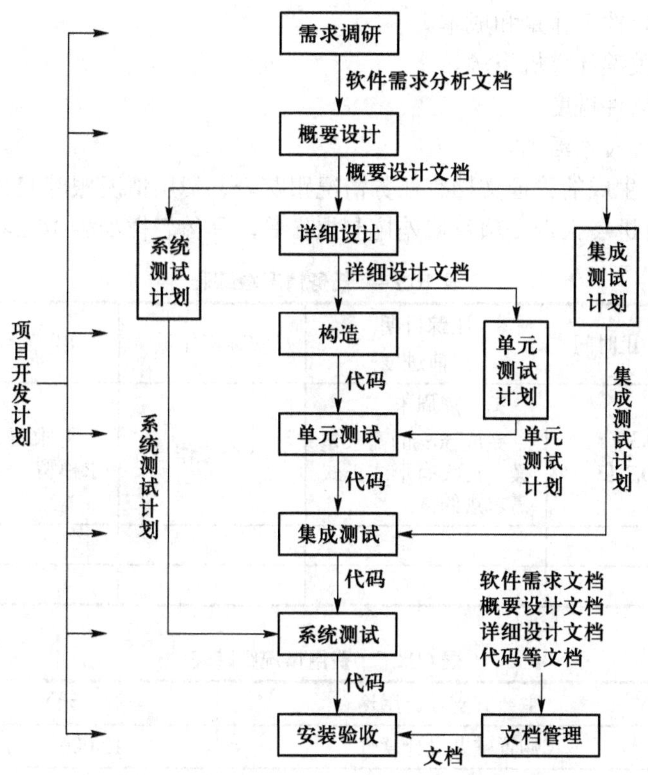

图 10.11 “航空机票预订”项目的过程模型

10.7.2 实施跟踪与控制

“航空机票预订”项目监控过程有 3 个主要规程：“项目计划跟踪”、“偏差控制”、“项目进展报告”，流程如图 10.12 所示。

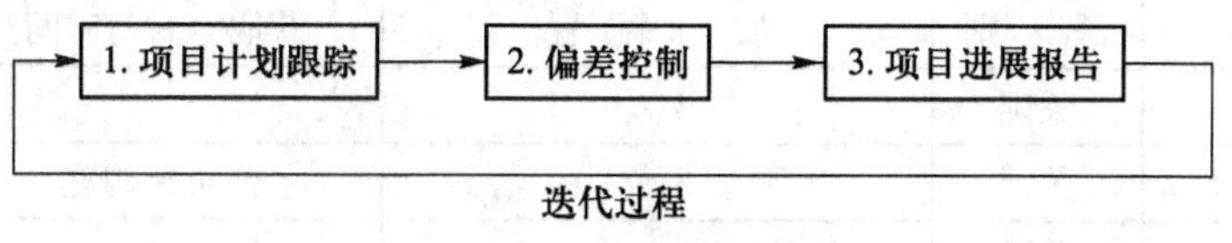

图 10.12 项目监控流程

① 项目计划跟踪：项目经理周期性地跟踪项目计划的各种参数，如进度、工作量、费用、资源、工作成果等，从而及时了解项目的实际进展情况。从数据分析角度讲，计划是基于估计的，而跟踪则是基于度量的。

② 偏差控制：项目经理将跟踪得到的数据和《项目计划》中的数据进行对比，分析偏差，如果发现项目进展显著偏离计划，应当及时采取纠正措施。

③ 项目进展报告：项目经理周期性地召开会议，讨论项目进展情况，撰写“项目进展报告”并通报给组织领导和所有项目成员。

项目监控的内容如下。

① 跟踪软件工作产品的规模。

② 跟踪项目的软件工作量和成本。

③ 跟踪项目的关键计算机资源。

④ 跟踪项目的软件进度。

⑤ 跟踪软件工程技术活动。

对于各个基线，生成的管理文档有任务情况跟踪表、费用情况跟踪表、资源情况跟踪表、交付物跟踪表、项目进展报告、项目偏差控制报告等，具体表样如表10.24～表10.29所示。

表10.24 任务情况跟踪表

任务名称	实际起止时间	跟踪日期 当前进度	实际工作量	实际工作成果	备注
需求捕获	2010.3.1— 2010.3.13	第一周周末 完成50%的需求定义，还没有形成正式需求规约	10个工作日	需求描述与需求模型	

表10.25 费用情况跟踪表

费用类别	主要开支项、用途	金额（元）	时间
设计费	购置辅助设计软件	12 000	2010.3.1
	购置计算机	4 000	2010.3.2
差旅费	需求调研	5 000	2010.3.2～ 2010.3.10

表10.26 资源情况跟踪表

软硬件资源名称	级别	实际配置	获取方式与时间	使用说明
分析人员（4人）	关键	3人		
笔记本或计算机（3台）	关键	3台	公司新购置	支持系统分析
	普通			
	普通			

表10.27 交付物跟踪表

工作成果名称	新开发的成果规模 （代码行、类、文档页数）	重用或自动生成的成果规模 （代码行、类、文档页数）
软件需求规格说明书	188页	
风险管理计划	15页	
…		
总和	203页	

表 10.28 项目进展报告

基本信息			
项目名称	航空机票预订	报告日期	2010.3.15
项目编号	Project-hkjp	报告批次	第 2 份
项目经理	XXX	项目所处阶段	需求调研阶段
项目进展状况	计划		实际情况
任务与进度	需求调研完成		完成
工作成果	需求规格说明书		经过评审并导入配置库
费用	20 000 元		21 000 元，超出预算 1 000 元
人力资源	4 人		5 人，额外增加一人
软硬件资源			
问题与对策			
无			

表 10.29 项目偏差控制报告

记录日期	显著偏差描述	原因分析	纠正措施	结果
2010.3.5	需求分析滞后	缺少一个分析人员	建议增加一个需求分析人员	暂时没有得到满足，但已经获得批准

10.8 本 章 小 结

虽然软件项目管理的内容非常丰富，但总体上可以将软件工程划分为技术和管理两方面的内容。只有在科学而严格的管理下，先进的技术方法和优秀的软件工具才能真正发挥出它的作用，因此有效的项目管理是软件项目成功的关键。

本章主要讲解了软件项目管理的概念和关键内容：项目干系人，项目管理框架，软件项目的组织，软件度量，软件项目计划跟踪，风险管理，质量管理等。

通过本章的学习，读者应理解项目管理过程，理解项目管理中人员角色的划分和团队的组织方法，掌握软件度量、计划、跟踪的方法，掌握风险分类和预防、化解风险的方法，理解质量管理的相关知识。

10.9 习 题

一、选择题

1．各干系人之间的角色在某些特定环境下是不同的。专用软件系统的开发，甲方是________。

A．项目用户，项目开发者　　B．项目业主，项目开发者

C．项目业主，管理人　　D．项目业主，项目用户

2．软件项目管理是对________中一切活动进行管理。

A．软件设计过程　　B．软件需求分析过程　　C．软件生存周期　　D．开发研制、维护过程

3．软件项目管理的主要职能包括________。

A．配置管理、成本管理　　B．风险管理、成本管理

C．范围管理、采购管理　　D．B和C

4．在软件项目管理中，最常用的计划管理工具是________。

A．程序结构图　　B．E-R图　　C．甘特图　　D．用例图

5．在软件项目的实施过程中，对应需求分析、设计、编码和测试阶段所需的不同层次的技术人员是________。

A．高级、中高级、初级、中高级　　B．高级、初级、高级、中高级

C．中高级、高级、高级、初级　　D．中级、中高级、初级、中高级

二、简答题

1．什么是软件项目管理？软件项目管理的主要任务有哪些？

2．项目的团队组织有哪些常用的组织结构？对其进行简述。

3．简述项目跟踪与控制的过程。

4．假设你是负责开发一个大型ERP软件项目的项目经理，你可能采用哪种团队组织结构来组织你的团队，为什么？

5．假设你是负责开发一个应用软件系统的项目经理，这个项目与你原来管理的软件项目相类似，而且软件需求非常明确，你可能采用哪种团队组织结构来组织你的团队，为什么？

6．CMM的基本思想是什么？为什么将CMM划分为5个等级？

三、综合应用题

结合课程内容和本章的案例，针对开发“网上订餐系统”项目，模拟实施项目管理过程。要求建立过程模型、制定项目实施计划并进行项目跟踪和控制。

第 11 章　软件工程常用工具

本章要点

- 项目管理工具 Microsoft Office Project 2007
- UML 建模方法
- 建模工具 Microsoft Office Visio 2007
- 建模与设计工具 PowerDesigner 12.0
- 软件测试工具 LoadRunner 9.1
- 配置管理工具 Visual SourceSafe

11.1　软件工程工具的分类

当今的软件开发，代码变得日益简单，而整个软件项目开发的过程管理和建模方法就显得尤其重要，而与其对应的软件工程工具，是我们在软件开发过程中应该熟练掌握的。对计算机辅助软件工程（Computer-Aided Software Engineering，CASE）工具的分类，按使用阶段可划分为以下几种。

1. 项目管理类工具

此类工具主要用于项目计划的编制和控制，人员和设备的分配。常见的项目管理类工具有如下几种。

（1）MS Project：Microsoft

MS Project 是国际流行的项目管理软件，适用于国民经济的各个领域。

（2）PMOffice：SystemCorp

企业集成项目管理工具。

（3）P3E：Primavera

企业集成项目管理工具。

2. 分析设计类工具

此类工具主要用于系统分析、概要设计、详细设计和数据库设计的各阶段。常见的分析设计类工具有如下几种。

（1）Rose：IBM Rational Software

Rational Rose 是一个完全的、具有能满足所有建模环境需求和灵活性的可视化建模工具。

（2）Visio：Microsoft Office Visio

微软的 Office Visio 可以帮助 IT 专业人员创建系统的业务、技术图表，轻松地可视化、分析和交流复杂信息。

（3）Enterprise Architect：Sparx Systems

Enterprise Architect 是一个功能全且基于 UML 的可视化 CASE 工具，主要用于设计、编写、构建并管理以目标为导向的软件系统。

（4）PowerDesigner：Sybase Software

PowerDesigner 是集成化企业级过程建模工具，数据库模块是 PowerDesigner 的强项，主要表现形式为概念数据模型、逻辑数据模型和物理数据模型。

3. 配置管理类工具

此类工具主要用于项目管理中的配置管理，针对开发过程的版本控制。常见的配置管理类工具有如下几种。

（1）VSS：Microsoft

VSS（Visual SourceSafe）是微软为 Visual Studio 配套开发的一个小型配置管理工具。

（2）ClearCase：IBM Rational Software

ClearCase 是目前应用最广的企业级、跨平台配置管理工具之一，它实现了综合软件配置管理，包括版本控制、工作空间管理、过程控制和建立管理。

（3）CVS：http://www.cvshome.org

CVS 是开源软件世界的一个伟大杰作，其简单易用、功能强大且跨平台，支持并发版本控制，在全球中小型软件企业中得到广泛使用。

（4）FireFly：Hansky

FireFly 是一个功能完善、运行速度极快的软件配置管理系统，可以支持不同的操作系统和多种集成开发环境。

4. 测试类工具

此类工具主要用于软件测试阶段。常见的测试类工具有如下几种。

（1）LoadRunner：Mercury Interactive

Mercury LoadRunner 是一种预测系统行为和性能的负载测试工具。通过以模拟上千万用户实施并发负载及实时性能监测的方式来确认和查找问题，LoadRunner 能够对整个企业架构进行测试。通过使用 LoadRunner，企业能最大限度地缩短测试时间，优化性能和加速应用系统的发布周期。

（2）Robot：IBM Rational Software

Rational Robot 可以针对使用各种集成开发环境（IDE）和语言建立的软件应用程序，创建、修改并执行自动化的功能测试、分布式功能测试、回归测试和集成测试。

（3）WinRunner：Mercury Interactive

WinRunner 是一个企业级的功能测试工具，用于检测应用程序是否能够达到预期的功能及正常运行。

（4）TestDirector：Mercury Interactive

TestDirector 是一个基于 Web 的测试管理系统，包括需求管理、测试计划、测试执行和错误跟踪等功能。

11.2 项目管理工具 Microsoft Office Project 2007

11.2.1 Microsoft Office Project 2007 简介

微软公司的 Project 2007 已成为全球公认的优秀项目管理软件之一，在 IT、软件开发、通信、机械制造、产品研发、工程建设、大型活动等项目和工程中有着广泛的应用，无论在外资企业还是在国内的企业中，Project 都已得到广泛应用，甚至成为优秀企业要求员工必须掌握的项目管理工具。

Microsoft Office Project 2007 将可用性、强大的功能和灵活性完美地融合在一起，为用户提供了可靠的项目管理工具，使用户可以更加高效地管理项目。通过与熟悉的 Microsoft Office System 程序、功能强大的报表、引导的计划以及灵活的工具进行集成，可以掌握所有信息，控制项目的工时、日程和财务，与项目工作组保持密切合作，同时提高工作效率。

目前，Office Project 的最新版本是 Project 2007，Project 2007 有 Microsoft Office Project Standard 2007、Microsoft Office Project Professional 2007 和 Microsoft Office Project Server 2007 等版本。在通常情况下，对于单个项目来说，一般采用 Project Standard 或 Project Professional 来进行项目管理。Project Professional 包括 Project Standard 中的所有功能。若多个项目协同工作，则必须使用 Project Professional、Project Server 和 Project Web Access 的组合来进行管理。

此外，在与 Microsoft Office Project Server 2007 一起使用时，Office Project Professional 2007 还可以提供合作企业项目管理功能。

11.2.2 Microsoft Office Project 2007 工作环境

1. 软、硬件环境要求

Microsoft Office Project 2007 的软、硬件环境要求如表 11.1 所示。

表 11.1 软、硬件环境要求

组 件	要 求
计算机和处理器	700 MHz 或更快的处理器
内存	512 MB 或更大的 RAM
硬盘	1.5 GB，如果在安装后从硬盘上删除原始下载软件包，将释放部分磁盘空间
驱动器	CD-ROM 或 DVD 驱动器
显示	最低 800×600，推荐使用 1 024×768 或更高分辨率的监视器
操作系统	Microsoft Windows XP Service Pack (SP) 2、Windows Server 2003 SP1 或更高版本的操作系统

2. 窗口环境

启动 Project 2007 时，首先打开 Project 2007 的主窗口。Project 2007 主窗口是一个包含

所有基本元素的应用程序的典型界面。它不仅美观、清新，而且操作更加便捷，如图 11.1 所示。

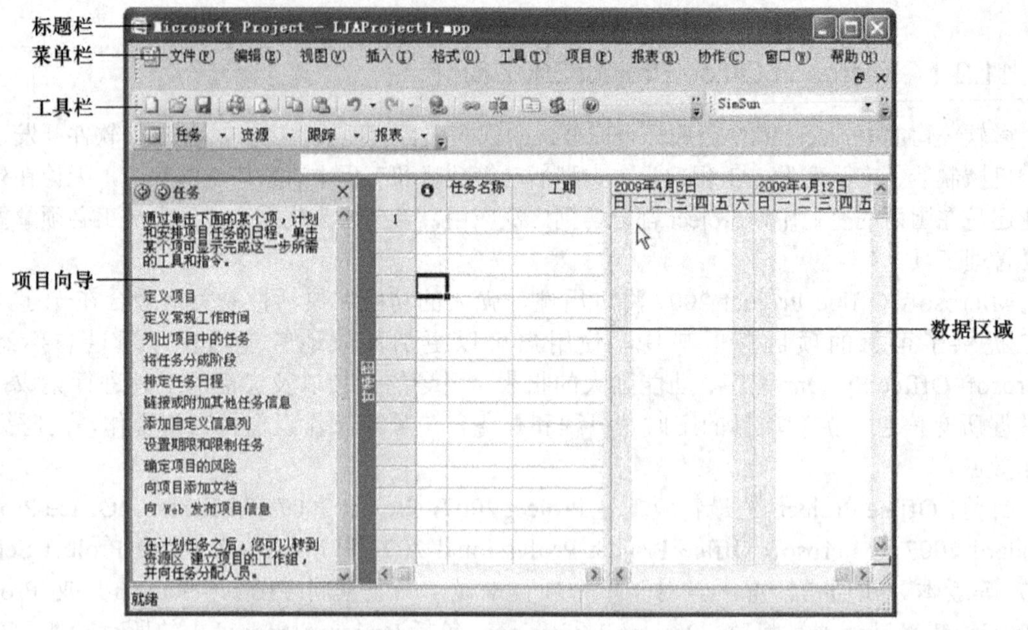

图 11.1　Project 2007 主窗口

下面分别介绍 Project 2007 主窗口的部分组成元素。

① 标题栏：显示当前编辑的项目计划文档名称。

② 菜单栏：包含了 Project 2007 中的所有操作，即 Project 2007 中的所有操作都可以通过选择本菜单栏中的命令完成。

③ 工具栏：Project 2007 将一些常用的命令用图标表示出来，并将功能相近的命令按钮集中在一起形成工具栏。

④ 项目向导：在默认的情况下，启动 Project 2007 时系统会自动打开项目向导，如图 11.1 和图 11.2 所示。按照其中简单明了的说明进行操作可以完成新项目的设置。

提示：若没有启动“项目向导”，可以按以下步骤完成“项目向导”的启动。

a. 在“工具”菜单中选择“选项”命令，然后在打开的对话框中选择“界面”选项卡。

b. 在“项目向导设置”区域选中“显示项目向导”复选框。

⑤ 数据区域：数据区域分为两部分。一部分是存放项目进度计划数据（包含有关任务、资源、工作分配等信息）的工作表。可以在该区域存放设置的项目进度计划数据，并对该区域的这些数据进行编辑。另一部分为该数据对应的更加直观的图形表示，即甘特图，如图 11.3 所示。

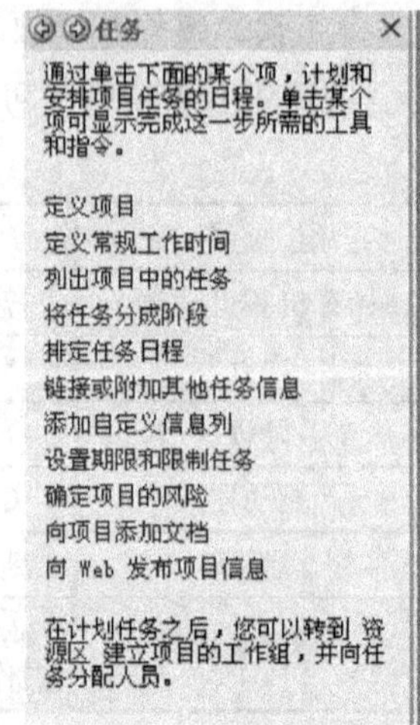

图 11.2　项目向导

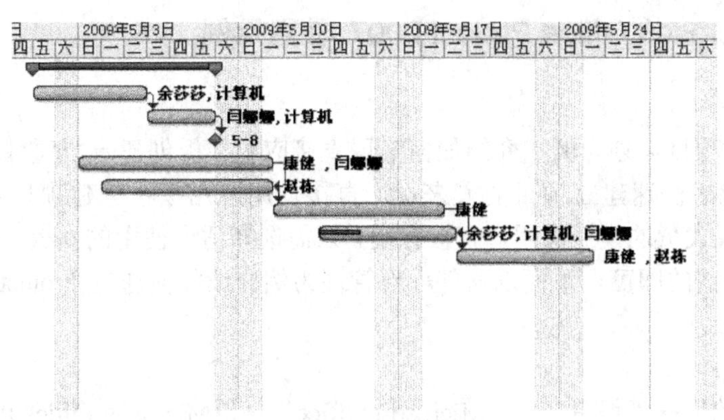

图 11.3 甘特图

提示：甘特图又称为横道图，是项目进度计划最常用的一种表示工具。它以图示的方式通过活动列表和时间刻度形象地表示出任何特定项目的活动顺序与持续时间，利用甘特图可以明确预定项目行程，更加直观地对预期成果和实际成果进行比较分析，提高项目管理的效率。

3. 项目管理专用术语

在项目管理中涉及许多专用术语，为了使读者更好地掌握和运用 Project 2007 进行项目管理，在进入 Project 2007 实际操作环节前，下面先对一些最基本的术语进行讲解。

（1）任务

任务是指具体的工作，由开始日期、完成日期以及与其他相关联的任务的关系构成。项目一般是由相互关联的任务构成的。

（2）资源

资源是指完成指定任务所需的人员、设备、材料、费用等。资源负责完成项目中的任务。资源分为两种类型：工时资源和材料资源。工时资源是指人员和设备；材料资源是指消耗的材料或物品等。当需要指定由谁来完成项目中的某任务时，可以使用资源。指定的资源可以是一个人或一台设备，也可以是一个项目小组等。

（3）成本

完成任何一项任务都需要付出一定的代价，如人工、消耗的材料以及消耗的其他费用等，这些费用就构成了成本。计划中的成本称为预算。

（4）里程碑

在项目管理中，里程碑是一个具有特定重要性的事件，通常代表项目工作中一个重要阶段的工作完成。在里程碑处通常要进行检查，以监视项目的进度。

（5）工期

工期是指完成某项任务所需工作时间的长度。

（6）关键路径

关键路径是甘特图中从项目开始到项目结束之间的最长路径，这个路径对应这个项目的最短时间。

11.2.3 Microsoft Office Project 2007 使用示例

1. 实验例题

以创建简单的项目计划为例，介绍如何实现直接应用模板创建一个项目计划。

对于初学者或想快速建立项目的人来说，直接使用应用模板创建项目是最有效的方法。Project 2007 提供了大量的模板供用户直接使用，只需选择适合使用的模板，再将项目的日期与日历调整为自己所需的即可。下面以软件项目管理为例介绍如何通过 Project 2007 中的模板快速创建项目。

2. 操作步骤

① 选择“开始”→“程序”→“Microsoft Office”→“Microsoft Office Project 2007”命令，启动 Project 2007，如图 11.4 所示。

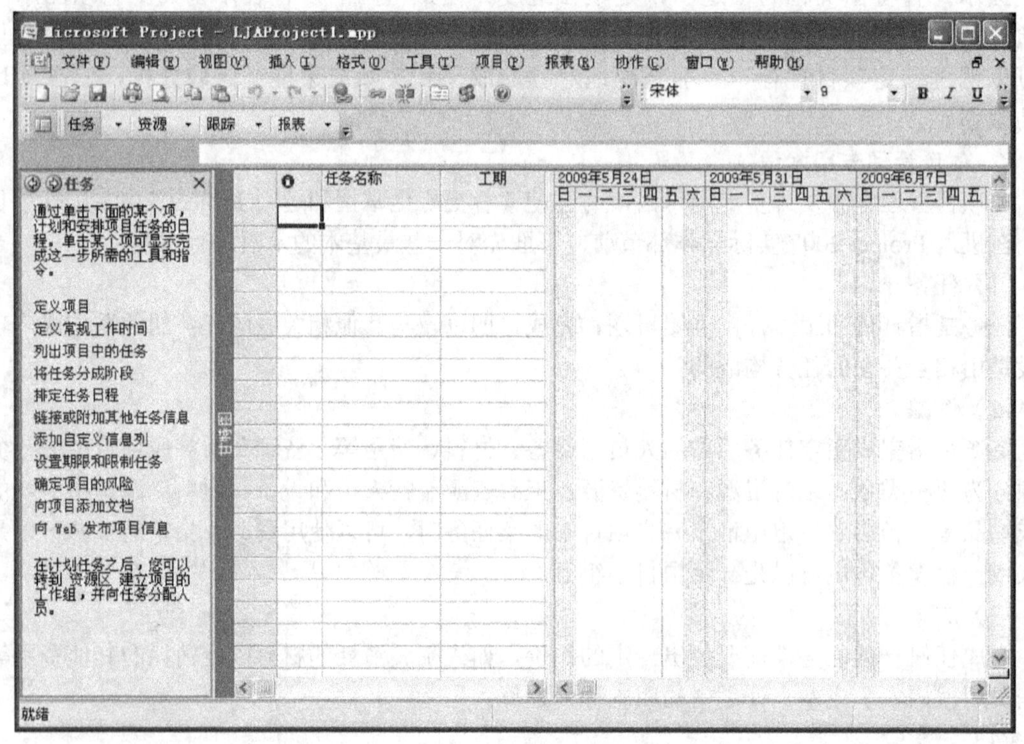

图 11.4 Project 2007 窗口

② 在菜单栏上选择“文件”→“新建”命令，然后在“新建项目”任务窗格中单击“计算机上的模板”链接，如图 11.5 所示。

③ 出现“模板”对话框，选择“项目模板”选项卡，其中有许多模板可供选择，这里选择“软件开发”模板，如图 11.6 所示。

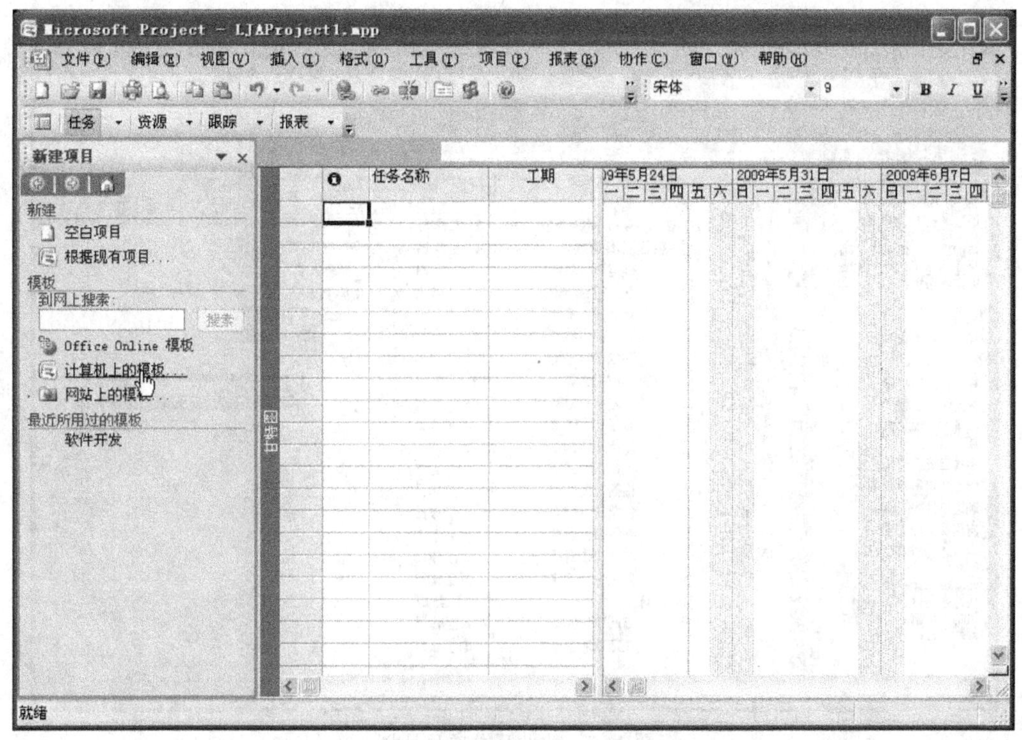

图 11.5 新建项目窗口

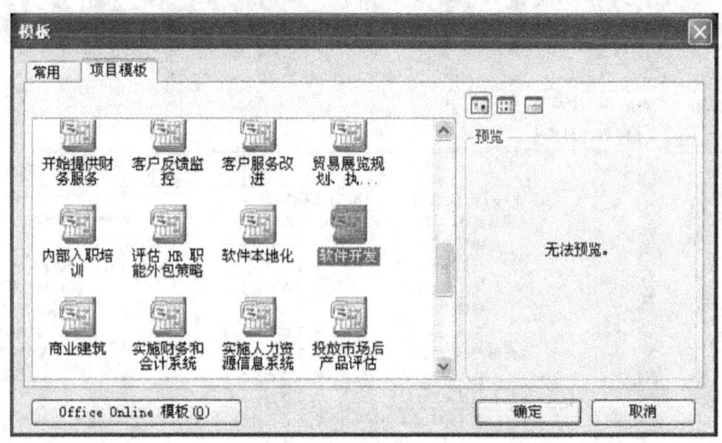

图 11.6 “模板”对话框

④ 选择了相应的模板（“软件开发”模板）后，单击“确定”按钮，就可以看到有关软件开发的项目计划了，如图 11.7 所示。

⑤ 修改项目开始日期。

方法 1：在项目向导中单击“定义项目”链接，修改项目开始日期，软件项目计划的开始日期就变更为修改后的日期了，如图 11.8 和图 11.9 所示。

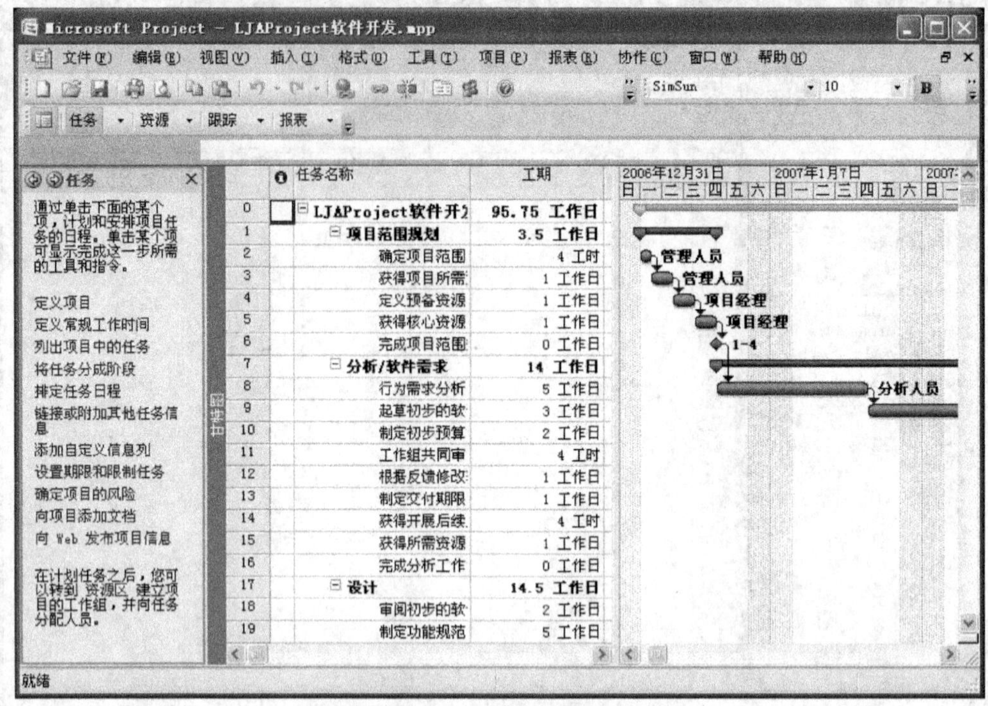

图 11.7 软件开发项目计划

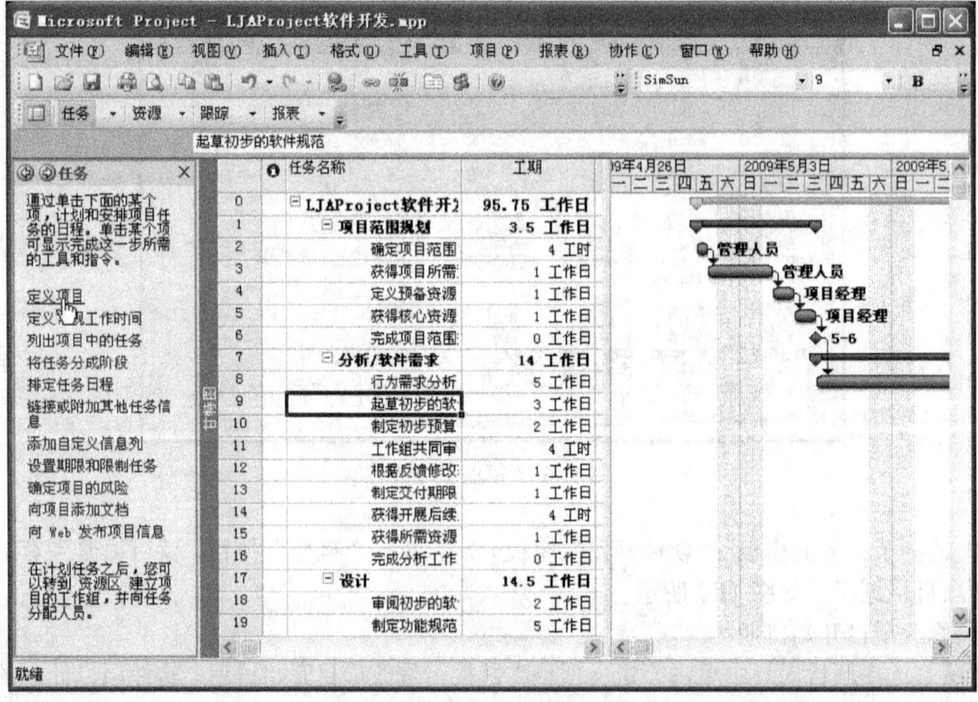

图 11.8 项目向导

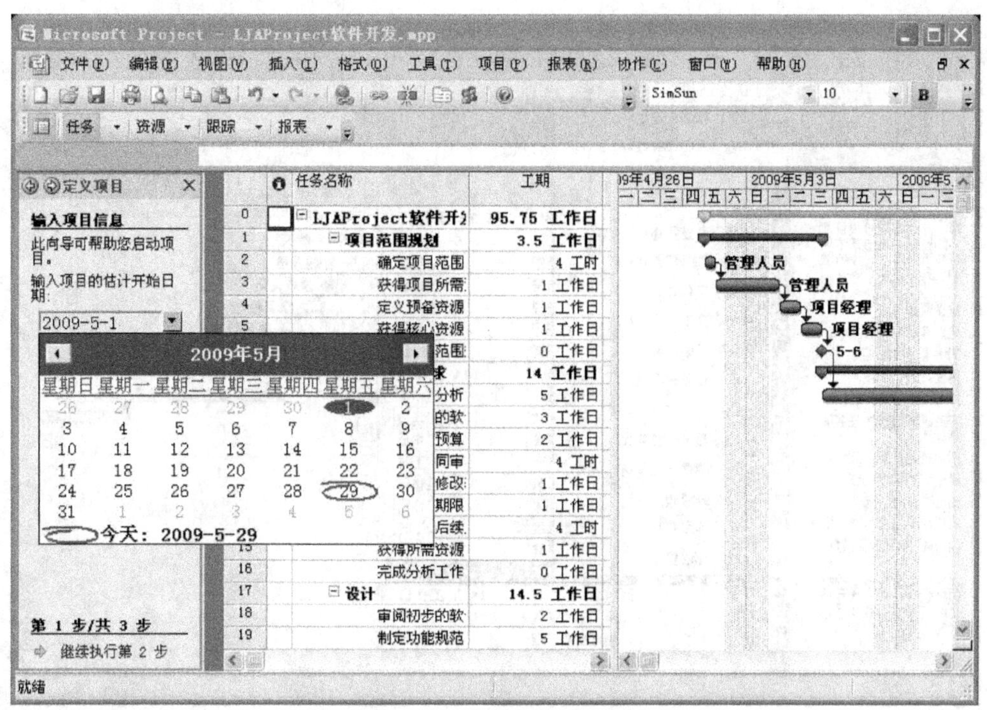

图 11.9　定义项目信息

方法 2：在菜单栏中选择“项目”→“项目信息”命令，打开项目信息对话框，修改开始日期，如图 11.10 所示。

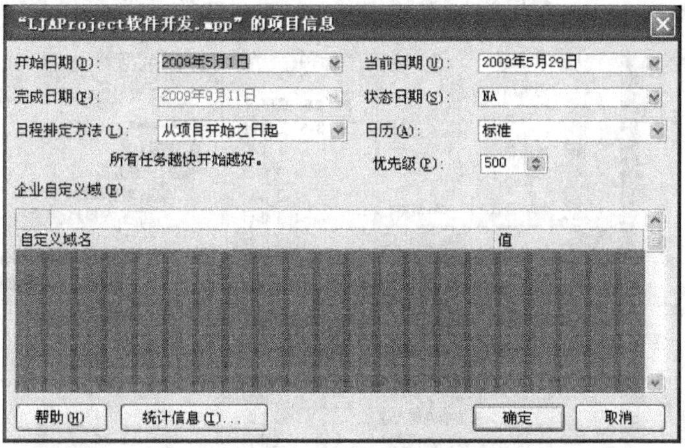

“LJAProject软件开发.mpp”的项目信息
开始日期(D): 2009年5月1日　当前日期(U): 2009年5月29日
完成日期(F): 2009年9月11日　状态日期(S): NA
日程排定方法(L): 从项目开始之日起　日历(A): 标准
所有任务越快开始越好。　优先级(P): 500
企业自定义域(E)
自定义域名　值
帮助(H)　统计信息(I)...　确定　取消

图 11.10　项目信息对话框

⑥ 添加任务：如果要在项目中的某个任务之前添加新任务，可以在项目数据窗口中右击该任务的行号，从弹出的快捷菜单中选择“新任务”命令，如图 11.11 所示。或在菜单栏中选择“插入”→“新任务”命令，如图 11.12 所示。

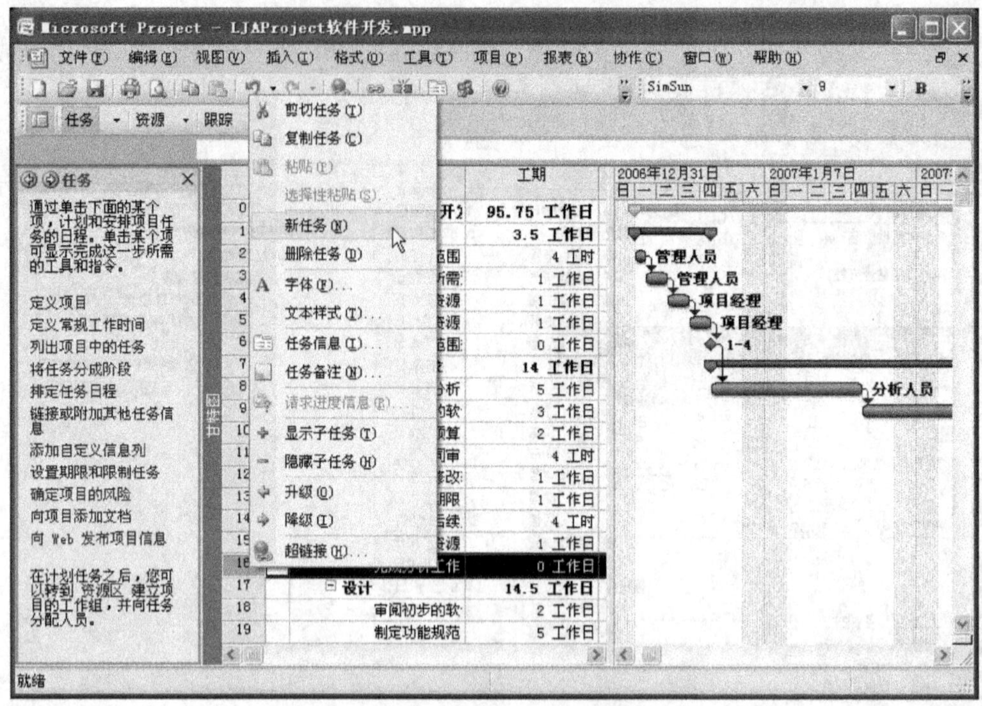

图 11.11　使用快捷菜单命令添加任务

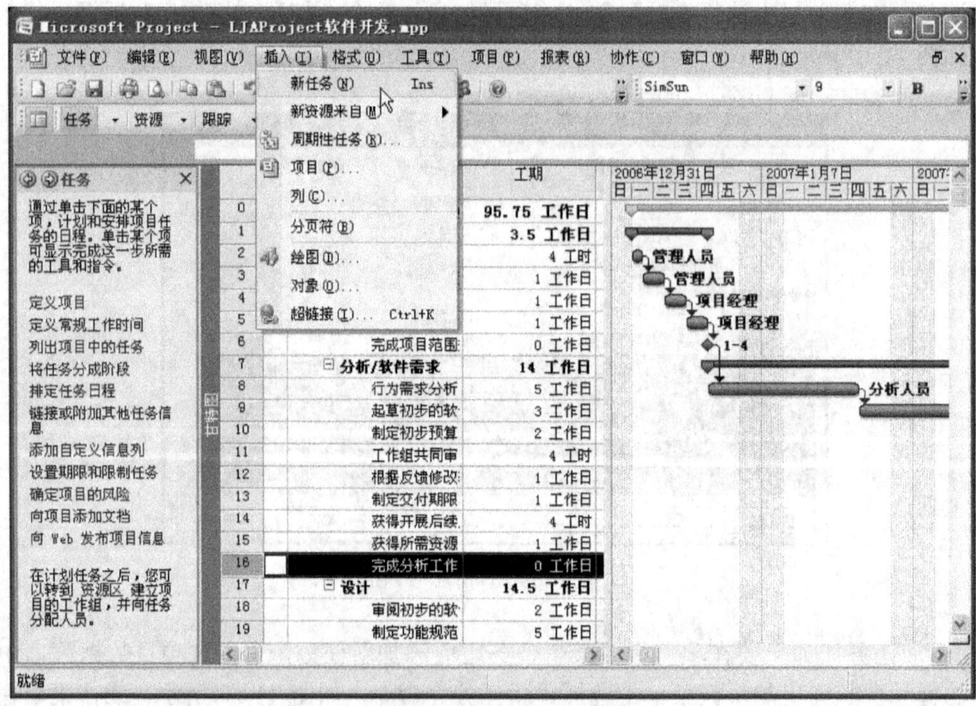

图 11.12　使用菜单命令添加任务

⑦ 修改任务。

方法 1：单击需要修改的任务所在的行，可以直接在表单上修改任务名称、工期、开始日期、完工信息。

方法 2：在需要修改的任务所在行的行号上右击，从弹出的快捷菜单中选择“任务信息”命令（如图 11.13 所示）或双击需要修改的任务所在的行，打开“任务信息”对话框，对任务的各种信息进行修改，如图 11.14 所示。

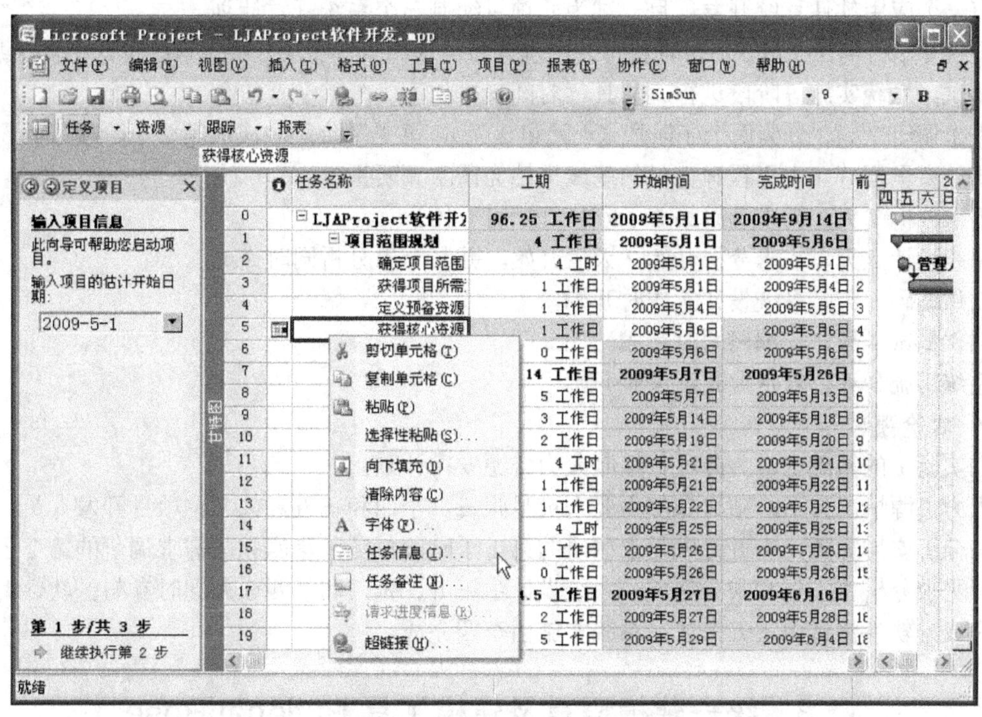

图 11.13 “任务信息”快捷菜单命令

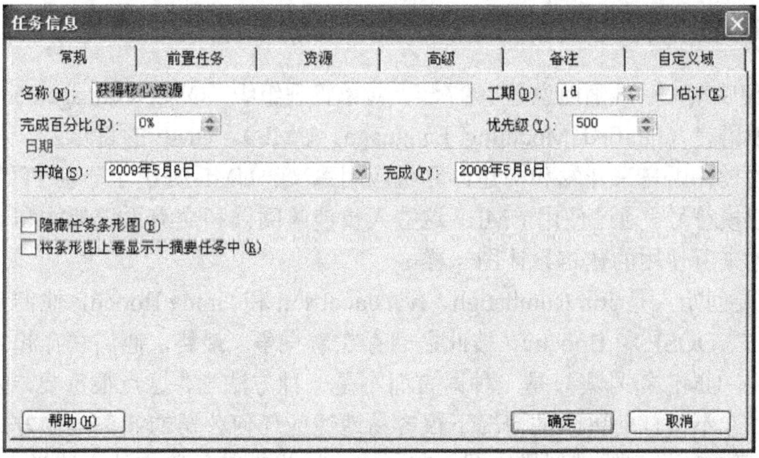

任务信息

常规 | 前置任务 | 资源 | 高级 | 备注 | 自定义域

名称(N)：获得核心资源 工期(D)：1d □估计(E)

完成百分比(P)：0% 优先级(Y)：500

日期

开始(S)：2009年5月6日 完成(F)：2009年5月6日

□隐藏任务条形图(B)

□将条形图上卷显示于摘要任务中(R)

帮助(H) 确定 取消

图 11.14 “任务信息”对话框

⑧ 删除任务：对确认不需要的任务，可对其进行删除。在需要删除的任务所在行的行号上右击，从弹出的快捷菜单中选择“删除任务”命令或单击需要删除的任务所在行的行号，然后在菜单栏上选择“编辑”→“删除任务”命令，即可将该任务从项目中删除。

11.2.4 实验题目

1. 实验题1

有一个应用软件系统开发项目，试为此项目编制一个系统开发计划。

项目开始日期为5月3日，项目开发过程分为需求调研、需求分析、系统设计、软件编码、软件测试、系统实施等阶段进行。其具体时间安排如下。

需求调研7天，分为两个子阶段（4天和3天），第1子阶段完成后第2子阶段开始，有需求调研结束里程碑（本里程碑交付的基线文档为需求调研报告）。

需求分析7天，需求调研第2子阶段开始时开始。

系统设计5天，需求分析开始2天后开始，并与需求分析同时完成。

软件编码5天，系统设计完成时开始。

软件测试4天，与编码同时完成。

系统实施3天，软件编码结束时开始。

2. 实验题2

在实验1的基础上，为此项目编制人力资源安排计划。

人力资源情况如下：项目参加主要人员是张三、李四和王五，共3位项目开发人员，其具体人员分工安排如下：王五完成需求调研的第1子阶段任务，李四完成需求调研的第2子阶段任务；需求分析由王五和张三完成；系统设计由王五、张三和李四3人同时参与；软件编码由王五完成；软件测试由王五完成；系统实施由李四完成。

11.3 统一建模语言及建模工具Rational Rose

11.3.1 UML简介

回顾20世纪晚期——准确地说是1997年，对象管理组织（Object Management Group，OMG）发布了统一建模语言（Unified Modeling Language，UML）。UML的目标之一就是为开发团队提供标准通用的设计语言来开发和构建计算机应用系统。UML提出了一套IT专业人员期待多年的统一标准建模符号。通过使用UML，这些人员能够阅读和交流系统架构和设计规划——就像建筑工人多年来所使用的建筑设计图一样。

UML的主要创始人是Jim Rumbaugh、Ivar Jacobson和Grady Booch，他们最初都有自己的建模方法（OMT、OOSE和Booch），彼此之间存在着竞争。最终，他们联合起来创建了一种开放的标准。而且，UML符号集只是一种语言而不是一种方法学，这点很重要，因为语言与方法学不同，它可以在不做任何更改的情况下很容易地适应任何公司的业务运作方式。

UML提供了多种类型的模型描述图（Diagram），当在某种给定的方法学中使用这些图时，它使得开发中的应用程序更易于理解。UML的内涵远不只是这些模型描述图，但是对于入门来说，这些图对这门语言及其用法的基本原理提供了很好的描述。通过把标准的 UML 图放进工作产品中，精通 UML 的人员就更加容易加入到项目中并迅速进入角色。

1. UML 的主要内容

统一建模语言 UML 的重要内容可以由下面 5 类图（10 种图）来定义。

第一类是用例图（Use case Diagram），强调从用户角度看到的或需要的系统功能，并指出各功能的操作者。

第二类是静态图（Static Diagram），展现系统的静态结构组成及特征，包括类图、对象图和包图。类图描述系统中类的静态结构，不仅定义系统中的类，表示类之间的联系，如关联、依赖、聚合等，也包括类的属性和操作，类图描述的是一种静态关系，在系统的整个生存周期内都是有效的。对象图是类图的实例，几乎使用与类图完全相同的标识。一个对象图是类图的一个实例。由于对象存在生存周期，因此对象图只能在系统的某一时间段内存在。包由包或类组成，表示包与包之间的关系。包图用于描述系统的分层结构。

第三类是行为图（Behavior Diagram），描述系统的动态模型和组成对象间的交互关系，包括状态图和活动图。状态图描述类的对象所有可能的状态以及事件发生时状态的转移条件，状态图是对类图的补充。活动图描述满足用例要求所要进行的活动以及活动间的约束关系，有利于识别并进行活动。

第四类是交互图（Interactive Diagram），描述对象间的交互关系，包括时序图和协作图。时序图显示对象之间的动态合作关系，它强调对象之间消息发送的顺序，同时显示对象之间的交互；协作图描述对象间的协作关系，协作图跟时序图相似，显示对象间的动态合作关系。除显示信息交换外，协作图还显示对象以及它们之间的关系。如果强调时间和顺序，则使用时序图；如果强调上下级关系，则选择协作图。

第五类是实现图（Implementation Diagram），包括构件图和部署图。构件图描述代码部件的物理结构及各部件之间的依赖关系，构件图有助于分析和理解部件之间相互影响的程度；部署图定义系统中软硬件的物理体系结构。

2. UML 的应用领域

UML 具有很宽的应用领域。其中最常用的是建立软件系统的模型，但它同样可以用于描述非软件领域的系统，如机械系统、企业机构或业务过程，以及处理复杂数据的信息系统、具有实时要求的工业系统或工业过程等。总之，UML 是一个通用的标准建模语言，可以对任何具有静态结构和动态行为的系统进行建模。

UML 适用于软件系统开发过程中从需求规格描述到系统完成后进行测试的不同阶段。下面介绍 UML 在软件开发过程中的用途。

① 在需求分析阶段，可以用用例来捕获用户需求。通过用例建模，描述对系统感兴趣的外部角色及其对系统（用例）的功能要求。

② 在系统分析阶段主要考虑需要解决的问题，可用 UML 逻辑视图和动态视图来描述：类图描述系统的静态结构，协作图、状态图、时序图和活动图描述系统的动态特征。

③ 在系统设计阶段，把分析阶段的结果扩展为技术解决方案。加入新的类来提供技术基础结构——用户接口，数据库操作等。分析阶段的领域问题类被嵌入在这个技术基础结构中。

④ 在构造（程序设计）阶段，可把设计阶段的类转化为某种面向对象程序设计语言代码。在用 UML 建立分析和设计模型时，应尽量避免考虑把模型转换成某种特定的编程语言。因为在早期阶段，模型仅仅是理解和分析系统结构的工具，过早考虑编码问题十分不利于建立简单正确的模型。

⑤ UML 模型还可作为测试阶段的依据。系统通常需要经过单元测试、集成测试、系统测试和验收测试。不同的测试小组使用不同的 UML 图作为测试依据：单元测试使用类图和类规格说明；集成测试使用部件图和协作图；系统测试使用用例图来验证系统的行为，验收测试由用户进行，以验证系统测试的结果是否满足在分析阶段确定的需求。

总之，统一建模语言 UML 适用于以面向对象技术来描述任何类型的系统，而且适用于系统开发的不同阶段，从需求规格描述直至系统完成后的测试和维护。

3. 使用 UML 语言建模的基本步骤

采用 UML 统一建模语言来设计系统时，第一步是描述需求；第二步是根据需求建立系统的静态模型，以构造系统的结构；第三步是描述系统的行为。其中在第一步与第二步中所建立的模型都是静态的，包括用例图、类图、对象图、组件图和部署图 5 种图形，是统一建模语言 UML 的静态建模机制。其中在第三步所建立的模型或者可以执行，或者表示执行时的时序状态或交互关系。它包括状态图、活动图、时序图和协作图 4 种图形，是统一建模语言 UML 的动态建模机制。

11.3.2 UML 图

1. 用例图

用例图（Use Case Diagram）仅从外部执行者的角度来理解系统（从用户角度），不需要考虑功能是怎样实现的；驱动了需求分析后的各个阶段的开发。用例图从用户角度描述系统的功能，并指出各功能的执行者，强调谁在用系统，系统为执行者完成哪些功能。用例图的主要作用是帮助开发团队以一种可视化的方式理解系统的功能需求。

用例图中包含角色（Actor）、用例（Case）和关系 3 种模型元素。画用例图时，既要画出 3 种模型元素，同时还要画出元素之间的各种关系（通用化、关联、依赖）。要在用例图上显示某个用例，可绘制一个椭圆，然后将用例的名称放在椭圆的中心或椭圆下面的中间位置。要在用例图上绘制一个角色（表示一个系统用户），可绘制一个人形符号。角色和用例之间的关系使用简单的线段来描述，例如图 11.15 所示的描述某保险商务系统业务的用例图。

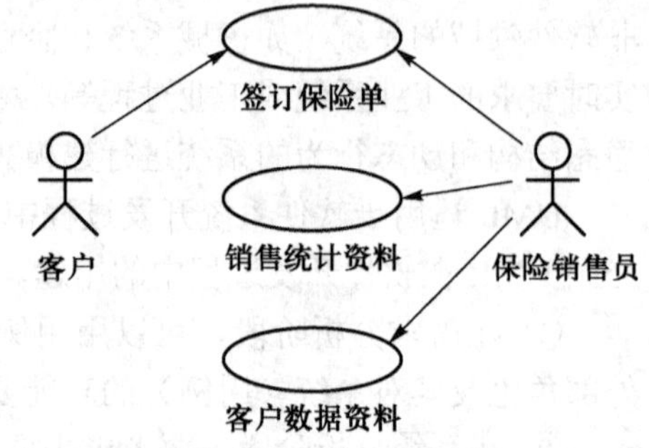

图 11.15　某保险商务系统用例图

在这个用例图中，角色有两个：客户和保险销售员。保险销售员使用的功能为签订保险订单、销售统计资料和客户数据资料，客户使用的功能只有签订保险订单。

2. 类图

类图（Class Diagram）是面向对象系统建模中最常用和最基本的图之一，其他许多图，如状态图、协作图、组件图和配置图等都是在类图的基础上来进一步描述系统其他方面的特性。类图表示不同的实体（人、事物和数据）彼此之间的关系，换句话说，它显示了系统的静态结构。

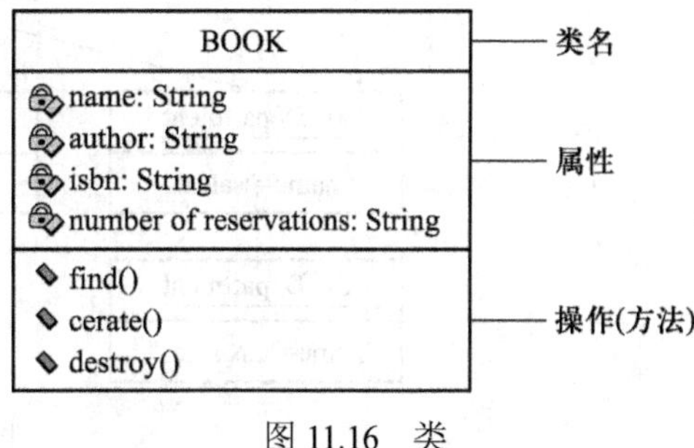

图 11.16 类

类在类图上使用包含 3 个部分的矩形来描述，如图 11.16 所示。最上面的部分显示类的名称，中间部分包含类的属性，最下面的部分包含类的操作（或者说“方法”）。

类图不仅可以定义系统中的类，还可以表示类之间的联系。类图可以包含类、接口、依赖关系、泛化关系、关联关系和实现关系等模型元素。在类图中也可以包含注释、约束、包或子系统。UML 类图的使用示意图如图 11.17 所示。

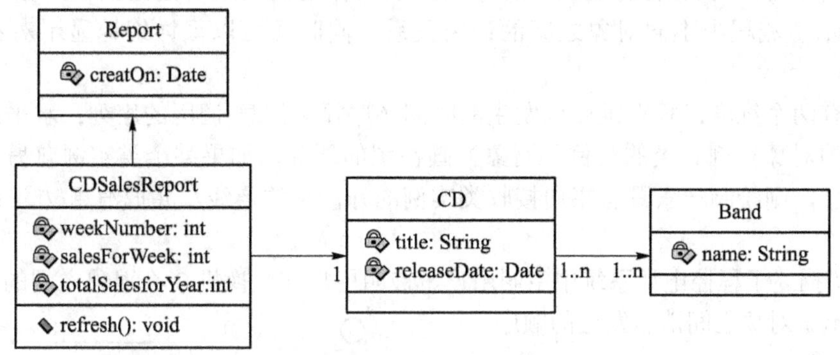

图 11.17 类图

在图 11.17 中可以同时看到继承关系和两个关联关系。CDSalesReport 类继承自 Report 类。一个 CDSalesReport 类与一个 CD 类关联，但是 CD 类并不知道关于 CDSalesReport 类的任何信息。CD 类和 Band 类都彼此知道对方，两个类彼此都可以与一个或者多个对方类相关联。

3. 对象图

对象图（Object Diagram）是显示了一组对象和它们之间的关系。使用对象图来说明数据结构，类图中的类或组件等的实例的静态快照。对象图和类图一样用来描述系统的静态过程，但它是从实际的或原型化的情景来描述的。

对象图能够显示某时刻对象和对象之间的关系。一个对象图可看成一个类图的特殊用例，实例和类可在其中显示。对象图几乎使用与类图完全相同的标识。它们的不同点在于对象图显示的是类的多个对象实例，而不是实际的类。由于对象存在生存周期，因此对象图只能在系统的某一时间段存在。UML 对象图的使用示意图如图 11.18 所示。

图 11.18 显示了针对某公司建模的一组对象。该图描述了该公司的部门分组情况。c 是类 Company 的对象，这个对象与 d1、d2、d3 连接，d1，d2，d3，d4 都是类 Department 的对象，它们具有不同的属性值，即有不同的名字。d1 和 d4 连接，d4 是 d1 的一个实例。

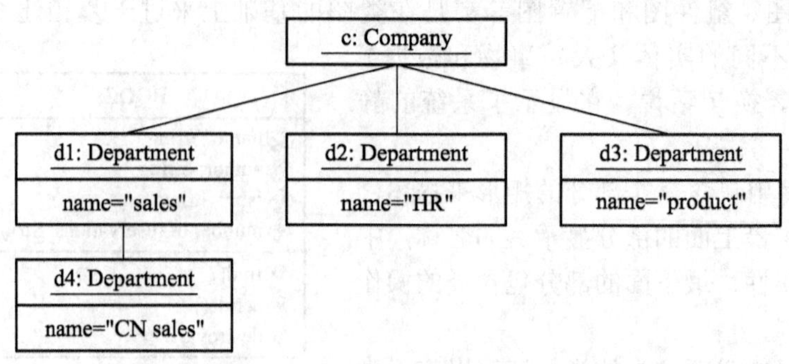

图 11.18　对象图

4. 时序图

时序图（Sequence Diagram）显示对象之间的动态合作关系，它强调对象之间消息发送的顺序，同时显示对象之间的交互。时序图显示具体用例（或者是用例的一部分）的详细流程。它显示了流程中不同对象之间的调用关系，同时还可以很详细地显示对不同对象的不同调用。

时序图有两个维度：垂直维度以发生的时间顺序显示消息/调用的序列；水平维度显示消息被发送到的对象实例。类的实例（对象）画在图的顶部，如果某个类实例向另一个类实例发送一条消息，则绘制一条具有指向接收类实例的开箭头的连线，并把消息/方法的名称放在连线上面。

图 11.19 描述了程控电话系统中主叫用户、被叫用户和交换机 3 个对象之间的动态合作关系，同时显示了对象之间消息发送的顺序。

5. 协作图

协作图（Collaboration Diagram）描述对象间的协作关系，协作图和时序图相似，显示对象间的动态合作关系。除了显示信息交换外，协作图还显示对象以及它们之间的关系。使用协作图可以显示对象角色之间的关系，如为实现某个操作或达到某种结果而在对象间交换的一组消息。如果需要强调时间和序列，最好选择时序图；如果需要强调上下文相关，则最好选择协作图。

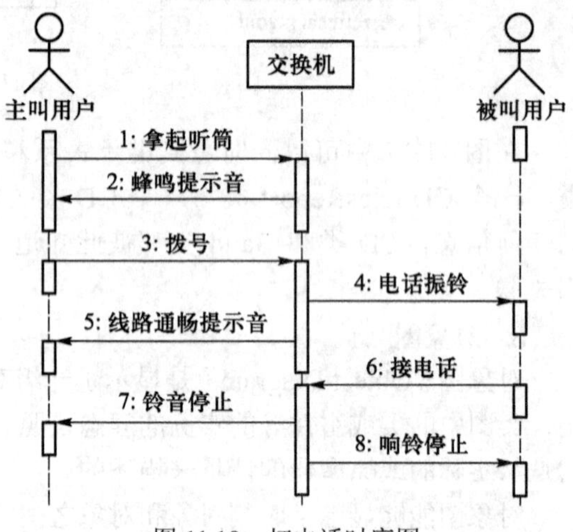

图 11.19　打电话时序图

协作图的格式决定了它们更适合在分析活动中使用。它们特别适合用来描述少量对象之间的简单交互。随着对象和消息数量的增多，理解协作图将越来越困难。此外，协作图很难显示补充的说明性信息，例如时间、判定点或其他非结构化的信息，而在时序图中这些信息可以方便地添加到注释中。

时序图与协作图可以进行转换，如果使用 Rational Rose 工具进行建模，那么时序图与协作图间的转换特别容易实现。要从时序图转换为协作图，只需打开时序图，然后选择相应的菜单命令就可以从协作图转换为时序图或是从时序图转换为协作图。使用 Rational Rose 工具将图 11.19 所示的打电话时序图转换为打电话协作图，如图 11.20 所示。

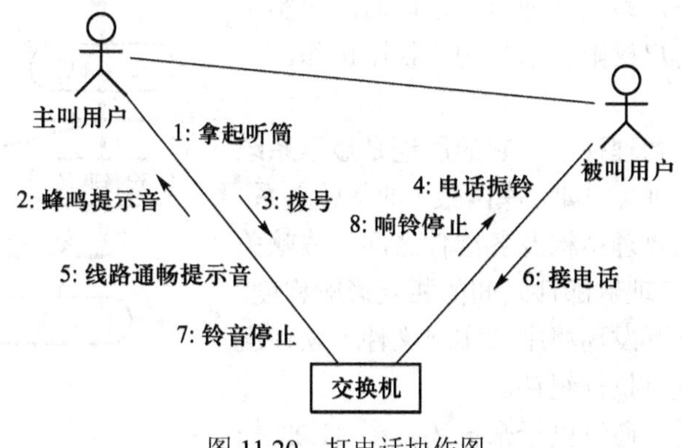

图 11.20　打电话协作图

6. 状态图

状态图（State Diagram）描述类的对象所有可能的状态以及事件发生时状态的转移条件，主要用于描述对象、子系统、系统的生存周期。通过状态图可以了解到一个对象所能到达的所有状态以及对象收到的消息对对象状态的影响。在一般项目中不会为每个类生成状态图。如果一个类有重要的动态行为，则可以生成状态图。

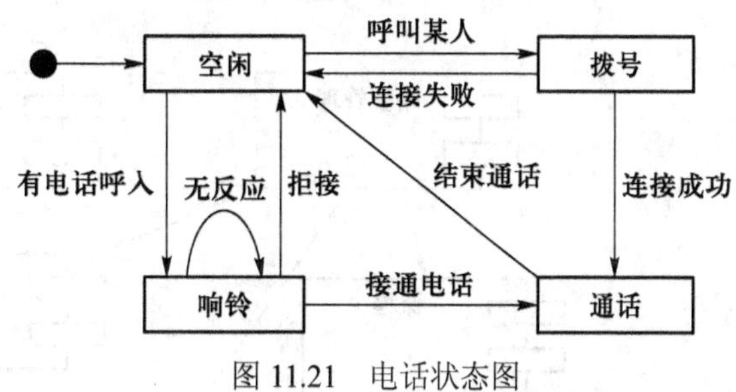

图 11.21　电话状态图

图 11.21 是手机状态图。当手机开机时，它处于空闲状态，当用户开始呼叫某人时，手机进入拨号状态。如果呼叫成功，即电话接通，手机处于通话状态；如果呼叫不成功，例如对方线路有问题、关机和拒接等，这时手机停止呼叫，重新进入空闲状态。手机在空闲状态下被呼叫，手机进入响铃状态。如果用户接听了电话，手机处于通话状态；如果用户未做出任何反应，手机一直处于响铃状态；如果用户拒接来电，手机回到空闲状态。

7. 活动图

活动图（Activity Diagram）表示在处理某个活动时，两个或者更多类对象之间的过程控制流。活动图可用于在业务单元的级别上对更高级别的业务过程进行建模，或者对低级别的内部类操作进行建模。活动图最适合用于对较高级别的过程建模，例如公司当前在如何运作业务，或者业务如何运作等。

活动图的符号集与在状态图中使用的符号集类似。像状态图一样，活动图也从一个连接到初始活动的实心圆开始。活动是通过一个圆角矩形（活动的名称包含在其中）来表示的。活动可以通过转换线段连接到其他活动，或者连接到判断点，这些判断点连接到由判断点的条件所保护的不同活动。结束过程的活动连接到一个终止点（就像在状态图中一样）。作为一种选择，活动可以分组为泳道（Swim Lane），泳道用于表示实际执行活动的对象。

图 11.22 描述了系统管理员维护系统用户的活动过程，系统管理员可以对用户进行管理，在用户管理中可以添加、删除用户，可以查看、修改用户权限；在权限管理中，系统管理员还可以对用户实行权限管理，进行删除用户权限和添加用户权限操作。

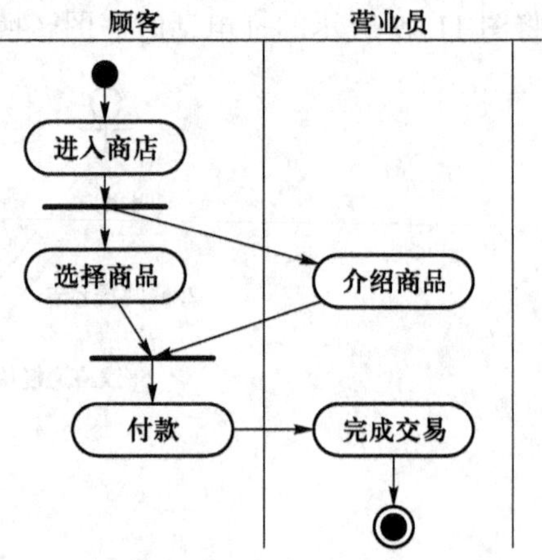

图 11.22 系统管理员维护用户的活动图

8. **组件图**

组件图提供系统的物理视图。它的用途是显示系统中的软件对其他软件组件（例如，库函数）的依赖关系。组件图描述代码部件的物理结构及各部件之间的依赖关系，组件图有助于分析和理解部件之间的相互影响程度。在典型情况下，组件是开发环境中的实现文件。软件组件可以是二进制组件或可执行组件。

组件图的建模最适合通过例子来描述。图 11.23 描述了教学管理系统的组件图，显示了系统中各组件之间的依赖关系。

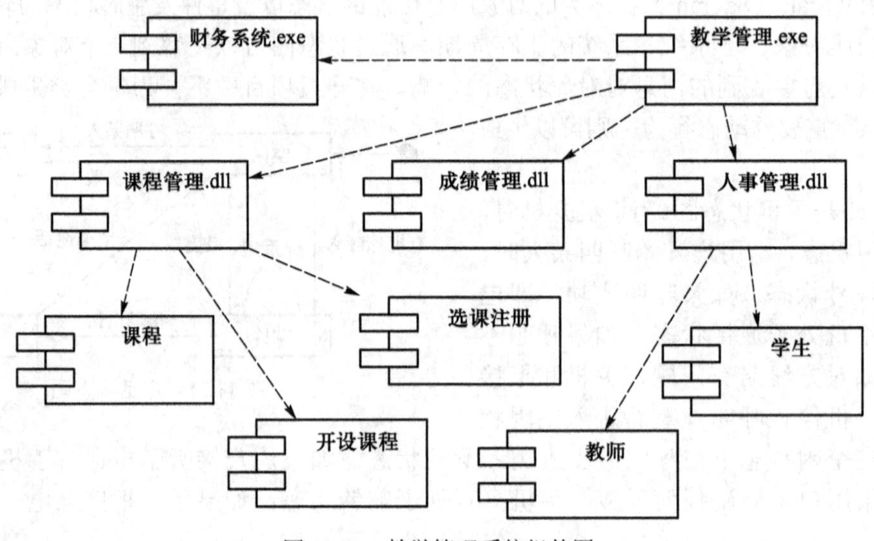

图 11.23 教学管理系统组件图

9. **部署图**

部署图表示该软件系统如何部署到硬件环境中。它的用途是显示该系统的不同组件将在何处物理地运行，以及它们将如何彼此通信。因为部署图是对物理运行情况进行建模，所以系统的生产人员可以很好地利用这种图。

部署图可以显示计算节点的拓扑结构和通信路径、节点上运行的软件构件、软件构件包含的逻辑单元（对象、类）等。

节点是各种计算资源的通用名称，包括处理器和设备两种类型，两者之间的区别是处理器是能够执行程序的硬件构件（如计算机主机），而设备是一种不具备计算能力的硬件构件（如打印机）。处理器和设备都用箱子图形表示，区别是处理器的侧面有阴影。一个节点可以代表一台物理机器，或代表一个虚拟机器节点（例如，一个大型机节点）。要对节点进行建模，只需绘制一个三维立方体，节点的名称位于立方体的顶部。

图 11.24 所示为典型的银行 ATM 机系统部署图，该图描述了银行 ATM 机系统中的硬件分布情况，并描述了相应硬件上的软件分布状况。

10. 包图

包图（Package Diagram）是用类似于文件夹的符号表示的模型元素的组合。系统中的每个元素都只能为一个包所有，一个包可嵌套在另一个包中。使用包图可以将相关元素归入一个系统。一个包中可包含附属包、图表或单个元素。包就像一般的纸箱，可以将相关的、欲放置在一起的东西打包成箱。

包是一个 UML 结构，它使得用户能够把诸如用例或类之类的模型元件组织为组。包被描述成文件夹，可以应用在任何一种 UML 图上。虽然包图并非是正式的 UML 图，但实际上它们是很有用处的，创建一个包图是为了在逻辑上把一个复杂的图模块化。

图 11.25 示意了包之间的依赖关系。其中 C 依赖 B，D 和 E 继承 C，而 B、C、D、E 构成 A。当一个包依赖于另一个时，这意味着两个包的内容间存在着一个或多个关系。

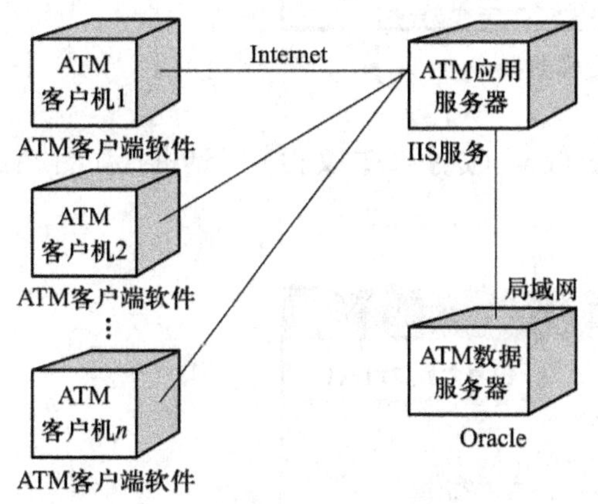

图 11.24 银行 ATM 机系统部署图

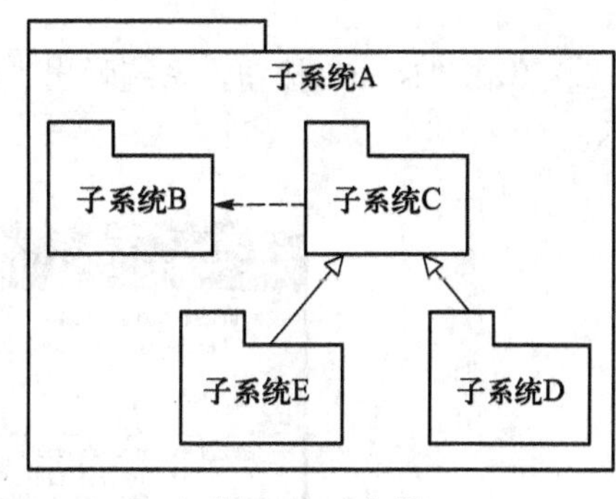

图 11.25 包图

11.3.3 建模工具 Rational Rose 2003

1. 工具支持

使用建模语言需要相应的工具支持。许多建模工具几乎和画图工具一样，仅提供了建模语言和很少的一致性检查，增加了一些方法的知识。经过人们不断改进，今天的建模工具正在接近图的原始视觉效果，例如 Rational Rose 工具就是一种比较流行的现代建模工具。另外 Sybase 公司的 PowerDesigner、Microsoft 公司的 Visio 也支持 UML 统一建模语言。

Rational Rose 是进行软件系统面向对象分析和设计的强大可视化工具，可以用来先建模系统再编写代码，以便一开始就保证系统结构合理。同时，利用模型可以更方便地捕获设计缺陷，从而以较低的成本修正这些缺陷。

2. Rational Rose 安装和启动步骤介绍

首先从 Rose 的安装开始，在 Rose 的安装文件包中，双击 Setup.exe 文件即可开始安装。下面介绍安装过程中的几个主要步骤。

① 首先选择安装路径，如图 11.26 所示。

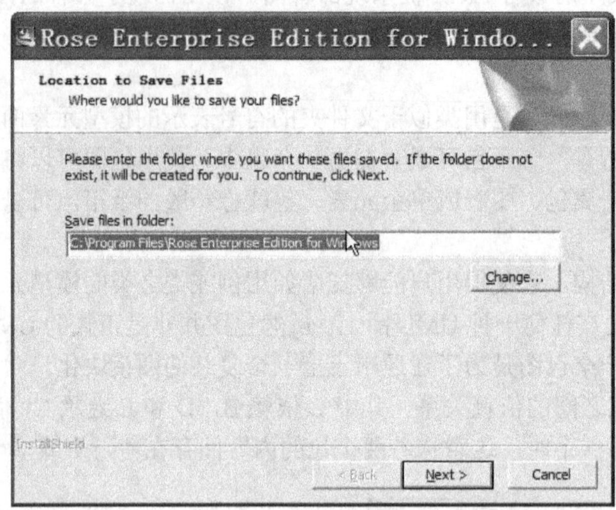

图 11.26　选择安装路径

② 单击“Next”按钮，系统弹出“Product Selection”（选择安装文件）对话框，如图 11.27 所示。

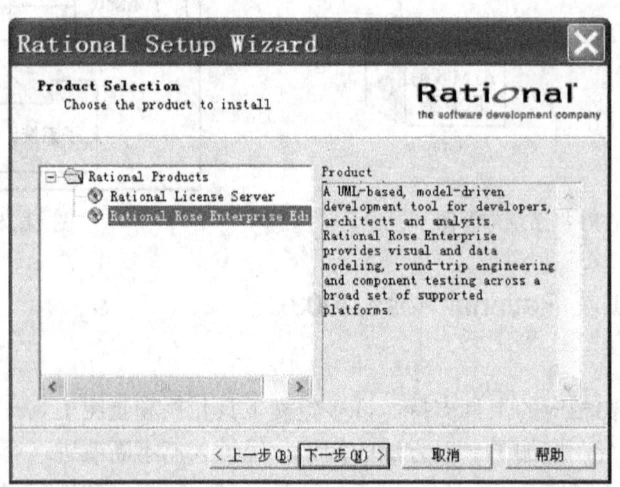

图 11.27　选择安装文件

③ 选择“Rational Rose Enterprise Edition”选项后单击“下一步”按钮，进入“Deployment Method”（部署方式）对话框，如图 11.28 所示。

④ 完成安装后，选择“开始”→“程序”→“Rational Software”→“Rational Rose Enterprise Edition”命令，启动 Rational Rose，启动后的界面如图 11.29 所示。

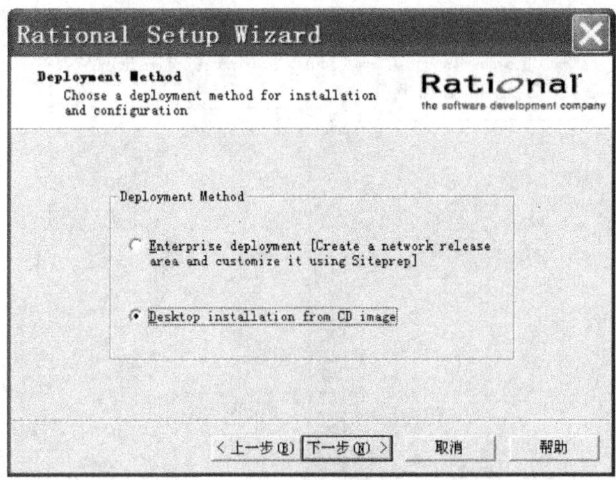

图 11.28 选择部署方式

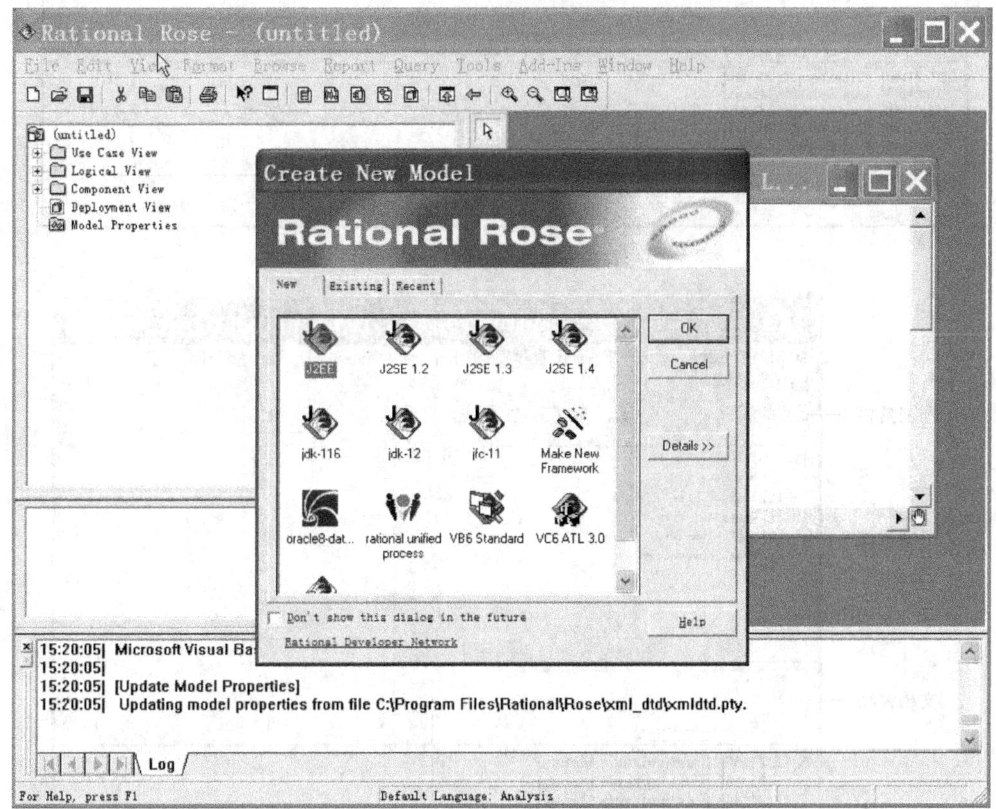

图 11.29 Rational Rose 启动界面

⑤ 单击“OK”按钮，即可开始进行建模，Rose 主界面如图 11.30 所示。

3. Rational Rose 使用示例

Rational Rose 提供了一套十分友好的界面来让用户对系统进行建模。Rose 界面包括浏览区、标准工具栏、图形工具栏、图形窗格、文档窗格和日志，如图 11.31 所示。

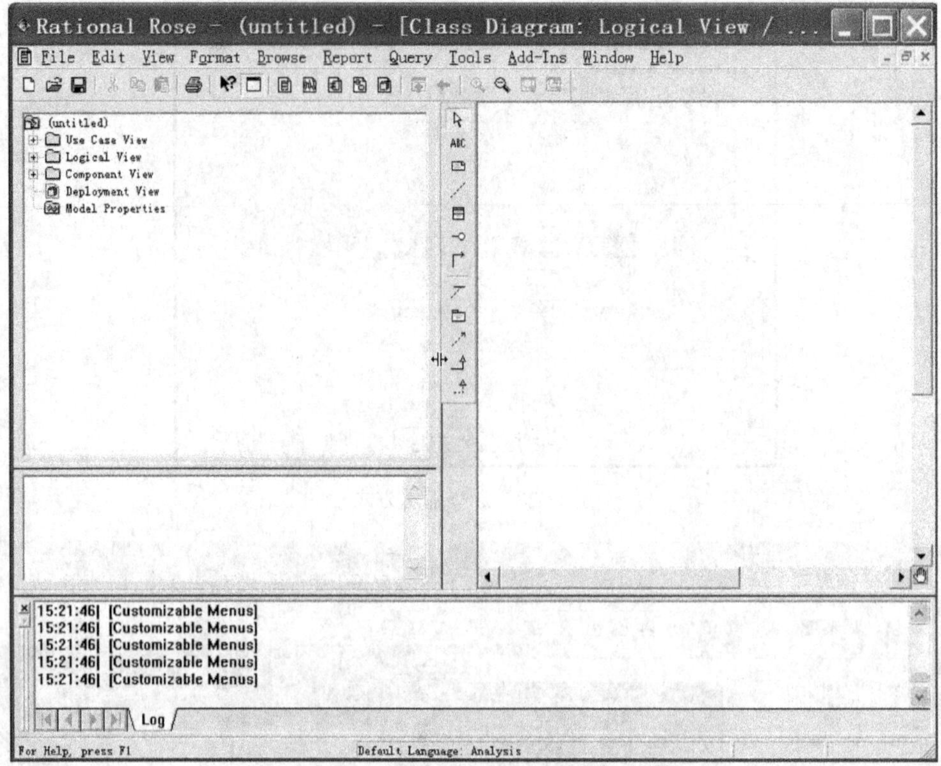

图 11.30 Rational Rose 主界面

图 11.31 Rational Rose 主界面

下面分别介绍 Rational Rose 窗口的一些组成元素。

① 浏览区用于在模型中迅速漫游，它可以显示模型中的参与者、用例、类、组件等。浏览区中有 4 个视图，分别是用例视图、逻辑视图、构件视图和部署视图。

② 文档窗格用于查看或更新模型元素的文档。

③ 工具栏用于访问常用命令。Rose 中有两个工具栏：标准工具栏和图形工具栏。标准工具栏一直显示，包含任何图形中都可以使用的选项；图形工具栏随着 UML 图形的改变而改变。

④ 图形窗格用于显示和编辑一个或几个 UML 图形。改变图形窗口中的元素时，Rose 自动更新浏览区。同样，在浏览区改变元素时，Rose 自动更新相应的图形，这样 Rose 就可以保证模型的一致性。

⑤ 日志用于查看错误信息和报告各个命令的结果。

下面以创建类图为例来说明如何使用 Rational Rose 进行建模。

① 选择要建模的位置，例如要在 Logical View 上建模，则要先选中“Logical View”文件夹，然后右击，在弹出的快捷菜单中选择“New”命令，即可列出所有可以建模的图形，如图 11.32 所示。

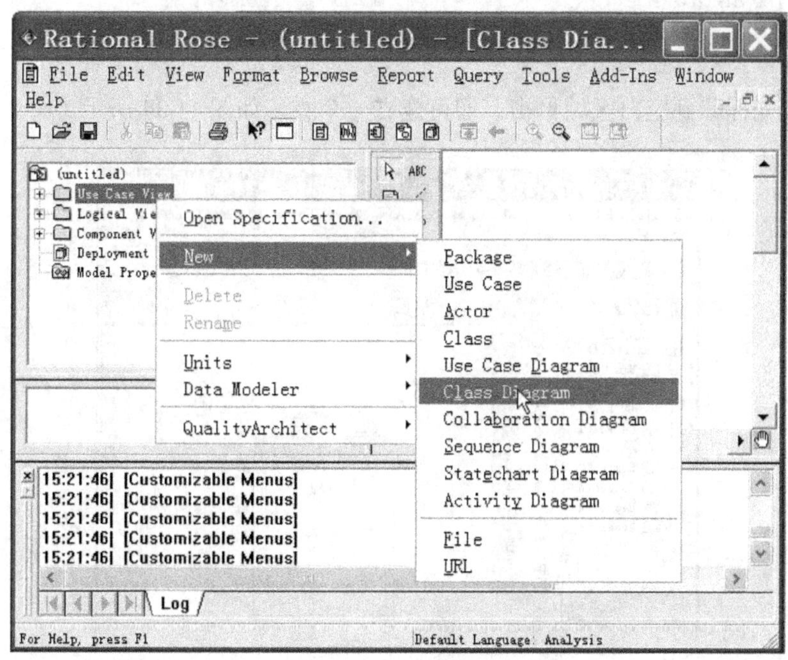

图 11.32 Rational Rose 主界面

② 选择想要建模的图形，如 Class Diagram，即可建立类图，这里以建立 Student 类示意为例。

③ 单击图形工具栏中类（Class）的图标，使类图标呈下陷状态，如图 11.33 所示。

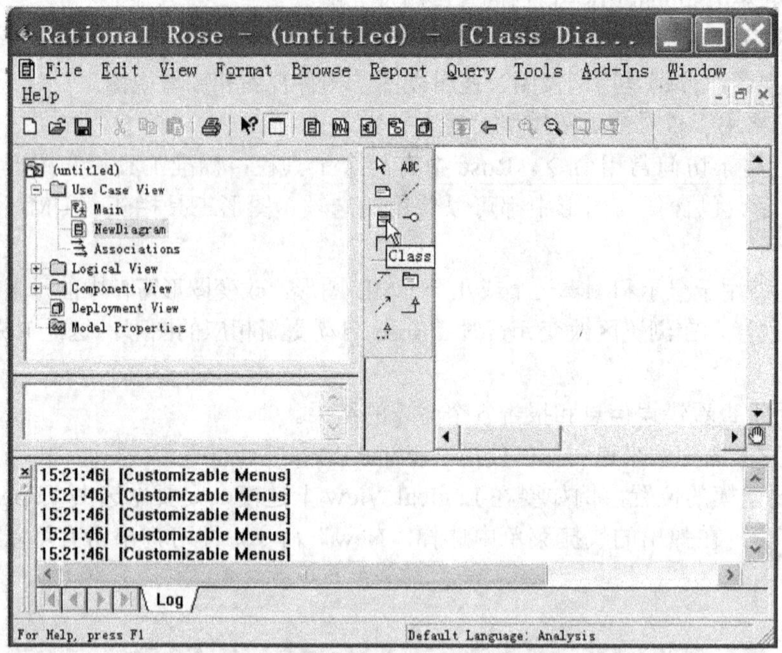

图 11.33 单击图形工具栏中的类（Class）

④ 将鼠标光标移到空白区域单击，即可建立一个类，如图 11.34 所示。

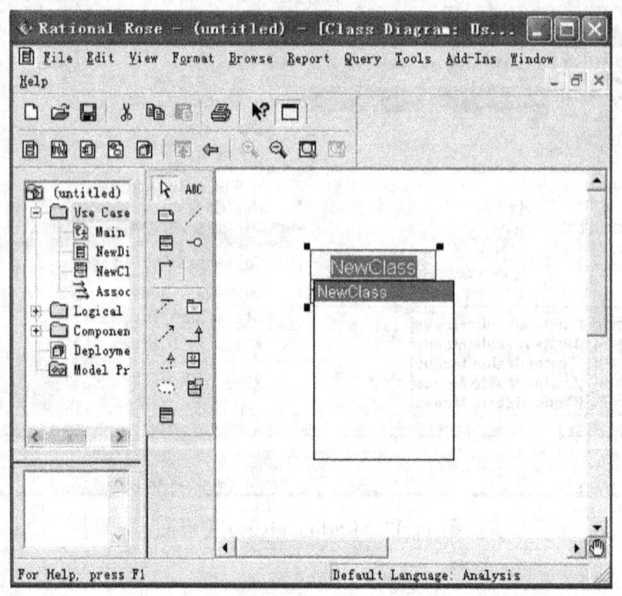

图 11.34 建立一个新类

⑤ 将类名修改为“Student”，增加类的属性和方法，即可完成类的建立，如图 11.35 所示。

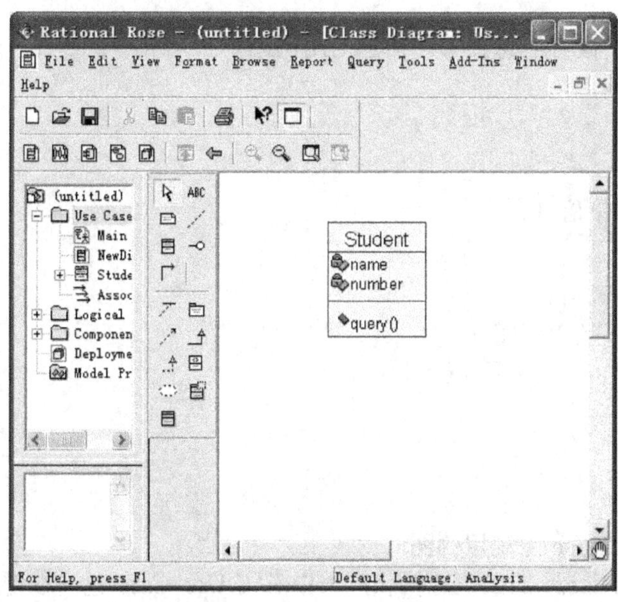

图 11.35 增加类的属性和方法

11.3.4 实验题目

下面将以比较常见的图书馆管理系统为例，具体介绍如何使用 Rational Rose 建立一个图书馆管理系统的用例图。

图书馆管理系统用于对书籍的借阅信息以及读者信息进行统一管理，凡是有关这些操作的内容都属于系统的范围，例如读者要借书、还书、预留书籍，工作人员查看读者信息、书籍信息等。

1. 确定系统参与者

对参与者的确定，需要分析系统涉及的问题领域，明确系统运行的主要任务。根据图书馆管理系统的需求分析，可以确定如下任务。

① 读者借书。

② 读者还书。

③ 读者预留书籍。

④ 读者撤销预留书籍。

⑤ 工作人员根据读者要求提供服务。

⑥ 工作人员进行查询，修改信息。

这个用例的参与者严格来说有两个，一个是图书馆工作人员，一个是读者，而实际使用系统的主要操作者是图书馆工作人员，读者没有操作系统的权限，只是向工作人员提供请求服务的信息。

2. 确定系统用例

经过分析将用例分为两个部分：工作人员维护读者信息、书籍信息的用例图和读者请求服务的用例图。

（1）工作人员维护读者信息、书籍信息的用例图

① 增加书目。

② 删除书目。

③ 增加书籍。

④ 删除或更新书籍信息。

⑤ 增加读者。

⑥ 删除或更新读者信息。

（2）读者请求服务的用例图

① 还书。

② 借书。

③ 预留数据。

④ 取消预留。

3. 使用 Rational Rose 绘制用例图

① 启动 Rose，在 Rose 的浏览区树状列表中右击 Use Case 包，在弹出的快捷菜单中选择"New"→"Use Case Diagram"命令，如图 11.36 所示。

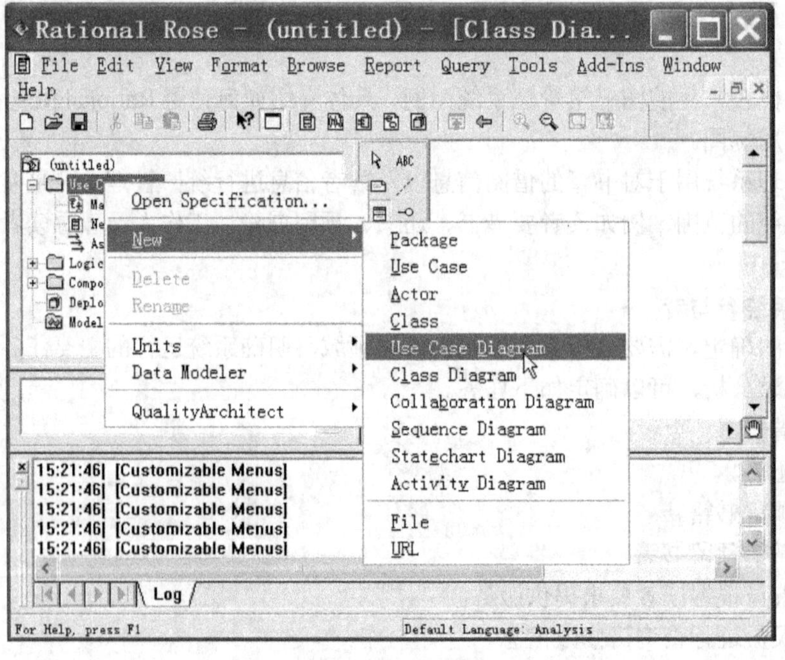

图 11.36 选择用例图

② 在浏览区双击新建的用例图（在默认情况下新添加的用例图被命名为"NewDiagram"，如果不修改默认名称继续新建用例图，下一个新建的用例图会被命名为"NewDiagram2"），这时新建的用例图会打开，同时 Rose 的标题栏上会显示"Rational Rose-（untitled）-[Use Case Diagram：Use Case View / NewDiagram]"，如图 11.37 所示。

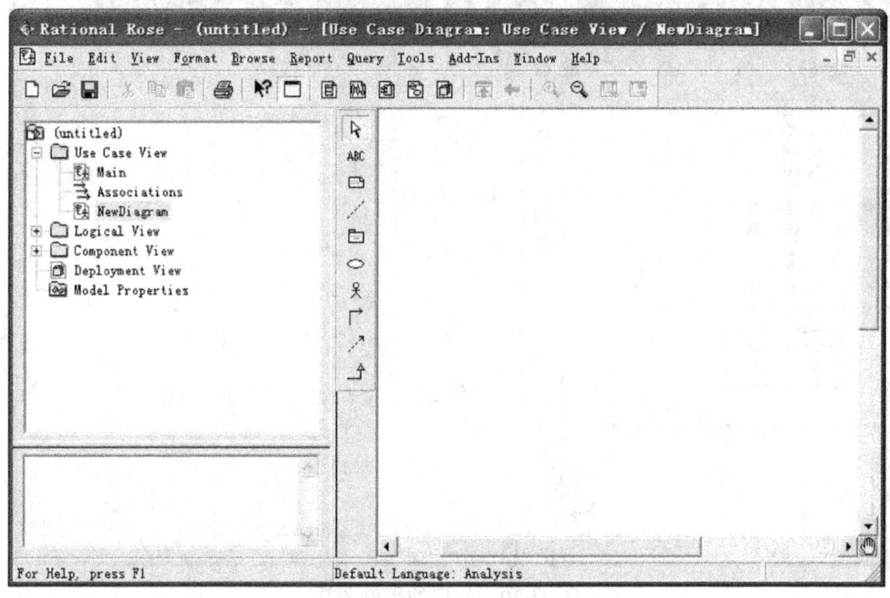

图 11.37　主界面

③ 注意此时的图形工具栏以及发生的改变。现在开始创建用例图。由于 Rose 已经将相应的图形元素预先定义好，可以方便地将需要的图形元素通过图形工具栏添加到图中，接下来将参与者和用例之间的关系定义好即可。首先创建工作人员维护读者信息、书籍信息的用例图，如图 11.38 所示。

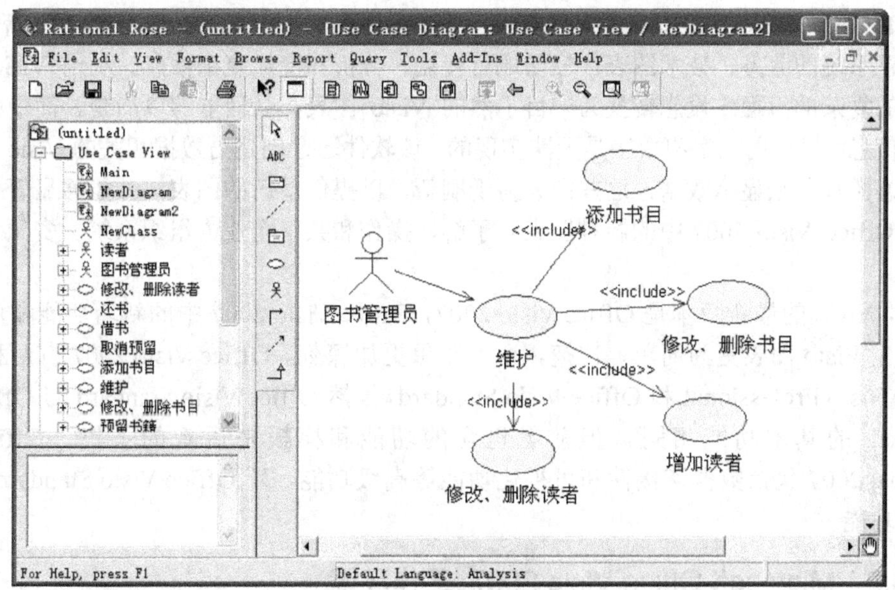

图 11.38　创建的用例图 1

④ 创建读者请求服务的用例图，如图 11.39 所示。

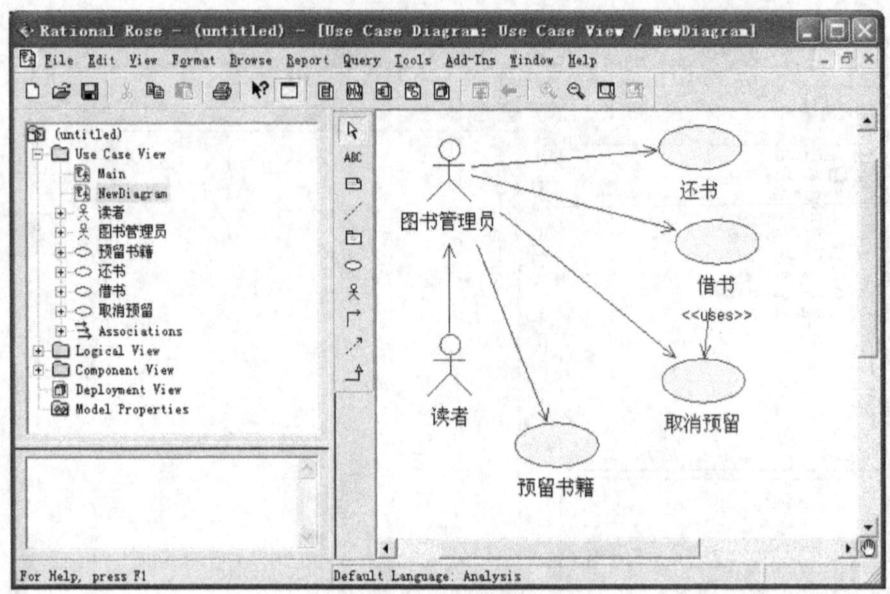

图 11.39 创建的用例图 2

11.4 建模工具 Microsoft Office Visio 2007

11.4.1 Microsoft Office Visio 2007 简介

微软的Office Visio 2007是一个专业的办公软件，具有绘图和图表制作功能，可以帮助IT 专业人员创建系统的业务、技术图表，轻松地可视化、分析和交流复杂信息。利用 Visio 能够将难以理解的复杂的流程或设想转换为一目了然的 Visio 图表，从而能够以清楚、简便的方式有效地交流信息，只使用文字和数字是无法实现的。该软件通过创建与数据相关的 Visio 图表（而不使用静态图片）来显示数据，这些图表易于刷新，以提供最新的图表，并能够显著提高生产率。使用 Office Visio 2007 中的各种图表可了解、操作和共享企业内组织系统、资源和流程的有关信息。

目前，Visio 的最新版本是 Office Visio 2007，Office Visio 2007 中的新增功能和增强功能可使得创建 Visio 图表更为简单、快捷，令人印象更加深刻。Office Visio 2007 有两种独立版本：Office Visio Professional 和 Office Visio Standard，虽然 Office Visio Standard 与 Office Visio Professional 的基本功能相同，但前者包含的功能和模板是后者的子集。Office Visio Professional 2007 包括数据连接性和可视化功能等高级功能，而 Office Visio Standard 2007 并没有这些功能。

11.4.2 Microsoft Office Visio 2007 工作环境

1. 软、硬件环境要求

Microsoft Office Visio 2007 的软、硬件环境要求如表 11.2 所示。

表 11.2 软、硬件环境要求

组 件	要 求
计算机和处理器	500 MHz 或更快的处理器
内存	256 MB 或更大的 RAM
硬盘	1.5 GB，如果在安装后从硬盘上删除原始下载软件包，将释放部分磁盘空间
驱动器	CD-ROM 或 DVD 驱动器
显示器	1 024×768 或更高分辨率的监视器
操作系统	Microsoft Windows XP Service Pack (SP) 2、Windows Server 2003 SP1 或更高版本的操作系统

2. 模板

Visio 2007 最突出的特点就是为用户提供了大量的绘图模板和模具，使非美术工作者也能绘制出专业的图表。

Visio 2007 提供了超过几十种模板和数以千计的形状，其中有一些比较简单，而另一些则相当复杂。

启动 Visio 2007 时，会同时打开“选择绘图类型”对话框，在这里可以选择需要的绘图类别和类别中的模板来绘制所需要的图形，如图 11.40 所示。

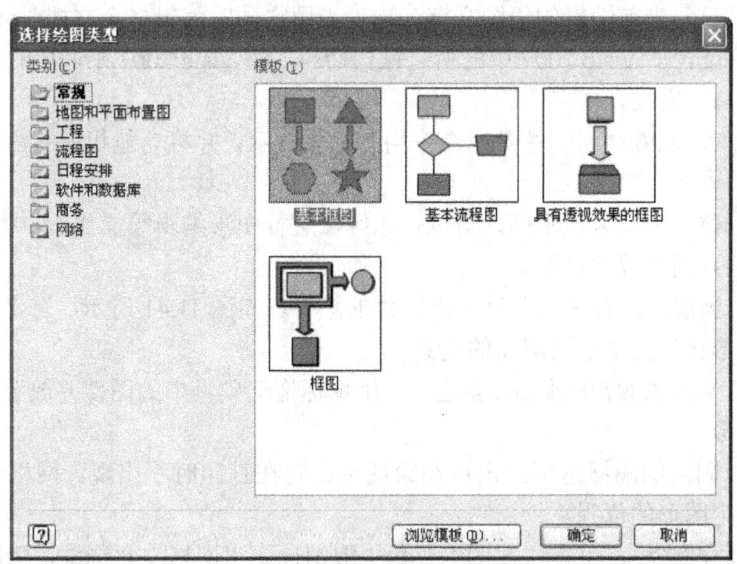

图 11.40 Visio 模板

3. 窗口

在选定了“常规”绘图类别和“基本框图”模板并确认后，进入窗口主界面。

Visio 2007 窗格是一个包含应用程序所有基本元素的典型界面。它不仅美观、清新，而且使用更加便捷，如图 11.41 所示。

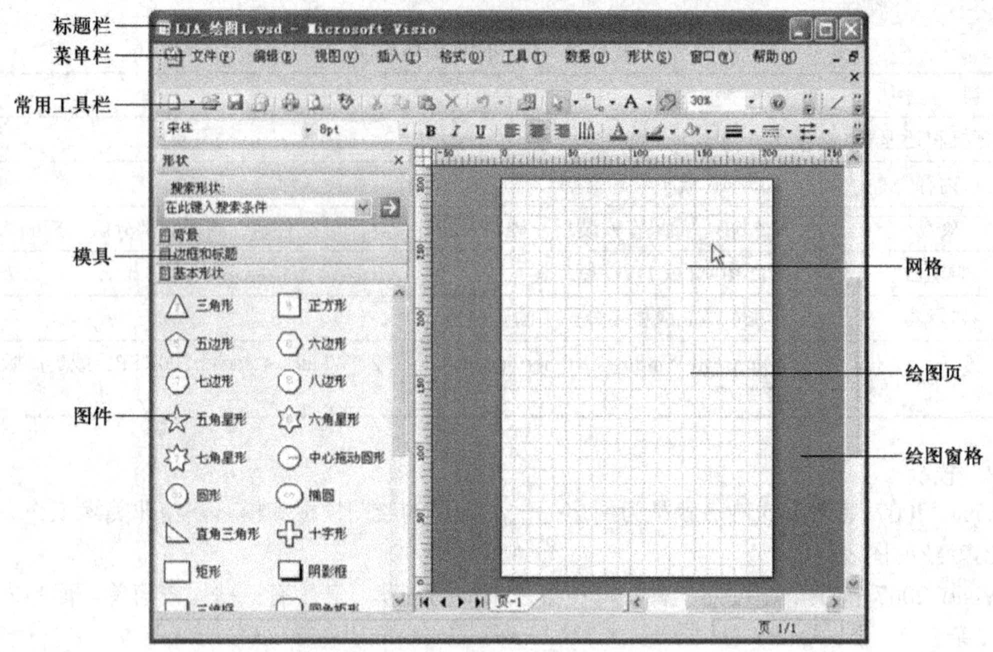

图 11.41 Visio 2007 窗口

下面分别介绍 Visio 2007 窗口的组成元素。

① 标题栏：显示当前编辑的绘图文档名称，当用户同时编辑多个文档时使用。

② 菜单栏：包含了 Visio 2007 中的所有操作命令，即 Visio 2007 中的所有操作都可以通过选择菜单栏中的命令完成。

③ 工具栏：Visio 2007 将一些常用命令用图标来表示，并将功能相近的命令按钮集中在一起，形成工具栏。

④ 绘图页：位于窗口区域中间，可以在该区域进行图形编辑等操作。

⑤ 绘图窗格：用于放置绘图页。

⑥ 模具：与当前图形有关的各种标准图件的集合。如图 11.41 所示，有“背景”、“边框和标题”和“基本形状”几个不同用途的模具。

⑦ 图件：是 Visio 2007 的核心元素之一。用鼠标拖动模具中的图件并放置到绘图页，即可产生该图件的图形。

⑧ 网格：以固定间隔栅格形式出现在绘图页，它在打印时不出现。网格能帮助用户在绘图页上直观地确定图形的位置。

提示：要清除网格线，可在“视图”菜单中取消选中“网格”复选框，消除网格。

11.4.3 Microsoft Office Visio 2007 使用示例

1. 实验例题 1

建立教学管理系统的学生选课系统的业务模型，用用例图表示，如图 11.42 所示。

① 启动 Visio 2007。

Visio 启动时，同时打开“选择绘图类型”对话框。

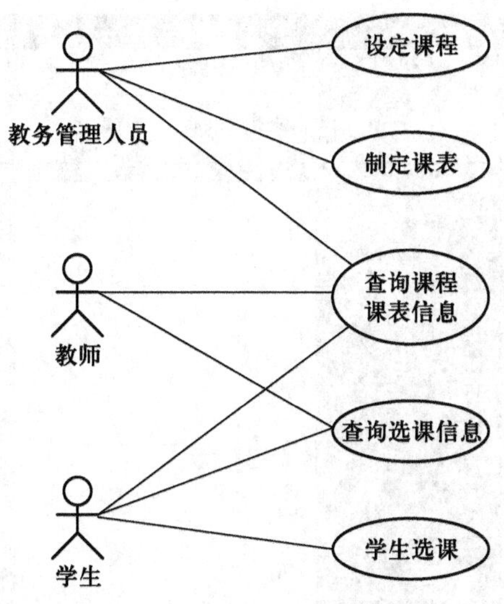

图 11.42 学生选课系统用例模型

② 在“选择绘图类型”对话框的“类别”列表中单击“软件和数据库”类别。“软件和数据库”类别中的所有模板就会显示在该对话框中，如图 11.43 所示。

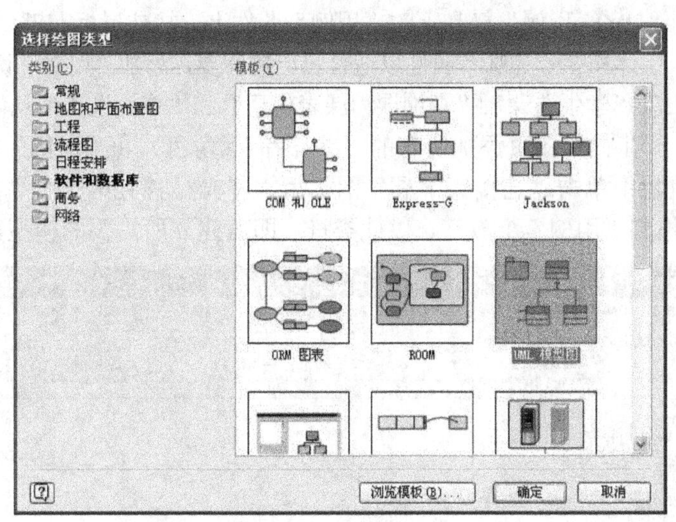

图 11.43 “选择绘图类型”对话框

③ 双击名为“UML 模型图”的模板。“基本框图”模板打开后，会有一个空白的绘图页占用大部分空间。由于在创建图表时对齐形状十分重要，因此该页出现时，页面上显示有网格线。

单击这些标题中的每个标题均可打开一个包含各种形状的模板。这里使用“UML 用例”模板，如图 11.44 所示。

④ 将光标移到“UML 用例”模具上的“参与者”图件上，按住鼠标左键，并将该形状拖到绘图页上。调整图形、字体和字号等基本属性以适合自己的需要，添加“参与者”角色说明信息。例如“教务管理人员”、“教师”和“学生”角色信息。

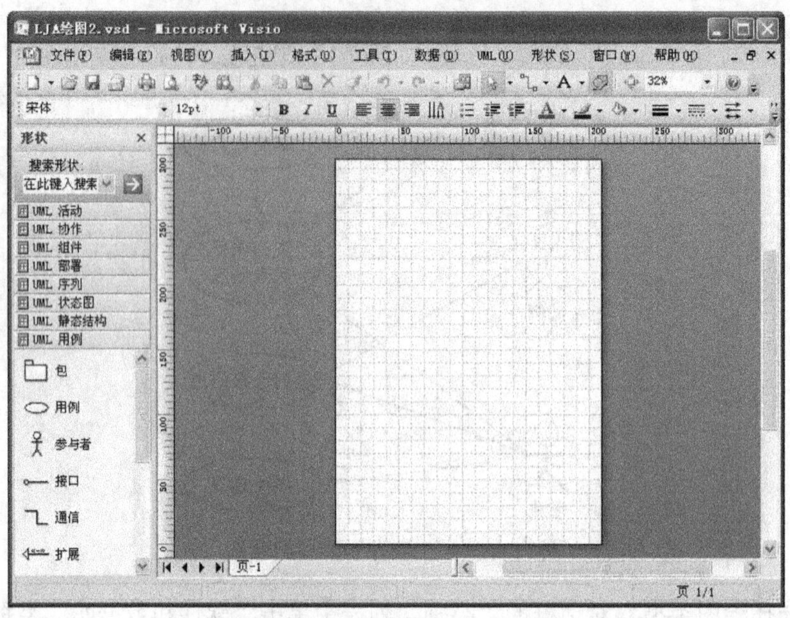

图 11.44 Visio 绘图区域

⑤ 将光标移到“UML 用例”模具上的“用例”图件上，按住鼠标左键，并将该形状拖到绘图页上。调整图形、字体和字号等基本属性以适合自己的需要，添加“用例”说明信息。例如“设定课程”、“制定课表”、“学生选课”、“查询课程课表信息”和“查询选课信息”等功能信息。

⑥ 重复第④、⑤步向绘图页添加所有的“参与者”（角色）和“用例”（功能）信息。

⑦ 在常用工具栏中单击“连接线工具”图标后，将光标移到第一个“参与者”上，按住鼠标左键，将光标拖到“用例”上放开，以此类推，即可建立所需要的模型，如图 11.45 所示。

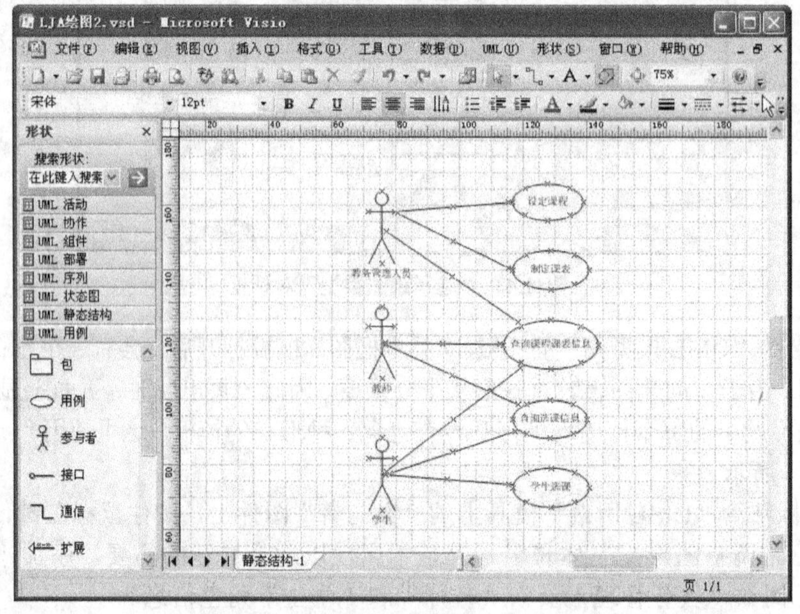

图 11.45 学生选课系统用例模型

2. **实验例题 2**

需求调研人员对企业的业务流程进行分析后，得出其业务处理的流程图，要求用 Visio 画出这个业务处理的流程图，如图 11.46 所示。

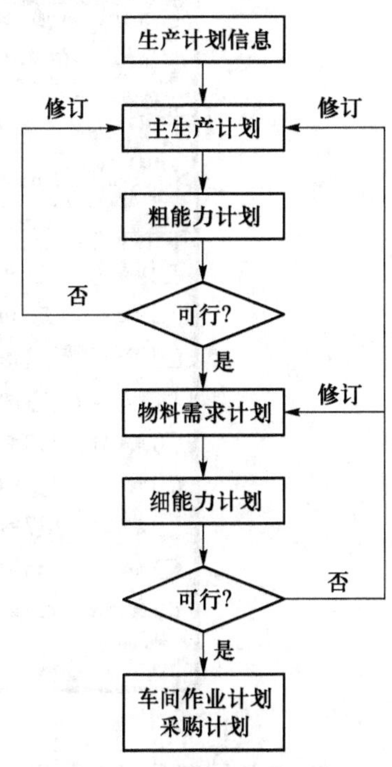

图 11.46 业务处理的流程图

① 启动 Visio 2007 后，在“选择绘图类型”对话框的“类别”列表中，单击“常规”类别。“常规”类别中的所有模板就会显示在该对话框中，再双击名为“基本流程图”的模板，出现 Visio 绘图区域，如图 11.47 所示。

② 将光标移到“基本流程图形状”模具上的“流程”图件上，按住鼠标左键，并将该形状拖到绘图页上。调整图形、字体和字号等基本属性以适合自己的需要，添加流程说明信息。

③ 将光标移到“基本流程图形状”模具上的“判定”图件上，按住鼠标左键，并将该形状拖到绘图页上。调整图形、字体和字号等基本属性以适合自己的需要。添加判断说明信息，如图 11.48 所示。

④ 在常用工具栏中单击“连接线工具”图标后，将光标移到“流程”图框上，按住鼠标左键，将光标拖到“判定”图框上后放开，完成连接。

其他流程可依次类推完成。

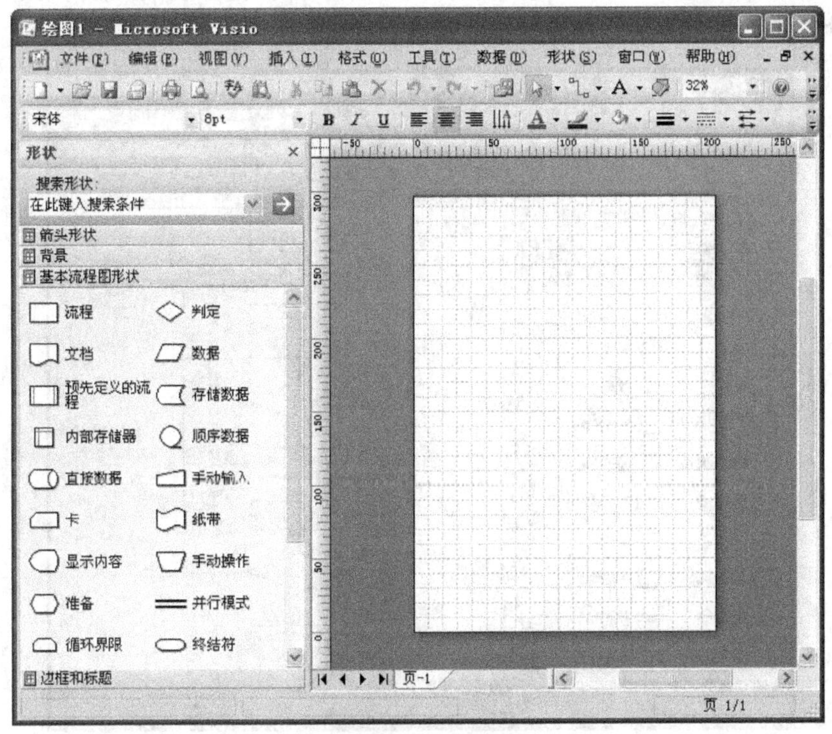

图 11.47 Visio 绘图区域

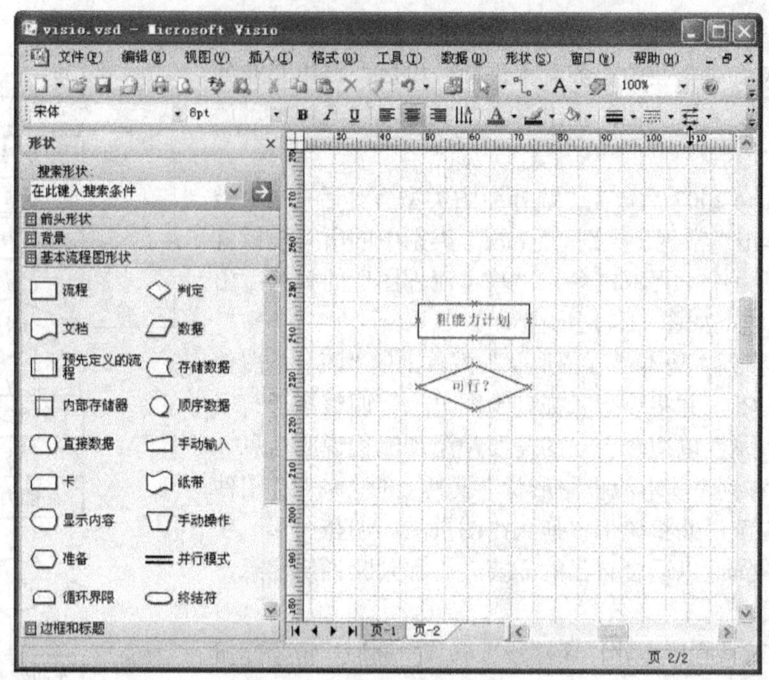

图 11.48　Visio 绘图区域

⑤ 在常用工具栏中单击“文本工具”图标后，将光标移到绘图区域中，单击鼠标左键，输入“是”，调整图形、字体和字号等基本属性以适合自己的需要，并将此文本框拖到需要的位置。其他以此类推，完成本流程图的制作，如图 11.49 所示。

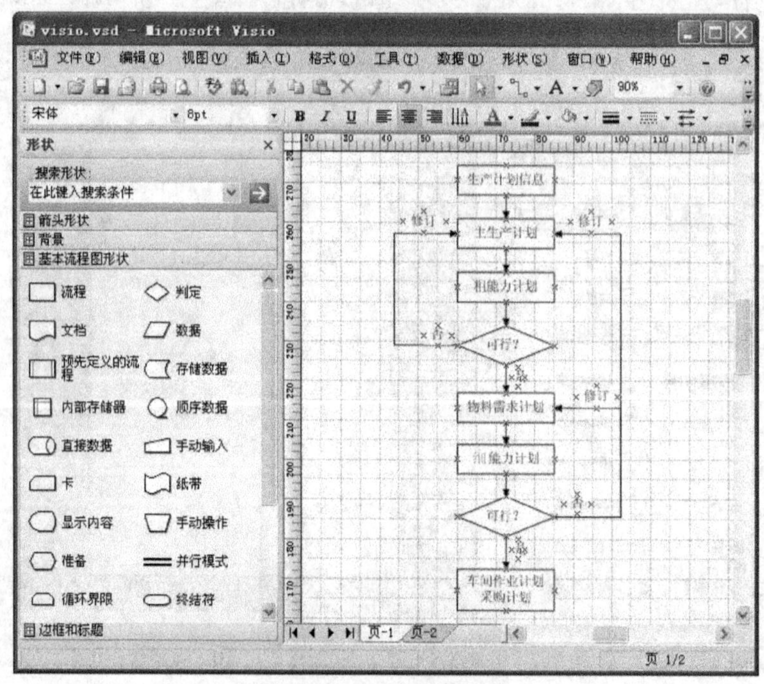

图 11.49　Visio 绘图区域

11.4.4 实验题目

1. 实验题 1

绘制如图 11.50 所示的“销售管理业务系统”顶层数据流图。

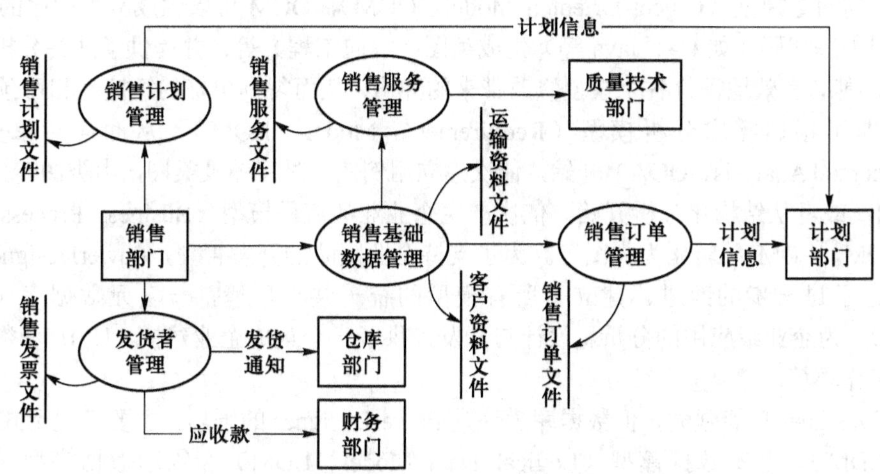

图 11.50 “销售管理业务系统” 顶层数据流图

2. 实验题 2

绘制主生产计划计算流程图，其流程如下。

① 预测、划分时区等系统设置。

② 毛需求量计算。

③ 现可用库存量、安全库存量计算。

④ 预计可用库存量计算、净需求量计算。

⑤ 判断净需求是否大于 0，若大于 0，则执行第⑥步，否则转至第⑨步。

⑥ 计划产出量计算。

⑦ 提前期、成品率计算。

⑧ 计划投入量的计算。

⑨ 判断是否完成，若完成，则此流程结束，否则转至第②步继续执行。

11.5 建模与设计工具 PowerDesigner 15

11.5.1 PowerDesigner 简介

PowerDesigner 是 Sybase 公司推出的集成建模套件，即集成化企业级过程建模工具，通过 PowerDesigner 工具的应用，业务分析人员与技术开发人员可对业务功能和流程进行解析和描述，并与现有的应用集成环境协调行动，完成应用软件系统的开发。它不仅可以用于系统设计和开发的不同阶段（如商业流程分析、对象分析、对象设计、开发等阶段），而且可以满足管理、系统设计、开发等相关人员的使用要求。它是业界第一个同时提供数据库设计开发和应用开发的建模软件，大大提高了企业业务流程的分析、设计与开发能力。

PowerDesigner 提供了强大的模型间生成、链接和同步技术，例如由概念数据模型（Conceptual Data Model，CDM）可以生成物理数据模型（Physical Data Model，PDM），PDM 可以生成面向对象模型（Object Oriented Model，OOM），OOM 可以生成应用程序的代码，并可以由应用程序代码（如 C#、Java 等）生成类图（双向工程）等，并提供了冲突分析（Impact Analysis）功能，有效地评价各个模型修改带来的冲击，从而得到更好的敏捷性和可预测性。这样，用户即可根据需求分析模型（Requirements Model，RQM），从面向对象分析设计（Object-Oriented Analysis，OOA）开始，依次建立用例图、时序图及类图，由类图转化为 CDM 以及 PDM；或者从结构化分析开始，依次产生企业业务流程模型（Business Process Model，BPM）、CDM、PDM 并转化为类图等。为了支持企业团队的开发管理，PowerDesigner 设计人员对其进行了进一步的改进，建立了所有模型的统一共享环境，一套元数据库（Metadata Repository），为企业级应用的分析、设计与开发提供了一个集成企业建模、UML 和数据建模 3 种建模的工作环境。

PowerDesigner 功能强大，但数据库模块是 PowerDesigner 的强项，主要表现形式为概念数据模型（CDM）、逻辑数据模型（Logical Data Model，LDM）和物理数据模型（PDM）。PowerDesigner 支持的关系数据库管理系统有 Oracle、IBM DB2、Microsoft SQL Server、Microsoft Access、Informix、Sybase 和 MySQL 等。

11.5.2 PowerDesigner 15 简介

1. 软、硬件环境要求

PowerDesigner 15 的软、硬件环境要求如表 11.3 所示。

表 11.3 软、硬件环境要求

组 件	要 求
计算机和处理器	500 MHz 或更快的处理器
内存	256 MB 或更大的 RAM
硬盘	800 MB 及以上硬盘空间
驱动器	CD-ROM 或 DVD 驱动器
显示器	1 024×768 或更高分辨率的监视器
操作系统	Microsoft Windows XP Service Pack (SP) 2、Windows Server 2003 SP1 或更高版本的操作系统

2. 窗口

PowerDesigner 15 窗口是一个包含应用程序所有基本元素的典型界面。它不仅美观、清新，而且使用更加便捷，如图 11.51 所示。

下面分别介绍 PowerDesigner 15 窗口环境的组成元素。

① 标题栏：显示当前编辑的工程名称。

② 菜单栏：包含了 PowerDesigner 15 中的所有操作命令，即 PowerDesigner 15 中的所有操作都可以通过选择菜单栏中的命令完成。

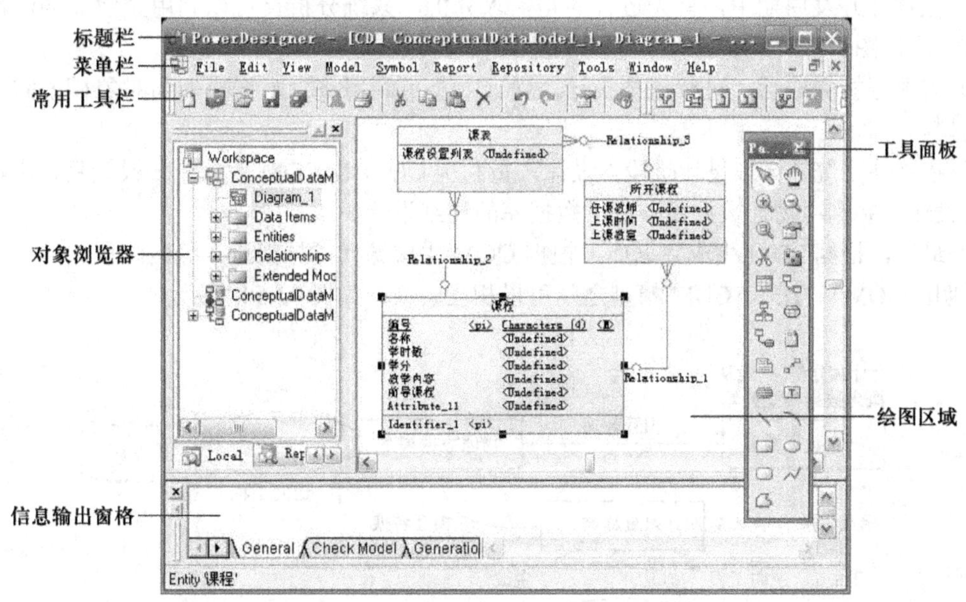

图 11.51 PowerDesigner 15 窗口

③ 工具栏：PowerDesigner 15 将一些常用命令用图标来表示，并将功能相近的命令按钮集中在一起，形成工具栏和工具面板。

④ 工具面板：与当前图形有关的各种标准图形元素的集合。如图 11.52 所示，其中有“实体”、“关系”等不同用途的图形元素。

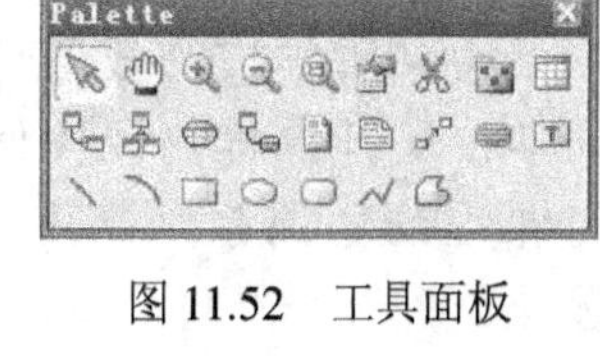

图 11.52 工具面板

⑤ 绘图区域：位于窗口区域中间，可以在该区域进行编辑图形等操作。

提示：要清除网格线，可在“视图”菜单中取消选中“网格”复选框，即可将网格清除。

3. PowerDesigner 的模型类型

PowerDesigner 是一个功能强大而且使用方便的工具集，为新一代数据库应用的建模提供了全面的支持。PowerDesigner 支持的数据模型有：需求分析模型（Requirements Model，RQM）、企业业务流程模型（Business Process Model，BPM）、概念数据模型（Conceptual Data Model，CDM）、逻辑数据模型（Logical Data Model，LDM）、物理数据模型（Physical Data Model，PDM）、对象模型（Object-Oriented Model，OOM）、信息流动模型（Information Liquidity Model，ILM）、自由模型（Free Model，FEM）、XML 模型（XML Model，XSM）、企业架构模型（Enterprise Architecture Model，EAM），如图 11.53 所示。

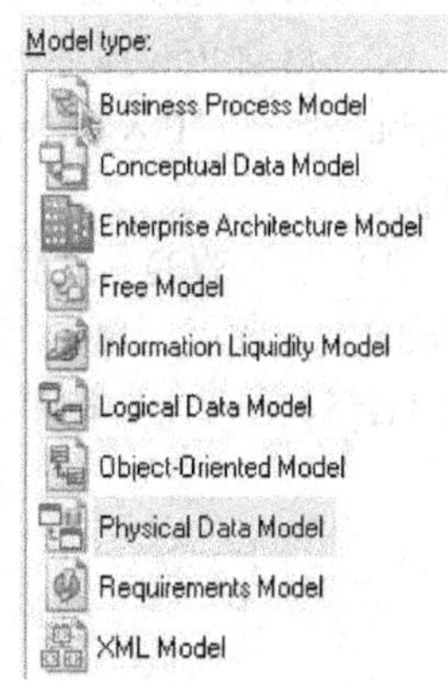

图 11.53 模型类型

4. 利用 PowerDesigner 进行需求分析、设计的基本步骤

这里的步骤指利用 PowerDesigner 进行需求分析和设计时，所用到的最基本的步骤。

① 在软件开发周期中，首先进行的是需求分析，系统分析员可以利用企业业务流程模型画出业务流程图。

② 需求分析完成后，进行概要设计，设计人员可利用概念数据模型和对象模型完成系统设计模型。

③ 在软件系统的详细设计阶段，设计人员利用 OOM 和 CDM 完成系统设计后，进行系统的详细设计，并利用物理数据模型完成数据库的详细设计。

④ 最后，根据 PDM 生成数据库，根据 OOM 生成源代码框架进入编码阶段。

说明：OOM、PDM、CDM 模型之间可以相互转换，如图 11.54 所示。

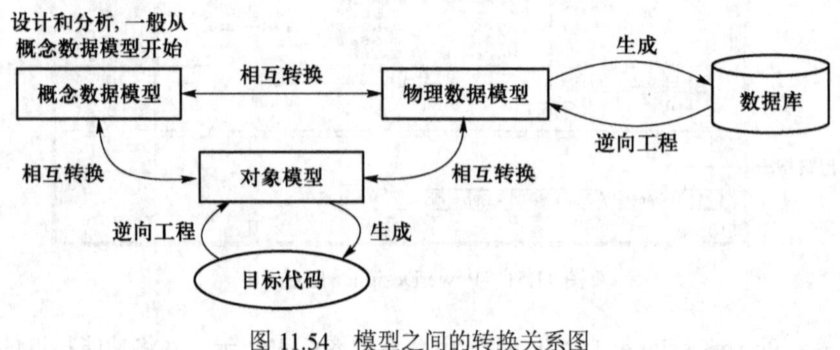

图 11.54　模型之间的转换关系图

11.5.3　PowerDesigner 15 使用示例

为某所学校的教务部门开发课程注册管理系统。教务管理人员利用该系统输入和管理学校所开课程的课程信息，学校开学时，教务管理人员输入本学期所开课程信息（每门课程的任课教师、上课时间、教室）和课表，学生可以利用该系统进行课程查询和选课。

要求：进行系统分析，并建立课程注册管理系统的概念数据模型。

① 启动 PowerDesigner 15 系统。单击 Windows 操作系统的“开始”按钮，选择“程序”→“Sybase”→“PowerDesigner 15”→“PowerDesigner”命令，打开 PowerDesigner 15 的欢迎界面。

② 进入欢迎界面后，单击“Create Model”图标，进入选择模型界面，选择“Conceptual Data Model”选项后，单击“OK”按钮，完成模型的选择，进入 PowerDesigner 15 的操作界面，如图 11.55、图 11.56 和图 11.57 所示。

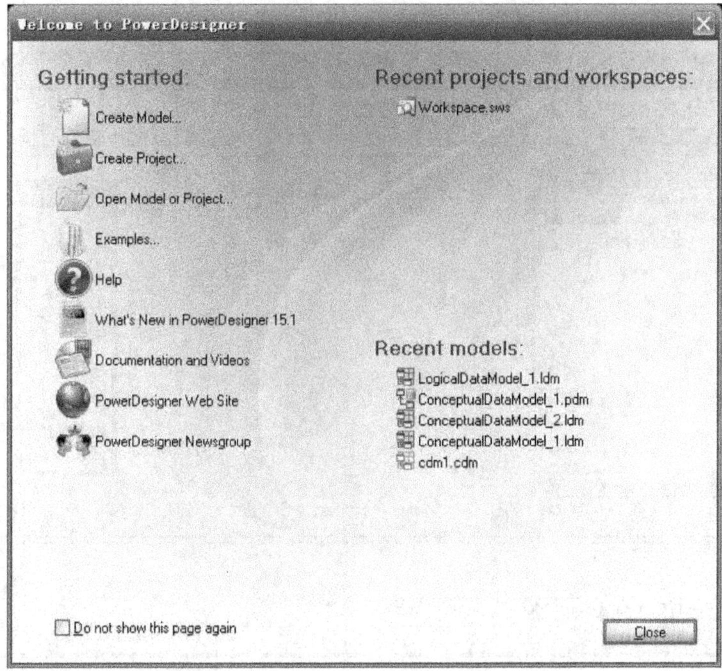

图 11.55 PowerDesigner 15 的欢迎界面

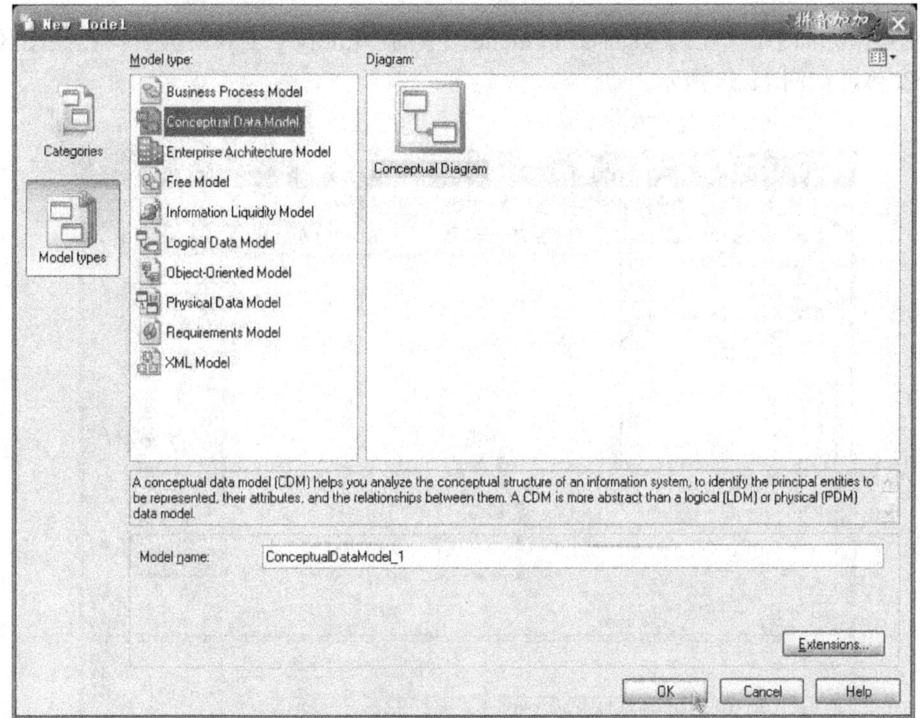

图 11.56 选择模型界面

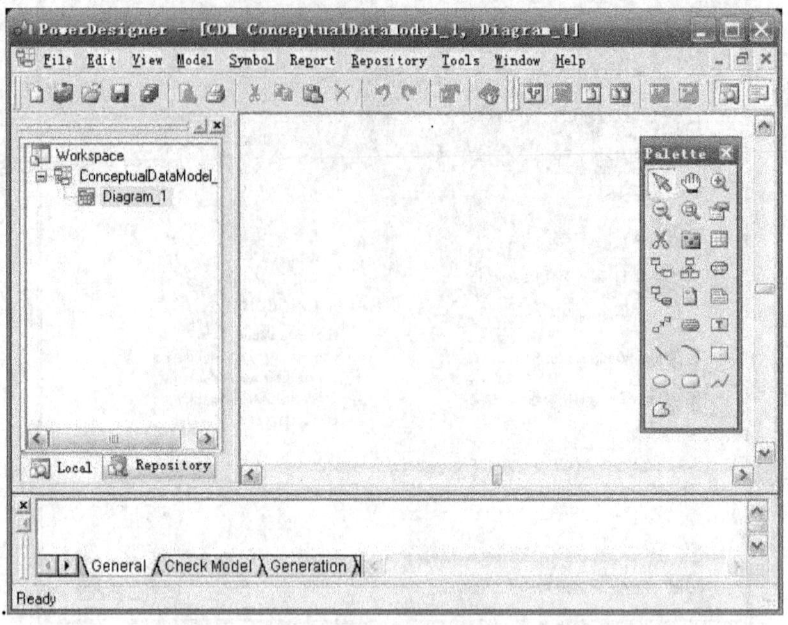

图 11.57　操作界面

③ 在操作界面中，单击工具面板“Palette”中的“Entity”工具图标后，在绘图区域单击产生一个实体，如图 11.58 所示。

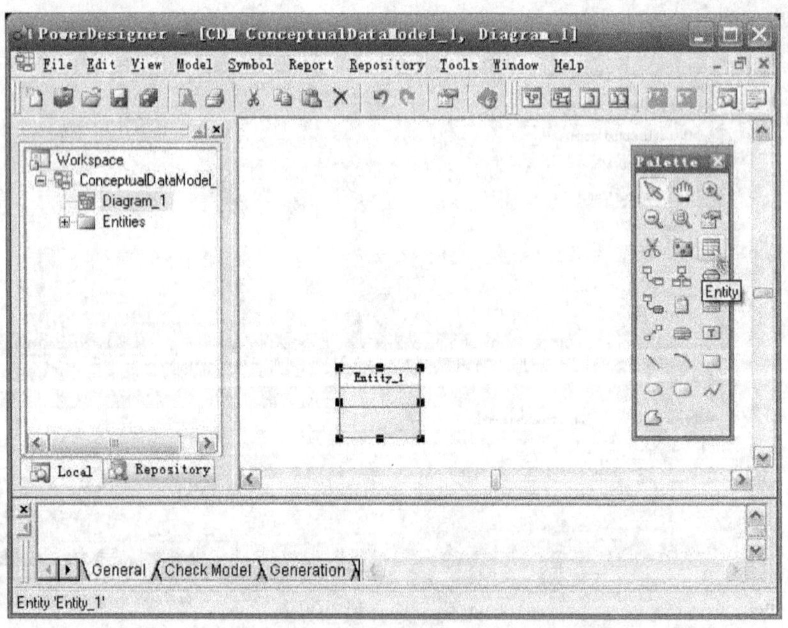

图 11.58　添加实体

④ 修改实体属性，选择实体“Entity_1”，选择“View”菜单中的选择“Properties”命令（如图 11.59 所示），进入属性修改界面（如图 11.60 所示）。

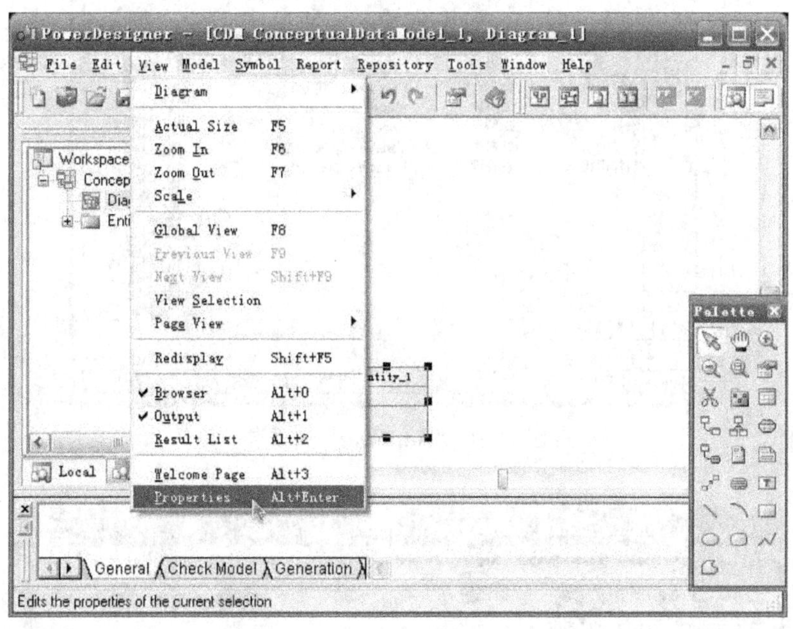

图 11.59 选择“Properties”命令

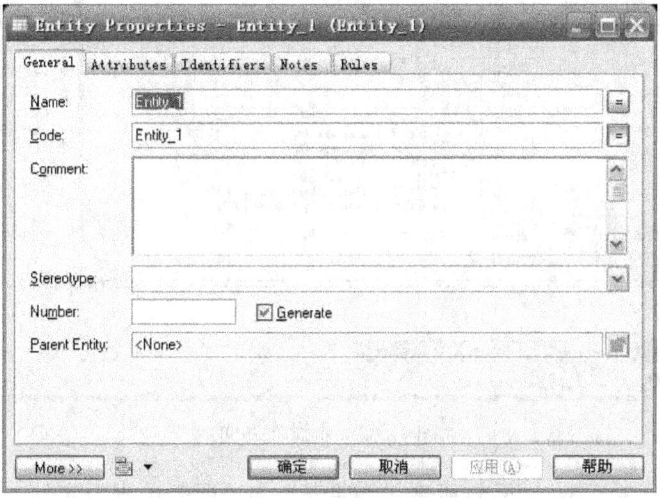

图 11.60 属性修改界面

⑤ 在属性修改界面中将本实体的名字改为“课程”，再选择“Attributes”选项卡设置本实体的各个属性（如图 11.61 所示），单击“确定”返回主操作界面（如图 11.62 所示）。

图 11.61 “Attributes”选项卡

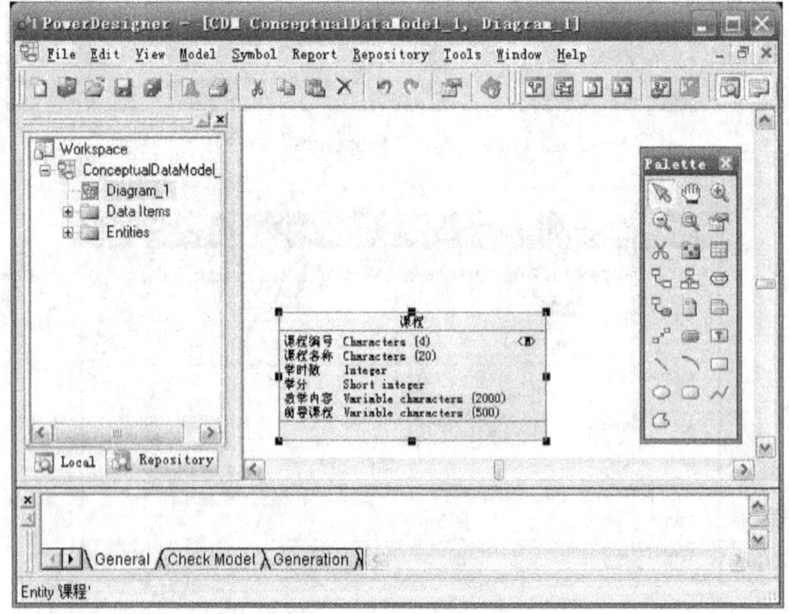

图 11.62 主操作界面

⑥ 按照步骤③、④、⑤，再分别建立“课表”和“所开课程”实体（如图 11.63 所示）。

⑦ 定义 3 个实体之间的关系，在操作界面中，单击工具面板“Palette”中的“Relationship”工具图标后，将光标移到“课程”实体上，按住光标左键，将光标拖到“所开课程”实体上后放开，关系建立完成，按照同样的方法建立另外一个关系，至此就完成了本模型的建立，如图 11.64 所示。

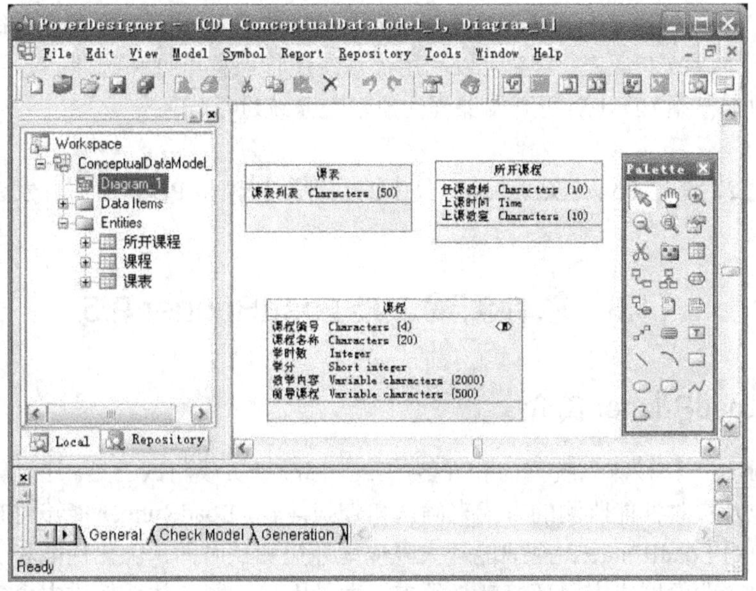

图 11.63 主操作界面

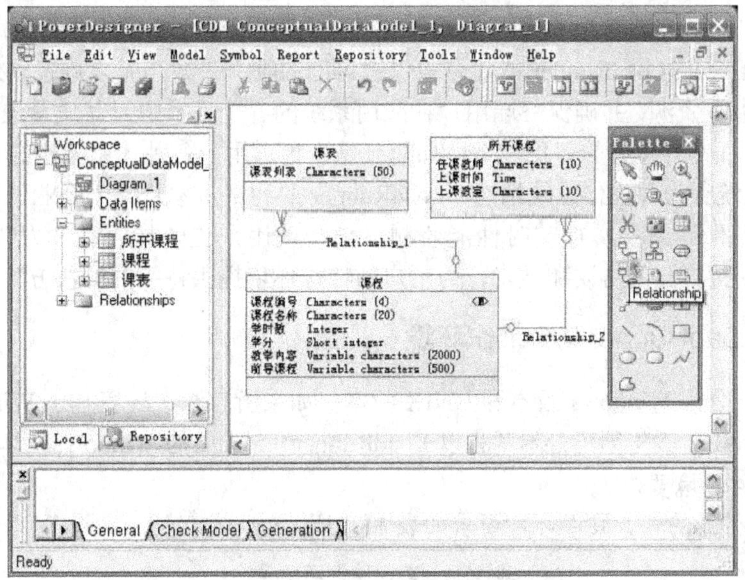

图 11.64 建立实体之间的关系

11.5.4 实验题目

1. 实验题 1

飞黄软件公司为腾达企业的人力资源部门开发人力资源管理系统。作为系统开发项目组设计人员，使用 PowerDesigner 工具中的概念数据模型 CDM 对所开发系统进行描述。

2. 实验题 2

为某所学校的教务部门开发课程注册管理系统。教务管理人员利用该系统输入和管理学校所开课程的课程信息，学校开学时，教务管理人员输入本学期所开课程信息（每门课程的任课教师、上课时间、教室）和课表，学生可以利用该系统进行课程查询和选课。使用 PowerDesigner 工具中的逻辑数据模型 LDM 对所开发课程注册管理系统进行描述。

3. **实验题** 3

结合实验题 2，使用 PowerDesigner 工具中的物理数据模型 PDM 对所开发课程注册管理系统进行数据库设计。

11.6 软件测试工具 LoadRunner 9.5

11.6.1 LoadRunner 简介

LoadRunner 是一种预测系统行为和性能的工业标准级负载测试工具。通过以模拟上千万用户实施并发负载及实时性能监测的方式来确认和查找问题，LoadRunner 能够对整个企业架构进行测试。通过使用 LoadRunner，企业能最大限度地缩短测试时间，优化性能和加速应用系统的发布周期。目前企业的网络应用环境都必须支持大量用户，网络体系架构中含各类应用环境且由不同供应商提供软件和硬件产品。难以预知的用户负载和愈来愈复杂的应用环境使公司时时担心会发生用户响应速度过慢、系统崩溃等问题，这些都不可避免地导致公司收益的损失。Mercury Interactive 的 LoadRunner 能让企业保护自己的收入来源，无须购置额外硬件而最大限度地利用现有的 IT 资源，并确保终端用户在应用系统的各个环节中对其质量进行测试，在可靠性和可扩展性方面都有良好的评价。LoadRunner 是一种适用于各种体系架构的自动负载测试工具，它能预测系统行为并优化系统性能。LoadRunner 的测试对象是整个企业的系统，它通过模拟实际用户的操作行为和实行实时性能监测，来帮助用户更快地查找和发现问题。此外，LoadRunner 能支持广泛的协议和技术，为用户的特殊环境提供特殊的解决方案。

11.6.2 LoadRunner 9.5 工作环境

LoadRunner 分为 Windows 版本和 UNIX 版本。如果所有测试环境基于 Windows 平台，那么只需安装 Windows 版本即可。本章将以 LoadRunner 9.5 中文的 Windows 版本为例进行介绍。

1. **软、硬件环境要求**

LoadRunner 9.5 的软、硬件环境要求如表 11.4 所示。

表 11.4 软、硬件环境要求

组 件	要 求
计算机和处理器	1 GHz 或更快的处理器
内存	512 MB 或更大的 RAM
硬盘	1.5 GB，如果在安装后从硬盘上删除原始下载软件包，将释放部分磁盘空间
驱动器	CD-ROM 或 DVD 驱动器
显示	最低 800×600，推荐使用 1 024×768 或更高分辨率的监视器
操作系统	Microsoft Windows XP Service Pack (SP) 2 或更高版本的操作系统
浏览器	IE5 或更高版本

2. **负载测试流程**

负载测试通常经过5个阶段：计划、脚本创建、场景定义、场景执行和结果分析。

① 计划负载测试：定义性能测试要求，例如并发用户的数量、典型业务流程等。

② 创建 Vuser 脚本：将最终用户活动捕获到自动脚本中。

③ 定义场景：使用 LoadRunner Controller 设置负载测试环境。

④ 运行场景：通过 LoadRunner Controller 驱动、管理和监控负载测试。

⑤ 分析结果：使用 LoadRunner Analysis 创建图和报告并评估性能。

3. **LoadRunner 组件**

LoadRunner 包含下列组件。

① 虚拟用户生成器：用于捕获最终用户业务流程和创建自动性能测试脚本（也称为虚拟用户脚本）。

② Controller：用于组织、驱动、管理和监控负载测试。

③ 负载生成器：用于通过运行虚拟用户生成负载。

④ Analysis：用于您查看、分析和比较性能结果。

⑤ Launcher：访问所有 LoadRunner 组件的统一界面。

11.6.3 LoadRunner 的功能

为了说明 LoadRunner 的功能，将针对最多支持10个并发用户的数据库应用程序进行负载测试。该测试将模拟旅行代理同时使用航班预订系统（例如登录、搜索航班、购买机票、查看路线和注销）。在测试过程中，使用 LoadRunner 的联机监控器观察 Web 服务器在负载下的行为，可以看到负载的增加如何影响服务器对用户操作的响应时间（事务响应时间）以及如何导致错误的。

1. **创建脚本**

通过“程序”菜单中启动 LoadRunner，通过菜单新建一个用户脚本，选择系统通信协议，如图 11.65 所示。这里需要测试的是 Web 应用，选择 Web（HTTP/HTML）协议。

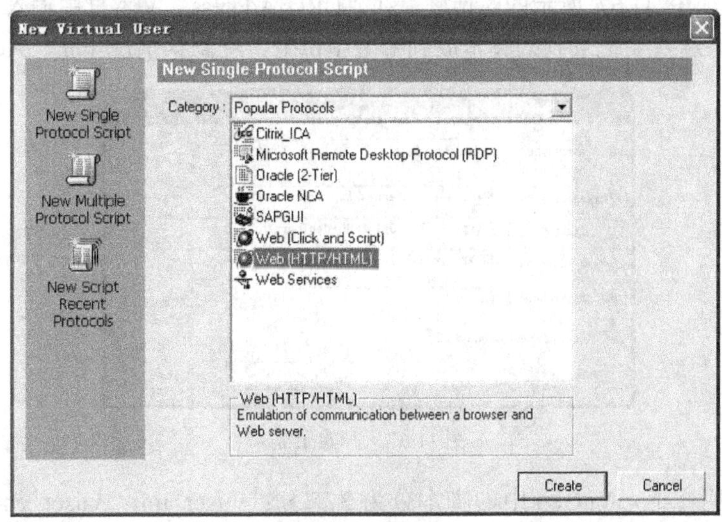

图 11.65 选择协议

单击“Create”按钮后，打开 VuGen 的向导，如图 11.66 所示，将出现空白脚本，并且该向导的左侧将显示任务窗格（如果任务窗格没有显示，可单击工具栏上的“Tasks”按钮）。根据 VuGen 向导的指示可逐步创建脚本并根据所需的测试环境编辑此脚本。任务窗格中列出了脚本创建过程中的每个步骤或任务。在执行每个步骤时，VuGen 将在该窗口的主区域中显示详细的说明和规则。

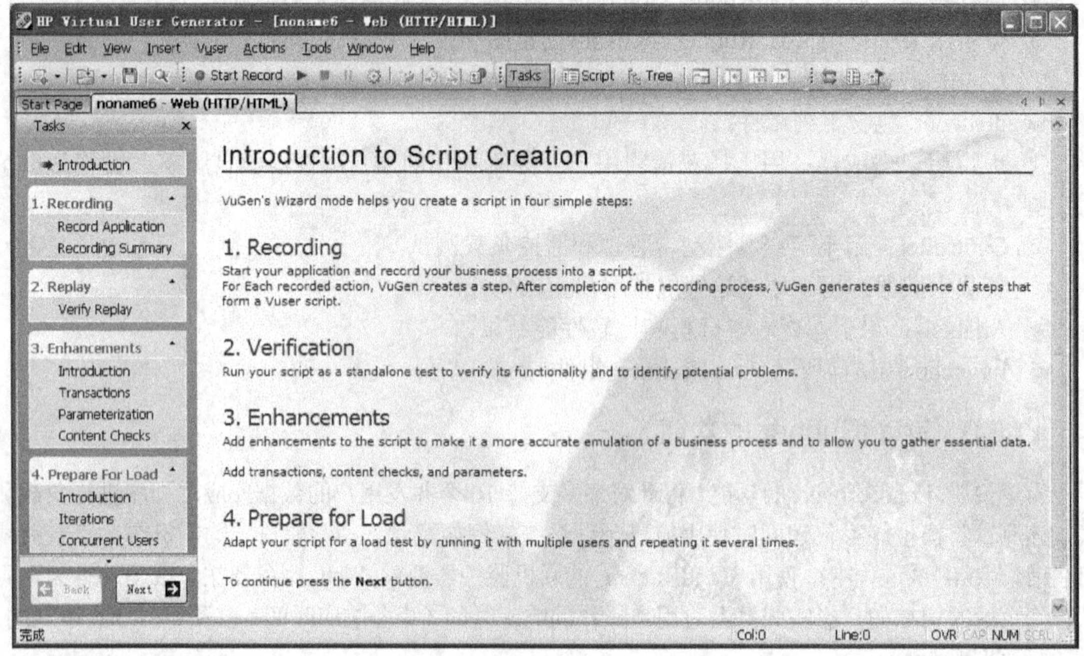

图 11.66　VuGen 向导

在任务窗格中，单击步骤 1 中的“Record Appliaction”项目，单击说明窗格底部的“Start Recording”，打开如图 11.67 所示的对话框。在“URL Address”文本框中输入“http://127.0.0.1:1080/WebTours/”。选择要把录制的脚本放到哪一个部分，在默认情况下是“Action”。

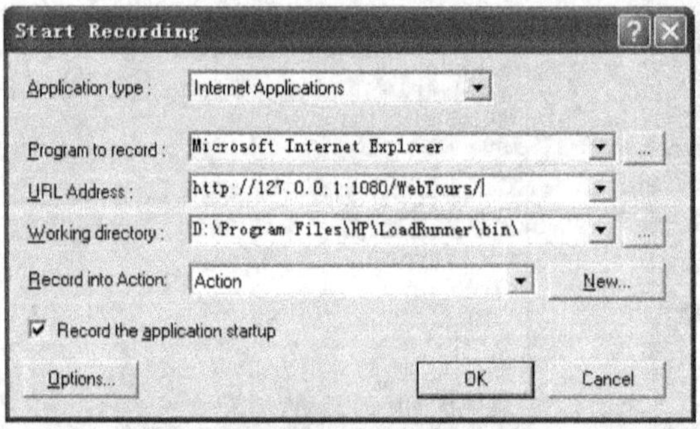

Start Recording
Application type : Internet Applications
Program to record : Microsoft Internet Explorer
URL Address : http://127.0.0.1:1080/WebTours/
Working directory : D:\Program Files\HP\LoadRunner\bin\
Record into Action: Action　New...
Record the application startup
Options...　OK　Cancel

图 11.67　开始录制

这里简单说明一下，VuGen 中的脚本分为 3 部分：vuser_init、vuser_end 和 Action。其中 vuser_init 和 vuser_end 都只能存在一个，不能再分割，而 Action 还可以分成无数多个部分（通过单击“New”按钮，新建 ActionXXX）。在录制需要登录的系统时，把登录部分放到 vuser_init 中，把登录后的操作部分放到 Action 中，把注销关闭登录部分放到 vuser_end 中（如果需要在登录操作中设集合点，那么登录操作也要放到 Action 中，因为在 vuser_init 中不能添加集合点）。在其他情况下，只要把操作部分放到 Action 中即可。注意：在重复执行测试脚本时，vuser_init 和 vuser_end 中的内容只会执行一次，重复执行的只是 Action 中的部分。

然后单击“OK”按钮，VuGen 开始录制脚本，将打开一个新的 Web 浏览器，并显示 Web Tours 站点，如图 11.68 所示。

图 11.68 Web Tours 站点

在录制过程中，不要使用浏览器的“后退”功能，LoadRunner 支持不太好！在录制过程中，在屏幕上会出现一个工具栏，如图 11.69 所示。

Recording... (0 events).

Action

图 11.69 录制工具栏

操作的过程如下。

① 登录到 Web Tours 网站。在“username”文本框中输入“jojo”，在“Password”文本框中输入“bean”，单击“Login”，按钮将打开欢迎页面。

② 输入航班详细信息。单击“航班”链接，打开“查找航班”页。

a. 出发城市：丹佛（默认设置）。

b. 出发日期：保持默认设置不变（当前日期）。

c. 到达城市：洛杉矶。

d. 返回日期：保持默认设置不变（第二天的日期）。

e. 座位首选项：过道。

保持其余的默认设置不变，然后单击“继续”按钮，接下来打开“搜索结果”页。

③ 选择航班。单击“继续”按钮接受默认航班选择，接下来打开“付费详细信息”页。

④ 输入付费信息并预订航班。在“信用卡”文本框中输入“12345678”，在“输出日期”文本框中输入“06/06”。单击“继续”按钮，接下来打开“发票”页，并显示用户的发票。

⑤ 查看路线。单击左窗格中的“路线”选项，打开“路线”页。

⑥ 单击左窗格中的“注销”选项。录制的过程和 WinRunner 有些类似，不再多做介绍。录制完成后，单击“结束录制”按钮，VuGen 自动生成用户脚本，退出录制过程。

2. 创建负载测试

Controller 是用来创建、管理和监控测试的中央控制台。使用 Controller 可以运行用来模拟实际用户执行的操作的示例脚本，并可以通过让多个虚拟用户同时执行这些操作在系统中创建负载。

① 打开“HP LoadRunner 9.50”窗口，如图 11.70 所示。

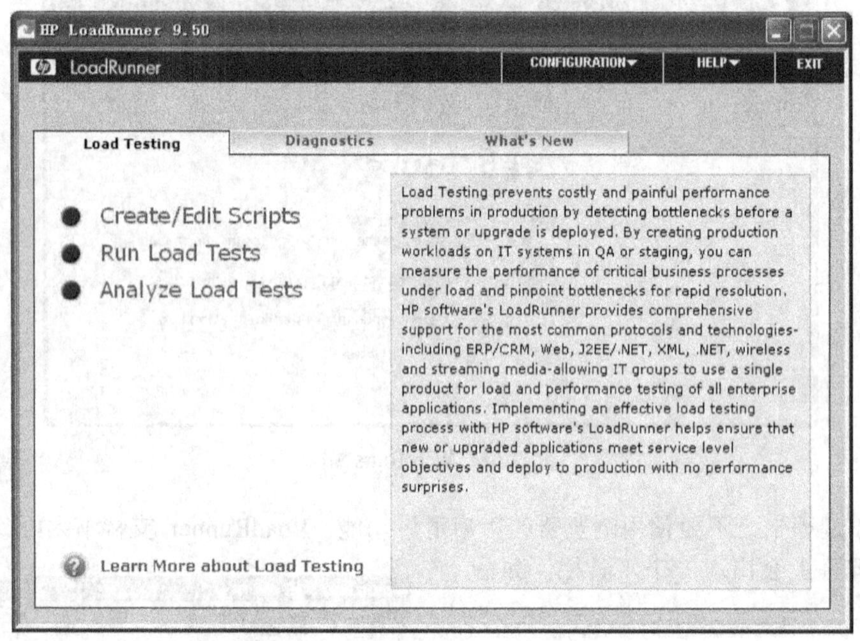

图 11.70 “HP LoadRunner 9.50”窗口

② 打开 Controller。在“Load Testing”选项卡中，单击“Run Load Tests”选项。在默认情况下，LoadRunner Controller 打开时将显示新建场景对话框，如图 11.71 所示。

③ 打开示例测试。从 Controller 菜单中选择“File”→“Open”命令，并打开<LoadRunner 安装>\Tutorial 目录中的 demo_scenario.lrs 文件，demo_script 测试将出现在“场景组”窗格中，如图 11.72 所示，从中可以看到已分配了 Vuser 运行测试。

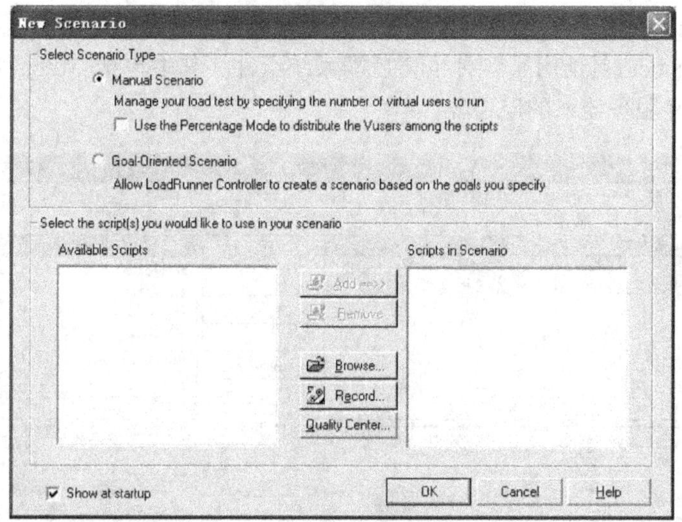

图 11.71 新建场景对话框

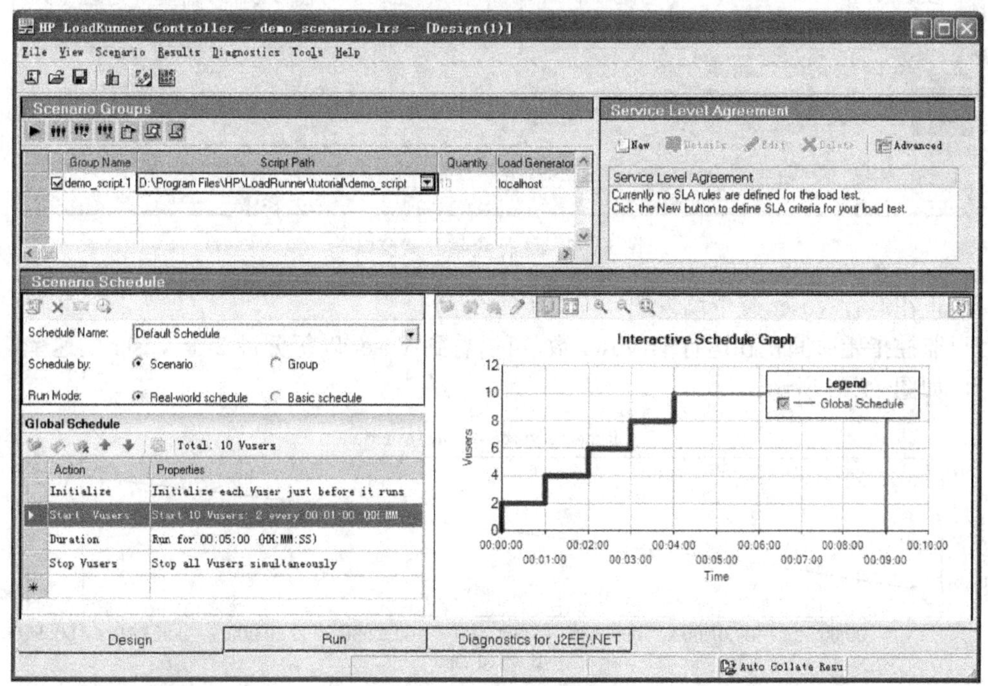

图 11.72 设计负载测试窗口

3. 运行负载测试

单击启动场景按钮，打开 Controller 运行视图，Controller 将开始运行场景。在“场景组”窗格中可以看到 Vuser 逐渐开始运行并在系统上生成负载。可以在联机图上看到服务器对 Vuser 操作的响应度，如图 11.73 所示。

4. 监控负载测试

在创建应用程序中的负载的同时可以了解应用程序的实时执行情况以及可能存在瓶颈的

位置。使用 LoadRunner 的集成监控器套件可以度量负载测试期间每个单一层、服务器和系统组件的性能。LoadRunner 包括用于各种主要后端系统组件（其中包括 Web、应用程序、网络、数据库和 ERP/CRM 服务器）的监控器。

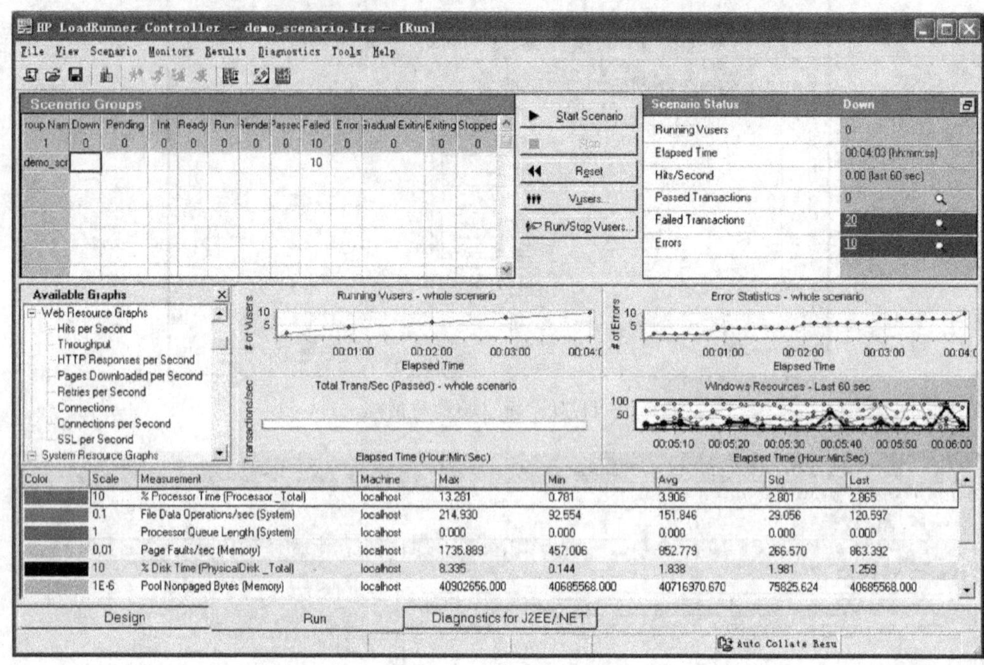

图 11.73　运行负载测试窗口

（1）正在运行 Vuser 整个场景图

可以监控指定时间正在运行的 Vuser 数，可以看到 Vuser 以每分钟 2 个 Vuser 的速率逐渐开始运行，如图 11.74 所示。

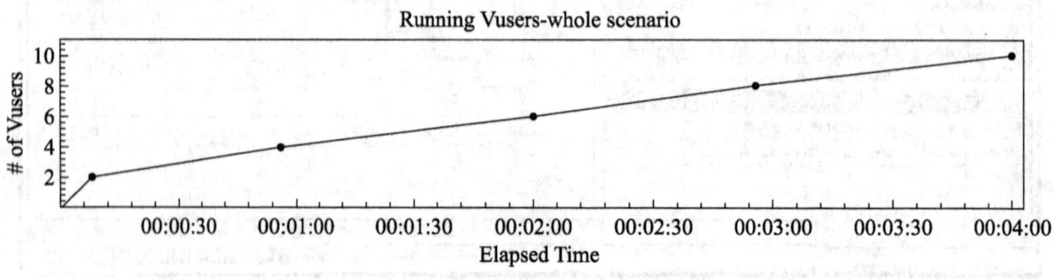

图 11.74　正在运行 Vuser 整个场景图

（2）每秒点击次数-整个场景图

通过每秒点击次数-整个场景图，可以监控场景运行的每一秒内 Vuser 在 Web 服务器上的点击次数（HTTP 请求数），这样可以跟踪了解在服务器上生成的负载量。

（3）Windows 资源图

通过 Windows 资源图，可以监控在场景执行期间度量的 Windows 资源使用情况（例如 CPU、磁盘或内存使用率）。

（4）错误统计信息图

如果计算机处理的负载很重，则可能遇到错误。在可用图树中选择错误统计信息图并将其拖入 Windows 资源图窗格中。错误统计信息图提供了有关场景执行期间发生错误时间及错误数的详细信息。这些错误按照错误源（例如在脚本中的位置或负载生成器名）分组，如图 11.75 所示。

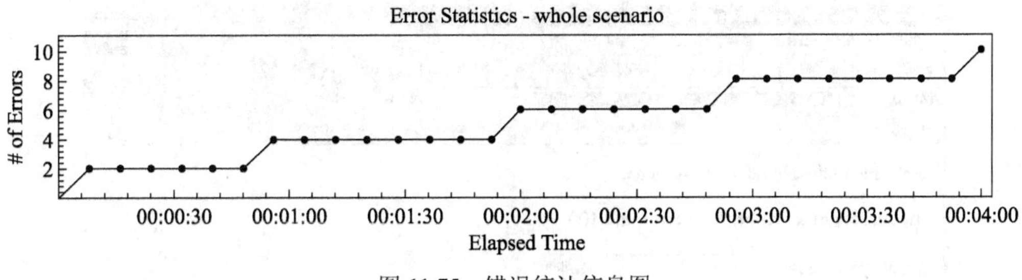

图 11.75 错误统计信息图

5. 分析结果

测试运行结束时，LoadRunner 将提供一个深入分析部分，此部分由详细的图和报告组成。可以将多个场景中的结果组合在一起来比较多个图。也可以使用自动关联工具将所有包含能够对响应时间产生影响的数据的图合并，并确定出现问题的原因。使用这些图和报告，可以容易地识别应用程序中的瓶颈，并确定需要对系统进行哪些更改来提高系统性能。

通过选择分析结果按钮，可以打开带有场景结果的分析摘要。结果保存在<LoadRunner 安装>\Results\tutorial_demo_res 目录下，如图 11.76 所示。

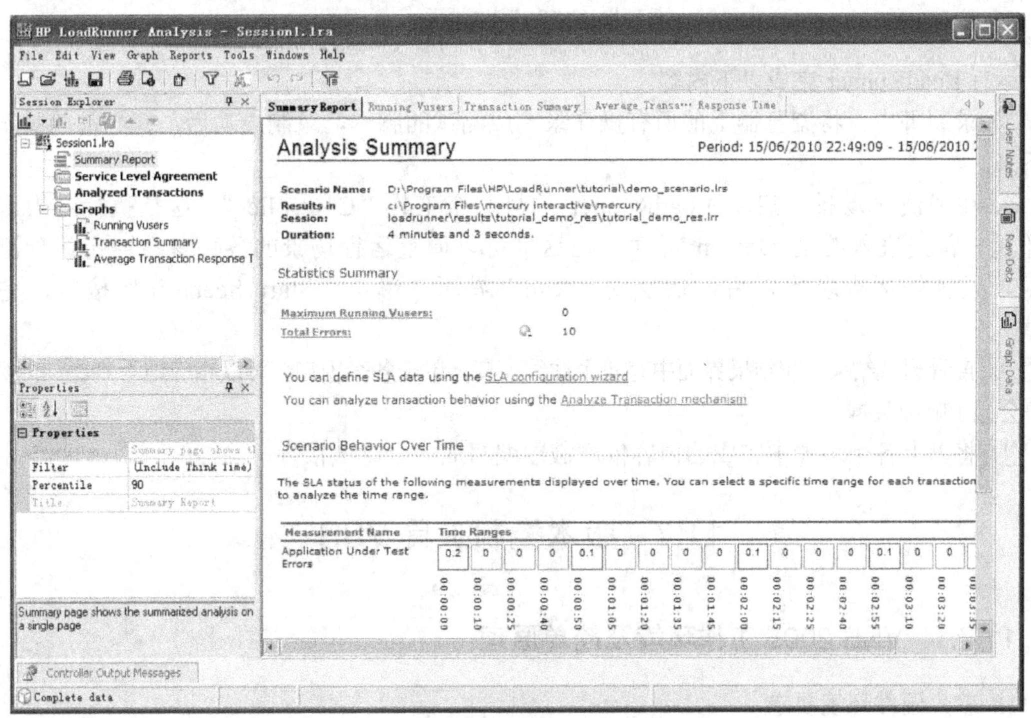

图 11.76 错误统计信息图

11.6.4 实验题目

测试 Tomcat 自带的一个 JSP 提交表单的性能。

测试页面如图 11.77 所示。

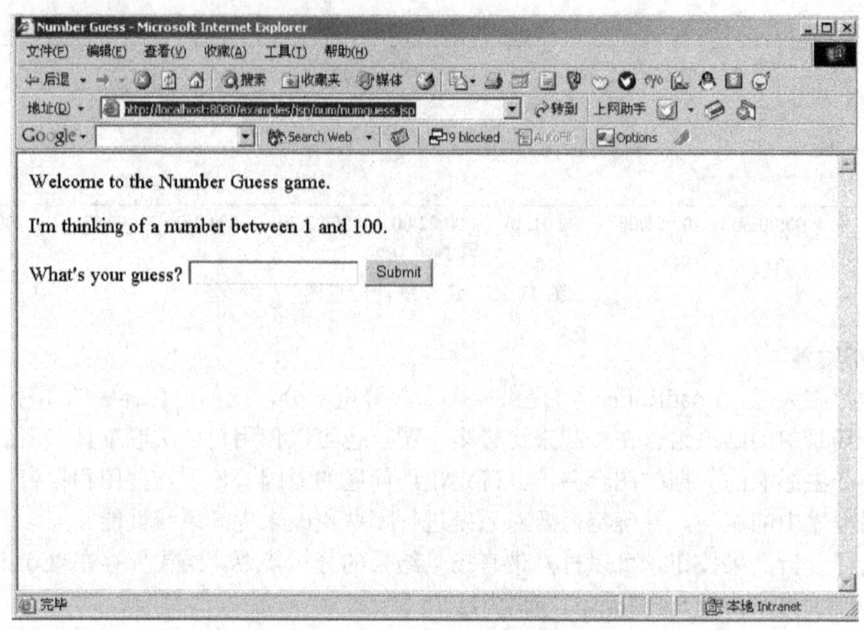

图 11.77 测试页面

运行 LoadRunner 完成以下内容。

① 录制脚本。将浏览器上的所有操作录制成测试的脚本，录制成功后，把当前的脚本保存下来。

② 生成测试场景。启动 LoadRunner 的另一个工具“Controller”，这是执行压力测试的环境。首先进入的是 Design 界面，在这里可以调整运行场景的各种参数，已达到测试要求，设置好运行场景以后，切换到“Run”界面，单击“Start Scenario”按钮，完成测试。

③ 查看测试结果。在结果界面中有 4 个曲线窗口，单击各个窗口，可以相应地看到底部的数据窗口会显示响应数据。

④ 将以上各个步骤中完成的内容依次截图编写成一个测试报告。

11.7 版本控制工具 VSS

11.7.1 VSS 2005 工作环境及简单原理

1. 软、硬件环境要求

VSS 2005 的软、硬件环境要求如表 11.5 所示。

表 11.5　软、硬件环境要求

组　　件	要　　求
计算机和处理器	66 MHz 或更快的处理器
内存	128 MB 或更大的 RAM
硬盘	1 GB
驱动器	CD-ROM 或 DVD 驱动器
显示器	1 024×768 或更高分辨率的显示器
操作系统	Microsoft Windows 95 或更高版本的操作系统

2. VSS 2005 系统的安装

① 双击安装程序 SETUP，打开安装界面。

② 如图 11.78 所示，选择“I accept the terms of the License Agreement”选项，并输入序列号后，单击“Next”按钮。

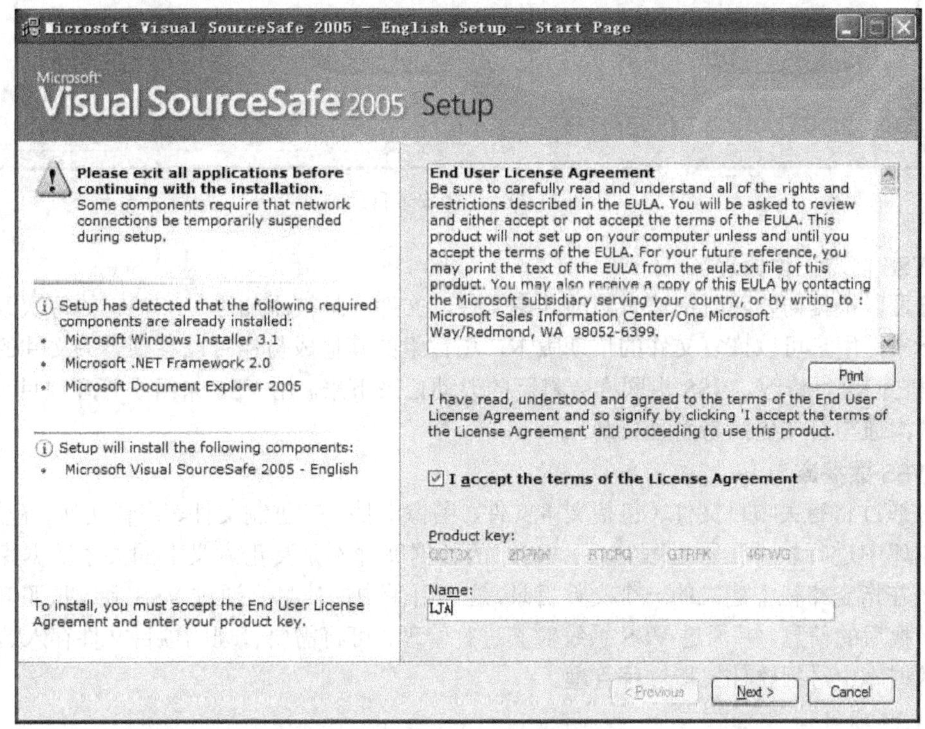

图 11.78　安装启动界面

③ 如图 11.79 所示，选择“Default”选项，选择或输入产品的安装路径后，单击“Install”按钮。

④ 单击“Finish”按钮，安装完成。

注意：VSS 2005 与先前的版本不同，其安装不区分服务器端和客户端。在使用的时候区分管理员用户和一般用户。

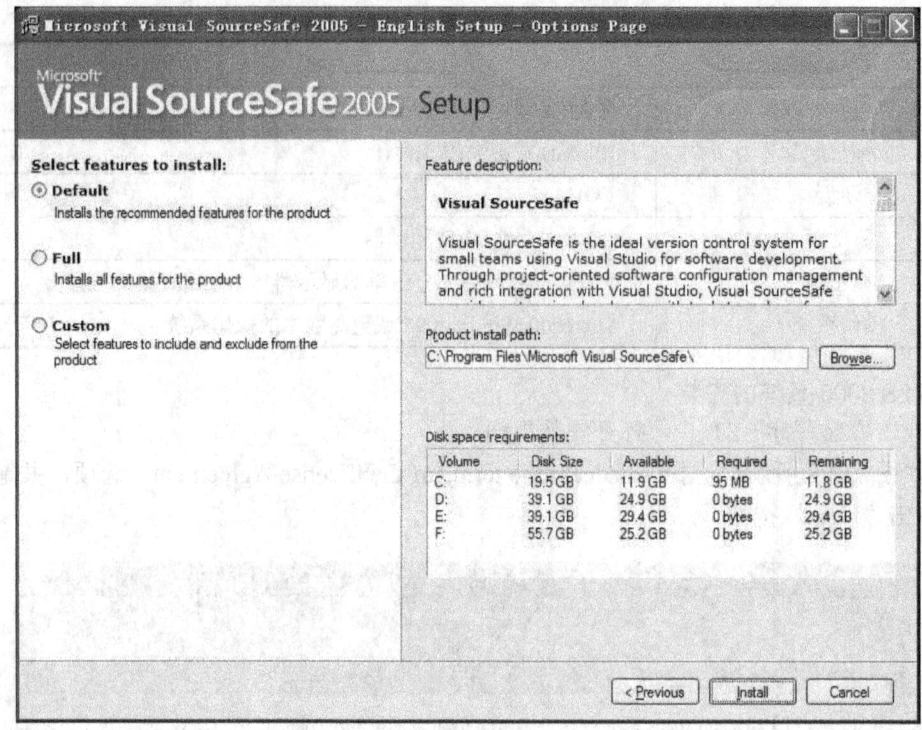

图 11.79 选择安装目录

3. VSS 简单工作原理

用户可以根据需要随时快速有效地共享文件。文件一旦被添加进 VSS，它的每次改动都会被记录下来，用户可以恢复文件的早期版本，项目组的其他成员也可以看到有关文件的最新版本，并对它们进行修改，VSS 也同样会将新的改动记录下来。用 VSS 来组织管理项目，使得项目组间的沟通与合作更简易而且直观。

4. VSS 数据库

VSS 通过将有关项目文件（包括文本文件、图像文件、二进制文件、声音文件、视屏文件）存入数据库中进行软件工程过程管理。VSS 的数据库并不是真正意义上的关系数据库，而是 VSS 系统在指定路径中建立的一个文件目录，这个目录中的信息是通过 VSS 系统按照其特定格式进行转换后的信息，并通过 VSS 系统对其进行管理，可将需要管理的项目文件存入这个 VSS 特定的数据库中进行软件工程过程管理。

5. VSS 项目

VSS 中的项目是指用户存储在 VSS 数据库中的某些文件的集合。用户可以在项目中实现文件的添加、删除、编辑、共享。VSS 中的一个“项目”在很大程度上类似于一个普通系统的文件夹，不同的是它能更好地支持文件合并、跟踪和版本控制功能。文件保存在 VSS 数据库中的项目（Project）里。

6. 工作文件夹

VSS 中的工作文件夹（Working Folder）是用于文件检出（Check Out）时存放文件的工作

文件夹，可以在这个文件夹中修改检出的文件，当完成修改之后，可执行文件检入（Check In）功能，将修改后的文件从工作文件夹检入 VSS 数据库中。

VSS 中的工作文件夹是检出和检入操作的默认文件夹。

7. 检入和检出

VSS 中的文件当你要修改某个文件时，需要先从数据库中将它检出。VSS 会将该文件的副本从数据库中放到工作文件夹中，这时就可以修改文件了。如果其他用户再想对同一文件进行修改，VSS 会产生一个信息，告诉他，该文件已被检出，从而避免多人同时修改文件，以保证文件的安全性。当完成修改之后，需要将文件检入 VSS 数据库中。这个操作是从工作文件夹中复制被修改的文件，并将它放回 VSS 数据库中，以便其他用户能够及时看到变更后的文件。VSS 能够保存文件的所有变更，并显示最新版本，同时早期版本也会被跟踪记录下来。VSS 对反增量技术的运用，仅需要用很少的磁盘空间就能使得用户获取文件的所有版本。如果没有修改文件，可以执行撤销检出命令，文件将被保存为被检出之前的状态。如果只需读取某一文件而并不需要编辑它，可以执行取出（get）命令，将文件放入工作文件夹中，再选择查看文件（view）命令，来查看文件的最新版本。

11.7.2 VSS 2005 使用示例

1. 实验例题 1（基础实验）

在 F:\test 下创建数据库。

① 启动 VSS 管理员系统单击 Windows 的“开始”按钮，选择“程序”→“Microsoft Visual SourceSafe”→“Microsoft Visual SourceSafe Administration”命令，打开 VSS 管理员界面，如图 11.80 所示。

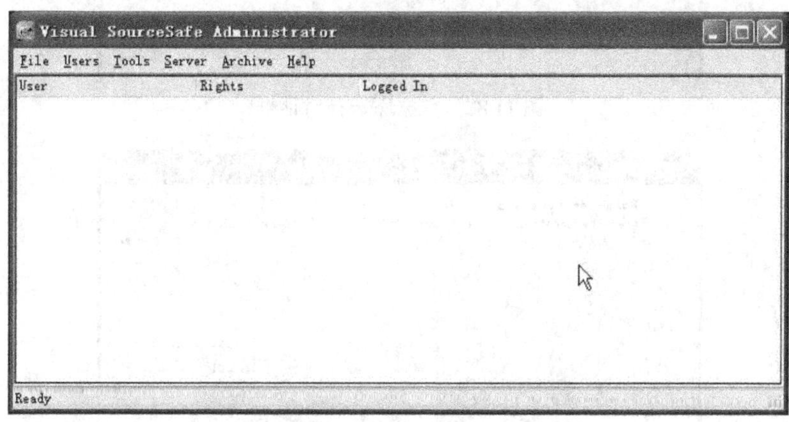

图 11.80 VSS 管理员界面

② 在管理员界面中，选择“File”菜单中的“New Database”命令，打开数据库选择对话框，如图 11.81 所示。

③ 选中“Create a new database”单选按钮，单击“下一步”按钮，如图 11.82 所示。

④ 设置 VSS 数据库存放位置，输入或选择数据库存放位置，如图 11.83 所示，单击“下一步”按钮。

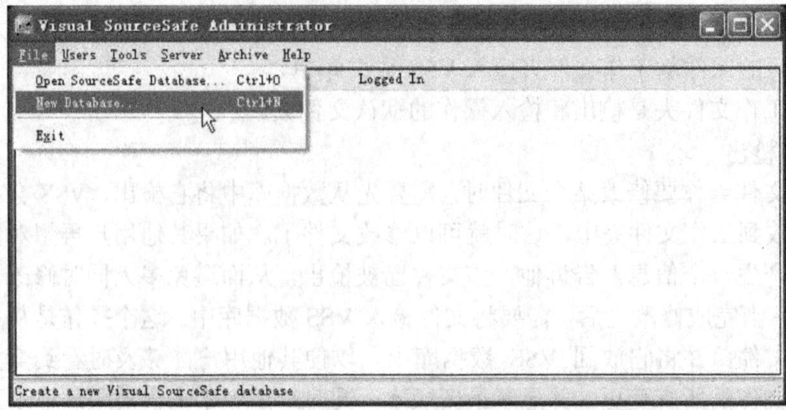

图 11.81 新增数据库

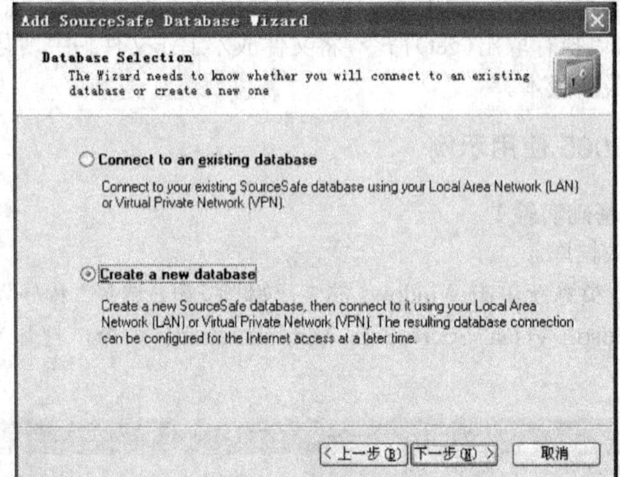

图 11.82 数据库选择对话框

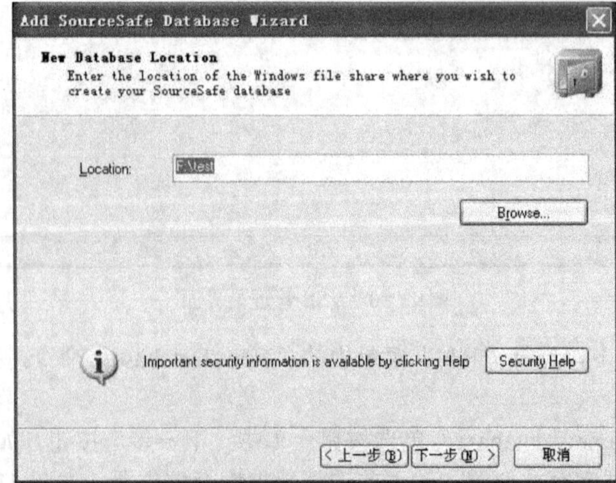

图 11.83 输入或选择数据库存放位置

⑤ 输入数据库名称（其默认值为存放数据库目录的目录名），如图 11.84 所示，单击“下一步”按钮。

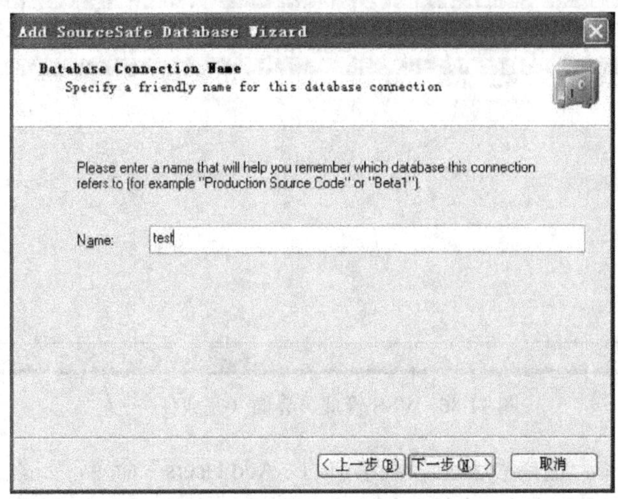

图 11.84 输入数据库名称

⑥ 选择项目团队版本控制模式，选择默认模式，即“Lock-Modify-Unlock Model”，在某一时刻只允许一个用户对版本进行变更，如图 11.85 所示，单击“下一步”按钮。

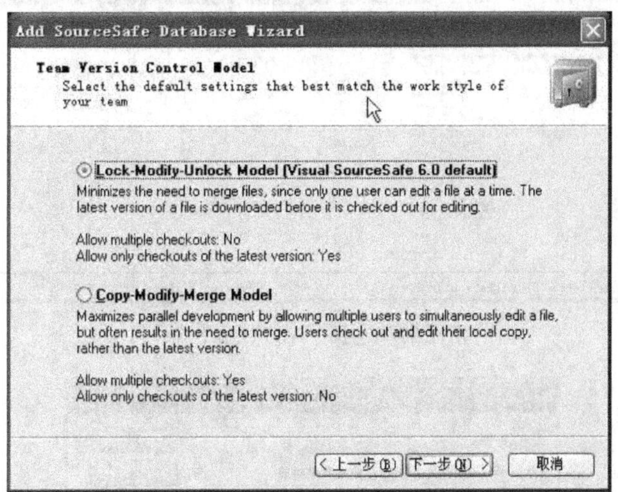

图 11.85 选择项目团队版本控制模式

⑦ 在数据库选择对话框中单击“完成”按钮，关闭该对话框，并返回 VSS 管理员界面，如图 11.86 所示。至此完成本次任务。

2. **实验例题 2（基础实验）**

在创建的数据库 test 中创建用户。

① 启动 VSS 管理员界面。单击 Windows 的“开始”按钮，选择“程序”→“Microsoft Visual SourceSafe”→“Microsoft Visual SourceSafe Administration”命令，打开 VSS 管理员界面，如

图 11.86 所示。

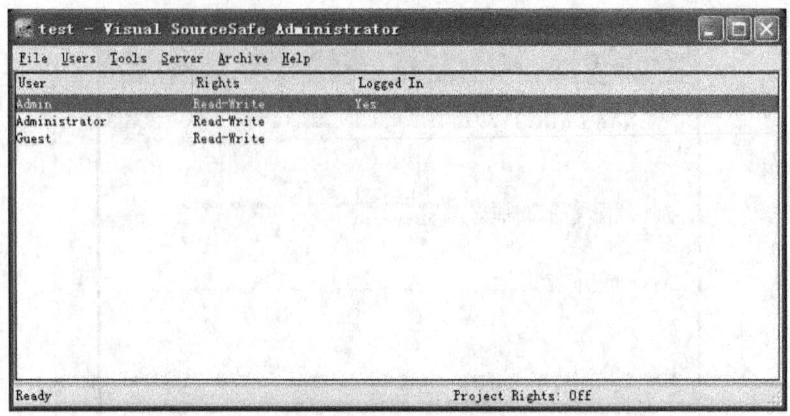

图 11.86 VSS 管理员界面（完成任务）

② 在管理员界面中，选择“Users”菜单中的“Add Users”命令，如图 11.87 所示，打开新增用户对话框，并在新增用户对话框中输入用户名和密码，单击“OK”按钮，如图 11.88 所示。

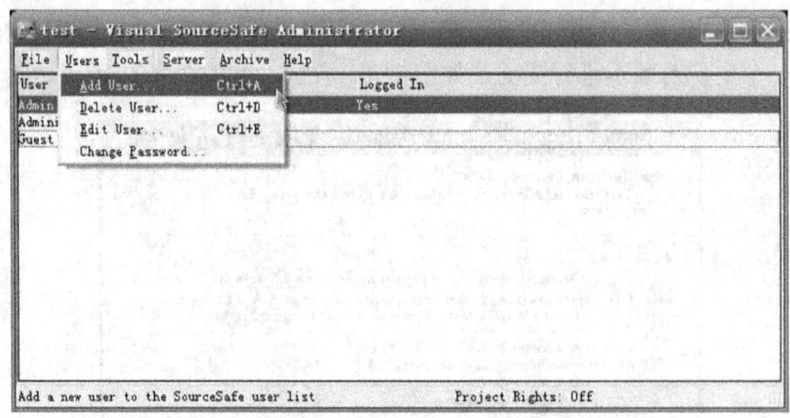

图 11.87 选择“Add User”命令

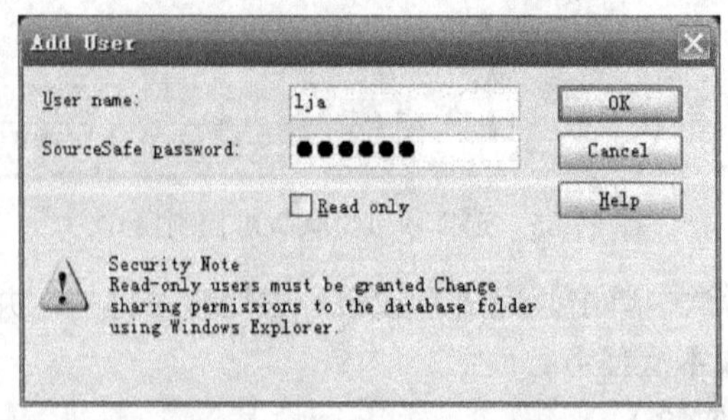

图 11.88 新增用户对话框

③ 返回管理员界面，其中显示出了新增加的用户 lja，如图 11.89 所示，至此完成用户创建任务。

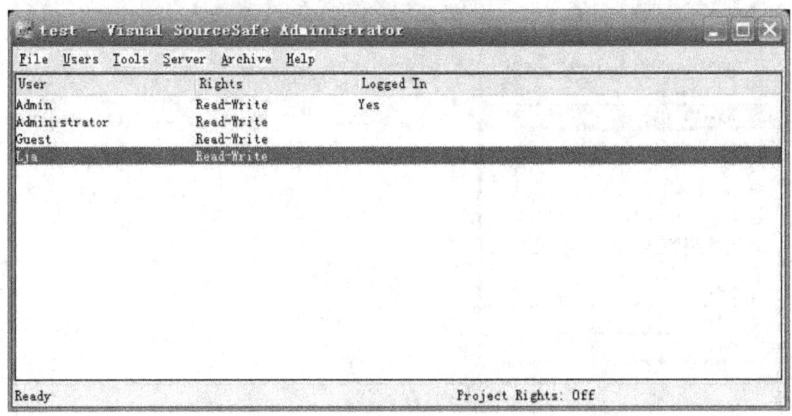

图 11.89　创建了用户的 VSS 管理员界面

3. 实验例题 3

创建项目“project1”，建立工作文件夹“项目目录 1”，为项目加入需要进行版本控制的文件“项目文档 1.txt”、“项目文档 2.txt” 和“项目文档 3.txt”，再执行检出操作，将文件“项目文档 1.txt”检出到工作文件夹“项目目录 1”中，修改检出文件，再对修改后的“项目文档 1.txt”执行检入操作。

① 启动 VSS 系统（非管理员）。单击 Windows 的“开始”按钮，选择“程序”→“Microsoft Visual SourceSafe”→“Microsoft Visual SourceSafe”命令，进入 VSS 系统界面，如图 11.90 所示。

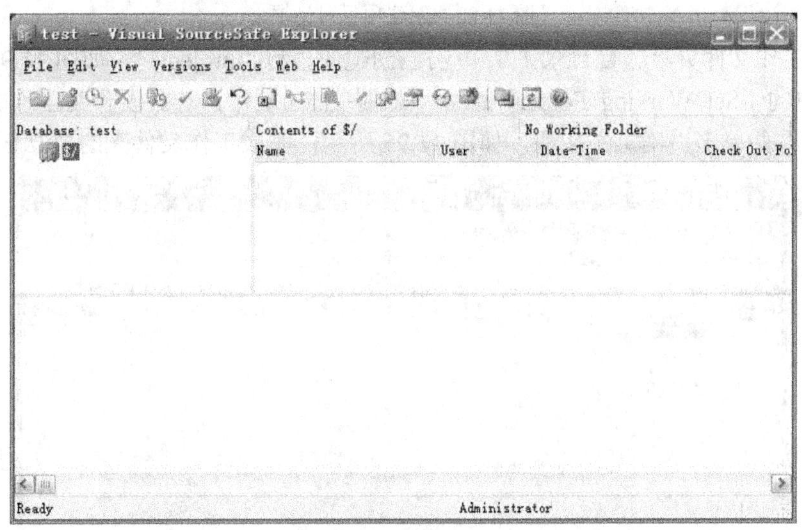

图 11.90　VSS 系统界面

② 创建项目，在 VSS 系统中，选择“File”菜单中的“Create Project”命令，如图 11.91 所示，打开建立项目对话框，并在建立项目对话框中输入项目名和注释，单击“OK”按钮，如图 11.92 所示，完成项目创建。

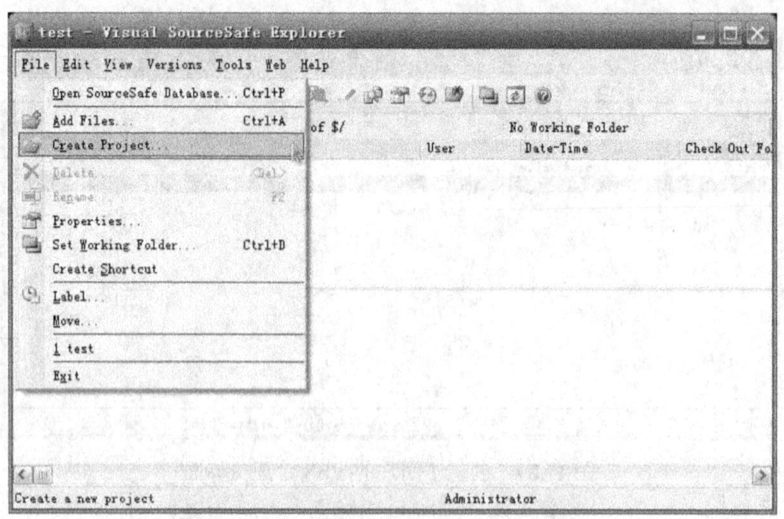

图 11.91　选择“Create Project”命令

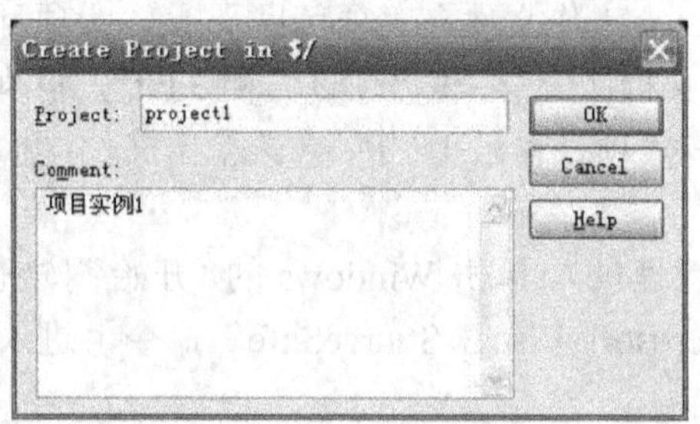

图 11.92　创建项目对话框

③ 建立工作文件夹“项目目录 1”，单击已创建的项目“project1”，如图 11.93 所示，选择“File”菜单中的“Set Working Folder”命令，如图 11.94 所示，选择要作为工作文件夹的目录“项目目录 1”，并单击“确定”按钮，如图 11.95 所示，完成工作文件夹的建立任务。

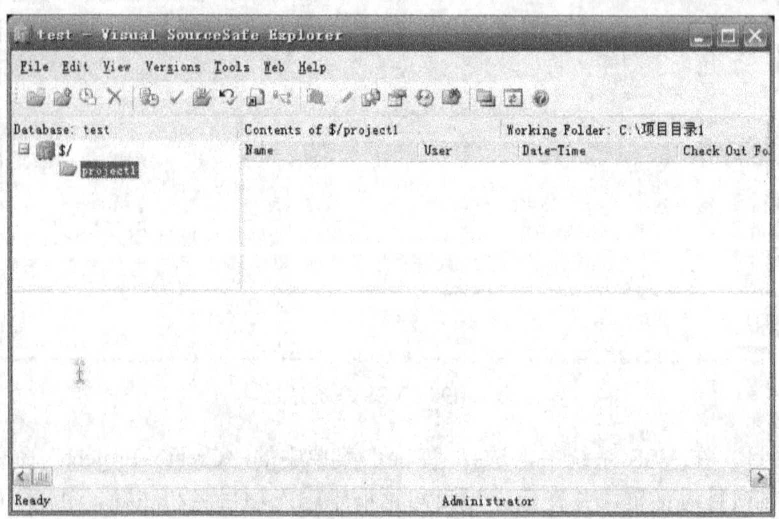

图 11.93　单击“project1”

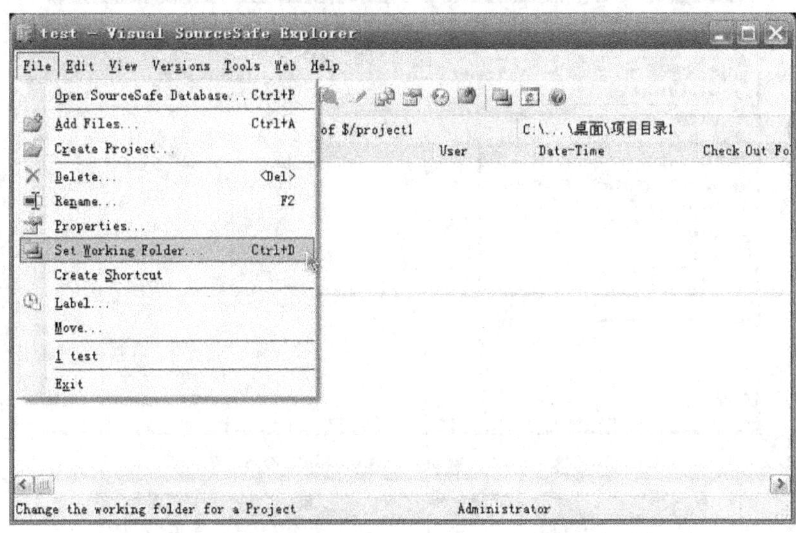

图 11.94 选择“Set Working Folder”命令

图 11.95 选择工作文件夹目录

④ 为项目加入需要进行版本控制的文件，单击已创建的项目“project1”，选择“File”菜单中的“Add Files”命令，如图 11.96 所示，打开添加文件对话框，并选择要添加的文件，单击“打开”按钮，如图 11.97 所示，完成文件添加，并返回 VSS 系统界面，如图 11.98 所示。

⑤ 执行检出操作，在需执行检出的文件“项目文档 1.txt”上右击，选择快捷菜单中的“Check Out”命令，如图 11.99 所示，打开检出对话框，输入对检出项的注释和选择检出路径，默认的路径是工作文件夹“项目目录 1”，单击“OK”按钮，如图 11.100 所示，完成检出任务，返回 VSS 系统界面，已检出文件出现检出标志，如图 11.101 所示，这个文件已被锁定，其他用户不能对它进行变更。

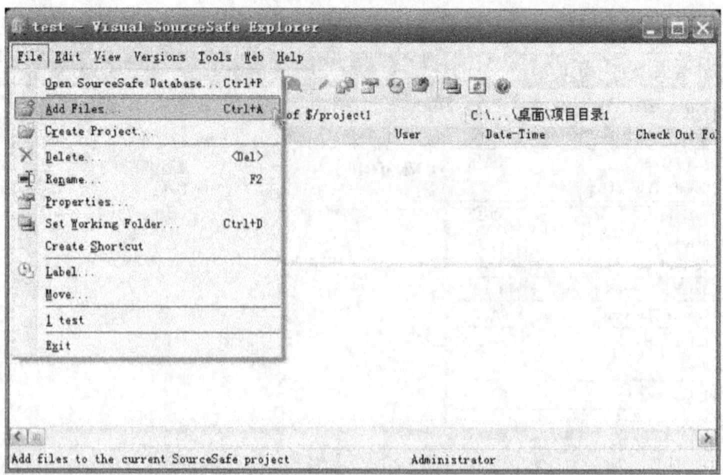

图 11.96 选择“Add Files”命令

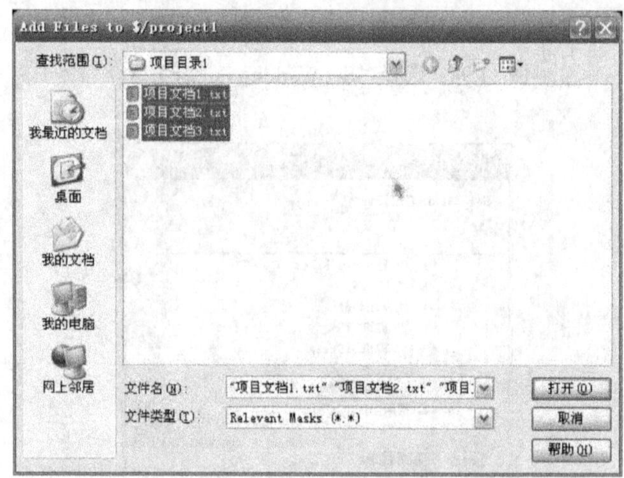

图 11.97 添加文件界面

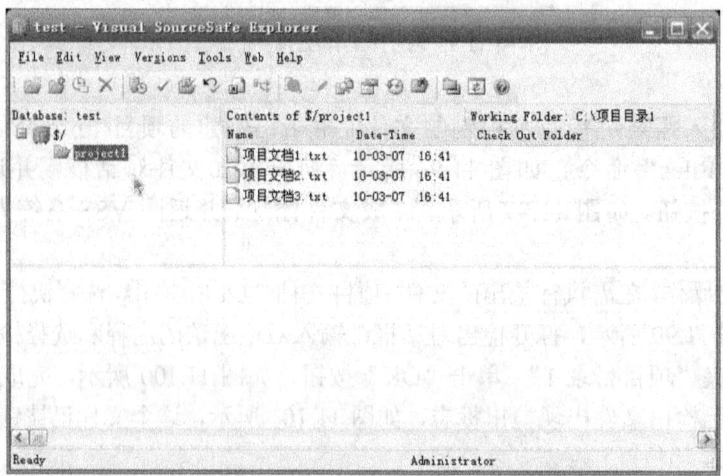

图 11.98 VSS 系统界面（添加文件后）

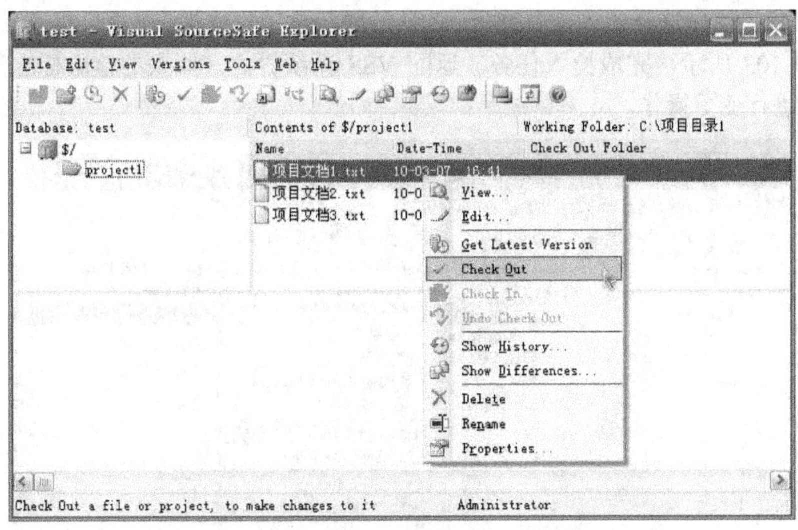

图 11.99 选择“Check Out”命令

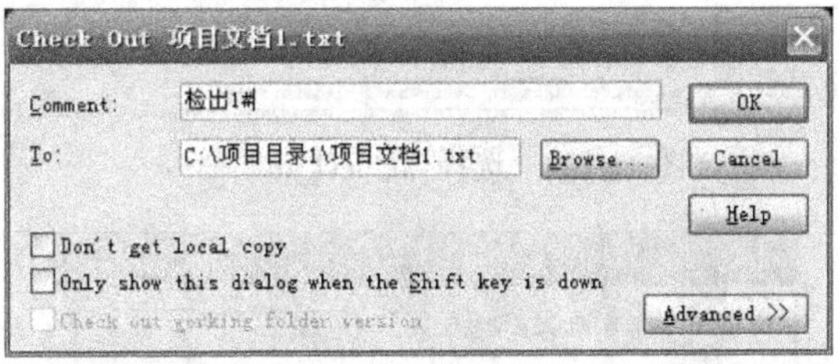

图 11.100 检出对话框

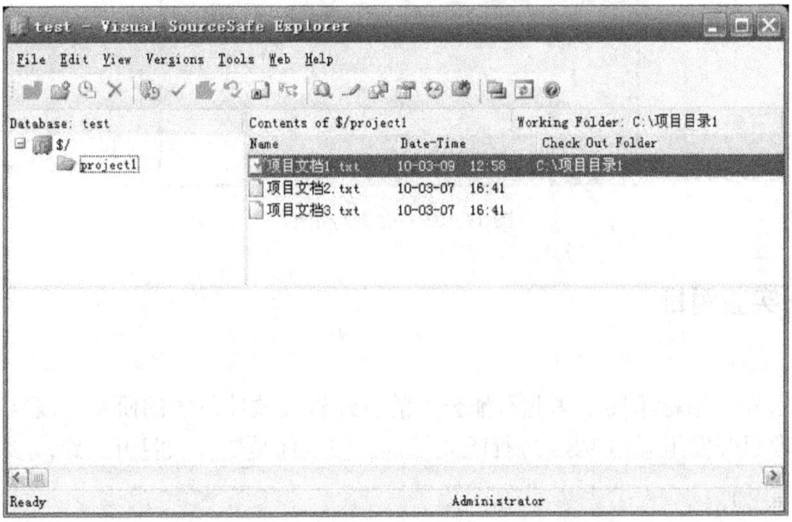

图 11.101 VSS 系统界面（检出功能后）

⑥ 执行检入操作，对“项目文档 1.txt”变更完成后，对 VSS 数据库中的版本进行更新，在需执行检入的文件“项目文档 1.txt”上右击，选择快捷菜单中的“Check In”命令，如图 11.102

所示，打开检入对话框，选择检入文件路径，默认的路径是工作文件夹“项目目录 1”，单击“OK”按钮，如图 11.103 所示，完成检入任务，返回 VSS 系统界面，原来的检出标志消失，表示其他用户可对它进行变更操作。

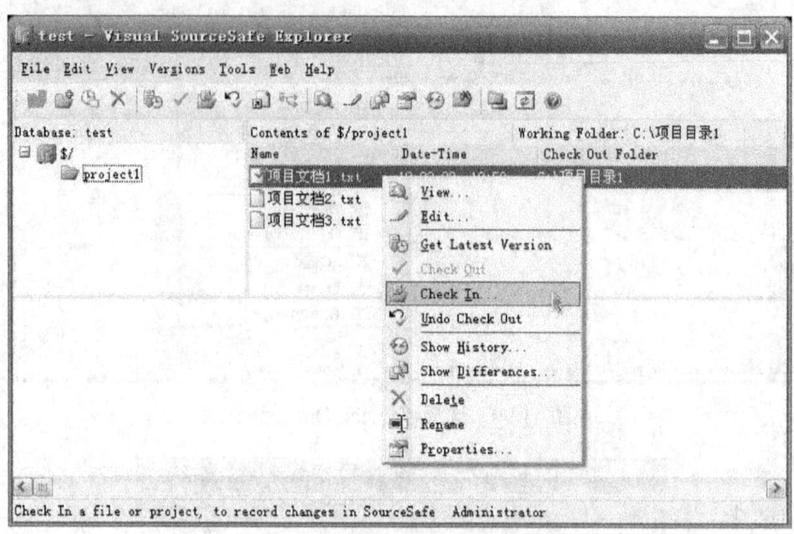

图 11.102 选择“Check In”命令

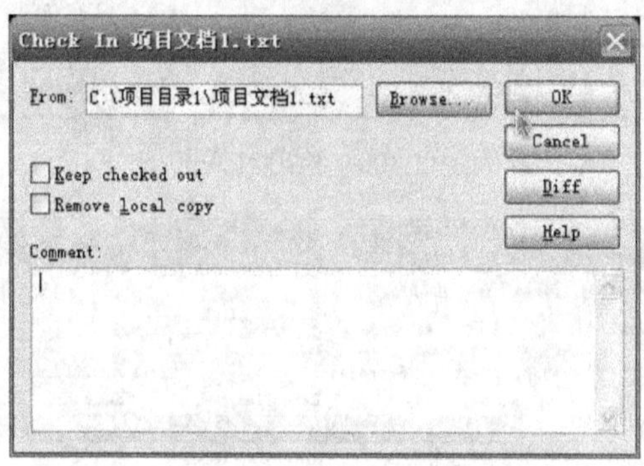

图 11.103 检入对话框

11.7.3 实验题目

场景：

高胜软件公司，招标承接了华北石油公司的管线管理软件系统的研发，成立了软件项目开发组，其软件项目开发组采用 VSS 进行配置管理。假设你是软件项目开发组成员，并兼任配置管理人员。

任务：

① 在 VSS 系统中，为项目建立数据库“DB-HXSY”。

② 为项目组成员建立用户。

③ 在数据库“DB-HXSY”中建立“project-HXSY1”项目。

④ 建立工作文件夹“workingfolder- HXSY1”，以备发生各种变更时使用。

⑤ 将项目中需要管理的文件添加到数据库中，添加的文件有“HXSY-需求规格说明书”。

⑥ 检出“HXSY-需求规格说明书”，并对其变更。

⑦ 将变更后的“HXSY-需求规格说明书”检入数据库，并设定其为 1.1 版本。

⑧ 追踪版本情况，列示两个版本的情况。

11.8 本 章 小 结

本章对软件工程过程中的一些常用管理工具和建模工具进行了介绍，通过本章学习，应能基本掌握项目管理工具 Project、UML、建模工具 Rose、建模工具 Visio、PowerDesigner、软件测试工具 LoadRunner、版本控制工具 VSS 等工具的应用。

第12章 开发实例

本章要点

- 项目论证和计划
- 可行性研究分析
- 需求分析
- 系统设计
- 系统实现
- 测试与维护

12.1 项目概述

为某学校开发基于B/S的“图书管理系统”。

项目管理工具和开发工具：

① 项目计划采用项目管理工具 Microsoft Office Project 完成。

② 需求分析和设计工具采用 UML 建模语言和建模工具 Microsoft Office Visio。

③ 语言和编码环境采用 ASP.NET（C#）。

④ 数据库系统采用 SQL Server。

12.1.1 系统调查

1. 现行系统概述

一直以来人们都使用传统的手工方式进行图书馆的日常管理工作，这种传统的图书管理模式有很多缺点，如手续烦琐、工作量大、效率低下、出错率高等，同时给大量资料的查询、更新及维护也带来不少困难。

为了提高图书管理的工作效率和质量，某高校图书馆开发了第一代图书管理系统软件，该系统采用单机单用户方式，开发简单，能充分利用数据库的特性。其缺点是开发出的系统依赖性强，必须依托数据库环境运行；不容易升级与扩展；无法实现数据的共享与并行操作；代码重用性差等。

2. 开发新系统的目的

现行系统由于开发工具和当时技术所限，已不能满足当前用户的需求了。人们的生活和工作环境已经发生了改变，大家对图书查询这方面的要求也更高了。例如在一个局域网内，大家希望在自己的计算机上就能查找自己想要借阅的图书，而不用跑到图书馆或图书室里去用那里的计算机查询，这时就需要一个网络化的联机查询系统。

针对目前图书室管理落后的情况，设计实现一个图书信息管理系统，通过与计算机的结合使用对中小型图书馆或图书室的各种图书信息进行管理，可以给管理员和用户带来很多方便：检索迅速、查找方便、可靠性高、存储量大、保密性好、寿命长、成本低等。这些优点能够极大地提高工作效率，也是图书馆等部门管理科学化、正规化的重要标志之一，而且计算机管理的成本不断降低。因此，开发一套这样的中小型图书管理软件已经很有必要，并且体现了研究服务于实践的原则。

12.1.2 系统的总体功能需求和性能要求

总体需求：建立一个合理的图书管理系统，从而能够对图书馆的图书和读者信息等进行完善的管理，使图书管理更加科学规范，并且能根据系统提供的准确信息进行适当的调整。采用现有的硬件、软件和科学的管理系统开发方案，建立图书管理系统，实现图书管理的自动化。系统应符合图书管理制度，并达到操作直观、方便、实用、安全等要求，并且具有以下特点。

① 简单性。系统设计应尽量简单，从而实现使用方便、提高效率、节省开支、提高系统运行质量的目标。

② 灵活性。系统对外界条件的变化有较强的适应能力。

③ 完整性。系统是各个子系统的集合，作为一个有机的整体存在。因此，要求各个子系统的功能尽量规范，数据采集统一，语言描述一致。

④ 可靠性。采用安全的、可靠的数据保护措施。

图书管理系统实现的功能如下。

① 支持图书馆高效地完成图书管理的日常业务工作，包括图书信息、读者信息（包括教师和学生）的录入、修改、查询等以及借书、还书、续借等。

② 支持图书和读者管理及其相关的科学决策，如相关领导根据现有的藏书种类、数量和借书状况等决定需要新购图书的种类和数量。

12.1.3 系统处理流程和数据流程

通过对系统内容的调查与分析，考虑系统的规模和目标，对于系统设计的几个关键技术分析后的流程图如图 12.1 所示。

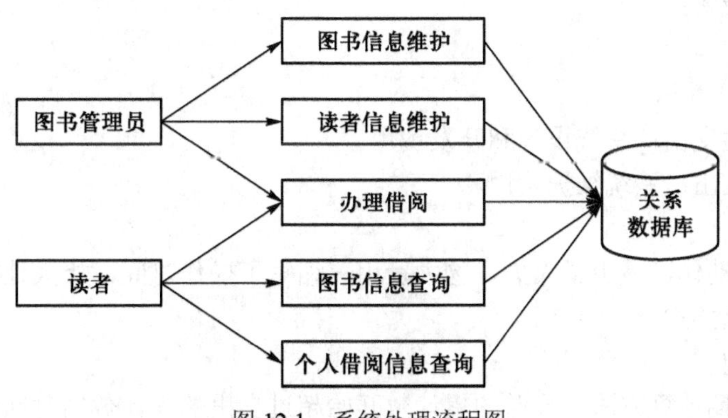

图 12.1 系统处理流程图

12.1.4 系统开发框架

系统开发框架如图 12.2 所示。

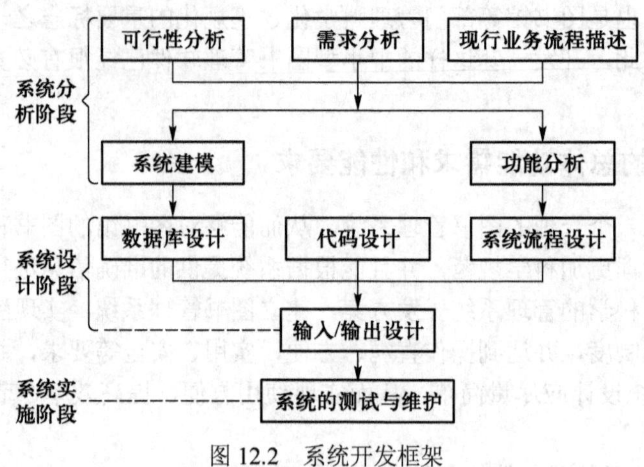

图 12.2 系统开发框架

12.2 可行性分析

12.2.1 技术可行性

随着国内软件开发整体水平的提高，各种中小企事业单位已具备独立开发各种类型软件的能力。本系统是一个基于 B/S 结构的图书管理系统，应用程序采用面向对象技术、数据库技术、分布式技术等先进技术开发，现有的开发技术已非常成熟，且被广泛地应用于各行各业，利用现有技术完全可以达到功能目标。考虑开发期限较为充裕，预计可以在规定的时间内完成开发。

12.2.2 经济可行性

1. 项目支出

① 基本建设投资：

- 硬件：略
- 软件：略

② 其他一次性支出：系统设计和开发费用。

③ 非一次性支出：系统维护费用。

2. 收益

管理方式的自动化，减少了人力、物力费用，缩短了操作时间，极大地提高了工作效率和系统性能（详细内容略）。

3. 投资回收期

根据投资回收期计算方法，收益的累计数开始超过支出的累计数的时间为一年（详细算法见本书 2.3 节内容）。

该系统成本主要集中在软件的开发上，当系统投入使用后可以为图书馆管理部门节约大量的人力、物力。同时该系统也实现了开放性图书馆管理的现代化管理模式，达到充分利用和共享网络信息和管理资源的目标，进行科学和规范化管理，提高了管理人员的素质和工作质量。它所带来的效益远远大于系统软件的开发成本，在经济上完全可行。

12.2.3 社会可行性

1. 法律可行性

所建议系统的研制和开发都选用正版软件，不会侵犯他人、集体和国家的利益，不会违反相关的国家政策和法律。

2. 操作可行性

本系统的研制和开发充分考虑用户工作流程、计算机操作水平等，尽可能提供更人性化、直观的界面，满足用户要求。系统的操作方式在用户组织内可行。

12.2.4 开发环境可行性

- 系统开发环境：Microsoft Visual Studio 2005
- 系统开发语言：ASP.NET+C#
- 运行平台：Windows XP
- 数据库：SQL Server 2005
- Web 服务器：IIS 5.1

Microsoft Visual Studio 2005、ASP.NET、C#、Windows XP、SQL Server 2005 和 IIS 5.1 都是同类产品中的佼佼者。无论在性能上、功能性上还是市场占用率方面都有很多优点，使用这些软件及相关的技术开发软件是可行的。

经过上述可行性分析，系统的研制和开发可以立即开始。

12.3 项目开发计划

进行软件项目管理的目的是有效地利用资源，合理地进行资源配置，保证软件如期交付。项目开发计划是软件项目管理当中一项重要的活动，制定项目开发计划就是为了指导软件项目的开发进程。

12.3.1 工作任务、任务分解与人员分工

本项目开发小组共有 7 个人：

- 项目经理：王勇
- 可行性分析：王勇
- 项目开发计划：王勇、陈昆
- 软件需求：王勇、崔凯歌、乔安全
- 软件分析设计：王勇、陈昆、赵跃进、谢明
- 编码：谢明、赵跃进

- 测试与实施：崔凯歌、夏冰

王勇作为本项目的项目经理，负责本项目的项目管理和与甲方的信息沟通工作。

12.3.2 进度计划

- 可行性分析：2 月 25 日—3 月 12 日（里程碑：完成并提交可行性分析报告）
- 项目开发计划：3 月 10 日—3 月 12 日（里程碑：完成并提交项目开发计划）
- 需求分析：2 月 25 日—4 月 1 日（里程碑：完成并提交需求规格说明书）
- 软件设计：4 月 2 日—4 月 23 日（里程碑：完成并提交概要设计、详细设计、数据库设计等文档）
- 软件实现：4 月 14 日—5 月 11 日（里程碑：代码编写全部完成，并提交）
- 测试与实施：4 月 12 日—6 月 1 日（里程碑：完成软件测试，系统可投入运行，提交用户操作手册等文档）

项目开发计划进度如图 12.3 所示，其对应的甘特图如图 12.4 所示。

		任务名称	工期	开始时间	完成时间	前置任务
1		⊟ **图书管理系统**	**69 工作日**	**2010年2月25日**	**2010年6月1日**	
2		可行性分析	12 工作日	2010年2月25日	2010年3月12日	
3		里程碑	0 工作日	2010年3月12日	2010年3月12日	2
4		项目开发计划	3 工作日	2010年3月10日	2010年3月12日	2FF
5		里程碑	0 工作日	2010年3月12日	2010年3月12日	4
6		需求分析	26 工作日	2010年2月25日	2010年4月1日	
7		里程碑	0 工作日	2010年4月1日	2010年4月1日	6
8		⊟ **软件设计**	**16 工作日**	**2010年4月2日**	**2010年4月23日**	**7**
9		概要设计	4 工作日	2010年4月2日	2010年4月7日	
10		详细设计	10 工作日	2010年4月8日	2010年4月21日	9
11		数据库设计	10 工作日	2010年4月12日	2010年4月23日	
12		里程碑	0 工作日	2010年4月23日	2010年4月23日	11
13		软件实现	20 工作日	2010年4月14日	2010年5月11日	
14		里程碑	0 工作日	2010年5月11日	2010年5月11日	13
15		测试与实施	37 工作日	2010年4月12日	2010年6月1日	11SS
16		里程碑	0 工作日	2010年6月1日	2010年6月1日	15

图 12.3 项目开发计划

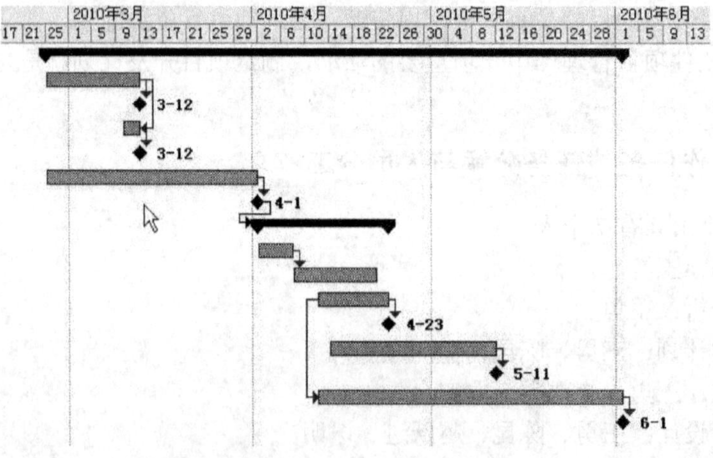

图 12.4 项目开发计划（甘特图）

12.4 需 求 分 析

12.4.1 需求概述

1. 需求目标

“图书管理系统”主要提供图书信息和读者基本信息的维护以及借阅等功能。该系统针对的用户是单个中小型图书室，藏书的种类和数量较少，系统需要操作方便，方便管理员对整个系统的管理和学生借阅书。

2. 用户类和特征

最终的用户是图书管理员和读者，图书管理员需要进行用户的创建、修改和删除等工作，要求具备计算机知识，如权限管理等。读者是普通用户，具备一定的计算机操作知识即可。

12.4.2 功能需求

本系统相应的需求如下。

① 能够存储一定数量的图书信息，并方便有效地进行相应的书籍数据操作和管理，主要包括如下几方面。

- 图书信息的录入、删除及修改。
- 图书信息的多关键字检索。
- 图书的借出、返还和资料统计。

② 能够为一定数量的读者提供相应的信息存储与管理服务，主要包括如下几方面。

- 读者信息的登记、删除及修改。
- 读者资料的统计与查询。
- 能够提供一定的安全机制，提供数据信息授权访问功能。

需求补充说明：

① 数据保存：需要长期保存在数据库中的数据有如下几种。

- 图书信息：图书的基本信息。
- 读者信息：读者的基本信息。
- 借阅信息：图书的借阅信息。
- 账号信息：图书管理员和读者的登录账号。

② 系统用户：图书管理员和读者。

- 图书管理员：对图书和读者数据可执行添加、修改、删除以及查询等操作。
- 读者：可查询图书以及与本人相关的借阅信息。

通过上述分析可以确定“图书管理员”和“读者”为系统的执行者。“图书管理员”负责使用系统的主要功能，“读者”从系统中获取所需的信息，最后得到“图书管理系统”的功能模型，用 UML 的用例图表示，如图 12.5 所示。

下面给出部分用例文档。

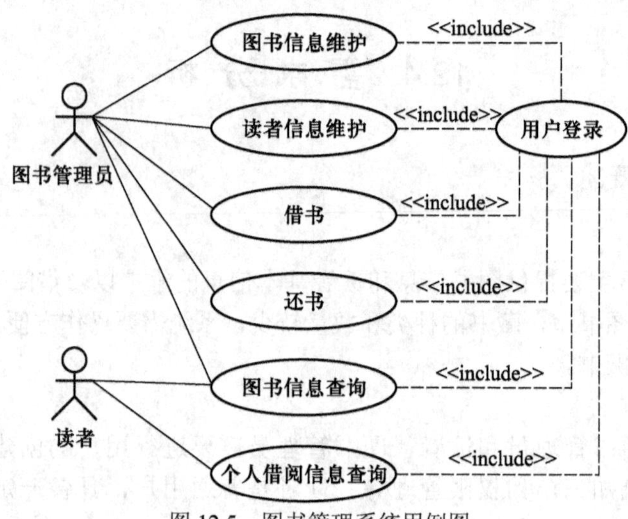

图 12.5 图书管理系统用例图

1. 图书信息的维护用例

用例名：

图书信息的维护。

参与执行者：

图书管理员。

入口条件：

图书管理员已经登录到该系统中。

事件流：

当有新书入库时，图书管理员在录入页面输入书的信息，单击“提交”按钮，系统将书的信息保存到数据库中；当某一本图书的信息需要修改时，图书管理员通过输入查询条件搜索出该书，单击“修改”按钮，系统在可编辑状态显示图书的当前信息，图书管理员修改具体信息，单击“保存”按钮，系统将更新数据库中该书的信息；当需要删除一本或多本图书时，图书管理员查找到需要删除的图书记录，单击“删除”按钮，系统提示“确实要删除？”对话框，当管理员单击“是”按钮，系统将删除数据库中相应图书的信息，反之，则不进行任何操作。

出口条件：

系统对数据库中的信息进行相应的操作：添加图书信息时，将新的图书信息保存到数据库中；修改图书信息时，对数据库中该图书的信息做相应的更新操作；删除图书信息时，则删除数据库中的相应图书记录。

异常事件：

在修改和删除图书时，先查出需要进行处理的图书记录，如果数据库中不存在符合条件的记录，查询无结果时，则无法进行修改和删除操作。

2. 读者信息的维护用例（略）

3. 图书信息的查询用例（略）

4. 读者信息的查询用例（略）

5. **查询个人基本信息用例（略）**
6. **查询个人借阅信息用例（略）**
7. **借书用例（略）**
8. **还书用例（略）**
9. **口令管理用例（略）**

12.4.3 非功能需求

1. **性能需求**

由于此开发项目针对图书馆，使用频度较高，对性能要求比较高。为了防止有人对信息资料和管理程序的恶意破坏，要求有较为可靠的安全性。总之，要求稳定、安全、便捷，易于管理和操作。

① 查询速度：不超过 10 秒。

② 其他所有交互功能的响应速度：不超过 3 秒。

③ 可靠性：平均故障间隔时间不低于 200 小时。

2. **安全性需求**

对于整个系统，需要实施完整的权限控制，防止某些人恶意地攻击系统，修改原始记录。同时对于数据库中的数据需要定时备份，防止系统数据丢失。此外，用户登录系统时要对其进行身份验证。

3. **故障处理**

在正常情况下，系统应不出错。一旦发生意外，如掉电、网络不通等，应保证系统数据不会丢失，并能快速恢复系统和进行故障处理，方便系统升级和扩充，故障恢复时间不超过 5 小时。

4. **软硬件接口需求（略）**

12.5 系统设计

12.5.1 建立对象模型

建立的对象模型如表 12.1 所示。

表 12.1 建立的对象模型

候选类	描述	类名
图书	在系统中，需要保存图书的基本信息，它应该是系统的对象	Book
读者	在系统中，需要保存读者的基本信息，它应该是系统的对象	Reader
借阅记录	在系统中，需要保存借书的记录，它应该是系统的对象	Record
账号	在系统中，账号用来保存用户名和密码，用于权限判定，它应该是系统的对象	Account

通过分析得到“图书管理系统”的对象模型图，用UML的类图表示出来如图12.6所示。

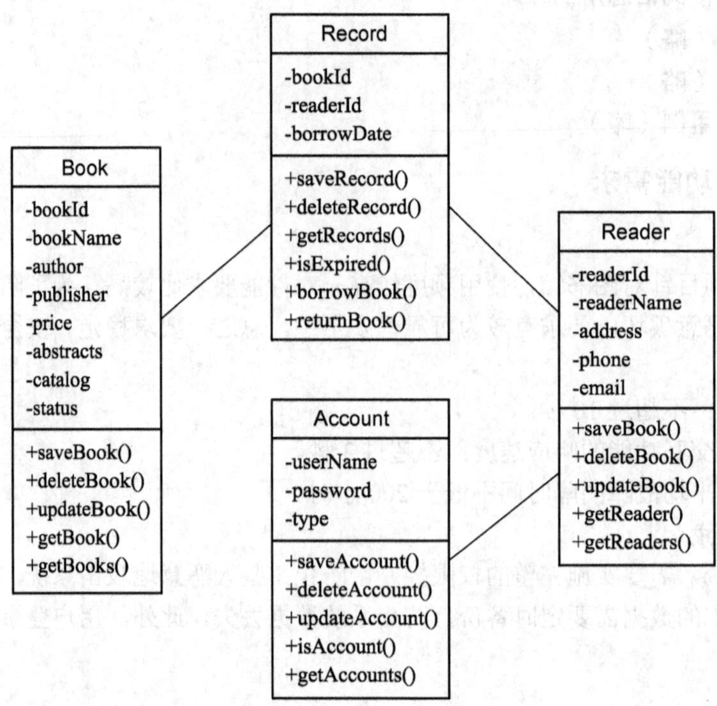

图12.6 图书管理系统类图

1. 图书类描述

类名：Book。

图书类属性如表12.2所示。

表12.2 图书类属性

属性名	属性解释	数据类型
bookId	图书编号	String
bookName	图书书名	String
author	图书作者	String
publisher	图书出版社	String
price	图书单价	Double
abstracts	图书摘要	String
catalog	图书分类	String
status	图书状态	String

图书类方法如表12.3所示。

表 12.3 图书类方法

方 法 名	方 法 功 能	返回值类型
saveBook	添加图书信息	void
deleteBook	删除图书信息	void
updateBook	修改图书信息	void
getBook	根据 id 查找某本图书的详细信息	
getBooks	查询图书信息	List

2. **读者类描述（略）**
3. **借阅记录类描述（略）**
4. **账号类描述（略）**

12.5.2 建立动态模型

在图书管理系统中“借书”和“还书”是相对比较复杂的流程，下面用 UML 的时序图对这个流程进行描述。

1. **借书**

借书时序图如图 12.7 所示。

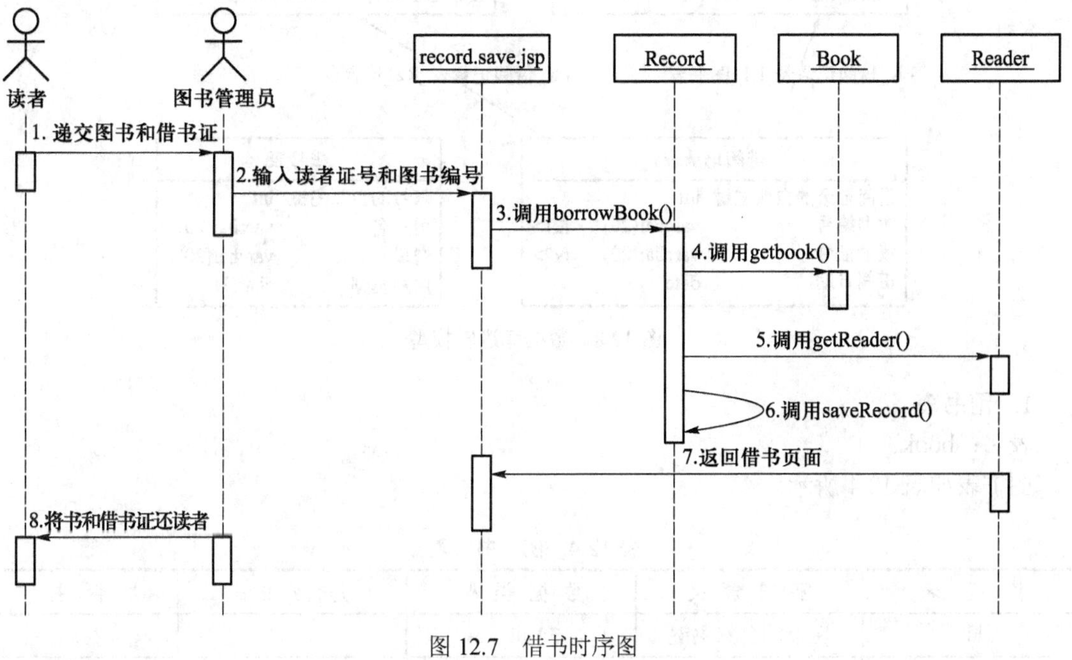

图 12.7 借书时序图

借书时序描述如下：

① 读者将借阅证和图书交给图书管理员。

② 图书管理员在 record_save.jsp 页面中输入读者证号和图书编号，单击“保存”按钮。

③ 系统调用 Record 中的 borrowBook( )方法来进行借书处理。

④ saveRecord( )方法调用 Book 中的方法 getBook( )来查询该图书是否入库。同时 saveRecord( )方法调用 Reader 中的 getReader( )方法来查询是否存在该读者。

⑤ 如果图书已入库且读者是合法的读者，则调用 saveRecord( )方法。

⑥ 返回到 record_save.jsp，如果需要可以继续借书。

⑦ 图书管理员将图书和借阅证返还给读者。

2. 还书（略）

12.5.3 数据库设计

建立数据库逻辑模型，如图 12.8 所示。

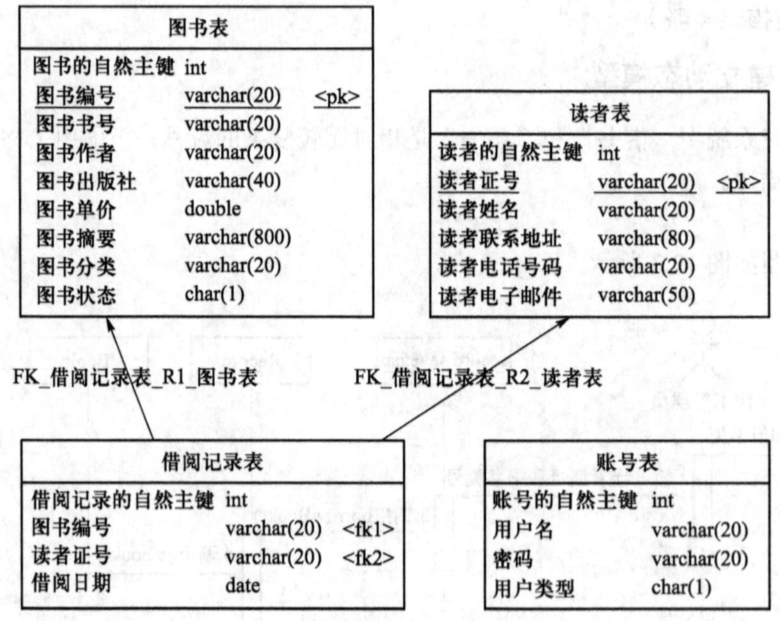

图 12.8 数据库逻辑模型

1. 图书表

表名：book。

图书表如表 12.4 所示。

表 12.4 图书表

字段名	字段含义	数据类型	是否允许空	是否主键
id	图书的自然主键	int		√
bookId	图书编号	varchar(20)		
bookName	图书书号	varchar(20)		
author	图书作者	varchar(20)		
publisher	图书出版社	varchar(40)		

续表

字 段 名	字 段 含 义	数 据 类 型	是否允许空	是 否 主 键
price	图书单价	double		
abstracts	图书摘要	varchar(800)	√	
catelog	图书分类	varchar(20)		
status	图书状态	char(1)		

2. 读者表

表名：reader。

读者表如表 12.5 所示。

表 12.5 读 者 表

字 段 名	字 段 含 义	数 据 类 型	是否允许空	是 否 主 键
id	读者的自然主键	int		√
readerId	读者证号	varchar(20)		
readerName	读者姓名	varchar(20)		
address	读者联系地址	varchar(80)	√	
phone	读者电话号码	varchar(20)	√	
email	读者电子邮件	varchar(30)	√	

3. 借阅记录表

表名：record。

借阅记录表如表 12.6 所示。

表 12.6 借阅记录表

字 段 名	字 段 含 义	数 据 类 型	是否允许空	是 否 主 键
id	借阅记录的自然主键	int		√
bookId	图书编号	varchar(20)		
readerId	读者证号	varchar(20)		
borrowDate	借阅日期	Date		

4. 账号表

表名：account。

账号表如表 12.7 所示。

表 12.7 账 号 表

字 段 名	字 段 含 义	数 据 类 型	是否允许空	是 否 主 键
id	账号的自然主键	int		√
username	用户名	varchar(20)		
password	密码	varchar(20)		
type	用户类型	char(1)		

12.5.4 用户界面设计

用户界面采用图形化用户界面，分别进行系统登录界面、图书信息界面（增加、删除、修改、查询）和图书操作（借书、还书）界面设计。

由于篇幅有限，这里不再介绍详细用户界面设计内容。

12.6 系统实现

12.6.1 实现工具

- Microsoft Visual Studio 2005
- C#
- SQL Server 2005
- IIS 5.1
- Windows XP

12.6.2 软件编码原则

在软件实现阶段主要完成系统的编码工作，在编码过程中一定要本着“清晰每一，效率第二”的原则进行，注意做到源程序文档化，数据说明规范，输入输出简单明了，适当地添加注释等。

系统实现的详细编码内容在此不再详细介绍。

12.7 测试与维护

软件测试是为了发现错误而执行程序的过程。好的测试用例能够发现至今尚未被发现的错误。成功的测试是发现了至今尚未被发现的错误的测试。

12.7.1 测试方案

本系统主要采用黑盒测试方法。整个过程采用自底向上、渐增集成的办法，依次进行单元测试、集成测试、确认测试、系统测试和验收测试。测试用例的设计应包括合理的和不合理的输入条件。

12.7.2 测试项目

1. 借书测试（如表 12.8 所示）

表 12.8 借书测试

测试名称	借书测试
测试目的	测试借书功能
测试内容	读者证号输入、合法性检查，借书对话框显示控制，图书书号提交、合法性检查，借书登记
测试进度	半天

2. **还书测试（如表 12.9 所示）**

表 12.9 还书测试

测试名称	还书测试
测试目的	测试还书功能
测试内容	还书对话框显示控制，图书书号提交、合法性检查，还书登记
测试进度	半天

3. **登录测试（如表 12.10 所示）**

表 12.10 登录测试

测试名称	系统登录测试
测试目的	测试系统登录功能
测试内容	账号口令输入、合法性检查、系统操作界面显示控制
测试进度	半天

4. **更改密码测试（如表 12.11 所示）**

表 12.11 更改密码测试

测试名称	更改密码测试
测试目的	测试更改管理员和读者密码功能
测试内容	原有密码输入、合法性检查、新密码输入、合法性检查、更新密码
测试进度	半天

5. **图书库管理测试（如表 12.12 所示）**

表 12.12 图书库管理测试

测试名称	图书库管理测试
测试目的	测试图书库操作功能
测试内容	图书库管理界面显示控制，图书库浏览，增加图书记录，删除图书记录，编辑图书记录
测试进度	半天

6. **读者库管理测试（略）**

7. **图书查询测试（略）**

12.7.3 测试项目说明

1. **借书测试**

读者表字段值如表 12.13 所示。

表 12.13 读者表

读者号	读者姓名	读者联系地址	读者电话号码	读者电子邮件
2010001	刘明	ADDRESS1	13325380001	L@163.com
2010002	孙业	ADDRESS2	13325380303	S@163.com
2010003	李小明	ADDRESS3	13325383030	M@263.net

图书表字段值（部分字段省略）如表 12.14 所示。

表 12.14 图书表

图书编号	图书书名	图书作者	图书出版社	图书单价
tu001	数据库技术	杨一原	清华出版社	50
tu002	英语	刘小丽	交大出版社	26
tu003	软件工程	胡小平	经济出版社	35
tu004	程序设计	王军	清华出版社	44
tu005	高等数学	孙宇	科技出版社	23
tu006	数据结构	田华	北大出版社	24
tu007	电子商务	周中华	交大出版社	36
tu008	物流基础	李大民	清华出版社	34
tu009	基础会计	方大同	交大出版社	21
tu010	大学物理	孙小敏	清华出版社	20

借书记录表如表 12.15 所示。

表 12.15 借书记录表

图书编号	读者证号	借阅日期
tu001	2010001	2010-5-6
tu002	2010001	2010-5-6
tu003	2010001	2010-5-17
tu005	2010002	2010-6-6
tu006	2020001	2010-6-3

测试用例如表 12.16 所示。

表 12.16 测试用例

测试用例	输入	输出
测试用例 1	2010003，tu009	借阅成功
测试用例 2	2010003，tu010	借阅成功
测试用例 3	2010001，tu007	已借阅图书 4 本，达到最大值
测试用例 4	2010002，tu004	借阅成功
测试用例 5	2010005，tu008	该读者证号不存在
测试用例 6	FF，tu008	该读者证号不合法
测试用例 7	2010002，tu018	该图书不存在或不在库中

步骤及操作：操作完毕后，打开图书信息库直接查看结果。

允许偏差：不允许有任何偏差。

进度：半天。

2. 还书测试（略）

3. 登录测试（略）

4. 更改密码测试（略）

5. 图书库管理测试（略）

6. 图书查询测试（略）

12.7.4　软件测试分析报告

1. 测试结果

表 12.17 为本系统借书功能测试结果。

表 12.17　借书功能测试结果

测 试 项 目	测 试 目 的	测 试 输 入	预期测试结果	实际测试结果
借书测试	读者证号输入、合法性检查，借书对话框显示控制，图书书号提交、合法性检查，借书登记	2010003，tu009	借阅成功	与预期测试结果相同
		2010003，tu010	借阅成功	与预期测试结果相同
		2010001，tu007	提示：已借阅图书 4 本，达到最大值	与预期测试结果相同
		2010002，tu004	借阅成功	与预期测试结果相同
		2010005，tu008	报错：该读者证号不存在	与预期测试结果相同
		FF，tu008	报错：该读者证号不合法，停留在原界面	与预期测试结果相同
		2010002，tu018	提示：该图书不存在或不在库中	与预期测试结果相同

其他测试结果格式见表 12.17，此处不再详细介绍。

2. 功能性测试评价

功能性测试评价结果如表 12.18 所示。

表 12.18　功能性测试评价结果表

项　目	标 准 要 求	结　果	备　注
功能表现	文档中提到的所有功能应能执行	通过	
正确性	程序和数据应与文档中的说明相对应	通过	
一致性	程序和数据本身不能自相矛盾，也不能同文档中的说明相矛盾，由用户进行的程序操作控制和程序行为应有一致的结构	通过	

3. 非功能性评价

非功能性评价结果如表 12.19 所示。

表 12.19 非功能性评价结果表

项目	标准要求	结果	备注
容错性	错误发生时，系统应有提示，并能恢复正常	通过	
安全保密性	对不同用户所设置的权限应能正常实现	通过	
运行稳定性	测试期间，系统不应陷入用户无法控制的状态，既不应崩溃，也不应有数据丢失现象	通过	

12.8 本章小结

本章主要以图书管理系统作为实例，介绍了软件工程的各个环节，旨在帮助读者对软件工程有一个清晰的认识，利用软件工程方法来解决实际问题。

12.9 习题

1．仓库管理系统

系统功能的基本要求：

各种商品信息的输入，包括商品的价格、类别、名称、编号、生产日期、保证期、所属公司等信息。

各种商品信息的修改。

已售商品信息的删除。

按照一定的条件，查询、统计符合条件的商品信息，至少应该包括每个商品的订单号、价格、类别、所属公司等。

打印输出查询、统计的结果。

2．职工工资管理系统

背景资料：

某单位现有 1 000 名职工，其中包括管理人员、财务人员、技术人员和销售人员。

该单位下设 4 个科室，即经理室、财务科、技术科和销售科。

工资由基本工资、福利补贴和奖励工资构成，失业保险和住房公积金在工资中扣除。

每个职工的基本信息包括姓名、性别、年龄、单位和职业（如经理、工程师、销售员等）。

每月个人的最高工资不超过 6 000 元。工资按月发放，实际发放的工资金额为工资减去扣除部分。

能够删除辞职人员的数据。

3．实验选课系统

系统功能的基本要求：

实验选课系统具有教师、学生及系统管理员 3 类用户。学生具有的功能包括选课、查询实验信息等；教师具有的功能包括考勤、学生实验成绩录入、查询实验信息等；管理员具有的功能包括新建教师、学生账户，设定实验课程信息（设定实验时间、地点、任课教师）。

管理员可对教师、学生及实验课程信息进行修改；教师可对任课的考勤情况、成绩进行修改；学生可以对自己所选修的课程进行重选、退选。

管理员可删除教师、学生及实验课程信息。

教师可查询所任课程的学生名单、实验时间、考勤及实验成绩，并可按成绩分数段进行统计；学生可查询所学课程的实验时间、教师名单；管理员具有全系统的查询功能。

附　录

本书收录了 GB/T 8567—2006 标准，以及在软件工程过程中常用的文档模板，方便读者查阅参考。

1　可行性研究报告

1　引言
　1.1　标识
　1.2　背景
　1.3　项目概述
　1.4　文档概述
2　引用文件
3　可行性分析的前提
　3.1　项目的要求
　3.2　项目的目标
　3.3　项目的环境、条件、假定和限制
　3.4　进行可行性分析的方法
4　可选的方案
　4.1　原有方案的优缺点、局限性及存在的问题
　4.2　可重用的系统，与要求之间的差距
　4.3　可选择的系统方案 1
　4.4　可选择的系统方案 2
　4.5　选择最终方案的准则
5　所建议的系统
　5.1　对所建议的系统的说明
　5.2　数据流程和处理流程
　5.3　与原系统的比较（若有原系统）
　5.4　影响（或要求）
　　5.4.1　设备
　　5.4.2　软件
　　5.4.3　运行
　　5.4.4　开发

5.4.5 环境
5.4.6 经费
5.5 局限性
6 经济可行性（成本-效益分析）
6.1 投资
6.2 预期的经济效益
6.2.1 一次性收益
6.2.2 非一次性收益
6.2.3 不可定量的收益
6.2.4 收益/投资比
6.2.5 投资回收周期
6.3 市场预测
7 技术可行性（技术风险评价）
8 法律可行性
9 用户使用可行性
10 其他与项目有关的问题
11 注解
附录

2 项目开发计划

1 引言
1.1 标识
1.2 系统概述
1.3 文档概述
1.4 与其他计划之间的关系
1.5 基线
2 引用文件
3 交付产品
3.1 程序
3.2 文档
3.3 服务
3.4 非移交产品
3.5 验收标准
3.6 最后交付期限
4 所需工作概述
5 实施整个软件开发活动的计划
5.1 软件开发过程

5.2 软件开发总体计划

5.2.1 软件开发方法

5.2.2 软件产品标准

5.2.3 可重用的软件产品

5.2.4 处理关键性需求

5.2.5 记录原理

5.2.6 需方评审途径

6 实施详细软件开发活动的计划

6.1 项目计划和监督

6.1.1 软件开发计划（包括对该计划的更新）

6.1.2 CSCI 测试计划

6.1.3 系统测试计划

6.1.4 软件安装计划

6.1.5 软件移交计划

6.1.6 跟踪和更新计划，包括评审管理的时间间隔

6.2 建立软件开发环境

6.2.1 软件工程环境

6.2.2 软件测试环境

6.2.3 软件开发库

6.2.4 软件开发文档

6.2.5 非交付软件

6.3 系统需求分析

6.3.1 用户输入分析

6.3.2 运行概念

6.3.3 系统需求

6.4 系统设计

6.4.1 系统级设计决策

6.4.2 系统体系结构设计

6.5 软件需求分析

6.6 软件设计

6.6.1 CSCI 级设计决策

6.6.2 CSCI 体系结构设计

6.6.3 CSCI 详细设计

6.7 软件实现和配置项测试

6.7.1 软件实现

6.7.2 配置项测试准备

6.7.3 配置项测试执行

6.7.4 修改和再测试

6.7.5 配置项测试结果分析与记录

6.8 配置项集成和测试

6.8.1 配置项集成和测试准备

6.8.2 配置项集成和测试执行

6.8.3 修改和再测试

6.8.4 配置项集成和测试结果分析与记录

6.9 CSCI 合格性测试

6.9.1 CSCI 合格性测试的独立性

6.9.2 在目标计算机系统（或模拟的环境）上测试

6.9.3 CSCI 合格性测试准备

6.9.4 CSCI 合格性测试演练

6.9.5 CSCI 合格性测试执行

6.9.6 修改和再测试

6.9.7 CSCI 合格性测试结果分析与记录

6.10 CSCI/HWCI 集成和测试

6.10.1 CSCI/HWCI 集成和测试准备

6.10.2 CSCI/HWCI 集成和测试执行

6.10.3 修改和再测试

6.10.4 CSCI/HWCI 集成和测试结果分析与记录

6.11 系统合格性测试

6.11.1 系统合格性测试的独立性

6.11.2 在目标计算机系统（或模拟的环境）上测试

6.11.3 系统合格性测试准备

6.11.4 系统合格性测试演练

6.11.5 系统合格性测试执行

6.11.6 修改和再测试

6.11.7 系统合格性测试结果分析与记录

6.12 软件使用准备

6.12.1 可执行软件的准备

6.12.2 用户现场的版本说明的准备

6.12.3 用户手册的准备

6.12.4 在用户现场安装

6.13 软件移交准备

6.13.1 可执行软件的准备

6.13.2 源文件准备

6.13.3 支持现场的版本说明的准备

6.13.4 “已完成”的 CSCI 设计和其他的软件支持信息的准备

6.13.5 系统设计说明的更新

6.13.6 支持手册的准备
6.13.7 到指定支持现场的移交
6.14 软件配置管理
6.14.1 配置标识
6.14.2 配置控制
6.14.3 配置状态统计
6.14.4 配置审核
6.14.5 发行管理和交付
6.15 软件产品评估
6.15.1 中间阶段的和最终的软件产品评估
6.15.2 软件产品评估记录（包括所记录的具体条目）
6.15.3 软件产品评估的独立性
6.16 软件质量保证
6.16.1 软件质量保证评估
6.16.2 软件质量保证记录，包括所记录的具体条目
6.16.3 软件质量保证的独立性
6.17 问题解决过程（更正活动）
6.17.1 问题/变更报告
6.17.2 更正活动系统
6.18 联合评审（联合技术评审和联合管理评审）
6.18.1 联合技术评审包括组建议的评审
6.18.2 联合管理评审包括组建议的评审
6.19 文档编制
6.20 其他软件开发活动
6.20.1 风险管理，包括已知的风险和相应的对策
6.20.2 软件管理指标，包括要使用的指标
6.20.3 保密性和私密性
6.20.4 分承包方管理
6.20.5 与软件独立验证与确认（IV&V）机构的接口
6.20.6 和有关开发方的协调
6.20.7 项目过程的改进
6.20.8 计划中未提及的其他活动
7 进度表和活动网络图
8 项目组织和资源
8.1 项目组织
8.2 项目资源
9 培训
9.1 项目的技术要求

9.2 培训计划
10 项目估算
10.1 规模估算
10.2 工作量估算
10.3 成本估算
10.4 关键计算机资源估算
10.5 管理预留
11 风险管理
12 支持条件
12.1 计算机系统支持
12.2 需要需方承担的工作和提供的条件
12.3 需要分包商承担的工作和提供的条件
13 注解
附录

3 软件需求规格说明书

1 范围
1.1 标识
1.2 系统概述
1.3 文档概述
1.4 基线
2 引用文件
3 需求
3.1 所需的状态和方式
3.2 需求概述
3.2.1 目标
3.2.2 运行环境
3.2.3 用户的特点
3.2.4 关键点
3.2.5 约束条件
3.3 需求规格
3.3.1 软件系统总体功能/对象结构
3.3.2 软件子系统功能/对象结构
3.3.3 描述约定
3.4 CSCI 能力需求
3.4.x （CSCI 能力）
3.5 CSCI 外部接口需求

4 概要设计说明书

2 引用文件

3 系统级设计决策

4 系统体系结构设计

4.1 系统总体设计

4.1.1 概述

4.1.1.1 功能描述

4.1.1.2 运行环境

4.1.2 设计思想

4.1.2.1 系统构思

4.1.2.2 关键技术与算法

4.1.2.3 关键数据结构

4.1.3 基本处理流程

4.1.3.1 系统流程图

4.1.3.2 数据流程图

4.1.4 系统体系结构

4.1.4.1 系统配置项

4.1.4.2 系统层次结构

4.1.4.3 系统配置项设计

4.1.5 功能需求与系统配置项的关系

4.1.6 人工处理过程

4.2 系统部件

4.3 执行概念

4.4 接口设计

4.4.1 接口标识和图表

4.4.x （接口的项目唯一标识符）

5 运行设计

5.1 系统初始化

5.2 运行控制

5.3 运行结束

6 系统出错处理设计

6.1 出错信息

6.2 补救措施

7 系统维护设计

7.1 检测点的设计

7.2 检测专用模块的设计

8 尚待解决的问题

9 需求的可追踪性

10 注解

附录

5　详细设计说明书

1　引言
　1.1　标识
　1.2　系统概述
　1.3　文档概述
　1.4　基线
2　引用文件
3　CSCI 级设计决策
4　CSCI 体系结构设计
　4.1　体系结构
　　4.1.1　程序（模块）划分
　　4.1.2　程序（模块）层次结构关系
　4.2　全局数据结构说明
　　4.2.1　常量
　　4.2.2　变量
　　4.2.3　数据结构
　4.3　CSCI 部件
　4.4　执行概念
　4.5　接口设计
　　4.5.1　接口标识与接口图
　　4.5.x　（接口的项目唯一标识符）
5　CSCI 详细设计
　5.x　（软件配置项的项目唯一标识符或软件配置项组的指定符）
6　需求的可追踪性
7　注解
附录

6　用户操作手册

1　引言
　1.1　标识
　1.2　系统概述
　1.3　文档概述
2　引用文件
3　软件综述

3.1 软件应用
3.2 软件清单
3.3 软件环境
3.4 软件组织和操作概述
3.5 意外事故以及运行的备用状态和方式
3.6 保密性和私密性
3.7 帮助和问题报告
4 访问软件
4.1 软件的首次用户
4.1.1 熟悉设备
4.1.2 访问控制
4.1.3 安装和设置
4.2 启动过程
4.3 停止和挂起工作
5 使用软件指南
5.1 能力
5.2 约定
5.3 处理过程
5.3.x （软件使用方面）
5.4 相关处理
5.5 数据备份
5.6 错误，故障和紧急情况时的恢复
5.7 消息
5.8 快速引用指南
6 注解
附录

7 软件测试计划

1 引言
1.1 标识
1.2 系统概述
1.3 文档概述
1.4 与其他计划的关系
1.5 基线
2 引用文件
3 软件测试环境
3.x （测试现场名称）

3.x.1 软件项
3.x.2 硬件及固件项
3.x.4 所有权种类、需方权利与许可证
3.x.5 安装、测试与控制
3.x.6 参与组织
3.x.7 人员
3.x.8 定向计划
3.x.9 要执行的测试
4 计划
4.1 总体设计
4.1.1 测试级
4.1.2 测试类别
4.1.3 一般测试条件
4.1.4 测试过程
4.1.5 数据记录、归约和分析
4.2 计划执行的测试
4.2.x （被测试项）
4.2.x.y （测试的项目唯一标识符）
4.3 测试用例
5 测试进度表
6 需求的可追踪性
7 评价
7.1 评价准则
7.2 数据处理
7.3 结论
8 注解
附录

8 软件测试报告

1 引言
1.1 标识
1.2 系统概述
1.3 文档概述
2 引用文件
3 测试结果概述
3.1 对被测试软件的总体评估

3.2 测试环境的影响
3.3 改进建议
4 详细的测试结果
4.x （测试的项目唯一标识符）
4.x.1 测试结果小结
4.x.2 遇到了问题
4.x.2.y （测试用例的项目唯一标识符）
4.x.3 与测试用例/过程的偏差
4.x.3.y （测试用例的项目唯一标识符）
5 测试记录
6 评价
6.1 能力
6.2 缺陷和限制
6.3 建议
6.4 结论
7 测试活动总结
7.1 人力消耗
7.2 物质资源消耗
8 注解
附录

9 软件配置管理计划

1 引言
1.1 标识
1.2 系统概述
1.3 文档概述
1.4 组织和职责
1.5 资源
2 引用文件
3 管理
3.1 机构
3.2 任务
3.3 职责
3.4 接口控制
3.5 实现
3.6 适用的标准、条例和约定
3.6.1 指明所适用的软件配置管理标准、条例和约定

3.6.2 描述要在本项目中编写和实现的软件配置管理标准、条例和约定

4 软件配置管理活动

4.1 配置标识

4.1.1 本条必须详细说明软件项目的基线（即最初批准的配置标识）

4.1.2 本条必须描述本项目所有软件代码和文档的标题、代号、编号以及分类规程

4.2 配置控制

4.2.1 本条必须描述在本计划 3.2 条描述的软件生存周期中各个阶段使用的修改批准权限的级别

4.2.2 本条必须定义对已有配置的修改申请进行处理的方法

4.2.3 各个层次的配置控制组和其他修改管理机构

4.2.4 当要与不属于本软件配置管理计划适用范围的程序和项目进行接口时，本条必须说明对其进行配置控制的方法，如果这些软件的修改需要其他机构在配置控制组评审之前或之后进行评审，则本条必须描述这些机构的组成、它们与配置控制组之间的关系以及它们相互之间的关系

4.2.5 本条必须说明与特殊产品（如非交付的软件、现存软件、用户提供的软件和内部支持软件）有关的配置控制规程

4.3 配置状态的记录和报告

4.4 配置的检查和评审

5 工具、技术和方法

6 对供货单位的控制

7 记录的收集、维护和保存

8 配置项和基线

8.1 配置项命名规则

8.2 配置项的识别和基线的划分

8.3 变更和发布

9 备份

10 日程表

11 注解

附录

10 项目开发总结报告

1 引言

1.1 标识

1.2 系统概述

1.3 文档概述

2 引用文件

3 实际开发结果

3.1 产品

3.2 主要功能和性能

3.3 基本流程

3.4 进度

3.5 费用

4 开发工作评价

4.1 对生产效率的评价

4.2 对产品质量的评价

4.3 对技术方法的评价

4.4 出错原因的分析

4.5 风险管理

5 缺陷与处理

6 经验与教训

7 注解

附录

参考文献

[1] 臧铁钢．软件工程［M］．北京：科学出版社，2009.

[2] 路晓丽，葛玮，龚晓庆．软件测试技术［M］．北京：机械工业出版社，2007.

[3] 刘冰，赖涵，翟中，等．软件工程实践教程［M］．北京：机械工业出版社，2009.

[4] 微软公司．实用软件工程方法［M］．北京：高等教育出版社，2009.

[5] 张海潘．软件工程导论［M］．北京：清华大学出版社，2008.

[6] 郑人杰，马素霞，殷人昆．软件工程概论［M］．北京：机械工业出版社，2010.

[7] 普雷斯曼．软件工程：实践者的研究方法［M］．北京：机械工业出版社，2007.

[8] 许家珆，白忠建，吴磊．软件工程——理论与实践［M］．2 版．北京：高等教育出版社，2009.

[9] 陆丽娜．软件工程［M］．北京：经济科学出版社，1999.

[10] 钟珞．软件工程［M］．北京：清华大学出版社，2005.

[11] 瞿中，吴渝，刘群，等．软件工程［M］．北京：机械工业出版社，2008.

[12] 郭荷清．现代软件工程［M］．广州：华南理工大学出版社，2004.

[13] 李伟波，刘永祥，王庆春．软件工程［M］．武汉：武汉大学出版社，2006.

[14] 赵池龙，杨林，孙伟．实用软件工程［M］．北京：电子工业出版社，2006.

[15] 侯炳辉．信息管理系统［M］．北京：中央广播电视大学出版社，2001.

[16] 陈英，徐士良，黄啸波，等．全国计算机等级考试二级公共基础知识［M］．北京：高等教育出版社，2007.

[17] 吴建，郑潮，汪杰．UML 基础与 Rose 建模案例［M］．2 版．北京：人民邮电出版社，2007.

[18] 蒋惠，吴礼发，陈卫卫．UML Programming Guid 设计核心技术［M］．北京：北京希望电子出版社，2001.

[19] 李东升，崔冬华，李爱萍．软件工程——原理、方法和工具［M］．北京：机械工业出版社，2009.

[20] 刘之夫，侯俊伯．全国计算机技术与软件专业技术资格考试历年试题汇编及详解——软件设计师［M］．北京：中国和平音像电子出版社，2010.

[21] 李怀强，来社安．管理信息系统［M］．北京：光明日报出版社，2007.